확률의 이해

김혁주 지음

자유아카데미

머리말

확률론은 수학의 한 분야이기도 하며, 통계학이라는 학문을 위한 이론적 기초이기도 하다. 따라서 수학과 통계학은 물론이고 각종의 데이터를 다루는 여러 학문 분야, 즉 경제학, 경영학, 공학, 농학, 의·약학, 사회과학, 자연과학, 스포츠과학 등에도 필요한 도구로 사용되고 있다. 특히 빅데이터와 인공지능 시대라는 사회적 추세에 따라 확률의 중요성은 나날이 커지고 있다.

이 책은 학부 학생들을 위한 확률론 교재로 작성되었다. 확률의 기초를 공부하는 학생들을 위한 내용에서 출발하여 여러 가지의 확률분포를 거쳐 대수의 법칙과 극한정리까지를 다루었다. 한 학기용 교재로 사용할 수 있지만, 예제와 연습문제들을 좀 더 자세히 다루는 경우에는 두 학기에 걸쳐 강의할 수도 있을 것이다.

1장은 경우의 수에 관한 내용이다. 통계학의 기초를 이루는 것이 확률이라면 확률의 기초를 이루는 것은 경우의 수라고 할 수 있기 때문에, 확률 공부에서 경우의 수는 매우 중요하다. 또한 논리적 사고력을 기르는 데는 경우의 수 문제만큼 좋은 것을 찾기 어렵다고 생각하기 때문에 이를 작지 않은 비중으로 다루었다. 2장에서는 확률의 기본 개념과 중요한 성질을 설명하고, 다양한 확률 문제를 접할 수 있도록 하였다. 3장에서는 확률변수와 확률분포의 개념을 소개하고, 기댓값과 분산 및 적률생성함수에 관하여 설명하였다. 4장과 5장에서는 중요하고 학문적 가치와 응용 가치가 큰 몇 가지의 이산확률분포와 연속확률분포에 관하여 상세히 설명하였다. 6장에서는 두 개 이상의 확률변수들의 결합확률분포를 상세히 알아보았으며, 거기서 나오는 조건부확률분포에 관해서도 설명하였다. 끝으로 7장에서는 유용한 부등식과 대수의 법칙 및 극한정리를 다루었다.

다른 분야도 마찬가지지만 특히 확률은 다양한 예제를 통해서 개념을 확실히 하고 응용력을 높일 수 있기 때문에 장마다 예제를 풍부히 소개하려고 노력하였다. 또한 같은 문제도 생각하는 관점에 따라 두 가지 이상의 풀이 과정에 의해 같은 답이 나올 수 있기 때문에 필요에 따라 복수의 풀이 과정을 제시하여 생각을 다양화할 수 있도록 하였다. 한 가지 덧붙이자면, 이 책에서는 〈예〉와 〈예제〉를 구분해서 사용하였다. 어떤 개념이나 용어가 소개되었을 때 문제 형식을 사용하지 않고 이를 간단히 설명하기 위한 것은 〈예〉로 하였고, 문제 형식을 갖춰서 공식적인 풀이를 통해 설명하기 위한 것은 〈예제〉로 하였다. 또한 각

장에 주어진 모든 연습문제의 해답을 책의 뒷부분에 제공하였으며, 필요에 따라 해답에 관한 설명을 첨부하여 학습에 도움이 되도록 하였다.

확률(경우의 수 포함)의 특징 중 하나는 일상생활과 관련된 다양한 문제를 접할 수 있기 때문에 수학의 타 분야에 비해 흥미를 많이 느낄 수 있다는 점이 아닐까 한다. 학생들이 이 책을 통해 확률에 조금이라도 더 관심과 흥미를 느끼고 공부한다면 저자는 무한한 영광으로 생각하겠다. 확률 공부에 도움이 될 교재를 만들기 위해 심혈을 기울였지만 부족한 점이 많을 것으로 생각되므로, 독자 여러분의 지도와 편달을 바란다. 출판 후에라도 수정할 내용이 발견되면 자유아카데미 홈페이지(www.freeaca.com) 자료실에 제공할 예정이다. 이 책을 출판해 주시고 수고해 주신 자유아카데미의 여러분께 감사드리며, 그림 작업에 도움을 준 대학원생 사대력 군에게도 감사의 뜻을 표한다.

2020년 3월

김혁주

차례

1장 경우의 수 1

1.1 합의 법칙과 곱의 법칙 1
1.1.1 합의 법칙 1
1.1.2 곱의 법칙 3
1.2 나무그림 5
1.3 순열 6
1.3.1 순열 6
1.3.2 중복순열 11
1.3.3 같은 것이 있는 경우의 순열 14
1.3.4 원순열 16
1.4 조합 18
1.4.1 조합 18
1.4.2 중복조합 24
1.4.3 사물을 여러 그룹으로 나누기 28
1.5 이항정리와 다항정리 31
1.5.1 이항정리 31
1.5.2 다항정리 38
1.6 스포츠에 적용되는 경우의 수 41
1.6.1 축구 관련 예제들 42
1.6.2 야구 관련 예제들 48
1.6.3 농구 관련 예제들 50
연습문제 52

2장 확률 57

2.1 확률이란 무엇인가? 57
2.1.1 몇 가지의 기본 용어 57
2.1.2 확률의 정의 60
2.1.3 기하학적 확률 69
2.2 확률의 성질 72
2.3 조건부확률 84
2.4 전확률의 법칙과 베이즈 정리 94
2.4.1 전확률의 법칙 94
2.4.2 베이즈 정리 98
2.5 사건의 독립 102
2.6 스포츠에 적용되는 확률 110
2.7 확률 연구의 역사적 배경 115
2.7.1 사례 1 116
2.7.2 사례 2 117
연습문제 119

3장 확률변수와 확률분포 및 기댓값 127

3.1 확률변수와 확률분포 127
3.1.1 이산확률변수와 확률질량함수 129
3.1.2 연속확률변수와 확률밀도함수 137
3.2 누적분포함수 140
3.3 확률변수의 평균과 분산 147
3.4 적률생성함수 156
연습문제 161

4장 이산확률분포 169

4.1 베르누이 분포 169
4.2 이항분포 171
4.3 포아송 분포 178
4.4 기하분포 185
4.5 음이항분포 191
4.6 초기하분포 196
연습문제 204

5장 연속확률분포 209

5.1 균등분포 209
5.2 정규분포 213
5.3 지수분포 226
5.4 감마분포와 카이제곱분포 232
연습문제 245

6장 결합확률분포 251

6.1 두 확률변수의 결합분포 251
6.2 결합확률분포에서의 기댓값 274
6.3 공분산과 상관계수 281
6.4 조건부확률분포 288
6.5 여러 확률변수의 결합분포 303
연습문제 318

7장 부등식과 극한정리 329

7.1 몇 가지의 부등식들 329
7.2 대수의 법칙 337
7.3 중심극한정리 340
연습문제 350

부록 353
참고문헌 357
연습문제 해답 359
찾아보기 385

1장
경우의 수

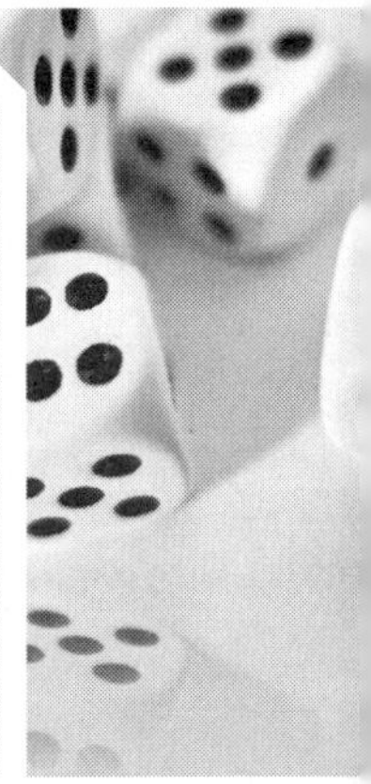

여러분은 언론에서 '경우의 수'라는 말을 많이 들어 보았을 것이다. 대표적인 경우가 스포츠이다. 예를 들어 월드컵이나 아시안컵 등 중요한 축구대회에 우리나라 대표팀이 출전하여 두 경기 정도를 치렀을 때, 언론은 우리나라가 나머지 경기의 결과에 따라 다음 단계(16강 등)에 진출할 수 있는 경우의 수를 따지느라 분주하다. '경우의 수'는 확률론의 기초를 이루는 것이지만, 이처럼 스포츠나 정치, 사회 등에서도 흔히 사용되는 일반 용어가 되었다. 한편 확률론은 그 자체로 수학의 한 분야이지만, 통계학이라는 학문의 이론적 기초가 되기도 한다. 따라서 원래의 학문적 관점에서 볼 때, 경우의 수는 수학과 통계학을 공부하고자 하는 사람들로서는 반드시 거쳐 가야 할 관문이라고 할 수 있다. 제1장에서는 확률에 입문하기 위한 준비 단계로서 경우의 수에 관하여 공부해 보자.

1.1 합의 법칙과 곱의 법칙

1.1.1 합의 법칙

강아지 세 마리(가, 나, 다)와 고양이 두 마리(a, b)가 있다고 하자. 어떤 사람이 반려동물을 집으로 데려다 키우려고 하는데, 위의 강아지와 고양이 중 오직 한 마리만을 선택할 수 있다고 하자. 그러면 가능한 경우는 모두 5가지(즉 가, 나, 다, a, b)라는 것을 쉽게 알 수 있다. 이것은 물론 강아지의 수인 3과 고양이의 수인 2를 더한 것이다.

이때 강아지를 데려가면 고양이를 데려갈 수 없고, 고양이를 데려가면 강아지를 데려갈 수 없다. 강아지를 데려가는 것과 고양이를 데려가는 것을 각각 하나의 사건으로 보면, 이 두 가지 사건은 동시에 일어날 수 없다는 점에 유의할 필요가 있다.

유사한 내용을 셋 이상의 사건으로도 확장해서 생각할 수 있다. 예를 들어, 음식점에 가서 식사를 하려는데, 갈 가능성이 있는 음식점이 네 곳(한식집, 중식집, 일식집, 양식집)이라고 하고, 음식점의 메뉴가 각각 5, 4, 3, 6가지라고 하자. 이 네 음식점들 중 어느 한 곳에 가서 한 가지만 먹으려 한다면, 가능한 경우의 수는 $5+4+3+6=18$이다.

위의 내용을 일반적으로 나타내면 다음과 같이 **합의 법칙**으로 정리할 수 있다.

> **합의 법칙**
>
> k개의 사건 $A_1, A_2, \cdots, A_k$ 중 어느 두 개도 동시에 일어나지 않을 때, 사건 $A_1, A_2, \cdots, A_k$가 일어나는 경우의 수를 각각 $n_1, n_2, \cdots, n_k$라고 하면 $A_1, A_2, \cdots, A_k$ 중 어느 하나가 일어나는 경우의 수는 $n_1+n_2+\cdots+n_k$이다.

강아지와 고양이의 예를 집합의 관점에서 생각해 보자. 강아지를 데려가는 사건을 집합 $A=\{$가, 나, 다$\}$, 고양이를 데려가는 사건을 집합 $B=\{a, b\}$로 나타내면, 강아지 또는 고양이를 데려가는 사건은 A와 B의 합집합인 $A\cup B=\{$가, 나, 다, $a, b\}$이다. 이때 $A\cap B=\varnothing$이므로

$$n(A\cup B)=n(A)+n(B)$$

의 관계가 성립한다. 여기서 $n(A)$는 집합 A의 원소의 개수를 뜻한다. 이처럼 합의 법칙은 서로 겹치지 않는 집합들의 합집합의 원소의 개수에 관한 식으로 나타낼 수 있다.

그러나 두 사건 A와 B가 동시에 일어나는 경우가 있을 때, 즉 $A\cap B\neq\varnothing$일 때에는 합의 법칙이 성립하지 않음에 주의해야 한다. 이때는 다음의 관계식이 성립한다.

$$n(A\cup B)=n(A)+n(B)-n(A\cap B)$$

예제 1.1 어느 고등학교의 1학년에 3개의 학급이 있는데, 1반, 2반, 3반의 학생 수는 각각 30명, 28명, 29명이다. 1학년 학생들 중 학년 대표를 1명 선출하려고 한다면, 가능한 경우는 몇 가지인가?

풀이 1, 2, 3반 중 1개 반만 골라 그 반에서 1명의 학생만 뽑는 것이므로 구하는 경우의 수는 $30+28+29=87$이다. ■

예제 1.2 1부터 30까지의 숫자가 각각 적혀 있는 30장의 카드가 들어 있는 상자에서 한 장의 카드를 꺼낼 때 다음 각 경우의 수를 구하여라.

(1) 5의 배수 또는 8의 배수가 나오는 경우의 수

(2) 4의 배수 또는 6의 배수가 나오는 경우의 수

풀이 1부터 30까지의 정수 중 k의 배수의 집합을 A_k로 표시하자.

(1) 구하는 경우의 수는 $n(A_5 \cup A_8)$로 나타낼 수 있다. 1부터 30까지의 정수 중 5와 8의 공배수는 없으므로 $A_5 \cap A_8 = \varnothing$ 이다. 따라서

$$n(A_5 \cup A_8) = n(A_5) + n(A_8) = 6 + 3 = 9$$

(2) 1부터 30까지의 정수 중 4와 6의 공배수는 12와 24의 두 개이다. 따라서 구하는 경우의 수는

$$n(A_4 \cup A_6) = n(A_4) + n(A_6) - n(A_4 \cap A_6) = 7 + 5 - 2 = 10$$

■

1.1.2 곱의 법칙

1.1.1절의 예에서와 같이 세 마리의 강아지 가, 나, 다와 두 마리의 고양이 a, b가 있다고 하자. 이번에는 어떤 사람이 강아지 한 마리를 데려가고 또 고양이 한 마리를 데려가려 한다고 하자. 이 경우 가능한 방법의 수를 생각해 보면 다음과 같이 $3 \times 2 = 6$ 가지임을 알 수 있다(다음 그림을 **나무그림**이라고 하는데, 이후 절에서 별도로 다룰 것이다).

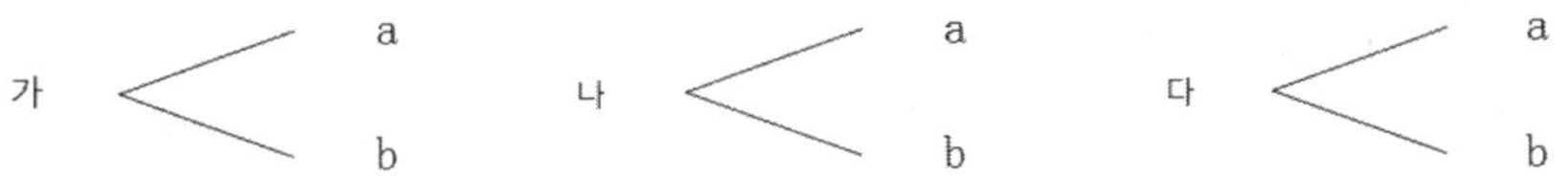

그림 1.1

이것을 집합의 관점에서 생각해 보자. $A = \{가, 나, 다\}$, $B = \{a, b\}$라고 할 때, A의 각 원소에 B의 원소를 하나씩 대응시켜 만들어지는 순서쌍으로 이루어지는 곱집합 $A \times B$를 생각하면

$$A \times B = \{(가, a), (가, b), (나, a), (나, b), (다, a), (다, b)\}$$

이므로 다음 관계가 성립한다.

$$n(A \times B) = n(A) \times n(B)$$

위의 내용을 일반화해서 생각하면 다음과 같은 **곱의 법칙**이 성립한다는 것을 알 수 있다.

> **곱의 법칙**
>
> k개의 사건 $A_1, A_2, \cdots, A_k$에 대하여, 사건 $A_1, A_2, \cdots, A_k$가 일어나는 경우의 수를 각각 $n_1, n_2, \cdots, n_k$라고 하면 $A_1, A_2, \cdots, A_k$가 잇달아 일어나는 경우의 수는 $n_1 n_2 \cdots n_k$이다.

Note 위의 강아지와 고양이의 예에서 강아지 한 마리와 고양이 한 마리를 동시에(어느 한 쪽이 먼저랄 것 없이) 데려가는 경우에도 물론 곱의 법칙을 적용할 수 있다.

예제 1.3 $(x_1+x_2+x_3)(y_1+y_2)(z_1+z_2+z_3+z_4)$를 전개할 때, 항은 모두 몇 개인가?

풀이 전개식의 각 항은 첫째 괄호 안의 각 항에 대하여 둘째 괄호 안의 항 하나와 셋째 괄호 안의 항 하나씩이 곱해진 것들로 이루어지므로 항은 모두 $3 \times 2 \times 4 = 24$개이다. ■

예제 1.4

(1) 양식당에서 식사를 하는데, 전채(appetizer), 주요리(main dish), 후식(dessert)의 순으로 먹는다. 전채, 주요리, 후식으로 각각 3, 6, 5가지가 있고 각 단계에서 한 가지씩만 선택한다면 가능한 경우는 몇 가지인가?

(2) (1)의 상황에서 전채는 안 먹을 수도 있다면 가능한 경우는 몇 가지인가?

풀이 곱의 법칙을 적용할 수 있는 경우이다.

(1) 가능한 경우의 수는 $3 \times 6 \times 5 = 90$이다.

(2) 전채의 경우 안 먹는 것도 하나의 선택이 되므로 가능한 경우는 $3+1=4$가지이다. 따라서 구하는 경우의 수는 $4 \times 6 \times 5 = 120$이다. ■

예제 1.5 두 개의 주사위 A와 B를 던져서 A 주사위와 B 주사위에서 나오는 눈의 수를 각각 x, y라고 하자.

(1) 순서쌍 (x, y)의 가능한 경우는 모두 몇 가지인가?

(2) $x+y$의 값으로 가능한 것은 모두 몇 가지인가?

(3) $x+y$가 3의 배수가 되는 (x, y)는 몇 가지인가?

풀이

(1) x의 값으로 가능한 것이 1, 2, 3, 4, 5, 6이고 y의 값으로 가능한 것도 역시 1, 2, 3, 4, 5, 6이므로 순서쌍 (x, y)로 가능한 것의 가짓수는 $6 \times 6 = 36$이다. 구체적으로

는 (1,1),(1,2),⋯,(1,6),(2,1),(2,2),⋯,(2,6),⋯,(6,1),(6,2),⋯,(6,6)이다.

(2) $x+y$는 $(x, y)=(1, 1)$일 때 최솟값 2를 갖고, $(x, y)=(6, 6)$일 때 최댓값 12를 갖는다. 또한 2와 12 사이의 모든 정숫값도 가질 수 있으므로 가능한 것은 2, 3, ⋯, 12의 11가지이다.

(3) 2, 3, ⋯, 12 중 3의 배수는 3, 6, 9, 12의 3가지이다.

$x+y=3$인 경우: $(1, 2), (2, 1)$ ⇨ 2가지

$x+y=6$인 경우: $(1, 5), (2, 4), (3, 3), (4, 2), (5, 1)$ ⇨ 5가지

$x+y=9$인 경우: $(3, 6), (4, 5), (5, 4), (6, 3)$ ⇨ 4가지

$x+y=12$인 경우: $(6, 6)$ ⇨ 1가지

따라서 $x+y$가 3의 배수가 되는 (x, y)는 $2+5+4+1=12$가지이다. ■

1.2 나무그림

경우의 수를 세는 데 있어서 유용하게 사용될 수 있는 것 중 하나가 **나무그림**(tree graph)이다. 나무그림은 **수형도**라고도 한다. 앞 절에서 곱의 법칙이 나무그림에 의해 설명되며, 그 밖의 경우도 이것을 사용하면 편리할 때가 있다. 몇 가지의 예제를 통해서 나무그림의 사용법을 익혀 보자.

예제 1.6 두 사람 A와 B가 3전2선승제의 게임을 할 때 일어날 수 있는 모든 경우(각 경기의 승패를 모두 고려하여)는 몇 가지인가? 단, 무승부는 없다.

풀이

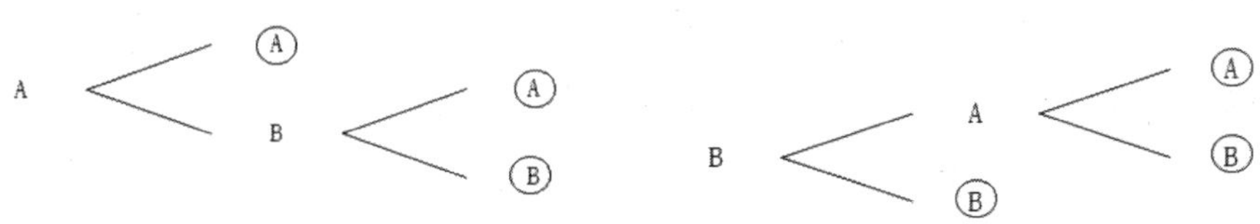

그림 1.2

위의 나무그림에 의하여 모든 경우의 수는 6이다(◯는 우승자가 결정된 것을 의미한다). ■

예제 1.7 두 사람 A와 B가 게임을 하는데, 세 경기를 먼저 이기거나 연속해서 두 경기를 이기는 사람이 우승하기로 하였다. 일어날 수 있는 모든 경우(각 경기의 승패를 모두 고려하여)는 몇 가지인가? 단, 무승부는 없다.

풀이

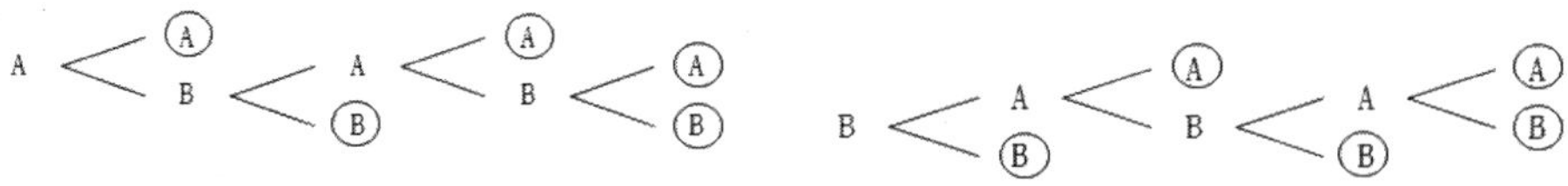

그림 1.3

위의 나무그림에 의하여 모든 경우의 수는 10이다(○는 우승자가 결정된 것을 의미한다). ■

예제 1.8 4개의 숫자 0, 1, 2, 3을 모두 사용하여 만들 수 있는 네 자리의 자연수는 모두 몇 가지인가? 또 그 중 가장 큰 수와 가장 작은 수는 얼마인가?

풀이

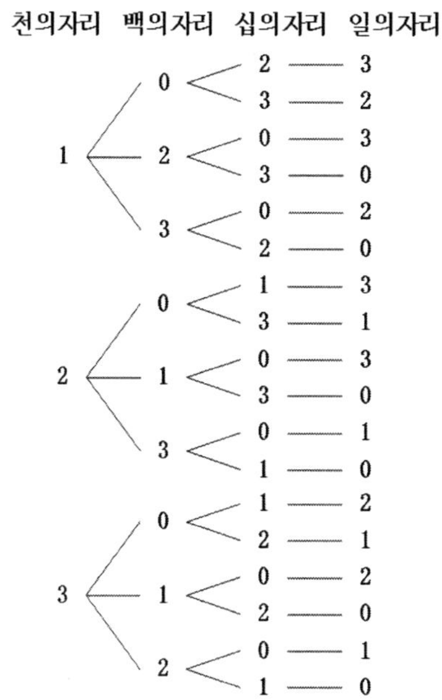

그림 1.4

위의 나무그림에 의하여 가능한 네 자리의 자연수는 모두 $3 \times 3 \times 2 \times 1 = 18$가지이다. 그 중 가장 큰 수는 3210이며, 가장 작은 수는 1023이다. ■

1.3 순열

1.3.1 순열

세 개의 문자 A, B, C를 일렬로 배열할 때 가능한 경우는 모두 몇 가지인지 생각해 보자. 나무그림을 이용할 수 있다.

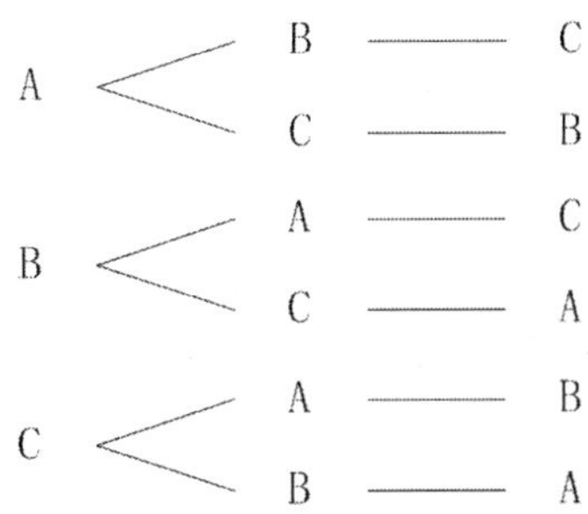

그림 1.5

위의 나무그림에 의하여 모든 경우의 수는 $3\times2\times1=6$이다.

위의 상황을 일반화해서 생각해 보면, n개의 서로 다른 원소를 일렬로 배열할 때 가능한 경우의 수는

$$n(n-1)(n-2)\times\cdots\times2\times1$$

임을 알 수 있다. 즉 n부터 1까지의 자연수를 모두 곱한 것과 같다. 이것을 $n!$로 나타내고, n의 **계승** 또는 n **팩토리얼(factorial)**이라고 읽는다.

> **✔ n의 계승**
>
> $n!=n(n-1)(n-2)\times\cdots\times2\times1$ (단, n은 양의 정수)

이번에는 4개의 문자 A, B, C, D 중에서 일부인 3개를 뽑아 일렬로 배열하는 경우를 생각해 보자. 앞에서와 같이 나무그림을 이용할 수도 있지만, 다음과 같이 생각해도 경우의 수를 쉽게 구할 수 있다. 첫째 자리에 올 수 있는 가능한 문자는 A, B, C, D 4개이다. 둘째 자리에 가능한 문자는 첫째 자리에 온 문자를 제외한 3개이다. 셋째 자리에 가능한 문자는 첫째 자리에 온 문자와 둘째 자리에 온 문자를 제외한 2개이다. 따라서 구하는 경우의 수는 $4\times3\times2=24$이다. 이 24가지를 모두 나열하면 아래와 같다.

ABC ABD ACB ACD ADB ADC
BAC BAD BCA BCD BDA BDC
CAB CAD CBA CBD CDA CDB
DAB DAC DBA DBC DCA DCB

이와 같이 4개의 서로 다른 원소 중 3개를 뽑아 일렬로 배열하는 것을 4개에서 3개를 뽑는 **순열**이라고 하고, 이 순열의 수를 ${}_4P_3$로 나타낸다. 즉 ${}_4P_3=4\times3\times2=24$이다.

같은 방법으로 5개의 문자 A, B, C, D, E 중에서 3개를 뽑아 일렬로 배열할 때 가능한 순열의 수는 ${}_5P_3 = 5\times4\times3 = 60$이 된다.

일반적으로 순열은 다음과 같이 정의된다.

> **순열(permutation)**
>
> 서로 다른 n개의 원소 중 r개를 뽑아 일렬로 배열하는 것을 n개에서 r개를 뽑는 순열이라고 한다. 또한 이 순열의 수를 ${}_nP_r$로 나타내며, 이 값은 다음과 같다.
>
> $${}_nP_r = n(n-1)(n-2)\times\cdots\times(n-r+1)\ ,\quad 1\le r\le n$$

위의 순열 공식은 $1\le r\le n-1$일 때 다음과 같이 나타낼 수도 있다.

$$\begin{aligned}{}_nP_r &= n(n-1)(n-2)\times\cdots\times(n-r+1)\\ &= \frac{n(n-1)(n-2)\times\cdots\times(n-r+1)\times(n-r)(n-r-1)\times\cdots\times2\times1}{(n-r)(n-r-1)\times\cdots\times2\times1}\\ &= \frac{n!}{(n-r)!}\qquad\cdots\cdots\cdots\cdots ①\end{aligned}$$

그런데 $r=0$일 때 즉 n개에서 1개도 안 뽑는 경우를 생각해 보면 경우의 수는 명백히 1이므로 식 ①은 $r=0$일 때도 성립한다. 또한 $r=n$일 때 즉 n개를 모두 뽑아 배열하는 경우의 수는 $n!$이므로 $0!=1$로 약속하면 식 ①은 $r=n$일 때도 성립한다. 따라서 순열 공식을 다음과 같이 나타낼 수도 있다.

> **순열 공식**
>
> $${}_nP_r = \frac{n!}{(n-r)!}\ ,\quad 0\le r\le n\qquad (단,\ 0!=1)$$

예제 1.9 다음 등식을 만족하는 n과 r의 값을 구하여라.

(1) ${}_nP_2 = 56$

(2) ${}_7P_r\times3! = 5040$

풀이

(1) ${}_nP_2 = n(n-1)$이므로 주어진 등식은 $n(n-1)=56$, 즉 $n^2-n-56=0$이다. 따라서 $(n+7)(n-8)=0$이 되는데, n은 양의 정수이므로 $n=8$이다.

(2) 양변을 3!(즉 6)로 나누면 ${}_7P_r = 840$, 즉 $\dfrac{7!}{(7-r)!} = 840$이 된다. 따라서

$$(7-r)! = \frac{7!}{840} = \frac{5040}{840} = 6$$

이므로 $7-r=3$, 즉 $r=4$를 얻는다. ■

예제 1.10 10명(A, B, ⋯, J)으로 이루어진 모임에서 회장, 부회장, 총무를 각각 1명씩 뽑으려 한다.

(1) 모두 몇 가지 경우가 있는가?

(2) 회장은 반드시 A가 맡아야 한다면 가능한 경우는 몇 가지인가?

(3) B와 C가 모두 뽑히는 건 안 된다면 가능한 경우는 몇 가지인가?

풀이

(1) 10명 중 3명을 뽑아 일렬로 배열하는 것과 같으므로 구하는 경우의 수는 ${}_{10}P_3 = 10 \times 9 \times 8 = 720$이다.

(2) 회장을 A로 정하고 나면 나머지 9명 중에서 부회장과 총무를 1명씩 뽑아야 하므로 가능한 경우의 수는 ${}_9P_2 = 9 \times 8 = 72$이다.

(※ 다음과 같이 생각할 수도 있다. 10명 중 어떤 사람이 회장이 되어도 경우의 수는 동일할 것이므로 A가 회장이 되는 경우의 수는 전체 경우의 수의 $\frac{1}{10}$, 즉 72이다.)

(3) 구하는 경우의 수는 전체 경우의 수에서 B와 C가 모두 뽑히는 경우의 수를 뺀 것이다. 우선 B와 C가 모두 뽑히는 경우의 수를 구해 보자. B가 회장, C가 부회장이 되는 경우는 나머지 8명 중 총무 1명을 뽑는 경우이므로 8가지이다. B가 회장, C가 총무가 되는 경우는 나머지 8명 중 부회장 1명을 뽑는 경우이므로 역시 8가지이다. 이런 식으로 생각하면 다음의 각 경우가 똑같이 8가지씩 있다.

B	C
회장	부회장
회장	총무
부회장	회장
부회장	총무
총무	회장
총무	부회장

따라서 B와 C가 모두 뽑히는 경우의 수는 $8 \times 6 = 48$이며, 구하는 경우의 수는 $720 - 48 = 672$이다. ■

예제 1.11 부모와 네 명의 아이가 한 줄로 설 때, 부모 사이에 두 명의 아이가 끼는 경우는 몇 가지인가?

풀이 아이의 위치를 ○로 나타내자. 우선 아빠가 맨 앞에 있고 부모 사이에 두 명의 아이가 끼는 경우는 다음과 같은 경우이다.

부○○모○○

이때 ○로 표시된 4개의 위치에 네 아이를 배치해야 하므로 가능한 경우는 $4! = 24$가지이다. 마찬가지로 다음의 경우도 가능한 경우는 24가지씩 있다.

○부○○모○

○○부○○모

그런데 아빠와 엄마가 서로 자리를 바꿀 수 있으므로 구하는 경우의 수는 $24 \times 6 = 144$이다. ■

예제 1.12 7개의 숫자 0, 1, 2, 3, 4, 5, 6 중 서로 다른 4개의 숫자를 사용하여 네 자리의 양의 정수를 만들려 한다.

(1) 이 네 자리의 양의 정수는 모두 몇 개인가?

(2) (1) 중에서 짝수는 모두 몇 개인가?

(3) (1) 중에서 4520보다 큰 것은 모두 몇 개인가?

풀이

(1) 천의 자리에 올 수 있는 숫자는 0을 제외한 6가지이다. 우선 천의 자리 숫자가 1인 경우 즉 1□□□ 꼴의 수를 생각해 보자. 이것은 나머지 6개의 숫자 중 3개를 뽑아서 3개의 □에 배열한 것이므로 ${}_6P_3 = 6 \times 5 \times 4 = 120$개다. 천의 자리 숫자가 2, 3, 4, 5, 6인 경우도 마찬가지이므로 구하는 개수는 $120 \times 6 = 720$이다.

(2) 짝수가 되려면 0, 2, 4, 6 중 하나로 끝나야 한다.

(i) □□□0 꼴: 나머지 6개의 숫자 중 3개를 뽑아서 3개의 □에 배열한 것이므로 ${}_6P_3 = 6 \times 5 \times 4 = 120$(개)

(ii) □□□2 꼴: 천의 자리에 올 수 있는 숫자는 0과 2를 제외한 5가지이고, 백의 자리와 십의 자리는 천의 자리 숫자와 2를 제외한 나머지 5개의 숫자 중 2개를 뽑아서 2개의 □에 배열한 것이다. 따라서 □□□2 꼴의 수는 $5 \times {}_5P_2 = 5 \times 5 \times 4 = 100$(개).

(iii) □□□4 꼴: □□□2 꼴과 마찬가지로 $5 \times {}_5P_2 = 100$(개).

(iv) □□□6 꼴: □□□2 꼴과 마찬가지로 $5 \times {}_5P_2 = 100$(개).

따라서 짝수는 모두 $120 + 100 + 100 + 100 = 420$개다.

(3) (i) 6□□□ 꼴: ${}_6P_3 = 120$(개)

(ii) 5□□□ 꼴: ${}_6P_3 = 120$(개)

(iii) 46□□ 꼴: ${}_5P_2 = 20$(개)

(iv) 456□ 꼴: 4개

(v) 453□ 꼴: 4개

(vi) 452□ 꼴: 3개

따라서 4520보다 큰 것은 $120 + 120 + 20 + 4 + 4 + 3 = 271$개다. ■

예제 1.13 ${}_nP_r = n \times {}_{n-1}P_{r-1}$임을 보여라(단, $n \geq 2,\ 1 \leq r \leq n$).

풀이

$$n \times {}_{n-1}P_{r-1} = n \times \frac{(n-1)!}{\{(n-1)-(r-1)\}!} = \frac{n!}{(n-r)!} = {}_nP_r$$ ■

참고 〈예제 1.13〉을 위와 같이 수식으로 간단히 증명할 수도 있지만, 다음과 같이 상황을 통해 이해하는 것도 큰 의미가 있다. 이를테면 〈예제 1.10〉 (1)의 상황을 보자. 회장, 부회장, 총무를 한 번에 다 뽑는 걸로 생각하면 경우의 수는 ${}_{10}P_3$이지만, 회장 1명을 먼저 뽑고 다음 단계로 부회장 1명과 총무 1명을 뽑는 걸로 생각할 수도 있다. 10명 중 회장 1명을 뽑는 방법은 10가지이고 그 각각의 경우에 나머지 9명 중에서 부회장 1명과 총무 1명을 뽑는 방법은 ${}_9P_2$가지이므로 전체 경우의 수는 곱의 법칙에 의해 $10 \times {}_9P_2$이다. 이렇게 두 가지 방법으로 구한 경우의 수는 같아야 하므로 ${}_{10}P_3 = 10 \times {}_9P_2$임을 알 수 있다.

1.3.2 중복순열

다섯 개의 숫자 1, 2, 3, 4, 5 중에서 중복을 허용하여 세 개를 뽑아 세 자리의 자연수를 만드는(즉 일렬로 배열하는) 경우를 생각해 보자. 먼저 백의 자리에 올 수 있는 숫자는 1, 2, 3, 4, 5 즉 5가지이다. 그 각각의 경우에 대하여 십의 자리에 올 수 있는 숫자는 (중복이 허용되므로) 역시 1, 2, 3, 4, 5의 5가지이다. 마찬가지로 일의 자리에 올 수 있는 숫자도 1, 2, 3, 4, 5의 5가지이므로 가능한 세 자리의 자연수의 개수는 곱의 법칙에 의해

$$5 \times 5 \times 5 = 125$$

이다.

이와 같이 서로 다른 5개에서 중복을 허용하여 3개를 뽑아 일렬로 배열하는 것을 5개에

서 3개를 뽑는 **중복순열**이라고 하고, 이 중복순열의 수를 ${}_5\Pi_3$으로 나타낸다. 즉 ${}_5\Pi_3 = 5^3 = 125$이다.

> **중복순열**
>
> 서로 다른 n개의 원소 중 중복을 허용하여 r개를 뽑아 일렬로 배열하는 것을 n개에서 r개를 뽑는 **중복순열**이라고 한다. 또한 이 중복순열의 수를 ${}_n\Pi_r$로 나타내며, 이 값은 다음과 같다.
>
> $${}_n\Pi_r = n^r$$

참고 비복원추출과 복원추출

몇 개에서 몇 개를 뽑는다고 할 때, 뽑는 방식에는 다음과 같이 두 가지가 있다.

(1) **비복원추출**(sampling without replacement): 한 번 꺼낸 것을 되돌려 넣지 않고 뽑아 나가는 방식. 따라서 한 원소가 두 번 이상 뽑힐 수 없다.

(2) **복원추출**(sampling with replacement): 한 번 꺼낸 것을 되돌려 넣고 뽑아 나가는 방식. 따라서 한 원소가 두 번 이상 뽑힐 수도 있다.

즉 1.3.1절의 순열은 원소들을 비복원추출하여 일렬로 배열하는 것이고, 중복순열은 원소들을 복원추출하여 일렬로 배열하는 것이다. 일반적으로(이 책에서도 마찬가지고), 몇 개에서 몇 개를 뽑는다고 할 때는 특별한 언급이 없는 한 비복원추출을 뜻한다.

예제 1.14 주사위 3개(A, B, C)를 던질 때 가능한 결과는 몇 가지인가?

풀이 6개의 숫자 1, 2, 3, 4, 5, 6에서 중복을 허용하여 3개를 뽑아 일렬로 배열할 때 나올 수 있는 경우의 수와 같다. 즉 구하는 가짓수는

$${}_6\Pi_3 = 6^3 = 216$$

이다. ■

예제 1.15 여섯 개의 숫자 0, 1, 2, 3, 4, 5가 있다.

(1) 이 중에서 서로 다른 숫자 네 개를 사용하여 만들 수 있는 네 자리의 자연수는 몇 개인가?

(2) 중복을 허용하여 숫자 네 개를 써서 만들 수 있는 네 자리의 자연수는 몇 개인가?

풀이

(1) 천의 자리에 올 수 있는 숫자는 0을 제외한 5가지이다. 이 각각에 대하여 백의 자리, 십의 자리, 일의 자리에는 천의 자리에 온 숫자를 제외한 5개의 숫자 중 3개가 뽑혀서 배열되면 되므로 ${}_5P_3$가지이다. 따라서 구하는 네 자리 자연수의 개수는 $5\times{}_5P_3 = 5\times 60 = 300$이다.

(2) 천의 자리에 올 수 있는 숫자는 0을 제외한 5가지이다. 이 각각에 대하여 백의 자리, 십의 자리, 일의 자리에는 여섯 개의 숫자 0, 1, 2, 3, 4, 5 중 어느 것이 와도 되므로 ${}_6\Pi_3$가지이다. 따라서 구하는 네 자리 자연수의 개수는 $5\times{}_6\Pi_3 = 5\times 216 = 1080$이다. ■

예제 1.16 두 집합 $A=\{1,2,3,4\}$, $B=\{a,b,c,d,e\}$가 있다. 다음 각 함수의 개수를 구하여라.

(1) A에서 B로의 함수의 개수

(2) A에서 B로의 일대일 함수의 개수

풀이

(1) B의 5개의 원소 중 중복을 허용하여 4개를 뽑아

$$1\to\square,\quad 2\to\square,\quad 3\to\square,\quad 4\to\square$$

의 □ 안에 배열하는 경우의 수와 같으므로 구하는 함수의 개수는 ${}_5\Pi_4 = 5^4 = 625$이다.

(2) B의 5개의 원소 중 중복을 허용하지 않고 4개를 뽑아

$$1\to\square,\quad 2\to\square,\quad 3\to\square,\quad 4\to\square$$

의 □ 안에 배열하는 경우의 수와 같으므로 구하는 함수의 개수는 ${}_5P_4 = 5\times4\times3\times2 = 120$이다. ■

위의 예제에서 본 것을 일반화하여 다음과 같이 알아두면 좋을 것이다.

함수의 개수

두 집합 A와 B의 원소의 개수가 각각 r, n일 때,

A에서 B로의 함수의 개수는 ${}_n\Pi_r$

A에서 B로의 일대일 함수의 개수는 ${}_nP_r$ (단, $n\ge r$)

특히 $n=r$이면 A에서 B로의 일대일 대응의 개수는 ${}_nP_n = n!$

예제 1.17 3명이 입후보한 선거에서 6명의 투표자가 투표할 때, 개표 결과 일어날 수 있는 모든 경우의 수를 구하여라. 단, 투표는 기명 투표(투표용지에 투표자가 표시된 투표)이고 어떤 투표자든 한 사람의 입후보자에게만 투표할 수 있으며, 기권이나 무효표는 없다.

풀이 6명의 투표자에 1부터 6까지 번호를 붙였다고 생각하자. i번째 투표자가 투표한 후보의 번호를 n_i로 표시하면, 각각의 n_i는 1, 2, 3 중의 하나이다. 기명 투표이므로 개표 결과는 $(n_1, n_2, \cdots, n_6)$, 즉 3개의 정수 1, 2, 3 중에서 중복을 허용하여 6개를 뽑아 일렬로 배열하는 중복순열로 표시된다. 따라서 가능한 경우의 수는 ${}_3\Pi_6 = 3^6 = 729$이다. ■

1.3.3 같은 것이 있는 경우의 순열

네 개의 문자 a, a, b, b를 일렬로 배열할 때 나올 수 있는 순열(이것을 순열 ①이라고 하자)의 수를 알아보자. 직접 일렬로 배열해 보면 다음과 같이 6가지가 있다는 것을 쉽게 알 수 있다.

$$aabb \quad abab \quad abba \quad baab \quad baba \quad bbaa$$

이번에는 문자 a가 a_1과 a_2로 구분되고 문자 b도 b_1과 b_2로 구분되어 네 개의 서로 다른 문자 a_1, a_2, b_1, b_2를 일렬로 배열할 때 나올 수 있는 순열(이것을 순열 ②라 하자)을 생각해 보자. 1.3.1절에서 다루었듯이 가능한 경우는 $4! = 24$가지이며, 이들을 모두 나열하면 다음과 같다.

$$\begin{array}{cccccc}
a_1a_2b_1b_2 & a_1b_1a_2b_2 & a_1b_1b_2a_2 & b_1a_1a_2b_2 & b_1a_1b_2a_2 & b_1b_2a_1a_2 \\
a_1a_2b_2b_1 & a_1b_2a_2b_1 & a_1b_2b_1a_2 & b_2a_1a_2b_1 & b_2a_1b_1a_2 & b_2b_1a_1a_2 \\
a_2a_1b_1b_2 & a_2b_1a_1b_2 & a_2b_1b_2a_1 & b_1a_2a_1b_2 & b_1a_2b_2a_1 & b_1b_2a_2a_1 \\
a_2a_1b_2b_1 & a_2b_2a_1b_1 & a_2b_2b_1a_1 & b_2a_2a_1b_1 & b_2a_2b_1a_1 & b_2b_1a_2a_1
\end{array}$$

이제 순열 ①과 순열 ②의 관계를 생각해 보자. 순열 ①의 하나인 $aabb$에 대해 순열 ②에서 네 가지의 순열 $a_1a_2b_1b_2, a_1a_2b_2b_1, a_2a_1b_1b_2, a_2a_1b_2b_1$이 대응되고, 순열 ①의 $abab$에 대해서도 순열 ②에서 네 가지의 순열 $a_1b_1a_2b_2, a_1b_2a_2b_1, a_2b_1a_1b_2, a_2b_2a_1b_1$이 대응되며, 순열 ①의 나머지 경우에 대해서도 순열 ②에서 네 가지씩이 대응됨을 볼 수 있다. 여기서 순열 ①의 각 경우에 대응되는 순열 ②의 가짓수인 4는 다음과 같이 설명할 수 있다. 순열 ①에서는 구별이 되지 않던 두 개의 a가 순열 ②에서는 a_1과 a_2로 구별되므로 두 개의 a의 배열에서 두 가지의 경우(즉 a_1이 먼저 나오는 경우와 a_2가 먼저 나오는 경우)가 생기며, 그 각각에 대해 두 개의 b의 배열에서도 두 가지의 경우(즉 b_1이 먼저 나오는 경우와

b_2가 먼저 나오는 경우)가 생기므로 순열 ①의 각 경우에 순열 ②에서는 네 가지씩이 대응되는 것이다(즉 $2! \times 2! = 4$).

이상의 내용을 일반화하여 다음과 같이 정리할 수 있다.

> **같은 것이 있는 경우의 순열**
>
> 각각 $n_1, n_2, \cdots, n_r$개씩 같은 물건 r 종류로 이루어져 있는 n개의 물건을 일렬로 배열할 때 가능한 경우의 수는 $\dfrac{n!}{n_1! n_2! \cdots n_r!}$이다. (단, $n_1 + n_2 + \cdots + n_r = n$)

예제 1.18 흰 공 4개, 검은 공 3개, 노란 공 5개를 일렬로 배열하는 방법은 몇 가지인가? 단, 같은 색깔의 공들은 구별이 되지 않는다.

풀이 구하는 가짓수는 $\dfrac{12!}{4!3!5!} = 27720$이다. ■

예제 1.19 배에 타고 있는 선원들이 3개의 빨간색 깃발, 4개의 파란색 깃발, 2개의 노란색 깃발, 1개의 검은색 깃발을 일렬로 배열함으로써 신호를 보낸다면, 나타낼 수 있는 신호는 모두 몇 가지인가?

풀이 구하는 가짓수는 $\dfrac{10!}{3!4!2!1!} = 12600$이다. ■

예제 1.20 'statistics'라는 단어 안에 있는 10개의 문자를 모두 일렬로 배열할 때,

(1) 배열 방법은 모두 몇 가지인가?

(2) 양 끝에 t가 오도록 배열하는 방법은 몇 가지인가?

(3) 세 개의 s가 모두 이웃하고 또한 세 개의 t가 모두 이웃하도록 배열하는 방법은 몇 가지인가?

풀이

(1) 10개의 문자 s, s, s, t, t, t, i, i, a, c의 순열의 수이므로 구하는 가짓수는 $\dfrac{10!}{3!3!2!} = 50400$이다.

(2) t○○○○○○○○t의 8개의 ○에 s, s, s, t, i, i, a, c를 배열하는 순열의 수이므로 구하는 가짓수는 $\dfrac{8!}{3!2!} = 3360$이다.

(3) sss를 S로 표시하고 ttt를 T로 표시하면 S, T, i, i, a, c를 배열하는 순열의 수이므로

구하는 가짓수는 $\frac{6!}{2!} = 360$이다. ■

1.3.4 원순열

사물을 원형으로 배열하는 것을 **원순열**이라고 한다. 예를 들어 네 사람 A, B, C, D가 원탁에 둘러앉는 경우를 생각해 보자. 먼저 아래의 네 가지 경우를 보자.

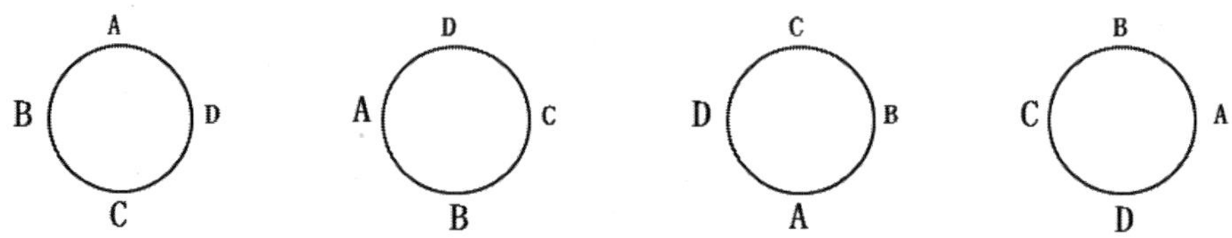

그림 1.6

이 네 가지 경우는 네 사람의 상대적인 위치가 모두 같으므로 원순열에서는 동일한 경우로 취급된다(일렬로 배열하는 보통의 순열에서는 모두 다른 경우임을 주목하라). 즉 원순열에서는 네 개의 위치를 절대적 위치로 구별하지 않는다. 그리하여 원순열에서는 다음과 같이 6개의 가능한 경우가 존재한다.

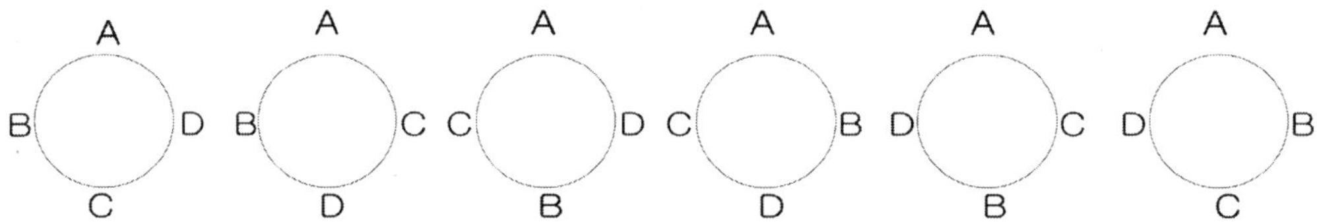

그림 1.7

이 가짓수 6은 위에서 설명한 바와 같이 보통의 순열이라면 네 가지일 것이 원순열에서는 한 가지로 취급되므로 보통의 순열의 가짓수인 4!(즉 24)을 4로 나누어서 나온 값이다.

이상의 내용을 일반화하면 다음과 같이 정리할 수 있다.

> **원순열**
>
> 서로 다른 n 개의 원소를 원형으로 배열하는 것을 **원순열**이라고 하며, 원순열의 수는 $\frac{n!}{n}$, 즉 $(n-1)!$이다.

예제 1.21 두 개의 원탁 A, B가 있다. A에는 남자 5명이 둘러앉고 B에는 여자 7명이 둘러앉는 방법은 몇 가지인가?

풀이 원탁 A에 남자 5명이 둘러앉는 방법은 $(5-1)!=24$가지이고, 이 각각의 경우에 대해 원탁 B에 여자 7명이 둘러앉는 방법은 $(7-1)!=720$가지이므로, 곱의 법칙에 의해 구하는 가짓수는 $24\times720=17280$이다. ■

예제 1.22 부모와 두 자녀 a, b가 원탁에 둘러앉을 때,

(1) 부모가 이웃하게 앉는 방법은 몇 가지인가? 이를 모두 나열하여라.

(2) 부모가 마주보도록 앉는 방법은 몇 가지인가? 이를 모두 나열하여라.

풀이

(1) 부모가 이웃하게 앉으므로 일단 부모를 한 묶음으로 보아 P로 나타내고 세 사람 P, a, b를 배치하는 문제처럼 생각하자. 그러면 원순열이므로 $(3-1)!=2$가 나오는데, 부모가 자리를 서로 바꿀 수 있으므로 구하는 가짓수는 $2\times2=4$이다. 네 가지를 나열하면 다음과 같다.

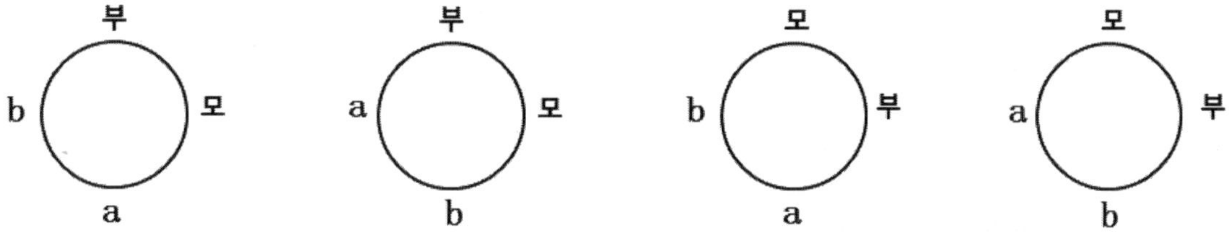

그림 1.8

〈그림 1.8〉

(2) 다음과 같이 2가지가 있다.

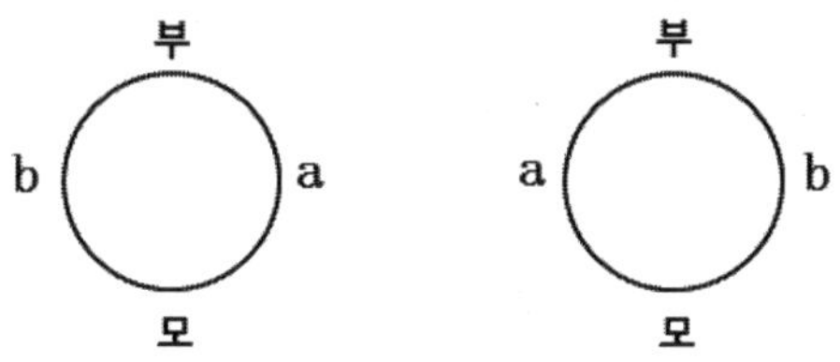

그림 1.9 ■

1.4 조합

1.4.1 조합

이를테면 다섯 사람 A, B, C, D, E로 이루어진 모임에서 회장, 부회장, 총무를 1명씩 뽑을 때와 임원 3명을 뽑을 때의 경우의 수에 관하여 생각해 보자.

(ⅰ) 회장, 부회장, 총무를 1명씩 뽑을 때

〈예제 1.10〉에서도 유사한 상황을 보았듯이 5명에서 3명을 뽑아 일렬로 배열하는 것(즉 순열)과 같으므로 가능한 경우의 수는 ${}_5P_3 = 60$이다. 이때 예를 들어 다음의 여섯 가지는 서로 다른 경우로 취급된다.

회장	부회장	총무
A	B	C
A	C	B
B	A	C
B	C	A
C	A	B
C	B	A

(ⅱ) 임원 3명을 뽑을 때

이때는 회장, 부회장, 총무의 직함 구분이 없이 그냥 임원이라고만 해서 3명을 뽑는 경우를 말한다. 이 경우에는 (ⅰ)에서 예로 든 여섯 가지 경우가 서로 구별되지 않으므로 한 가지로 취급된다.

위 (ⅱ)의 경우와 같이 n개의 서로 다른 원소 중에서 r개를 뽑는 것을 n개에서 r개를 뽑는 **조합**이라고 하고 이 조합의 수를 기호 ${}_nC_r$ 또는 $\binom{n}{r}$로 나타낸다(앞으로 이 두 기호를 상황에 따라 자유롭게 사용하겠다).

그러면 ${}_nC_r$과 ${}_nP_r$의 관계를 알아보자. 다시 5명에서 3명을 뽑는 위의 예를 통해 생각해 보자. A, B, C 3명이 임원으로 뽑혔다면 (ⅱ)에서는 가능한 여러 경우들 중 하나의 경우가 결정된 것이다. 그러나 (ⅰ)에서는 아직 하나의 경우로 결정되지 않았다. 뽑힌 3명 중 누가 회장이 되고, 누가 부회장이 되며, 누가 총무가 될 것인가를 결정해야 한다. 임원으로 뽑힌 3명이 A, B, C일 때 이렇게 3명의 직함을 결정하는 방법은 위에서 본 것과 같이 6

(즉 3!)가지가 있다. 뽑힌 3명이 A, B, D인 경우도 마찬가지이며, 다른 경우도 역시 마찬가지다. 따라서 ${}_5C_3$과 ${}_5P_3$ 사이에는 다음의 관계가 성립함을 알 수 있다.

$${}_5C_3 \times 3! = {}_5P_3, \text{ 즉 } {}_5C_3 = \frac{{}_5P_3}{3!}$$

위의 내용을 일반화하면, r이 n보다 작거나 같은 자연수일 때 ${}_nC_r$과 ${}_nP_r$ 사이에는 다음의 관계가 성립함을 알 수 있다.

$${}_nC_r = \frac{{}_nP_r}{r!}$$

그런데 $r=0$일 때, 즉 n개에서 1개도 안 뽑는 경우를 생각하면 경우의 수는 명백히 1이고 또한 1.3.1절에서 $0!=1$로 정의했으므로 위의 식은 $r=0$일 때도 성립한다.

이상의 내용을 정리하면 다음과 같다.

조합(combination)

서로 다른 n개의 원소 중 r개를 뽑는 것을 n개에서 r개를 뽑는 **조합**이라고 한다. 또한 이 조합의 수를 ${}_nC_r$ 또는 $\binom{n}{r}$로 나타내며, 이 값은 다음과 같다.

$${}_nC_r = \frac{{}_nP_r}{r!} = \frac{n!}{r!(n-r)!}, \qquad 0 \le r \le n$$

예제 1.23 12명으로 이루어진 모임에서 임원 4명을 뽑으려 한다.

(1) 가능한 경우는 몇 가지인가?

(2) 특정한 2명이 임원에 포함되어야 한다면 가능한 경우는 몇 가지인가?

풀이

(1) 구하는 경우의 수는 ${}_{12}C_4 = \frac{{}_{12}P_4}{4!} = \frac{12\times11\times10\times9}{24} = 495$이다.

(2) 특정한 2명을 임원으로 미리 뽑아놓고 나머지 10명 중 2명을 더 뽑는 것으로 생각하면 되므로, 구하는 경우의 수는 ${}_{10}C_2 = \frac{{}_{10}P_2}{2!} = \frac{10\times9}{2} = 45$이다. ■

예제 1.24 다음 관계식이 성립함을 보여라.

(1) ${}_nC_r = {}_nC_{n-r}$

(2) ${}_nC_r = {}_{n-1}C_{r-1} + {}_{n-1}C_r$ (단, (2)에서는 $n \ge 2$, $1 \le r \le n-1$)

풀이

(1) $_{n}C_{n-r}=\dfrac{n!}{(n-r)!\{n-(n-r)\}!}=\dfrac{n!}{(n-r)!r!}={}_{n}C_{r}$

(2) $$\begin{aligned}{}_{n-1}C_{r-1}+{}_{n-1}C_{r}&=\frac{(n-1)!}{(r-1)!\{(n-1)-(r-1)\}!}+\frac{(n-1)!}{r!\{(n-1)-r\}!}\\&=\frac{(n-1)!}{(r-1)!(n-r)!}+\frac{(n-1)!}{r!(n-r-1)!}\\&=\frac{(n-1)!\,r+(n-1)!\,(n-r)}{r!(n-r)!}\\&=\frac{(n-1)!\,n}{r!(n-r)!}\\&=\frac{n!}{r!(n-r)!}\\&={}_{n}C_{r}\end{aligned}$$ ■

참고 〈예제 1.24〉를 위와 같이 수식으로 증명할 수도 있지만, 다음과 같이 상황을 통해 이해하는 것도 큰 의미가 있다.

(1)의 경우: 이를테면 학생 7명을 1조 3명, 2조 4명으로 나누는 경우의 수를 생각하자. 1조에 들어갈 3명을 정하면 나머지 학생들은 자동으로 2조가 되므로 구하는 경우의 수는 7명 중 1조로 들어갈 3명을 뽑는 경우의 수인 $_{7}C_{3}$이다. 한편, 2조에 들어갈 4명을 정하면 나머지 학생들은 자동으로 1조가 되므로 구하는 경우의 수는 7명 중 2조로 들어갈 4명을 뽑는 경우의 수인 $_{7}C_{4}$이다. 따라서 $_{7}C_{3}$과 $_{7}C_{4}$는 같을 수밖에 없으며, 이 값은 35이다.

(2)의 경우: 예를 들어 5개의 문자 A, B, C, D, E 중 3개를 뽑는 경우를 생각하자. 가능한 경우의 수는 $_{5}C_{3}=10$이다. 이 10가지 경우를 모두 나열하면 다음과 같다.

① A, B, C ② A, B, D ③ A, B, E ④ A, C, D ⑤ A, C, E
⑥ A, D, E ⑦ B, C, D ⑧ B, C, E ⑨ B, D, E ⑩ C, D, E

위의 10가지 중 6가지(①~⑥)는 A가 포함된 것이고, 나머지 4가지(⑦~⑩)는 A가 포함되지 않은 것이다. A가 포함된 것의 가짓수는 A를 제외한 4개의 문자 중에서 2개를 뽑는 경우의 수이므로 $_{4}C_{2}$(즉 6)이며, A가 포함되지 않은 것의 가짓수는 A를 제외한 4개의 문자 중에서 3개를 뽑는 경우의 수인 $_{4}C_{3}$(즉 4)이다. 따라서 $_{5}C_{3}={}_{4}C_{2}+{}_{4}C_{3}$임을 알 수 있다.

예제 1.25 남학생 5명과 여학생 8명이 있다. 이 중에서 4명을 뽑을 때 남학생과 여학생이 2명씩 뽑히는 경우는 몇 가지인가?

풀이 남학생 5명 중 2명이 뽑히는 경우는 ${}_5C_2 = 10$가지이고 여학생 8명 중 2명이 뽑히는 경우는 ${}_8C_2 = 28$가지이므로, 구하는 경우의 수는 곱의 법칙에 의해 $10 \times 28 = 280$이다. ■

1

예제 1.26 시험에서 필수 과목 3개와 선택 과목이 있다. 선택 과목은 두 그룹이 있는데, A 그룹 과목 5개 중 3개를 선택해야 하고 B 그룹 과목 4개 중 2개를 선택해야 한다. 즉 총 8개 과목의 시험을 봐야 한다. 어떤 수험생이 과목을 선택해서 시험을 보는 방법은 몇 가지인가?

풀이 A 그룹 과목 5개 중 3개를 선택하는 방법은 ${}_5C_3 = 10$가지이고, B 그룹 과목 4개 중 2개를 선택하는 방법은 ${}_4C_2 = 6$가지이므로, 구하는 가짓수는 곱의 법칙에 의해 $10 \times 6 = 60$이다. ■

예제 1.27 크기가 모두 다른 7개의 빨간 공과 6개의 파란 공이 들어 있는 항아리에서 4개의 공을 꺼낼 때 파란 공이 적어도 2개 나오는 경우는 몇 가지인가?

풀이 다음과 같이 두 가지 방법으로 풀 수 있다.

(방법 1) 파란 공이 2개 나오는 경우: ${}_7C_2 \times {}_6C_2 = 21 \times 15 = 315$(가지)

파란 공이 3개 나오는 경우: ${}_7C_1 \times {}_6C_3 = 7 \times 20 = 140$(가지)

파란 공이 4개 나오는 경우: ${}_7C_0 \times {}_6C_4 = 1 \times 15 = 15$(가지)

따라서 구하는 경우의 수는 $315 + 140 + 15 = 470$(가지).

(방법 2) 모든 가능한 경우: ${}_{13}C_4 = \dfrac{13 \times 12 \times 11 \times 10}{4!} = 715$(가지)

파란 공이 0개 나오는 경우: ${}_7C_4 \times {}_6C_0 = 35 \times 1 = 35$(가지)

파란 공이 1개 나오는 경우: ${}_7C_3 \times {}_6C_1 = 35 \times 6 = 210$(가지)

따라서 구하는 경우의 수는 $715 - 35 - 210 = 470$(가지). ■

예제 1.28 A, B, C를 포함한 10명 중 6명을 뽑아 일렬로 세울 때, 다음 각 경우의 수를 구하여라.

(1) A, B, C 중 한 사람만 포함되어 있는 경우

(2) A, B, C 세 사람이 모두 포함되어 있는 경우

(3) A, B, C 세 사람이 모두 포함되고 서로 인접하여 있는 경우

풀이

(1) A, B, C 세 사람 중 1명을 뽑는 방법: ${}_3C_1 = 3$(가지)

나머지 7명 중 5명을 뽑는 방법: ${}_7C_5 = 21$(가지)

뽑힌 6명을 일렬로 세우는 방법: $6! = 720$(가지)

따라서 구하는 경우의 수는 곱의 법칙에 따라 $3 \times 21 \times 720 = 45360$(가지).

(2) A, B, C 세 사람을 미리 뽑아놓은 것으로 생각하면 되므로 나머지 7명 중 3명을 뽑는 방법의 수는 ${}_7C_3 = 35$(가지)이며, 뽑힌 6명을 일렬로 세우는 방법의 수는 $6! = 720$(가지)이다. 따라서 구하는 경우의 수는 곱의 법칙에 의해 $35 \times 720 = 25200$(가지).

(3) (2)에서와 같이 나머지 7명 중 3명을 뽑는 방법은 ${}_7C_3 = 35$가지이다. 이제 뽑힌 6명을 A, B, C 세 사람이 서로 인접하도록 일렬로 세우는 방법의 수를 생각하자. 인접할 세 사람을 한 묶음(이를 X라고 하자)으로 봐서 1명처럼 생각하여 4명(X와 나머지 3명)을 일렬로 세우는 것으로 생각하면 되므로 세우는 방법은 $4! = 24$가지인데, X 안에서 A, B, C가 자리를 바꿀 수 있으므로 $3! = 6$을 곱해야 한다. 즉 구하는 경우의 수는 $35 \times 24 \times 6 = 5040$(가지). ■

예제 1.29 평면 위에 12개의 점이 있다. 이 가운데 4개의 점은 동일 직선 위에 있고, 나머지 중 어느 세 점도 동일 직선 위에 있지 않다고 한다.

(1) 이들 중 2개 이상의 점을 이어서 되는 직선의 수를 구하여라.

(2) 이들 중 3개의 점을 꼭짓점으로 하는 삼각형의 수를 구하여라.

풀이

(1) 2개의 점에 의해 하나의 직선이 결정되므로, 만약 12개의 점 중 어느 3개도 동일 직선 위에 있지 않다면 직선의 개수는 ${}_{12}C_2 = 66$일 것이다. 그런데 4개의 점이 동일 직선 위에 있다. 만약 이 4개의 점 중 어느 3개도 동일 직선 위에 있지 않다면 이 4개의 점에 의해 ${}_4C_2 = 6$개의 직선이 만들어질 터인데, 동일 직선 위에 있으므로 만들어지는 직선은 오직 1개이다. 따라서 구하는 직선의 개수는 $66 - 6 + 1 = 61$이다.

(2) 동일 직선 위에 있지 않은 3개의 점에 의해 하나의 삼각형이 결정되므로, 만약 12개의 점 중 어느 3개도 동일 직선 위에 있지 않다면 삼각형의 개수는 ${}_{12}C_3 = 220$일 것이다. 그런데 4개의 점이 동일 직선 위에 있다. 만약 이 4개의 점 중 어느 3개도 동일 직선 위에 있지 않다면 이 4개의 점에 의해 ${}_4C_3 = 4$개의 직선이 만들어질 터인데, 동일 직선 위에 있으므로 만들어지는 삼각형은 1개도 없다. 따라서 구하는 삼각형의 개수는 $220 - 4 = 216$이다. ■

예제 1.30 n개의 원소를 가진 집합 A의 부분집합의 개수를 구하여라.

풀이

(방법 1) 집합 A의 n개의 원소 각각에 관해 생각할 때, 부분집합이 이 원소를 포함하느냐 포함하지 않느냐의 두 가지 경우가 있다. 따라서 모든 가능한 경우는 곱의 법칙에 의해 $2\times2\times\cdots\times2=2^n$가지가 있으며, 이것이 A의 부분집합의 개수이다.

(방법 2) A의 부분집합의 원소의 개수로 가능한 것은 $0, 1, 2, \cdots, n-1, n$이다. $r(\le n)$개의 원소로 이루어진 부분집합의 개수는 ${}_nC_r$이므로 A의 부분집합의 개수는

$${}_nC_0+{}_nC_1+{}_nC_2+\cdots+{}_nC_{n-1}+{}_nC_n$$

이다.

(※ 방법 1과 방법 2의 결과가 일치하여야 하므로

$${}_nC_0+{}_nC_1+{}_nC_2+\cdots+{}_nC_{n-1}+{}_nC_n=2^n$$

임을 알 수 있다. 이 결과는 1.5.1절의 이항정리에서도 밝혀진다.) ■

이해를 돕기 위해 〈예제 1.30〉의 예를 든다. $A=\{a, b, c\}$라 하자. 즉 $n=3$인 경우이다. A의 부분집합을 원소의 개수에 따라 쓰면 다음과 같다.

원소가 0개인 것: $\varnothing$ ⇨ ${}_3C_0=1$개
원소가 1개인 것: $\{a\}, \{b\}, \{c\}$ ⇨ ${}_3C_1=3$개
원소가 2개인 것: $\{a, b\}, \{a, c\}, \{b, c\}$ ⇨ ${}_3C_2=3$개
원소가 3개인 것: $\{a, b, c\}$ ⇨ ${}_3C_3=1$개

따라서 A의 부분집합의 개수는 ${}_3C_0+{}_3C_1+{}_3C_2+{}_3C_3=8=2^3$이다.

예제 1.31 어떤 모임에서 특정 안건에 대한 찬반투표를 하여 회원의 과반수가 찬성하는 경우 안건을 채택하기로 하였는데, 투표 결과 안건이 채택되었다고 하자. 각 회원의 찬성 여부를 생각할 때 가능한 경우는 몇 가지인가? 다음의 각 경우에 대하여 구하여라. 기권이나 무효표는 없다고 한다.

(1) 회원이 11명인 경우
(2) 회원이 10명인 경우

풀이

(1) 6명 이상이 찬성한 경우에 안건이 채택되므로, 구하는 경우의 수는

$${}_{11}C_6+{}_{11}C_7+{}_{11}C_8+{}_{11}C_9+{}_{11}C_{10}+{}_{11}C_{11}\text{이다.}$$

(방법 1) 위의 식을 직접 계산하면 $462+330+165+55+11+1=1024$를 얻는다.

(방법 2) 〈예제 1.24〉의 (1)에서 보인 성질 ${}_nC_r = {}_nC_{n-r}$를 이용하면

$$\begin{aligned} &{}_{11}C_6 + {}_{11}C_7 + {}_{11}C_8 + {}_{11}C_9 + {}_{11}C_{10} + {}_{11}C_{11} \\ &= {}_{11}C_5 + {}_{11}C_4 + {}_{11}C_3 + {}_{11}C_2 + {}_{11}C_1 + {}_{11}C_0 \end{aligned}$$

이므로, 구하는 경우의 수는 $\frac{1}{2}({}_{11}C_0 + {}_{11}C_1 + \cdots + {}_{11}C_{10} + {}_{11}C_{11})$과 같다. 그런데 〈예제 1.30〉에서 본 바와 같이 ${}_nC_0 + {}_nC_1 + \cdots + {}_nC_{n-1} + {}_nC_n = 2^n$이므로 이것을 이용하면, 구하는 경우의 수는 $\frac{1}{2} \times 2^{11} = 2^{10} = 1024$이다.

(2) 6명 이상이 찬성한 경우에 안건이 채택되므로, 구하는 경우의 수는

$${}_{10}C_6 + {}_{10}C_7 + {}_{10}C_8 + {}_{10}C_9 + {}_{10}C_{10}\text{이다.}$$

(방법 1) 위의 식을 직접 계산하면 $210+120+45+10+1=386$을 얻는다.

(방법 2) ${}_{10}C_0 + {}_{10}C_1 + \cdots + {}_{10}C_9 + {}_{10}C_{10} = 2^{10}$을 이용한다.

${}_{10}C_6 + {}_{10}C_7 + {}_{10}C_8 + {}_{10}C_9 + {}_{10}C_{10} = {}_{10}C_4 + {}_{10}C_3 + {}_{10}C_2 + {}_{10}C_1 + {}_{10}C_0$

이므로, 구하는 경우의 수는 $\frac{1}{2}(2^{10} - {}_{10}C_5) = \frac{1}{2}(1024-252) = 386$이다. ■

1.4.2 중복조합

이를테면 3개의 숫자 1, 2, 3에서 중복을 허용하여 4개를 뽑을 때 나올 수 있는 경우들을 생각해 보자. 배열 순서는 생각하지 않는다. 모든 가능한 경우를 나열해 보면 다음과 같이 15가지가 있다.

(a) 1, 1, 1, 1	(b) 1, 1, 1, 2	(c) 1, 1, 1, 3	(d) 1, 1, 2, 2
(e) 1, 1, 2, 3	(f) 1, 1, 3, 3	(g) 1, 2, 2, 2	(h) 1, 2, 2, 3
(i) 1, 2, 3, 3	(j) 1, 3, 3, 3	(k) 2, 2, 2, 2	(l) 2, 2, 2, 3
(m) 2, 2, 3, 3	(n) 2, 3, 3, 3	(o) 3, 3, 3, 3	

일반적으로 n개의 서로 다른 원소 중에서 중복을 허용하여 r개를 뽑는 것을 n개에서 r개를 뽑는 **중복조합**이라고 하고 이 중복조합의 수를 기호 ${}_nH_r$로 나타낸다. 중복이 허용되지 않는 조합에서는 $r \le n$이어야 하는 데 반해 중복조합에서는 $r > n$일 수도 있음을 주목하기 바란다.

위의 예에서는 n과 r의 값이 작기 때문에 모든 경우를 나열함으로써 ${}_3H_4 = 15$라는 것을 어렵지 않게 구할 수 있었다. 그러면 역시 같은 방법으로 이를테면 ${}_{15}H_5$의 값을 구할

수 있을까? 모든 경우를 나열함으로써 이 값을 구하는 것은 거의 불가능할 것이다. 설사 초인적인 끈기를 발휘해서 구한다 해도, 상상을 초월하는 시간을 필요로 할 뿐 아니라 정확하지 않은 값을 얻을 가능성이 매우 크다. 따라서 ${}_nH_r$의 값을 구하는 일반적인 공식을 구할 필요가 있다(${}_nP_r$과 ${}_nC_r$ 및 ${}_n\Pi_r$의 경우도 마찬가지지만).

${}_nP_r$과 ${}_nC_r$ 및 ${}_n\Pi_r$의 값을 구하는 공식은 쉽게 유도할 수 있었다. ${}_nH_r$의 공식을 이끌어내는 과정은 그보다 약간 어렵지만 그리 복잡하지는 않다. 유도 과정은 다음과 같다.

${}_nH_r$은 서로 다른 n개의 원소 중에서 중복을 허용하여 r개를 뽑는 방법의 수이므로 $x_1+x_2+\cdots+x_n=r$을 만족하는 음이 아닌 정수의 순서쌍 $(x_1, x_2, \cdots, x_n)$의 개수와 같다(여기서 x_i는 i번째의 원소가 뽑힌 횟수를 나타낸다. $i=1, 2, \cdots, n$). 이것은 r개의 ○를 그려놓고 $(n-1)$개의 /를 그음으로써 이를 n개의 부분으로 구분할 때 나올 수 있는 경우의 수와 같은데, 이것은 결국 r개의 ○와 $(n-1)$개의 /를 배열하는 경우의 수와 같다(아래의 〈예 1.1〉 참조). 따라서 ${}_nH_r$의 값은 다음과 같다.

$${}_nH_r = \frac{(r+n-1)!}{r!(n-1)!} = {}_{n+r-1}C_r$$

예 1.1 $n=8, r=5$인 경우 ⇨ 5개의 ○와 7개의 /를 배열

//○/○○///○/○

$(x_1=x_2=0, x_3=1, x_4=2, x_5=x_6=0, x_7=x_8=1$인 경우이다.) ■

위의 설명이 다소 어렵게 느껴지는 독자는 다음의 설명을 보면 좀 더 쉽게 이해가 될 것이다. 3개의 숫자 1, 2, 3에서 4개를 뽑는 중복조합을 다시 생각하자. 아래의 〈예 1.2〉에서 왼쪽 (a)~(o)는 앞에서 나열한 15가지를 다시 쓴 것이다. 이 15가지 각각에는 중복을 포함하여 4개씩의 숫자가 배열되어 있다. 여기서 첫째 숫자는 그대로 두고 둘째, 셋째, 넷째 숫자에 각각 1, 2, 3을 더해서 그 결과를 오른쪽에 나타냈다. 예를 들면, 1, 1, 1, 1은 1, 2, 3, 4로, 1, 1, 1, 2는 1, 2, 3, 5로 변환되는 것이다. 그러면 결과적으로 오른쪽에 만들어진 것은 6개의 숫자 1, 2, 3, 4, 5, 6에서 중복을 허용하지 않고 4개의 숫자를 뽑은 ${}_{3+4-1}C_4={}_6C_4=15$가지의 경우이다. 이것을 일반화하여 생각하면 관계식 ${}_nH_r={}_{n+r-1}C_r$을 얻을 수 있다.

예 1.2 3개의 숫자 1, 2, 3에서 4개를 뽑는 중복조합

		둘째 수+1, 셋째 수+2, 넷째 수+3 →
(a)	1, 1, 1, 1	1, 2, 3, 4
(b)	1, 1, 1, 2	1, 2, 3, 5
(c)	1, 1, 1, 3	1, 2, 3, 6
(d)	1, 1, 2, 2	1, 2, 4, 5
(e)	1, 1, 2, 3	1, 2, 4, 6
(f)	1, 1, 3, 3	1, 2, 5, 6
(g)	1, 2, 2, 2	1, 3, 4, 5
(h)	1, 2, 2, 3	1, 3, 4, 6
(i)	1, 2, 3, 3	1, 3, 5, 6
(j)	1, 3, 3, 3	1, 4, 5, 6
(k)	2, 2, 2, 2	2, 3, 4, 5
(l)	2, 2, 2, 3	2, 3, 4, 6
(m)	2, 2, 3, 3	2, 3, 5, 6
(n)	2, 3, 3, 3	2, 4, 5, 6
(o)	3, 3, 3, 3	3, 4, 5, 6
	${}_3H_4 = 15$가지	${}_{3+4-1}C_4 = {}_6C_4 = 15$가지

■

위의 예에서 숫자 1, 2, 3이 뽑힌 횟수를 각각 x_1, x_2, x_3로 나타내자. 그러면 x_1, x_2, x_3는 음이 아닌 정수이며 $x_1 + x_2 + x_3 = 4$이다. 이때 가능한 순서쌍 (x_1, x_2, x_3)의 가짓수가 ${}_3H_4$, 즉 15이다. 이 15가지는 다음과 같다(차례로 위의 (a), (b), ⋯, (o)에 대응된다).

(a) (4, 0, 0)	(b) (3, 1, 0)	(c) (3, 0, 1)	(d) (2, 2, 0)	(e) (2, 1, 1)
(f) (2, 0, 2)	(g) (1, 3, 0)	(h) (1, 2, 1)	(i) (1, 1, 2)	(j) (1, 0, 3)
(k) (0, 4, 0)	(l) (0, 3, 1)	(m) (0, 2, 2)	(n) (0, 1, 3)	(o) (0, 0, 4)

중복조합

서로 다른 n개의 원소 중 중복을 허용하여 r개를 뽑는 것을 n개에서 r개를 뽑는 **중복조합**이라고 한다. 또한 이 중복조합의 수를 ${}_nH_r$로 나타내며, 이 값은 다음과 같다.

$$ {}_nH_r = \frac{(r+n-1)!}{r!(n-1)!} = {}_{n+r-1}C_r $$

또한 ${}_nH_r$은 $x_1 + x_2 + \cdots + x_n = r$을 만족하는 음이 아닌 정수의 순서쌍 $(x_1, x_2, \cdots, x_n)$의 개수와 같다.

예제 1.32 4개의 문자 a, b, c, d에서 중복을 허용하여 3개를 뽑을 때 나올 수 있는 경우의 수를 구하고 그것들을 모두 나열하여라.

풀이 가능한 경우의 수는 ${}_4H_3 = {}_6C_3 = 20$이고 모두 나열하면 다음과 같다.

aaa	aab	aac	aad	abb	abc	abd	acc	acd	add
bbb	bbc	bbd	bcc	bcd	bdd	ccc	ccd	cdd	ddd ■

예제 1.33 다음 방정식을 만족하는 정수해 (x, y, z)는 몇 개인가?

$$x+y+z=16 \ (\text{단, } x \geq 0, y \geq 3, z \geq 4)$$

풀이 $y'=y-3$, $z'=z-4$로 놓으면, x, y', z'은 음이 아닌 정수들이다. 주어진 방정식에 $y=y'+3$, $z=z'+4$를 대입하면, 다음의 방정식이 된다.

$$x+y'+z'=9 \ (\text{단, } x \geq 0, y' \geq 0, z' \geq 0) \quad \cdots\cdots\cdots\cdots ①$$

원래의 방정식의 정수해 (x, y, z)의 개수는 방정식 ①의 정수해 (x, y', z')의 개수와 같으므로 ${}_3H_9 = {}_{11}C_9 = 55$이다. ■

예제 1.34 3명이 입후보한 선거에서 6명의 투표자가 투표한다. 투표는 무기명 투표(투표용지에 투표자가 표시되지 않은 투표)이고 어떤 투표자든 한 사람의 입후보자에게만 투표할 수 있으며, 기권이나 무효표는 없다.

(1) 개표 결과 일어날 수 있는 모든 경우의 수를 구하여라.

(2) (1)의 모든 경우를 나열하여라.

풀이

(1) 투표용지가 투표자에 따라 구별되지 않으므로 개표 결과는 각 후보가 몇 표씩 득표했는지에 의해서만 구별된다. 그러므로 가능한 경우의 수는 $x_1+x_2+x_3=6$를 만족하는 음이 아닌 정수의 순서쌍 (x_1, x_2, x_3)의 개수와 같다. 여기서 x_i는 i번째 후보의 득표수이다. 즉 구하는 경우의 수는 ${}_3H_6 = {}_8C_6 = 28$이다.

(2) 28가지를 모두 나열하면 다음과 같다.

(0, 0, 6) (0, 1, 5) (0, 2, 4) (0, 3, 3) (0, 4, 2) (0, 5, 1) (0, 6, 0)
(1, 0, 5) (1, 1, 4) (1, 2, 3) (1, 3, 2) (1, 4, 1) (1, 5, 0)
(2, 0, 4) (2, 1, 3) (2, 2, 2) (2, 3, 1) (2, 4, 0)
(3, 0, 3) (3, 1, 2) (3, 2, 1) (3, 3, 0)
(4, 0, 2) (4, 1, 1) (4, 2, 0)

$$(5,\ 0,\ 1) \quad (5,\ 1,\ 0)$$
$$(6,\ 0,\ 0)$$
■

1.3.2절의 중복순열과 이 절의 중복조합이 우리 사회에 적용되는 대표적인 경우가 바로 투표이다. 〈예제 1.17〉과 〈예제 1.34〉에서 본 바와 같이, **중복순열은 기명 투표**에 적용되고 **중복조합은 무기명 투표**에 적용된다. 〈예제 1.17〉에서 가령 (1,1,2,2,2,3)과 (2,2,2,3,1,1)은 서로 다른 경우이지만, 〈예제 1.34〉에서는 이 두 가지 경우가 구별되지 않고 1번 후보 2표, 2번 후보 3표, 3번 후보 1표라는 한 가지 경우로만 취급된다.

1.4.3 사물을 여러 그룹으로 나누기

가령 9명의 학생을 1조 3명, 2조 2명, 3조 2명, 4조 2명으로 나누는 경우를 생각해 보자. 먼저 9명 중 1조로 들어갈 3명을 뽑는 방법은 ${}_9C_3 = 84$가지이다. 그 각각의 경우에 대해 나머지 6명 중 2조로 들어갈 2명을 뽑는 방법은 ${}_6C_2 = 15$가지이다. 따라서 1조와 2조의 편성까지만 생각하면 가능한 경우는 $84 \times 15 = 1260$가지이다. 이 1260가지 각각의 경우에 대해 나머지 4명 중 3조로 들어갈 2명을 뽑는 방법은 ${}_4C_2 = 6$가지이다. 3조까지 편성되면 나머지 2명은 자동으로 4조가 되므로 편성은 끝난 것이다. 따라서 모든 가능한 경우의 수는 $1260 \times 6 = 7560$이다. 이 수를 조합 기호를 사용하여 다시 나타내 보면 다음과 같이 쓸 수 있다.

$${}_9C_3 \times {}_6C_2 \times {}_4C_2 = \frac{9!}{3!\,6!} \times \frac{6!}{2!\,4!} \times \frac{4!}{2!\,2!} = \frac{9!}{3!\,2!\,2!\,2!} = 7560$$

(※ 여기서 조의 편성을 1조, 2조, 3조, 4조의 순으로 했는데, 다른 어떤 순서로 해도 같은 결과를 얻게 된다. 각자 확인해 보기 바란다.)

위의 내용을 일반화하면 다음의 결과를 얻는다.

사물을 여러 그룹으로 나누기

서로 다른 n개의 원소를 i번째 그룹에 n_i개의 원소가 포함되도록 하여 $(i = 1, 2, \cdots, r)$ r개의 그룹으로 나누는 방법의 수(이것을 기호 $\binom{n}{n_1, n_2, \cdots, n_r}$로 표시하기도 한다)는

$$\binom{n}{n_1, n_2, \cdots, n_r} = \frac{n!}{n_1!\,n_2! \cdots n_r!} \quad (\text{단, } n_1 + n_2 + \cdots + n_r = n\ )$$

위의 결과는 다음과 같이 증명된다. 앞에서 예로 든 경우와 똑같은 증명 방법이지만, 다시 한 번 보이겠다(1.4.1절에서 언급한 바와 같이 $\binom{n}{n_1}$ 등은 ${}_nC_{n_1}$ 등과 똑같은 의미의 기호이다).

$$\begin{aligned}\binom{n}{n_1, n_2, \cdots, n_r} &= \binom{n}{n_1}\binom{n-n_1}{n_2}\cdots\binom{n-n_1-n_2-\cdots-n_{r-2}}{n_{r-1}} \\ &= \frac{n!}{n_1!(n-n_1)!}\frac{(n-n_1)!}{n_2!(n-n_1-n_2)!}\cdots\frac{(n-n_1-n_2-\cdots-n_{r-2})!}{n_{r-1}!(n-n_1-n_2-\cdots-n_{r-2}-n_{r-1})!} \\ &= \frac{n!}{n_1!n_2!\cdots n_{r-1}!n_r!}\end{aligned}$$

위의 식을 보면 그 형태가 1.3.3절에서 다룬, 같은 것이 있는 경우의 순열 공식과 똑같음을 알 수 있다. 사물을 여러 그룹으로 나누기와, 같은 것이 있는 경우의 순열은 얼핏 생각하면 전혀 다른 문제처럼 느껴지는데, 이렇게 동일한 형태의 공식이 나오는 이유는 무엇일까? 다음의 예제를 통해서 이해해 보자.

예제 1.35 4명의 회원(A, B, C, D)을 회장 1명, 부회장 1명, 평회원 2명으로 나누는 방법은 몇 가지인가? 또 그것들을 모두 나열하여라.

풀이 $n=4, r=3, n_1=1, n_2=1, n_3=2$인 경우이므로 가능한 방법은 $\frac{4!}{1!1!2!}=12$가지이며, 모두 나열하면 아래 왼쪽 부분의 (a)~(l)과 같다.

	회장	부회장	평회원		A	B	C	D
(a)	A	B	C, D		회	부	평	평
(b)	A	C	B, D		회	평	부	평
(c)	A	D	B, C		회	평	평	부
(d)	B	A	C, D		부	회	평	평
(e)	B	C	A, D	1:1 대응	평	회	부	평
(f)	B	D	A, C	⟷	평	회	평	부
(g)	C	A	B, D		부	평	회	평
(h)	C	B	A, D		평	부	회	평
(i)	C	D	A, B		평	평	회	부
(j)	D	A	B, C		부	평	평	회
(k)	D	B	A, C		평	부	평	회
(l)	D	C	A, B		평	평	부	회

위의 왼쪽과 같이 회원들을 나누는 것을 오른쪽과 같이 나타낼 수도 있다. 4명의 회원(A,

B, C, D)을 앉혀놓고 직함을 적은 4장의 카드('회'자 1장, '부'자 1장, '평'자 2장)를 준비하여 4명에게 나눠주는 경우를 생각하면 오른쪽의 12가지 경우가 가능한데, 이것은 바로 같은 것이 있는 경우의 순열이다. 왼쪽의 12가지와 오른쪽의 12가지가 1:1로 대응하므로, 사물을 여러 그룹으로 나누기와, 같은 것이 있는 경우의 순열이 동일한 형태의 공식을 얻게 되는 것이다. ■

예제 1.36 10명(남자 5명과 여자 5명)으로 이루어진 모임에서 회장 1명, 부회장 2명, 총무 2명을 뽑으려 한다.

(1) 가능한 방법은 몇 가지인가?

(2) 부회장과 총무는 공히 남녀 1명씩 뽑는다면 가능한 방법은 몇 가지인가?

풀이

(1) 10명을 회장 1명, 부회장 2명, 총무 2명, 평회원 5명으로 나누는 것이므로 구하는 가짓수는 $\frac{10!}{1!2!2!5!}=7560$이다.

(2) **(방법 1)** 남자가 회장이 되는 경우 ⇨ 남자 5명을 회장 1명, 부회장 1명, 총무 1명, 평회원 2명으로 나누는 방법의 수는 $\frac{5!}{1!1!1!2!}=60$이고, 여자 5명을 부회장 1명, 총무 1명, 평회원 3명으로 나누는 방법의 수는 $\frac{5!}{1!1!3!}=20$이므로 $60\times 20=1200$(가지).

여자가 회장이 되는 경우 ⇨ 남자와 여자를 바꿔서 생각하면 역시 1200가지.

따라서 구하는 가짓수는 $1200+1200=2400$이다.

(방법 2) 먼저 10명 중 회장 1명을 뽑는 방법은 10가지이다. 다음으로 회장과 같은 성별에서 부회장과 총무를 1명씩 뽑는 방법의 수는 ${}_4P_2=12$이고 회장과 다른 성별에서 부회장과 총무를 1명씩 뽑는 방법의 수는 ${}_5P_2=20$이므로 구하는 가짓수는 $10\times 12\times 20=2400$이다. ■

예제 1.37 서로 다른 9권의 책이 있다. 이들을 다음과 같이 세 묶음으로 나누는 방법의 수를 구하여라. 단, 세 묶음에 번호나 이름을 붙이지 않는다.

(1) 2권, 3권, 4권

(2) 2권, 2권, 5권

(3) 3권, 3권, 3권

풀이

(1) 세 묶음에 들어갈 책의 수가 모두 다르므로 1조 2권, 2조 3권, 3조 4권인 경우처럼 생

각하면 된다. 따라서 구하는 가짓수는 $\binom{9}{2,3,4}=\frac{9!}{2!3!4!}=1260$이다.

(2) 일단 $\binom{9}{2,2,5}=\frac{9!}{2!2!5!}=756$인데, 이 756가지 중에는 예컨대 1조 $=\{a,b\}$, 2조 $=\{c,d\}$인 경우와 1조 $=\{c,d\}$, 2조 $=\{a,b\}$인 경우가 별개의 경우로 포함되어 있다. 그런데 세 묶음이 번호나 이름으로 구별되지 않으므로 이 두 가지 경우는 같은 경우로 보아야 한다. 따라서 구하는 가짓수는 $\frac{756}{2}=378$이다.

(3) 일단 $\binom{9}{3,3,3}=\frac{9!}{3!3!3!}=1680$인데, 세 묶음에 들어갈 책의 수가 모두 같으므로 (2)에서와 같은 원리에 따라 이것을 3!로 나눠야 한다. 즉 구하는 가짓수는 $\frac{1680}{3!}=280$이다. ■

예제 1.38 〈예제 1.37〉의 각 경우에 책을 세 묶음으로 나눠서 세 사람 A, B, C에게 나누어 주는 것까지 생각한다면 몇 가지 방법이 있는가?

풀이 세 묶음을 세 사람에게 나누어 주는 방법은 3!가지이므로 〈예제 1.37〉의 답에 각각 3!을 곱해야 한다.

(1) $1260\times 6=7560$(가지)

(2) $378\times 6=2268$(가지)

(3) $280\times 6=1680$(가지) ■

1.5 이항정리와 다항정리

1.5.1 이항정리

$(a+b)^2$과 $(a+b)^3$을 전개하면 다음과 같이 됨을 잘 알고 있다.

$$(a+b)^2=a^2+2ab+b^2$$
$$(a+b)^3=a^3+3a^2b+3ab^2+b^3$$

그러면 일반적으로 n이 양의 정수일 때, $(a+b)^n$의 전개식은 어떻게 될까? 이것을 알아내기 위해 $n=3$인 경우를 자세히 살펴보자. 먼저 $(a+b_1)(a+b_2)(a+b_3)$을 전개하여 a에 관해 정리하면 다음과 같다.

$$(a+b_1)(a+b_2)(a+b_3)=a^3+a^2(b_1+b_2+b_3)+a(b_1b_2+b_1b_3+b_2b_3)+b_1b_2b_3$$

여기서 a^2의 계수는 $b_1+b_2+b_3$이고 그 항수는 b_1, b_2, b_3 3개에서 1개를 뽑은 조합의 수 즉 ${}_3C_1=3$이며, a의 계수는 $b_1b_2+b_1b_3+b_2b_3$이고 그 항수는 b_1, b_2, b_3 3개에서 2개를 뽑은 조합의 수, 즉 ${}_3C_2=3$이라는 것을 알 수 있다.

위의 식에서 $b_1=b_2=b_3=b$인 경우를 생각하면

$$(a+b)^3=a^3+{}_3C_1a^2b+{}_3C_2ab^2+b^3$$

이 되는데, a^3의 계수인 1은 ${}_3C_0$, b^3의 계수인 1은 ${}_3C_3$으로 볼 수 있으므로 다음과 같이 다시 나타낼 수 있다.

$$(a+b)^3={}_3C_0a^3+{}_3C_1a^2b+{}_3C_2ab^2+{}_3C_3b^3$$

위의 내용을 일반화하여 생각하면 n이 양의 정수일 때 $(a+b)^n$의 전개식도 유추할 수 있으며, 그 결과를 정리하면 다음과 같다. 이것을 이항정리라고 한다.

이항정리(binomial theorem)

n이 양의 정수일 때,

$$\begin{aligned}(a+b)^n &= {}_nC_0a^n+{}_nC_1a^{n-1}b+{}_nC_2a^{n-2}b^2+\cdots+{}_nC_{n-1}ab^{n-1}+{}_nC_nb^n\\ &=\sum_{r=0}^{n}{}_nC_ra^{n-r}b^r\left(=\sum_{r=0}^{n}{}_nC_ra^rb^{n-r}\right)\end{aligned}$$

(※ ${}_nC_r$을 이항계수(binomial coefficient)라고 한다.)

이제 이항정리를 정식으로 증명해 보자. 수학적 귀납법으로 증명할 수 있다. 수학적 귀납법이란, 명제를 다음과 같은 방식으로 증명하는 방법이다.

참고 수학적 귀납법(mathematical induction)

어떤 명제 $P(n)$이 임의의 자연수 n에 대하여 성립함을 증명하려면 다음의 두 가지를 증명하면 된다.

(i) $n=1$일 때 명제 $P(n)$이 성립한다.

(ii) $n=k$일 때 명제 $P(n)$이 성립한다고 가정하면 $n=k+1$일 때도 명제 $P(n)$이 성립한다.

이항정리의 증명

(i) $n=1$일 때

$$\sum_{r=0}^{1} {}_1C_r a^{1-r} b^r = {}_1C_0 a^1 b^0 + {}_1C_1 a^0 b^1 = a+b = (a+b)^1$$

이므로 성립한다.

(ii) $n=k$일 때 성립한다고 가정하자. 그러면

$$\begin{aligned}(a+b)^{k+1} &= (a+b)(a+b)^k \\ &= (a+b)(a^k + {}_kC_1 a^{k-1}b + \cdots + {}_kC_{r-1}a^{k-r+1}b^{r-1} + {}_kC_r a^{k-r}b^r \\ &\qquad + \cdots + {}_kC_{k-1}ab^{k-1} + b^k)\end{aligned}$$

이다. 이 중 $b^r\ (r=1, 2, \cdots, k)$을 포함하는 항은

$$\begin{aligned}b\,{}_kC_{r-1}a^{k-r+1}b^{r-1} + a\,{}_kC_r a^{k-r}b^r &= ({}_kC_{r-1} + {}_kC_r)a^{k+1-r}b^r \\ &= {}_{k+1}C_r\, a^{k+1-r}b^r\end{aligned}$$

이다. 그런데 b^0을 포함하는 항은 $a \cdot a^k = a^{k+1}$이고 b^{k+1}을 포함하는 항은 $b \cdot b^k = b^{k+1}$이므로 $r=0, 1, \cdots, k, k+1$에 대해, b^r을 포함하는 항은 ${}_{k+1}C_r\, a^{k+1-r}b^r$임을 알 수 있다. 즉

$$(a+b)^{k+1} = \sum_{r=0}^{k+1} {}_{k+1}C_r\, a^{k+1-r}b^r$$

이다. 이것은 $n=k+1$일 때도 이항정리가 성립함을 나타낸다.

(i)과 (ii)에 의해 모든 양의 정수 n에 대하여 이항정리가 성립한다. ■

예제 1.39 다음 식들을 전개하여라.

(1) $(a+b)^5$ (2) $(2x+3y)^4$ (3) $(2-x)^6$

풀이

(1) $(a+b)^5 = {}_5C_0a^5 + {}_5C_1a^4b + {}_5C_2a^3b^2 + {}_5C_3a^2b^3 + {}_5C_4ab^4 + {}_5C_5b^5$

$= a^5 + 5a^4b + 10a^3b^2 + 10a^2b^3 + 5ab^4 + b^5$

(2) $(2x+3y)^4 = (2x)^4 + {}_4C_1(2x)^3(3y) + {}_4C_2(2x)^2(3y)^2 + {}_4C_3(2x)(3y)^3 + (3y)^4$

$= 16x^4 + 96x^3y + 216x^2y^2 + 216xy^3 + 81y^4$

(3) $(2-x)^6 = \{2+(-x)\}^6$

$= 2^6 + {}_6C_1 \cdot 2^5 \cdot (-x) + {}_6C_2 \cdot 2^4 \cdot (-x)^2 + {}_6C_3 \cdot 2^3 \cdot (-x)^3$

$+ {}_6C_4 \cdot 2^2 \cdot (-x)^4 + {}_6C_5 \cdot 2 \cdot (-x)^5 + (-x)^6$

$= 64 - 192x + 240x^2 - 160x^3 + 60x^4 - 12x^5 + x^6$ ■

참고 **파스칼의 삼각형(Pascal's triangle)**

이항계수들을 다음과 같이 구하는 방법도 있다. 〈그림 1.10〉에서 각 줄의 양 끝에 있는 두 수는 ${}_nC_0=1$과 ${}_nC_n=1$이며, 그 사이의 수들(${}_nC_1, {}_nC_2, \cdots, {}_nC_{n-1}$) 각각은 왼쪽 위의 수와 오른쪽 위의 수를 합하여 구할 수 있다. 이것은 〈예제 1.24〉의 (2)에서 증명한 성질인

$${}_nC_r = {}_{n-1}C_{r-1} + {}_{n-1}C_r \quad (\text{단, } n \geq 2,\ 1 \leq r \leq n-1)$$

에 근거한 것이다. 이 그림을 **파스칼의 삼각형**이라고 한다.

$$\begin{array}{llccccccccc}
n=1 & \rightarrow & & & & 1 & & 1 & & & \\
n=2 & \rightarrow & & & 1 & & 2 & & 1 & & \\
n=3 & \rightarrow & & 1 & & 3 & & 3 & & 1 & \\
n=4 & \rightarrow & 1 & & 4 & & 6 & & 4 & & 1
\end{array}$$

그림 1.10 파스칼의 삼각형

예제 1.40 $\left(2x^2+\dfrac{3}{x}\right)^5$의 전개식에서 다음을 구하여라.

(1) x^4의 계수

(2) $\dfrac{1}{x^2}$의 계수

풀이 전개식의 일반항은

$${}_5C_r\,(2x^2)^{5-r}\left(\frac{3}{x}\right)^r = {}_5C_r\,2^{5-r}\,3^r\,x^{10-3r}$$

이다.

(1) $10-3r=4$로 놓으면 $r=2$이므로 x^4의 계수는 ${}_5C_2\,2^{5-2}\,3^2=720$이다.

(2) $10-3r=-2$로 놓으면 $r=4$이므로 $\dfrac{1}{x^2}$의 계수는 ${}_5C_4\,2^{5-4}\,3^4=810$이다. ■

예제 1.41 $\left(4x^4+\dfrac{ay}{x^3}\right)^6$의 전개식에서 x^3y^3의 계수가 -1280일 때, 상수 a의 값을 구하여라.

풀이 전개식의 일반항은

$$_6C_r\,(4x^4)^{6-r}\left(\frac{ay}{x^3}\right)^r = {}_6C_r\,4^{6-r}\,a^r\,x^{24-7r}\,y^r$$

이므로, x^3y^3항은 $r=3$일 때이다. 따라서 x^3y^3의 계수는 $_6C_3\,4^{6-3}\,a^3 = 1280a^3$인데, 이것이 -1280이라고 했으므로 $a^3=-1$, 즉 $a=-1$이다. ■

이항정리로부터 다음과 같이 이항계수의 성질을 얻을 수 있다.

> **이항계수의 성질**
>
> (1) $_nC_0 + {}_nC_1 + {}_nC_2 + \cdots + {}_nC_n = 2^n$
>
> (2) $_nC_0 - {}_nC_1 + {}_nC_2 - {}_nC_3 + \cdots + (-1)^n\,{}_nC_n = 0$
>
> (3) $_nC_1 + 2\,{}_nC_2 + 3\,{}_nC_3 + \cdots + n\,{}_nC_n = n \cdot 2^{n-1}$
>
> (4) $_nC_1 - 2\,{}_nC_2 + 3\,{}_nC_3 - \cdots + (-1)^{n-1} \cdot n\,{}_nC_n = 0$

증명

이항정리를 사용하여 $(1+x)^n$을 전개하면

$$(1+x)^n = {}_nC_0 + {}_nC_1x + {}_nC_2x^2 + \cdots + {}_nC_{n-1}x^{n-1} + {}_nC_nx^n \qquad \cdots\cdots\cdots\cdots ①$$

이며, 이것은 x의 값에 관계없이 성립하는 항등식이다.

(1) 식 ①에 $x=1$을 대입하면

$$(1+1)^n = {}_nC_0 + {}_nC_1 \cdot 1 + {}_nC_2 \cdot 1^2 + \cdots + {}_nC_{n-1} \cdot 1^{n-1} + {}_nC_n \cdot 1^n$$

즉 $_nC_0 + {}_nC_1 + {}_nC_2 + \cdots + {}_nC_n = 2^n$

(2) 식 ①에 $x=-1$을 대입하면

$$(1-1)^n = {}_nC_0 + {}_nC_1 \cdot (-1) + {}_nC_2 \cdot (-1)^2 + {}_nC_3 \cdot (-1)^3 + \cdots + {}_nC_{n-1} \cdot (-1)^{n-1} + {}_nC_n \cdot (-1)^n$$

즉

$$_nC_0 - {}_nC_1 + {}_nC_2 - {}_nC_3 + \cdots + (-1)^n\,{}_nC_n = 0$$

(3) 식 ①의 양변을 x에 관해 미분하면

$$n(1+x)^{n-1} = {}_nC_1 + {}_nC_2 \cdot 2x + {}_nC_3 \cdot 3x^2 + \cdots + {}_nC_n \cdot nx^{n-1} \qquad \cdots\cdots\cdots\cdots ②$$

식 ②에 $x=1$을 대입하여 정리하면

$$ {}_nC_1+2\,{}_nC_2+3\,{}_nC_3+\cdots+n\,{}_nC_n=n\cdot 2^{n-1} $$

(4) 식 ②에 $x=-1$을 대입하여 정리하면

$$ {}_nC_1-2\,{}_nC_2+3\,{}_nC_3-\cdots+(-1)^{n-1}\cdot n\,{}_nC_n=0 $$

■

예제 1.42

(1) $(2x^2+5x+7)\left(x+\dfrac{3}{x}\right)^6$의 전개식에서 상수항을 구하여라.

(2) $(3x-1)^4(x+a)^2$의 전개식에서 x^2의 계수가 265일 때, 상수 a의 값을 구하여라.

풀이

(1) $f(x)=2x^2+5x+7$, $g(x)=\left(x+\dfrac{3}{x}\right)^6$라 하면, $g(x)$의 전개식에서 일반항은 ${}_6C_r\,x^{6-r}\left(\dfrac{3}{x}\right)^r={}_6C_r\cdot 3^r\cdot x^{6-2r}$이다. 여기에서 $\dfrac{1}{x^2}$항($r=4$인 경우), $\dfrac{1}{x}$항(해당하는 r값 없음), 상수항($r=3$인 경우)이 각각 $f(x)$의 x^2항, x항, 상수항과 만나면 상수가 되므로, 구하는 상수항은

$$ (2x^2)\left({}_6C_4\cdot 3^4\cdot\frac{1}{x^2}\right)+(7)\left({}_6C_3\cdot 3^3\right)=2430+3780=6210 $$

이다.

(2) $(3x-1)^4$의 전개식에서 일반항은 ${}_4C_r\,(3x)^{4-r}(-1)^r={}_4C_r\cdot 3^{4-r}(-1)^r x^{4-r}$이다. 여기에서 x^2항($r=2$인 경우), x항($r=3$인 경우), 상수항($r=4$인 경우)이 각각 $(x+a)^2$의 전개식의 상수항, x항, x^2항과 만나면 x의 차수가 2차가 되므로, $(3x-1)^4(x+a)^2$의 전개식에서 x^2의 계수는

$$ {}_4C_2\cdot 3^2(-1)^2\cdot a^2+{}_4C_3\cdot 3^1(-1)^3\cdot 2a+{}_4C_4\cdot(-1)^4\cdot 1=54a^2-24a+1 $$

이다. 이것이 265와 같으므로 a에 관한 이차방정식

$$ 54a^2-24a-264=0,\ \text{즉}\ 9a^2-4a-44=(a+2)(9a-22)=0 $$

이 되어 $a=-2$ 또는 $a=\dfrac{22}{9}$이다. ■

예제 1.43 아래의 식을 전개했을 때 다음을 구하여라.

$$(1+x)+(1+x)^2+(1+x)^3+\cdots+(1+x)^n$$

(1) x^2의 계수　　　　　　　　(2) x^3의 계수

풀이

(1) (방법 1)

$(1+x)^k$ $(k \geq 2)$의 전개식에서 x^2의 계수는 ${}_kC_2$이므로, 구하는 계수는

$$\sum_{k=2}^{n} {}_kC_2 = \sum_{k=2}^{n} \frac{k(k-1)}{2} = \sum_{k=1}^{n} \frac{k(k-1)}{2} = \frac{1}{2}\left(\sum_{k=1}^{n} k^2 - \sum_{k=1}^{n} k\right)$$
$$= \frac{1}{2}\left\{\frac{n(n+1)(2n+1)}{6} - \frac{n(n+1)}{2}\right\} = \frac{n(n+1)(n-1)}{6}$$

(방법 2)

초항이 a, 공비가 r, 항수가 n인 등비수열의 합 공식

$$a+ar+ar^2+\cdots+ar^{n-1} = \frac{a(r^n-1)}{r-1}$$

을 이용하면, 주어진 식은

$$\frac{(1+x)\{(1+x)^n-1\}}{(1+x)-1} = \left(1+\frac{1}{x}\right)\{(1+x)^n-1\}$$
$$= \left(1+\frac{1}{x}\right)({}_nC_1 x + {}_nC_2 x^2 + {}_nC_3 x^3 + \cdots + {}_nC_n x^n) \quad \cdots\cdots\cdots ①$$

과 같다. 따라서 x^2의 계수는

$${}_nC_2 + {}_nC_3 = \frac{n(n-1)}{2!} + \frac{n(n-1)(n-2)}{3!} = \frac{n(n-1)(n+1)}{6}$$

(2) (1)의 방법 1처럼 구할 수도 있으나, 계산이 좀 더 간편한 방법 2처럼 풀어 보자. 식 ①로부터 x^3의 계수는

$${}_nC_3 + {}_nC_4 = \frac{n(n-1)(n-2)}{3!} + \frac{n(n-1)(n-2)(n-3)}{4!} = \frac{n(n-1)(n-2)(n+1)}{24}$$ ■

예제 1.44 n이 양의 정수일 때,

$${}_nC_0^2 - {}_nC_1^2 + {}_nC_2^2 - {}_nC_3^2 + \cdots + (-1)^n {}_nC_n^2$$

의 값을 구하여라.

풀이 주어진 식을 A_n이라고 하자.

(i) n이 홀수일 때:

$$A_n = {}_nC_0^2 - {}_nC_1^2 + {}_nC_2^2 - {}_nC_3^2 + \cdots + {}_nC_{n-1}^2 - {}_nC_n^2 \quad \cdots\cdots\cdots\cdots ①$$

인데, 우변에서 항의 순서를 역으로 쓰면

$$A_n = -{}_nC_n^2 + {}_nC_{n-1}^2 - {}_nC_{n-2}^2 + {}_nC_{n-3}^2 + \cdots - {}_nC_1^2 + {}_nC_0^2 \quad \cdots\cdots\cdots\cdots ②$$

이다. 식 ①과 식 ②를 변변 더하면

$$2A_n = 0+0+0+0+\cdots+0+0 = 0$$

이므로, $A_n = 0$을 얻는다.

(ii) n이 짝수일 때($n = 2k$라고 하자. 단, k는 양의 정수):

$$(1-x)^n(1+x)^n = (1-x^2)^n$$

을 이용한다. 좌변에서

$$\begin{aligned} x^n\text{의 계수} &= {}_nC_0\,{}_nC_n - {}_nC_1\,{}_nC_{n-1} + {}_nC_2\,{}_nC_{n-2} - \cdots + {}_nC_n\,{}_nC_0 \\ &= {}_nC_0^2 - {}_nC_1^2 + {}_nC_2^2 - \cdots + {}_nC_n^2 \\ &= {}_nC_0^2 - {}_nC_1^2 + {}_nC_2^2 - \cdots + (-1)^n\,{}_nC_n^2 \qquad (n\text{이 짝수이므로}) \end{aligned}$$

우변에서 $x^2 = y$로 놓으면

$$(1-x^2)^n = (1-y)^n = (1-y)^{2k}$$

인데, 여기서 x^n(즉 x^{2k})의 계수는 y^k의 계수이므로 $(-1)^k\,{}_{2k}C_k$이다.

좌변과 우변에서 x^n의 계수를 비교하면

$${}_nC_0^2 - {}_nC_1^2 + {}_nC_2^2 - {}_nC_3^2 + \cdots + (-1)^n\,{}_nC_n^2 = (-1)^k\,{}_{2k}C_k = (-1)^{n/2}\,{}_nC_{n/2}$$

이다. ■

1.5.2 다항정리

$(a_1 + a_2 + a_3)^n$을 전개하면 어떤 식이 나올지 생각해 보자. 다음과 같이 이항정리를 두 번 적용하여 구할 수 있다. 이 내용을 삼항정리라고 한다.

$$
\begin{aligned}
(a_1+a_2+a_3)^n &= \{a_1+(a_2+a_3)\}^n \\
&= \sum_{n_1=0}^{n} \frac{n!}{n_1!(n-n_1)!} a_1^{n_1}(a_2+a_3)^{n-n_1} \\
&= \sum_{n_1=0}^{n} \left\{ \frac{n!}{n_1!(n-n_1)!} a_1^{n_1} \sum_{n_2=0}^{n-n_1} \frac{(n-n_1)!}{n_2!(n-n_1-n_2)!} a_2^{n_2} a_3^{n-n_1-n_2} \right\} \\
&= \sum_{n_1=0}^{n} \sum_{n_2=0}^{n-n_1} \frac{n!}{n_1!n_2!(n-n_1-n_2)!} a_1^{n_1} a_2^{n_2} a_3^{n-n_1-n_2} \\
&= \sum_{n_1+n_2+n_3=n} \frac{n!}{n_1!n_2!n_3!} a_1^{n_1} a_2^{n_2} a_3^{n_3} \\
&= \sum_{n_1+n_2+n_3=n} \binom{n}{n_1,\, n_2,\, n_3} a_1^{n_1} a_2^{n_2} a_3^{n_3}
\end{aligned}
$$

삼항정리(trinomial theorem)

$$
(a_1+a_2+a_3)^n = \sum_{n_1+n_2+n_3=n} \binom{n}{n_1,\, n_2,\, n_3} a_1^{n_1} a_2^{n_2} a_3^{n_3}
$$

(단, n은 양의 정수. n_1, n_2, n_3는 음이 아닌 정수)

(※ $\binom{n}{n_1,\, n_2,\, n_3} = \dfrac{n!}{n_1!n_2!n_3!}$을 **삼항계수**(trinomial coefficient)라고 한다.)

위의 삼항정리를 일반화하면 다음과 같은 **다항정리**를 얻게 된다.

다항정리(multinomial theorem)

$$
(a_1+a_2+\cdots+a_r)^n = \sum_{n_1+n_2+\cdots+n_r=n} \binom{n}{n_1,\, n_2,\, \cdots,\, n_r} a_1^{n_1} a_2^{n_2} \cdots a_r^{n_r}
$$

(단, n은 양의 정수. $n_1, n_2, \cdots, n_r$는 음이 아닌 정수)

(※ $\binom{n}{n_1,\, n_2, \cdots,\, n_r} = \dfrac{n!}{n_1!n_2!\cdots n_r!}$을 **다항계수**(multinomial coefficient)라고 한다.)

다항정리로부터 다음 사실도 알 수 있다. $(a_1+a_2+\cdots+a_r)^n$의 전개식에서 항의 개수는 $n_1+n_2+\cdots+n_r=n$을 만족하는 음이 아닌 정수의 순서쌍 $(n_1, n_2, \cdots, n_r)$의 개수와 같으므로 r개에서 n개를 뽑는 중복조합의 수인 ${}_rH_n$이다. 이것은 $(a_1+a_2+\cdots+a_r)^n$의 전개식에서 각각의 항은 $a_1, a_2, \cdots, a_r$ 중 중복을 허용하여 n개를 뽑아 곱한 것으로 이루어진다는 점을 생각해 보면 쉽게 이해할 수 있다.

예제 1.45 다항정리를 이용하여 다음 식들을 전개하여라.

(1) $(a+b+c)^2$ (2) $(a+b+c)^3$ (3) $(a+b+c+d)^2$

풀이

(1) $n_1+n_2+n_3=2$인 음이 아닌 정수 (n_1, n_2, n_3)의 순서쌍은 $(2,0,0)$, $(0,2,0)$, $(0,0,2)$, $(1,1,0)$, $(1,0,1)$, $(0,1,1)$의 $6(={}_3H_2={}_4C_2)$가지가 있다. 이들의 $\frac{2!}{n_1!n_2!n_3!}$값은 각각 1, 1, 1, 2, 2, 2이므로 전개식은

$$(a+b+c)^2=a^2+b^2+c^2+2ab+2ac+2bc$$

(2) $n_1+n_2+n_3=3$인 음이 아닌 정수 (n_1, n_2, n_3)의 순서쌍은 $(3,0,0)$, $(0,3,0)$, $(0,0,3)$, $(2,1,0)$, $(2,0,1)$, $(1,2,0)$, $(1,0,2)$, $(0,2,1)$, $(0,1,2)$, $(1,1,1)$의 $10(={}_3H_3={}_5C_3)$가지가 있다. 이들의 $\frac{3!}{n_1!n_2!n_3!}$값은 각각 1, 1, 1, 3, 3, 3, 3, 3, 3, 6이므로 전개식은

$$(a+b+c)^3=a^3+b^3+c^3+3a^2b+3a^2c+3ab^2+3ac^2+3b^2c+3bc^2+6abc$$

(3) $n_1+n_2+n_3+n_4=2$인 음이 아닌 정수 (n_1, n_2, n_3, n_4)의 순서쌍은 $(2,0,0,0)$, $(0,2,0,0)$, $(0,0,2,0)$, $(0,0,0,2)$, $(1,1,0,0)$, $(1,0,1,0)$, $(1,0,0,1)$, $(0,1,1,0)$, $(0,1,0,1)$, $(0,0,1,1)$의 $10(={}_4H_2={}_5C_2)$가지가 있다. 이들의 $\frac{2!}{n_1!n_2!n_3!n_4!}$값은 각각 1, 1, 1, 1, 2, 2, 2, 2, 2, 2이므로 전개식은

$$(a+b+c+d)^2=a^2+b^2+c^2+d^2+2ab+2ac+2ad+2bc+2bd+2cd$$ ■

예제 1.46 $\left(2x+y-\frac{z}{3}\right)^5$의 전개식에서 다음 계수들을 구하여라.

(1) x^3yz의 계수 (2) xy^2z^2의 계수 (3) x^2z^3의 계수

풀이

(1) 다항정리에 의해 $(2x)^3 y \cdot \left(-\frac{z}{3}\right)$에 곱해지는 값은 $\frac{5!}{3!1!1!} = 20$이다. 따라서 x^3yz의 계수는 $2^3 \cdot \left(-\frac{1}{3}\right) \cdot 20 = -\frac{160}{3}$이다.

(2) 다항정리에 의해 $(2x)y^2\left(-\frac{z}{3}\right)^2$에 곱해지는 값은 $\frac{5!}{1!2!2!} = 30$이다. 따라서 xy^2z^2의 계수는 $2 \cdot \left(-\frac{1}{3}\right)^2 \cdot 30 = \frac{20}{3}$이다.

(3) 다항정리에 의해 $(2x)^2\left(-\frac{z}{3}\right)^3$에 곱해지는 값은 $\frac{5!}{2!0!3!} = 10$이다. 따라서 x^2z^3의 계수는 $2^2 \cdot \left(-\frac{1}{3}\right)^3 \cdot 10 = -\frac{40}{27}$이다. ■

예제 1.47 $(x+y+z)^6$의 전개식에서

(1) 계수의 값으로 서로 다른 것들을 모두 구하여라.

(2) 계수가 30인 항들을 모두 써라.

풀이

(1) 다항정리에 의해 계수들은 $\frac{6!}{n_1!n_2!n_3!}$ 값들이다(단, n_1, n_2, n_3는 $n_1 + n_2 + n_3 = 6$인 음이 아닌 정수). 이 값들이 서로 다르게 나오는 (n_1, n_2, n_3)의 값 한 가지씩과 그때의 계수를 써 보면 다음과 같다. 예를 들어 계수가 1인 경우는 $(0,0,6)$ 외에 $(0,6,0)$과 $(6,0,0)$도 있다.

(n_1, n_2, n_3)	$(0,0,6)$	$(0,1,5)$	$(0,2,4)$	$(0,3,3)$	$(1,1,4)$	$(1,2,3)$	$(2,2,2)$
계수	1	6	15	20	30	60	90

따라서 계수의 값으로 서로 다른 것들은 1, 6, 15, 20, 30, 60, 90의 7개가 있다.

(2) 위의 표에 의해 계수가 30인 경우는 $(1,1,4)$, $(1,4,1)$, $(4,1,1)$이 있다. 즉 계수가 30인 항들은 $30xyz^4$, $30xy^4z$, $30x^4yz$의 3가지이다. ■

1.6 스포츠에 적용되는 경우의 수

(※ 이 절은 경우에 따라 생략해도 학습의 흐름에는 큰 지장이 없을 것이다.)

경우의 수에 관한 흥미 있는 예를 많이 찾을 수 있는 대표적 분야가 스포츠이다. 이 절에서는 스포츠와 관련된 경우의 수 문제들을 생각해 보자. 실제 사례를 중심으로 한 예제들을 다루어 본다. 예제의 풀이에서는 합의 법칙, 곱의 법칙, 순열, 조합 등이 복합적으로 사용된다.

1.6.1 축구 관련 예제들

※ 〈예제 1.48〉부터 〈예제 1.52〉까지 5개 예제의 출처: 김혁주 · 김영일 (2010) (단, 〈예제 1.50〉은 최신 자료로 바꿨음.)

예제 1.48 월드컵 축구대회(2018년 현재)의 경기 방식은 다음과 같다. 32개 팀이 참가하여 4개 팀씩 8개조로 나뉜다. 각 조에서 4개 팀이 풀리그(다른 팀과 전부 한 번씩 경기)를 벌여 각 조의 1, 2위 팀이 16강에 진출한다. 16강전부터는 패하면 그대로 탈락하는 토너먼트제로 우승팀을 가린다. 단, 4강전(즉 준결승전)에서 패한 두 팀은 3·4위전을 치른다.

(1) 월드컵 축구대회의 경기 수는 모두 몇 경기인가?

(2) 팀별 치르는 경기 수에 대한 팀 수의 분포를 구하여라.

경기 수	( )	( )	…
팀 수	( )	( )	…

풀이

(1) 각 조의 네 팀 중 두 팀이 정해질 때 한 경기가 성립하므로 각 조의 경기 수는 ${}_4C_2 = 6$이다. 그런데 8개조가 있으므로 조별 리그의 경기 수는 $6 \times 8 = 48$이다. 16강전은 8경기, 8강전은 4경기, 4강전은 2경기이고, 3·4위전과 결승전은 1경기씩이므로, 월드컵 축구대회의 총 경기 수는

$$48 + 8 + 4 + 2 + 1 + 1 = 64(\text{경기})$$

이다.

(2) 진출 정도에 따라 치르는 경기는 다음과 같다.

- 16강 진출 실패 ⇒ 조별리그
- 16강까지만 진출 ⇒ 조별리그, 16강전
- 8강까지만 진출 ⇒ 조별리그, 16강전, 8강전
- 4강까지만 진출 ⇒ 조별리그, 16강전, 8강전, 4강전, 3·4위전

ㅇ 결승 진출 ⇒ 조별리그, 16강전, 8강전, 4강전, 결승전

따라서 구하는 분포는 다음과 같다.

경기 수	3	4	5	7
팀 수	16	8	4	4

■

예제 1.49 (〈예제 1.48〉에 설명된 월드컵 경기 방식 참조) 2018년 현재의 경기 방식을 기준으로 월드컵 축구대회에서 아래의 각 내용을 고려할 때, 가능한 경우의 수를 구하여라. 단, 32개 참가팀의 조가 정해진 상태이며, 16강전 이후의 대진은 다음과 같이 이루어진다.

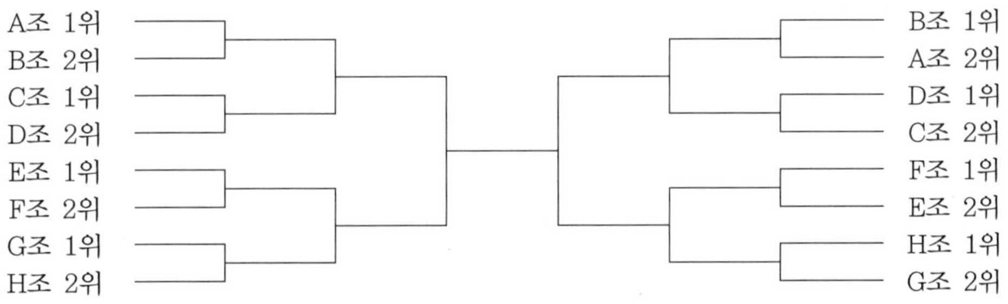

(1) 16강 진출팀

(2) 8강 진출팀

(3) 4강 진출팀

(4) 결승 진출팀

(5) 우승팀

(6) 1, 2위 팀

(7) 1, 2, 3, 4위 팀

풀이

(1) 각 조의 4개 팀 중 16강 진출 2개 팀이 결정되는 경우의 수는 ${}_4C_2 = 6$이다. 그런데 8개조가 있으므로, 구하는 경우의 수는 $6^8 = 1679616$이다.

(2) A, B조의 8개 팀 중 두 팀이 8강에 진출하고 C, D조, E, F조, G, H조도 마찬가지이므로, 구하는 경우의 수는 $({}_8C_2)^4 = 28^4 = 614656$이다.

(3) A, B, C, D조의 16개 팀 중 두 팀이 4강에 진출하고 E, F, G, H조도 마찬가지이므로, 구하는 경우의 수는 $({}_{16}C_2)^2 = 120^2 = 14400$이다.

(4) 전체 32개 팀 중 두 팀이 결승에 진출하므로(※ 같은 조에 속한 팀들도 결승에서 만나

는 게 가능), 구하는 경우의 수는 ${}_{32}C_2 = 496$이다.

(5) 전체 32개 팀 중 한 팀이 우승하므로, 경우의 수는 32이다.

(6) 전체 32개 팀 중 어느 팀도 우승 가능성이 있고, 우승팀이 주어졌을 때 나머지 31개 팀 중 어느 팀도 준우승이 가능하므로(※ 같은 조에 속한 팀들도 결승에서 만나는 게 가능), 구하는 경우의 수는 $32 \times 31 = 992$이다.

(7) (3)에서 4강이 결정되는 경우의 수는 14400으로 얻어졌는데, 4강이 결정된 상태에서 1, 2, 3, 4위의 순위는 4강전 두 경기와 3·4위전, 결승전의 결과에 따라 정해지므로 $2^4 = 16$가지가 가능하다. 따라서 구하는 경우의 수는 $14400 \times 16 = 230400$이다. ■

예제 1.50 2018년 러시아 월드컵의 16강 대진표는 다음과 같았다.

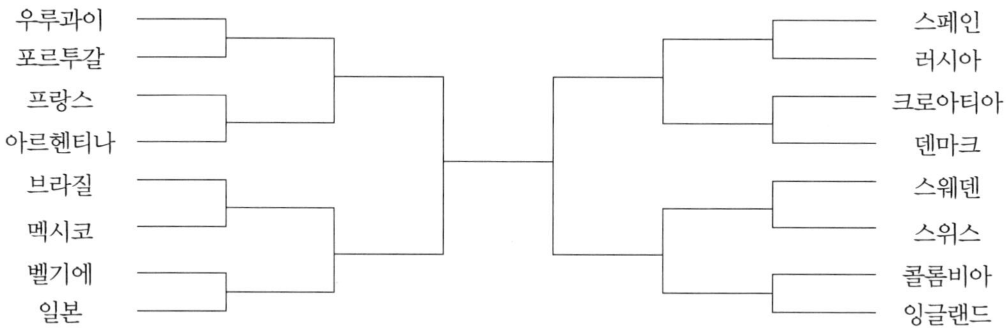

(1) 결승전은 어느 나라와 어느 나라의 대결이 될 것인지를 생각할 때 모든 가능한 경우는 몇 가지인가?

(2) 준결승전에서 패한 두 팀은 3•4위전을 치르고, 준결승전에서 승리한 두 팀은 결승전을 치른다. 즉 1, 2, 3, 4위를 반드시 가린다. 1, 2, 3, 4위가 어느 팀이 될 것인가를 생각할 때, 가능한 경우는 모두 몇 가지인가?

(3) 이 16개국 중 우루과이, 아르헨티나, 브라질, 콜롬비아는 남미에 있고, 멕시코는 북중미에, 일본은 아시아에 있으며, 나머지 10개국은 유럽에 있다. 결승전 대진을 나라가 속한 대륙으로만 구별한다면(즉 어느 대륙과 어느 대륙이 맞붙는지) 가능한 경우는 몇 가지인가?

(4) 어느 대륙의 팀이 1, 2위가 될 것인가를 생각할 때(즉 팀들을 대륙으로만 구별), 가능한 경우는 몇 가지인가?

풀이

(1) 대진표의 왼쪽 8개 팀 중 1개 팀, 오른쪽 8개 팀 중 1개 팀이 결승에 진출하므로 모든 가능한 경우의 수는 $8 \times 8 = 64$이다.

(2) 우선 4강 진출팀이 결정되는 경우의 수를 구해 보자. 네 팀으로 이루어진 각 그룹에서

한 팀씩이 4강에 올라가므로 이 경우의 수는 $4^4 = 256$이다. 다음으로 4강이 결정된 상태에서 1, 2, 3, 4위의 순위는 4강전 두 경기와 3·4위전, 결승전의 결과에 따라 정해지므로 $2^4 = 16$가지가 가능하다. 따라서 구하는 경우의 수는 $256 \times 16 = 4096$이다.

(3) 왼쪽에 4개 대륙(남미, 유럽, 북중미, 아시아)이 있고 오른쪽에 2개 대륙(유럽, 남미)이 있으므로 일단 $4 \times 2 = 8$가지를 생각할 수 있는데, 이 안에는 1가지 경우(남미 대 유럽)가 중복되어 있다. 따라서 구하는 경우의 수는 $8 - 1 = 7$이다.

(4) (3)에서 구한 7가지 중 같은 대륙끼리 맞붙는 경우는 2가지(남미 대 남미, 유럽 대 유럽)이다. 같은 대륙끼리 맞붙을 때 가능한 1, 2위 결과는 1가지이고, 다른 대륙이 맞붙을 때 가능한 1, 2위 결과는 2가지이므로, 구하는 경우의 수는 $2 + 5 \times 2 = 12$이다. ■

예제 1.51 1986년 멕시코 월드컵, 1990년 이탈리아 월드컵, 1994년 미국 월드컵의 진행 방식은 다음과 같다. 24개 팀이 참가하여 4개 팀씩 6개조로 나뉜다. 각 조에서 4개 팀이 풀리그를 벌여 각 조의 1, 2위 팀이 16강에 진출하고, 6개조의 3위 팀들 중 성적(승점, 골 득실차, 다득점 등의 기준에 의한 것)이 좋은 4개 팀이 16강에 합류한다. 24개 참가팀의 조가 정해진 상태에서, 어느 팀들이 16강에 진출할 것인가를 고려할 때, 가능한 경우는 모두 몇 가지인가?

풀이 우선 A, B, C, D조에서 세 팀씩, 그리고 E, F조에서 두 팀씩이 16강에 진출하는 경우의 수를 구해 보자. A, B, C, D 각 조에 있는 네 팀 중 세 팀을 뽑는 경우의 수는 ${}_4C_3 = 4$가지씩이며, E, F 각 조에 있는 네 팀 중 두 팀을 뽑는 경우의 수는 ${}_4C_2 = 6$가지씩이다. 따라서 A, B, C, D조에서 세 팀씩, 그리고 E, F조에서 두 팀씩이 16강에 진출하는 경우의 수는 $4 \times 4 \times 4 \times 4 \times 6 \times 6 = 9216$이다. 그런데 여섯 개의 조 중 세 팀이 16강에 올라가는 네 개의 조가 어느 조일 것인가를 생각할 때 가능한 경우는 ${}_6C_4 = 15$가지이므로, 구하는 경우의 수는 $9216 \times 15 = 138240$이다. ■

예제 1.52 월드컵 축구(2018년 현재 방식)에서 같은 조에 편성된 네 팀이 경기를 하여 조 1, 2위 팀이 16강에 진출한다. 순위를 결정하는 최우선 기준은 승점(승 3점, 무 1점, 패 0점)이며, 승점이 같은 경우 골 득실차, 다득점, 승자승, 페어플레이 점수 등의 기준에 따라 순위를 결정한다. 같은 조에 속한 네 팀의 승점 분포로 가능한 것은 모두 몇 가지인가? (예를 들면, 1위 팀 3승, 2위 팀 2승1패, 3위 팀 1승2패, 4위 팀 3패면 승점 분포가 9, 6, 3, 0이며, 이것이 한 가지 경우이다.)

풀이 1위 팀의 승점을 기준으로 경우를 나눠 보자. 1위 팀의 승점으로 가장 높은 경우는 9점(3승)이고 그 다음으로 높은 경우는 7점(2승1무)이며, 6점(2승1패), 5점(1승2무), 4점

(1승1무1패), 3점(3무) 순이다.

1위가 9점(3승)인 경우 2위 팀의 승점으로 가능한 것은 6점(2승1패), 4점(1승1무1패), 3점(1승2패), 2점(2무1패)이다.

(i) 2위가 6점(2승1패)인 경우 ⇒ 다음의 두 가지가 가능하다.

(a) 3위: 3점(1승2패), 4위: 0점(3패)

(b) 3위: 1점(1무2패), 4위: 1점(1무2패)

(ii) 2위가 4점(1승1무1패)인 경우 ⇒ 다음의 세 가지가 가능하다.

(a) 3위: 4점(1승1무1패), 4위: 0점(3패)

(b) 3위: 3점(1승2패), 4위: 1점(1무2패)

(c) 3위: 2점(2무1패), 4위: 1점(1무2패)

이러한 방식으로 모든 가능한 경우를 구해 보면 다음과 같이 40가지가 나온다.

9, 6, 3, 0	9, 6, 1, 1	9, 4, 4, 0	9, 4, 3, 1
9, 4, 2, 1	9, 3, 3, 3	9, 2, 2, 2	7, 7, 3, 0
7, 7, 1, 1	7, 6, 4, 0	7, 6, 3, 1	7, 6, 2, 1
7, 5, 4, 0	7, 5, 3, 1	7, 5, 2, 1	7, 4, 4, 1
7, 4, 3, 3	7, 4, 3, 2	7, 4, 3, 1	7, 4, 2, 2
7, 3, 2, 2	6, 6, 6, 0	6, 6, 4, 1	6, 6, 3, 3
6, 5, 4, 1	6, 5, 2, 2	6, 4, 4, 3	6, 4, 4, 2
5, 5, 5, 0	5, 5, 4, 1	5, 5, 3, 2	5, 5, 3, 1
5, 5, 2, 2	5, 4, 4, 3	5, 4, 4, 2	5, 4, 3, 2
5, 3, 3, 2	4, 4, 4, 4	4, 4, 4, 3	3, 3, 3, 3

■

참고

(1) 〈예제 1.52〉에서 승점 분포가 6, 6, 6, 0인 경우와 9, 2, 2, 2인 경우에 주목해 보자. 전자는 세 팀이 2승1패씩이고 한 팀이 3패인 경우이며, 후자는 한 팀이 3승이고 세 팀이 2무1패씩인 경우이다. 즉 승점 6점으로도 3위가 되어 16강 진출에 실패할 수도 있는 반면 승점이 2점에 불과해도 2위가 되어 16강에 진출하는 경우가 있다는 것이다. 이것은 매우 흥미로운 사실이며, 이러한 점이 스포츠와 경우의 수의 매력일 것이다. 실제로 2000년 시드니 올림픽 B조에서 우리나라가 2승1패를 하고도 불행히 우리와 같이 2승1패씩을 한 칠레와 스페인에 밀려 8강 진출(올림픽에서는 다음 단계가 8강임)에 실패한 역사가 있다.

(2) 이번에는 승점 분포가 3, 3, 3, 3인 경우와 4, 4, 4, 4인 경우를 생각해 보자. 전자는 그 조

의 여섯 경기가 모두 무승부가 되어 네 팀이 모두 3무승부씩이 되는 경우고, 후자는 네 팀이 서로 물고 물려 1승1무1패씩을 기록하는 경우이다(이처럼 어느 조 최하위 팀의 승점이 다른 조 1위 팀의 승점보다 높을 수도 있다는 것 역시 흥미로운 사실이다). 이런 경우 골 득실차까지 같으면(승점 분포가 3, 3, 3, 3일 때는 무조건 이렇게 된다) 다득점, 승자승, 페어플레이 점수 등의 기준에 따라 순위를 결정해야 하므로 복잡해진다. 대표적인 경우가 1994년 미국 월드컵 E조의 경우인데, 여섯 경기의 결과가 다음과 같다.

아일랜드 1:0 이탈리아
노르웨이 1:0 멕시코
이탈리아 1:0 노르웨이
멕시코 2:1 아일랜드
아일랜드 0:0 노르웨이
이탈리아 1:1 멕시코

이리하여 네 팀이 모두 1승1무1패씩을 기록한 데다 골 득실차까지 0으로 모두 같아 결국 멕시코가 다득점에서 근소하게 앞서 1위, 아일랜드가 이탈리아에 이겼기 때문에 승자승으로 2위, 이탈리아가 3위, 그리고 노르웨이가 다득점에서 뒤져 4위가 되어, 노르웨이만 탈락했다. 당시에는 본선 진출팀이 24개 팀이었기 때문에 각 조 3위 팀인 6개 팀 중 4개 팀은 16강에 올라갈 수 있었다(〈예제 1.51〉의 진행 방식 설명 참조). 이 E조가 월드컵 역사상 가장 치열했던 '죽음의 조'가 아닐까?

(3) 2018년의 러시아 월드컵에서 우리나라가 속한 F조의 승점 분포는 6, 6, 3, 3이 되어 16강 진출팀은 명쾌하게 가려졌지만, 여기서도 네 팀이 물고 물리는 흥미로운 현상이 일어났다. F조의 처음 두 경기에서 멕시코가 독일을 1:0으로 이기고 스웨덴이 우리나라를 1:0으로 이겼는데, 이후의 네 경기 결과는 다음과 같다.

멕시코 2:1 대한민국
독일 2:1 스웨덴
스웨덴 3:0 멕시코
대한민국 2:0 독일

이로써 다음과 같은 표현이 성립하게 되었다.

"한국을 이긴 멕시코를 이긴 스웨덴을 이긴 독일을 이긴 한국"

또한 F조의 1, 2, 3, 4위가 스웨덴, 멕시코, 대한민국, 독일 순으로 정해짐에 따라 인터넷에는 다음과 같은 표현이 등장하기도 했다.

〈2018 러시아 월드컵 F조 순위〉

1등: 세계 랭킹 1위를 이긴 두 팀을 이긴 팀

2등: 세계 랭킹 1위를 이긴 팀을 이긴 팀(세계 랭킹 1위를 이긴 팀도 됨)

3등: 세계 랭킹 1위를 이긴 팀

4등: 세계 랭킹 1위

전 대회 우승국인 동시에 당시 세계 랭킹(FIFA 랭킹) 1위인 독일은 우리나라에 패함으로써 F조 꼴찌가 되어 조별리그 제도가 도입된 이래 최초로 조별리그에서 탈락하게 되었으며, 이 사건은 월드컵 역사상 가장 충격적인 사건 중의 하나로 기록되었다. 우리나라와 독일의 경기는 스웨덴과 멕시코의 경기와 같은 시간에 F조의 마지막 경기로 열렸는데, 스웨덴에 3:0으로 대패하고도 우리나라가 독일을 잡아 준 덕분에 16강에 오르게 된 멕시코에서는 우리나라에 대해 열광적으로 고마워하는 분위기가 일어나서, 한국인에게 할인 판매를 하는 음식점과 한국행 비행기표를 할인 판매하는 항공사가 나오기도 했다.

1.6.2 야구 관련 예제들

예제 1.53 2020년 현재 우리나라 프로야구의 정규리그는 10개 팀이 팀 간 16경기씩 치른다. 정규리그는 모두 몇 경기로 이루어지는가?

풀이 두 개의 팀이 정해질 때마다 한 경기가 성립하므로, 만일 팀 간 한 경기씩만 치른다면 경기 수는 ${}_{10}C_2 = 45$일 것이다. 그런데 팀 간 16경기씩 하므로 정규리그의 총 경기 수는 $45 \times 16 = 720$(경기)이다. ■

예제 1.54 2019년의 한국 프로야구 포스트시즌 대진이 다음과 같다(괄호 안은 정규리그 순위).

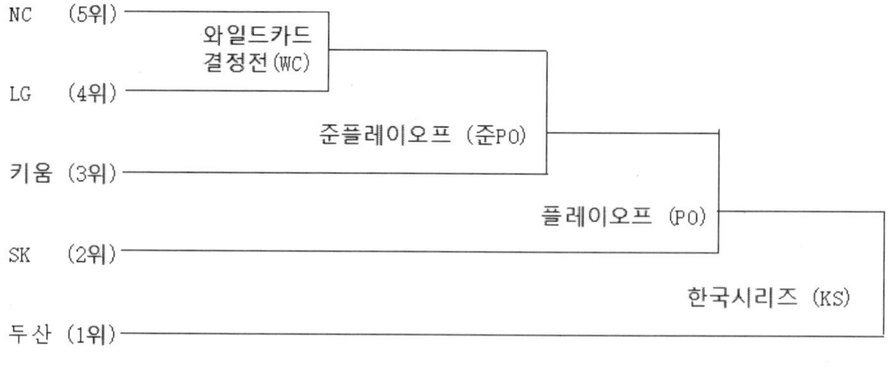

WC는 3전2선승제, 준PO와 PO는 각각 5전3선승제, KS는 7전4선승제이다. 단, WC에서

는 정규리그 4위 팀에 1승을 먼저 주고 시작한다. 실제로는 연장 15회까지 하여 승부가 나지 않으면 무승부 경기로 처리하지만, 그렇게 하면 경기 수가 한없이 늘어날 수도 있으므로 여기서는 무승부 없이 반드시 승부를 가린다고 가정한다.

(1) 포스트시즌 경기 결과에 따라 2019년의 팀 순위가 아래와 같이 정해진다. 2019년에 1위부터 5위까지의 팀 순위로 가능한 경우는 모두 몇 가지인가?

1위: KS 승리팀

2위: KS 패배팀

3, 4, 5위: 나머지 세 팀 중 정규리그 순위가 높은 순으로 3, 4, 5위

(2) 2019년 포스트시즌의 총 경기 수로 가능한 것은 몇 가지인가?

(3) 각 경기의 장소는 다음과 같다.

단계	차전	경기장
WC	1, 2	정규리그 4위 팀 홈구장
준PO	1, 2, 5	정규리그 3위 팀 홈구장
	3, 4	WC 승리팀 홈구장
PO	1, 2, 5	정규리그 2위 팀 홈구장
	3, 4	준PO 승리팀 홈구장
KS	1, 2, 6, 7	정규리그 1위 팀 홈구장
	3, 4, 5	PO 승리팀 홈구장

2019년의 포스트시즌 경기 중 잠실구장 경기 수로 가능한 것의 최솟값과 최댓값을 구하여라. 단, 위의 5팀 중 잠실구장을 홈구장으로 쓰는 팀은 LG와 두산이다.

풀이

(1) 두산은 이미 KS에 진출해 있고 나머지 네 팀 중 한 팀이 KS에 진출하므로 KS의 대진으로 가능한 것은 4가지이다. 그 각각의 경우에 대해 KS의 승패로 가능한 것은 2가지씩이므로 2019년의 팀 순위 1, 2위로 가능한 것은 $4\times2=8$가지이다. 1, 2위가 정해지면 3, 4, 5위는 정규리그 순위에 따라 자동으로 정해지므로 1위부터 5위까지의 팀 순위로 가능한 경우도 역시 8가지이다.

(2) 총 경기 수가 최소일 때는 11경기(WC 1경기, 준PO 3경기, PO 3경기, KS 4경기)이고, 최대일 때는 19경기(WC 2경기, 준PO 5경기, PO 5경기, KS 7경기)이며, 이 사이의 어느 값도 가질 수 있으므로 가능한 것은 9가지이다.

(3) 각 단계에서 LG의 포함 여부에 따라 잠실구장 경기 수의 최솟값과 최댓값은 다음과 같다. WC에는 LG가 포함되어 있으므로 최소 1경기, 최대 2경기인데, WC가 1경기 만에 끝나는 경우에는 LG가 준PO에 올라간다는 점을 고려해야 한다.

	LG 포함		LG 미포함	
	최소	최대	최소	최대
준PO	1(3차전)	2(3, 4차전)	0	0
PO	1(3차전)	2(3, 4차전)	0	0
KS	4(1~4차전)	7(1~7차전)	2(1, 2차전)	4(1, 2, 6, 7차전)

따라서 잠실구장 경기 수는 최소 4경기(1+1+0+2 또는 2+0+0+2), 최대 13경기(2+2+2+7)이다. ■

예제 1.55 2008년에 있었던 베이징 올림픽 야구의 준결승과 결승 대진이 다음과 같다.

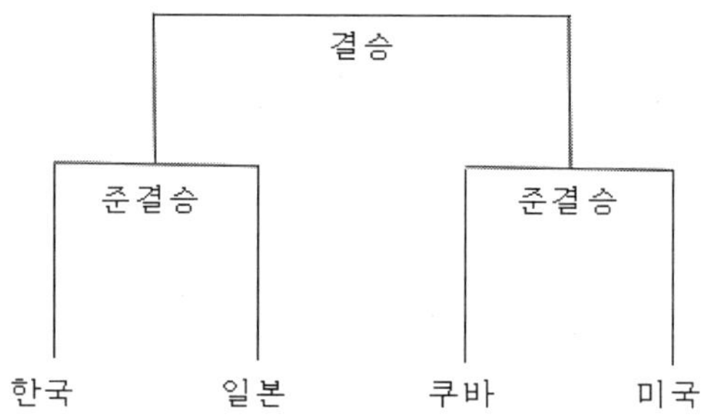

결승전의 승리팀과 패배팀이 각각 금메달과 은메달을 획득하며, 준결승전의 패배팀끼리 3·4위전을 치러 3·4위전의 승리팀이 동메달을 획득한다. (금메달팀, 은메달팀, 동메달팀)의 순서쌍을 생각할 때 가능한 경우는 몇 가지인가? 단, 모든 경기에서 반드시 승부를 가린다.

풀이 1, 2, 3, 4위의 결정에 영향을 미치는 경기 수는 네 개이고 각 경기에서 가능한 경우는 두 가지씩 있으므로, 구하는 경우의 수는 $2^4 = 16$이다. ■

1.6.3 농구 관련 예제들

예제 1.56 한국 프로농구(2020년 현재 방식)에서는 10개 팀이 정규리그를 치른 뒤 6개 팀이 포스트시즌에 진출하여 6강 플레이오프(1R)와 4강 플레이오프(2R)를 거쳐 챔피언결정전에 오른 두 팀이 우승을 다툰다. 2018-2019 시즌의 포스트시즌 대진표가 다음과 같다(괄호 안은 정규리그 순위).

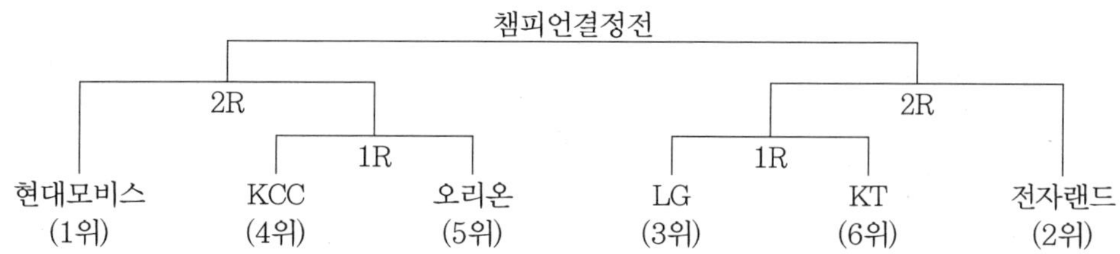

(1) (우승팀, 준우승팀)의 순서쌍을 생각할 때 가능한 경우는 몇 가지인가?

(2) 다음과 같은 순서쌍을 생각할 때 가능한 경우는 몇 가지인가?
(우승팀, 준우승팀, 4강까지만 진출하는 두 팀, 6강까지만 진출하는 두 팀)

풀이

(1) 6개 팀이 모두 우승 가능성이 있고 각 팀이 우승할 때 준우승할 가능성이 있는 팀은 반대쪽의 세 팀이므로, 구하는 경우의 수는 $6 \times 3 = 18$이다.

(2) 결과가 결정되는 단계는 다섯 개가 있고 각 단계에서 가능한 경우는 두 가지씩 있으므로, 구하는 경우의 수는 $2^5 = 32$이다. ■

예제 1.57 프로농구팀 울산현대모비스와 인천전자랜드가 2018-2019 시즌 챔피언결정전을 벌이는데, 4승을 먼저 거두는 팀이 우승한다. 챔피언결정전에서 일어날 수 있는 모든 경우(각 경기의 승패를 모두 고려하여)는 몇 가지인가? 단, 매 경기에서 무승부 없이 반드시 승패가 결정된다.

풀이 〈예제 1.6〉에서와 같이 나무그림으로 구할 수도 있지만, 여기서는 그렇게 하면 너무 복잡하므로 조합을 이용하여 풀자.

먼저 울산현대모비스가 우승하는 경우의 수를 구하자.

(i) 4경기 만에 우승하는 경우: 1가지

(ii) 5경기 만에 우승하는 경우: 처음 4경기 중 3승을 하고 5차전을 승리해야 하므로 ${}_4C_3 = 4$가지

(iii) 6경기 만에 우승하는 경우: 처음 5경기 중 3승을 하고 6차전을 승리해야 하므로 ${}_5C_3 = 10$가지

(iv) 7경기 만에 우승하는 경우: 처음 6경기 중 3승을 하고 7차전을 승리해야 하므로 ${}_6C_3 = 20$가지

따라서 울산현대모비스가 우승하는 경우의 수는 $1 + 4 + 10 + 20 = 35$이다.

인천전자랜드가 우승하는 경우의 수도 같으므로, 구하는 모든 경우의 수는 $35 + 35 = 70$이다. ■

연습문제

1 일간지 7가지, 주간지 4가지, 월간지 5가지가 있다.

(1) 이 중에서 오직 한 가지만 골라 구독하려 한다면 가능한 경우는 몇 가지인가?

(2) 전체 중 딱 두 가지를 구독하되 그 두 가지는 다른 종류여야 한다면 가능한 경우는 몇 가지인가?

2 10000원짜리 지폐 7장, 1000원짜리 지폐 8장, 100원짜리 동전 5개 중 일부 또는 전부를 사용하여 지불할 수 있는 금액은 몇 가지인가? 단, 0원을 지불하는 것은 제외한다.

3 10000원짜리, 5000원짜리, 1000원짜리 이렇게 세 종류의 지폐가 있다. 이들을 적어도 1매씩 써서 60000원을 지불하려 한다.

(1) 각 지폐를 몇 장씩 사용할 것인지를 생각할 때 가능한 경우는 몇 가지인가?

(2) 사용하는 지폐가 15장 이내여야 한다면 가능한 경우는 몇 가지인가?

4 남학생 8명과 여학생 8명이 있다. 게임을 하기 위해 남학생과 여학생을 짝지어 8쌍을 만들려 한다.

(1) 짝을 짓는 방법은 몇 가지인가?

(2) 남학생 대표인 A군과 여학생 대표인 B양이 짝이 되어야 한다면 짝을 짓는 방법은 몇 가지인가?

5 남학생 5명과 여학생 4명이 한 줄로 설 때,

(1) 남학생끼리 이웃하여 서는 경우는 몇 가지인가?

(2) 여학생끼리는 어느 두 명도 이웃하지 않게 서는 경우는 몇 가지인가?

6 A와 B를 포함한 7명 중 4명을 뽑아 일렬로 세울 때, 다음 각 경우의 수를 구하여라.

(1) A, B 두 사람이 모두 포함된 경우

(2) A는 포함되고 B는 포함되지 않은 경우

(3) A, B 두 사람이 모두 제외된 경우

(4) A, B 두 사람이 모두 포함되고, 또 인접하여 있는 경우

1

7 0, 1, 2, 3, 4, 5의 여섯 숫자 중 일부를 사용하여 만들어지는 다음과 같은 정수는 각각 몇 개인가? 단, 같은 숫자는 두 번 이상 쓰지 않기로 한다.

(1) 5자리 수

(2) 4자리 수 중 짝수

(3) 4자리 수 중 3의 배수

8 일곱 개의 숫자 0, 1, 2, 3, 4, 5, 6이 있다.

(1) 중복을 허용하여, 이 숫자들 중 일부로 만들어지는 네 자리의 자연수는 모두 몇 개인가?

(2) 중복을 허용하여, 이 숫자들 중 일부로 만들어지는 네 자리 이하의 자연수는 모두 몇 개인가?

9 'engineer'라는 단어 안에 있는 8개의 문자를 모두 일렬로 배열할 때,

(1) 배열 방법은 모두 몇 가지인가?

(2) 양 끝에 n이 오도록 배열하는 방법은 몇 가지인가?

(3) 세 개의 e가 모두 이웃하도록 배열하는 방법은 몇 가지인가?

10 네 명의 자녀를 포함한 여섯 명의 가족이 원탁에 둘러앉을 때,

(1) 부모가 이웃하게 앉는 방법은 몇 가지인가?

(2) 부모가 마주보도록 앉는 방법은 몇 가지인가?

11 남자 7명, 여자 8명 중에서 8명을 뽑을 때 다음 각 경우의 수를 구하여라.

(1) 남자도 3명 이상, 여자도 3명 이상 뽑히는 경우

(2) 어느 한 쪽의 성별이 1명 이하로 뽑히는 경우

12 출제된 12문제 중 10문제를 선택해서 답하는 시험이 있다.

(1) 어떤 수험생이 문제를 선택하는 방법은 몇 가지가 있는가?

(2) 1번 문제부터 4번 문제까지는 필수문제라면 몇 가지 방법이 있는가?

(3) 처음 6문제 중 5문제 이상을 답해야 한다면 몇 가지 방법이 있는가?

13 9개의 문자 $a, a, b, b, c, c, d, e, f$가 있다.

(1) 4개를 뽑아 만들 수 있는 조합의 수를 구하여라.

(2) 4개를 뽑아 만들 수 있는 순열의 수를 구하여라.

14 8개의 축구팀(가, 나, 다, 라, 마, 바, 사, 아)이 참가하는 축구대회에서 이 8개 팀을 2개 조(A조 4개 팀, B조 4개 팀)로 나누어 조별예선을 치르려고 한다.

(1) 조 편성 방법은 몇 가지인가? 단, 이를테면 다음의 두 가지 경우는 서로 다른 것으로 본다.

〈경우 1〉 A조 : 가, 나, 다, 라　　B조 : 마, 바, 사, 아

〈경우 2〉 A조 : 마, 바, 사, 아　　B조 : 가, 나, 다, 라

(2) 가팀과 나팀은 강팀이기 때문에 같은 조에 속하지 않도록 한다면 조 편성 방법은 몇 가지인가?

15 4지선다형 문제가 다섯 문제 있다. 어떤 학생이 문제마다 답을 하나씩 골라서 답안을 작성할 때 이 학생의 가능한 답안은 모두 몇 가지인가?

16 $x_1+x_2+x_3+x_4=3$을 만족하는 음이 아닌 정수의 순서쌍 (x_1, x_2, x_3, x_4)는 몇 가지인가? 또한 그것을 모두 나열하여라.

17 $x+y+z+u^2=12$를 만족하는 음 아닌 정수해 (x, y, z, u)는 몇 가지인가?

18 게임을 하기 위해 6명이 2명씩 같은 팀이 되어 세 팀으로 나누려 한다. 몇 가지의 가능한 경우가 있는가? 단, 팀들을 번호나 이름으로 구분하지 않는다.

19 서로 다른 9권의 책을 다음과 같이 나누는 방법은 각각 몇 가지인가?

(1) 1조 2권, 2조 2권, 3조 2권, 4조 3권으로 나눈다.

(2) 조를 번호로 구분하지 않고 네 묶음(2권, 2권, 2권, 3권)으로 나눈다.

20 서로 다른 7개의 사탕이 있다.

(1) 세 묶음으로 나누는 방법은 몇 가지인가?

(2) 세 사람에게 나누어 주는 방법은 몇 가지인가?

21 $(a+b+c)^4$의 전개식에서

(1) 항의 개수를 구하여라.

(2) 계수의 값으로 서로 다른 것들을 모두 구하여라.

(3) 계수가 12인 항들을 모두 써라.

22 유럽축구선수권대회(2020년 현재)의 경기 방식은 다음과 같다. 24개 팀이 참가하여 4개 팀씩 6개조로 나뉜다. 각 조에서 4개 팀이 풀리그(다른 팀과 전부 한 번씩 경기)를 벌여 각 조의 1, 2위 팀이 16강에 진출하고, 6개조의 3위 팀들 중 성적이 좋은 4개 팀이 16강에 합류한다. 16강전부터는 패하면 그대로 탈락하는 토너먼트제로 우승팀을 가리며, 3·4위전은 없다.

(1) 유럽축구선수권대회의 경기 수는 모두 몇 경기인가?

(2) 팀별 치르는 경기 수에 대한 팀 수의 분포를 구하여라.

경기 수	( )	( )	…
팀 수	( )	( )	…

23 2020년 현재 한국 프로농구의 정규리그는 10개 팀이 팀 간 6경기씩 치른다. 정규리그는 모두 몇 경기로 이루어지는가?

24 (〈예제 1.56〉의 운영 방식 참조) 한국 프로농구 포스트시즌에서 6강 플레이오프(1R)와 4강 플레이오프(2R)는 5전3선승제, 챔피언결정전은 7전4선승제이다. 한 시즌의 포스트시즌 경기 수로 가능한 것의 최솟값과 최댓값을 구하여라. 단, 매 경기에서 무승부 없이 반드시 승패가 결정된다.

25 7명의 회원(A, B, C, D, E, F, G)으로 이루어져 있는 모임에서 회장 1명, 부회장 2명을 선출하려 한다.

(1) 가능한 경우는 몇 가지인가?

(2) B와 G는 자격 요건상 회장이 될 수 없고 더욱이 G는 부회장도 될 수 없다면 가능한 경우는 몇 가지인가?

26 아라비아 숫자 0, 1, 2, 4, 5, 6, 7, 9로부터 만들 수 있는 세 자리의 짝수는 모두 몇 개인가? 단, 각 숫자는 많아야 한 번씩만 사용할 수 있다.

27 6명의 사람이 승용차로 여행을 가려고 하는데, 승용차는 3대가 있고 최대 탑승인원이 각각 3명, 4명, 5명이다. 다음의 각 경우에 목적지까지 가는 방법은 몇 가지인가? 단, 이 6명은 모두 운전이 가능하다.

(1) 차 3대를 모두 이용하는 경우

(2) 2대의 차만을 이용하는 경우

28 학생이 20명인 어떤 학급에서 반장선거를 하는데, 후보는 3명이다. 투표는 무기명 투표이고 어떤 투표자든 한 사람의 후보에게만 투표할 수 있으며, 기권이나 무효표는 없다.

(1) 개표 결과 일어날 수 있는 모든 경우의 수를 구하여라.

(2) 3명의 후보는 각자 자신에게 투표한다고 가정할 때, 개표 결과 일어날 수 있는 모든 경우의 수를 구하여라.

29 빨간 공 3개, 노란 공 4개, 파란 공 5개가 있을 때 7개의 공을 택하는 방법은 몇 가지인지 다음 각 경우에 대하여 구하여라. 단, 각각의 색은 적어도 하나씩 택해져야 한다.

(1) 같은 색의 공은 구별할 수 없을 때

(2) 같은 색의 공이 모두 구별될 때

30 다음 방정식을 만족하는 정수해 (x, y, z)는 몇 개인가?

$$x+y+z=8 \qquad (\text{단, } x \geq 0,\ y \geq -1,\ z \geq -2)$$

31 다음의 값을 구하여라.

(1) $\log_2({}_{100}C_0 + {}_{100}C_1 + {}_{100}C_2 + \cdots + {}_{100}C_{50})$

(2) $\log_2({}_{128}C_1 + 2\,{}_{128}C_2 + 3\,{}_{128}C_3 + \cdots + 128\,{}_{128}C_{128})$

2장 확률

아침에 "오늘 비가 올 확률이 90%다"라는 예보를 들으면 외출하는 사람들의 대부분이 우산을 준비할 것이다. 반면 비가 올 확률이 10%라는 예보를 듣는다면 우산을 준비하는 사람이 거의 없을 것이다. 이처럼 확률을 학문적으로 공부한 적이 없는 사람도 확률의 의미를 잘 알고 있다. 확률은 쉽게 말하면 어떤 일이 일어날 가능성을 0과 1 사이(0과 1 포함)의 값으로 나타낸 것이다. 확률이 1에 가까울수록 그 일이 일어날 가능성이 높은 것이고, 0에 가까울수록 일어날 가능성이 낮은 것이며, 확률이 0.5라는 것은 그 일이 일어날 가능성과 안 일어날 가능성이 같다는 것을 의미한다는 것은 일반인들도 잘 알고 있을 것이다. 확률의 세계는 이렇게 직관적이고 기본적인 사실을 토대로 하여 전개된다. 이 장에서는 확률을 학문적 관점에서 좀 더 깊이 살펴보자.

2.1 확률이란 무엇인가?

2.1.1 몇 가지의 기본 용어

확률을 학문적으로 정의하기 전에 우선 확률과 관련된 몇 가지의 용어를 알아보자. 동일한 조건 하에서 반복할 수 있고 모든 가능한 실현결과들의 집합을 알 수 있으며, 또 실현결과에 우연성이 작용하는 실험을 **시행**(trial) 또는 **확률적 실험**(random experiment)이라고 한다. 또한 시행에서 나타날 수 있는 모든 가능한 실현결과들의 집합을 **표본공간**(sample space)이라고 하며, 흔히 S로 표시한다.

몇 가지의 예를 들어 보자.

(1) 1개의 동전을 던져서 나오는 면 ⇒ $S = \{$앞면, 뒷면$\}$

(2) 1개의 주사위를 던져서 나오는 눈의 수 $\Rightarrow S=\{1,2,3,4,5,6\}$

(3) 2개의 주사위를 던져서 나오는 눈의 수의 순서쌍

$\Rightarrow S=\{(1,1),(1,2),\cdots,(1,6),(2,1),(2,2),\cdots,(2,6),\cdots,(6,1),(6,2),\cdots,(6,6)\}$

(4) 10개의 불량품이 만들어질 때까지 제조된 제품의 개수 $\Rightarrow S=\{10,11,12,13,\cdots\}$

(5) 새로 만들어진 전구의 수명 시간 $\Rightarrow S=\{t : t \geq 0\}$

(6) 드라이브샷 후 특정 시각 t에서의 골프공의 속도 성분

$\Rightarrow S=\{(V_x, V_y, V_z): V_x, V_y, V_z$는 실수$\}$

위의 (1)~(6)에서 표본공간의 원소의 개수를 생각해 보자. (1), (2), (3)의 표본공간은 원소가 각각 2개, 6개, 36개로 유한개이다. (4), (5), (6)은 무한개인데, 이 중 (4)의 경우는 원소들에 번호를 붙여 세어 나갈 수 있는 반면(이를 **가산무한**(countably infinite)이라고 한다) (5)와 (6)의 경우는 그럴 수 없다. (1), (2), (3), (4)와 같이 원소가 유한개이거나 가산무한개인 표본공간을 **이산표본공간**(discrete sample space)이라고 하고, (5), (6)과 같이 비가산무한개인 표본공간을 **연속표본공간**(continuous sample space)이라고 한다.

계속해서 몇 가지의 용어를 더 알아본다. 표본공간 S의 원소가 n개라면 S의 부분집합은 2^n개인데, 이 2^n개의 부분집합들을 **사건**(event) 또는 **사상**이라고 한다. 특히 전체집합인 표본공간 S를 **전사건**(반드시 일어나는 사건), S의 단 하나의 원소로 이루어진 부분집합을 **근원사건**(elementary event) 또는 **단순사건**(simple event), S의 부분집합인 공집합 $\varnothing$를 **공사건**(결코 일어나지 않는 사건)이라고 한다.

예를 들어, 1개의 동전을 던져서 어느 쪽 면이 나오는지 보는 경우를 생각해 보자. 표본공간은 $S=\{H, T\}$이다. 여기서 H는 앞면(head), T는 뒷면(tail)을 나타낸다. 표본공간의 부분집합인 사건은 $\varnothing, \{H\}, \{T\}, \{H, T\}$의 4개가 있으며, 이 중 근원사건은 $\{H\}, \{T\}$의 2개이다.

그리고 사건 A의 부분집합인 어느 한 근원사건이 일어났을 때, 사건 A가 일어났다고 말한다. 예를 들어 주사위 던지기의 경우 $A=\{2,4,6\}$이라고 하자. 주사위를 던진 결과 4의 눈이 나왔다면 근원사건 $\{4\}$가 일어난 것이며, 동시에 사건 A가 일어난 것이다. 이런 의미에서 표본공간 S는 반드시 일어나는 사건이다.

사건은 하나의 집합이므로 집합의 연산이 사건에도 그대로 적용된다. 표본공간 S의 부분집합인 사건 A, B에 대하여 $A \cup B$를 A, B의 **합사건**(union), $A \cap B$를 A, B의 **곱사건**(intersection), A^c를 A의 **여사건**(complementary event)이라고 한다. 〈그림 2.1〉, 〈그림 2.2〉, 〈그림 2.3〉을 참조하기 바란다.

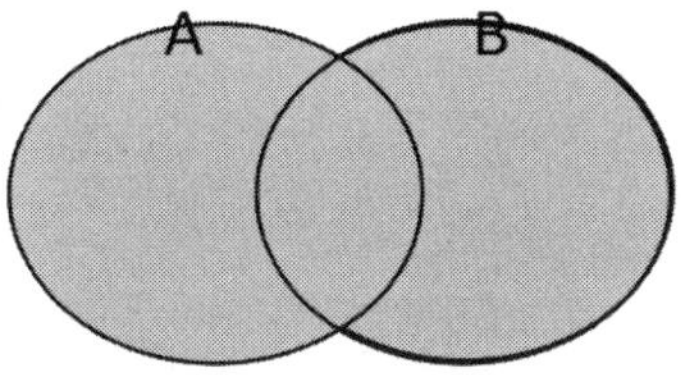

그림 2.1　A, B의 합사건

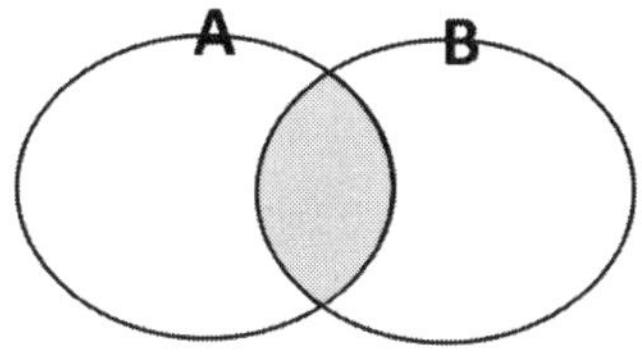

그림 2.2　A, B의 곱사건

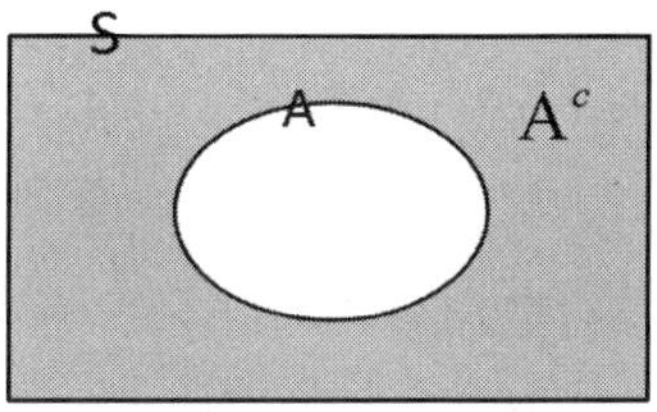

그림 2.3　A의 여사건

두 사건 A, B가 동시에 일어나지 않을 때, 즉 $A \cap B = \varnothing$일 때 A와 B는 **서로 배반**(mutually exclusive)이라고 말한다. 또 세 개 이상의 사건에 대해서 그 중 어떠한 두 사건도 서로 배반이면 이 사건들은 서로 배반이라고 말한다.

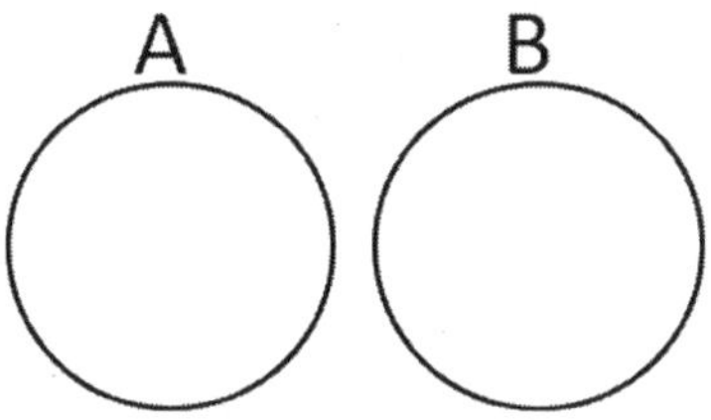

그림 2.4　서로 배반인 두 사건

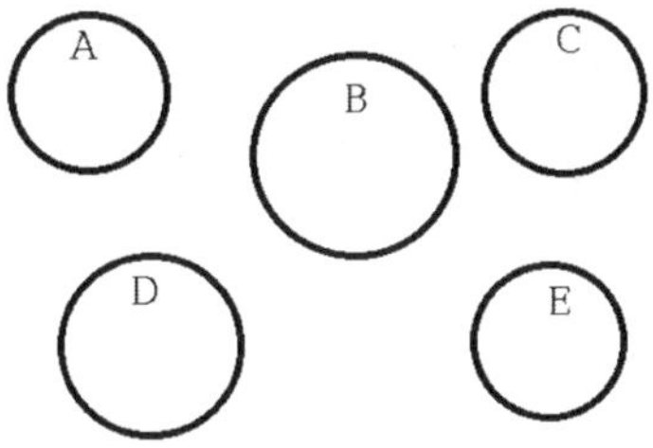

그림 2.5　서로 배반인 다섯 사건

예제 2.1　한 개의 주사위를 던지는 시행에서 짝수의 눈이 나오는 사건을 A, 4 이하의 눈이 나오는 사건을 B라고 할 때, 다음 물음에 답하여라.

(1) A와 B를 원소나열법으로 표시하여라.

(2) A, B의 합사건과 곱사건을 구하여라.

(3) B의 여사건을 구하여라.

(4) A와 B^c는 서로 배반인가?

풀이

(1) $A = \{2, 4, 6\}$,　$B = \{1, 2, 3, 4\}$

(2) $A \cup B = \{1, 2, 3, 4, 6\}$, $A \cap B = \{2, 4\}$

(3) $B^c = \{5, 6\}$

(4) $A \cap B^c = \{6\} \neq \varnothing$ 이므로 A와 B^c는 서로 배반이 아니다. ■

예제 2.2　두 주사위 A, B를 던지는 시행의 결과를 A에서 나오는 눈의 수와 B에서 나오는 눈의 수의 순서쌍으로 나타내고, 두 주사위에서 모두 홀수의 눈이 나오는 사건을 E_1, 적어도 하나의 주사위에서 3 이상의 눈이 나오는 사건을 E_2로 나타내자. 다음 물음에 답하여라.

(1) 표본공간은 몇 개의 원소로 이루어지는가?

(2) E_1, E_2의 곱사건을 구하여라.

(3) E_2의 여사건 E_2^c를 구하여라.

(4) E_1, E_2^c의 곱사건을 구하여라.

풀이

(1) 곱의 법칙에 의해 $6\times 6=36$개의 원소로 이루어진다.

(2) 1, 2, 3, 4, 5, 6 중 홀수는 1, 3, 5이므로 E_1의 원소는 $3\times 3=9$개다. E_1, E_2의 곱사건은 E_1의 원소 중 E_2에도 속하는 것들로 이루어지므로 다음과 같다.

$$E_1\cap E_2=\{(1,3),(1,5),(3,1),(3,3),(3,5),(5,1),(5,3),(5,5)\}$$

(3) E_2의 여사건은 두 주사위에서 모두 2 이하의 눈이 나오는 사건이므로 다음과 같다.

$$E_2^c=\{(1,1),(1,2),(2,1),(2,2)\}$$

(4) E_1, E_2^c의 곱사건은 E_2^c의 원소 중 E_1에도 속하는 것으로 이루어지므로 다음과 같다.

$$E_1\cap E_2^c=\{(1,1)\}$$ ■

2.1.2 확률의 정의

길거리에서 지나가는 사람에게 "주사위를 던져 짝수의 눈이 나올 확률은 얼마인가?"라고 물으면 거의 누구나 $\frac{3}{6}$, 즉 $\frac{1}{2}$이라고 대답할 것이다. 그 이유를 설명하라고 하면 "주사위에는 6개의 면이 있는데 그 중 짝수의 눈이 있는 면은 3개이기 때문"이라고 대답할 것이다. 좀 더 자세하게 대답하는 사람은 "6개의 면이 나올 가능성이 동일하기 때문"이라는 설명을 덧붙일 것이다. 이 설명은 바로 우리가 이야기할 '확률의 고전적 정의'를 그대로 따른 것이다. 확률의 정의는 이처럼 누구나 매우 직관적으로 이해할 수 있는 것이다.

Note 앞으로 특별한 언급이 없는 한, 주사위는 공정한 주사위, 즉 모든 면이 나올 가능성이 동일한 주사위를 뜻하는 것으로 하겠다. 동전도 마찬가지다.

확률을 정의하는 방법은 몇 가지가 있다. 먼저 확률의 고전적 정의를 알아보자. 사건 A의 원소의 개수를 $n(A)$, 사건 A의 확률을 $P(A)$로 표시한다.

확률(probability)의 고전적 정의

표본공간의 모든 원소가 일어날 가능성이 다 같은 경우에 사건 A의 **확률** $P(A)$는 다음과 같이 정의된다.

$$P(A) = \frac{\text{사건 } A\text{에 속하는 원소의 개수}}{\text{표본공간의 전체 원소의 개수}} = \frac{n(A)}{n(S)}$$

확률의 고전적 정의를 풀어서 설명하면 다음과 같다. 어떤 시행의 표본공간을 $S=\{e_1, e_2, \cdots, e_n\}$이라고 하자. 이 n개의 원소가 일어날 가능성이 다 같으면, 각 원소로 이루어진 근원사건의 확률은 $\frac{1}{n}$이라고 한다. 이때 S의 부분집합인 사건 A가 r개의 원소로 이루어진 집합, 예컨대 $A=\{e_1, e_2, \cdots, e_r\}$이라면 사건 A의 확률은 $P(A)=\frac{r}{n}$이라는 것이다.

예제 2.3 한 개의 주사위를 던질 때 다음 확률을 구하여라.

(1) 6의 눈이 나올 확률

(2) 4 이하의 눈이 나올 확률

풀이 표본공간은 $S=\{1, 2, 3, 4, 5, 6\}$이다.

(1) 6의 눈이 나오는 사건을 A라고 하면 $A=\{6\}$이므로 $P(A)=\frac{n(A)}{n(S)}=\frac{1}{6}$

(2) 4 이하의 눈이 나오는 사건을 B라고 하면 $B=\{1, 2, 3, 4\}$이므로

$$P(B)=\frac{n(B)}{n(S)}=\frac{4}{6}=\frac{2}{3}$$ ■

예제 2.4 두 개의 주사위 A, B를 동시에 던질 때 다음 확률을 구하여라.

(1) 두 주사위에서 같은 눈이 나올 확률

(2) 두 주사위에서 나오는 눈의 합이 10보다 클 확률

(3) 두 주사위에서 나오는 눈의 차의 절댓값이 4 이상일 확률

(4) 두 주사위에서 나오는 눈의 곱이 홀수일 확률

풀이 시행의 결과를 A에서 나오는 눈의 수와 B에서 나오는 눈의 수의 순서쌍으로 나타내면 표본공간 S는 $6\times 6=36$개의 원소로 이루어진다.

(1) 두 주사위에서 같은 눈이 나오는 경우는 $(1,1)$, $(2,2)$, $(3,3)$, $(4,4)$, $(5,5)$, $(6,6)$

의 6가지이므로 구하는 확률은 $\frac{6}{36} = \frac{1}{6}$이다.

(2) 두 주사위에서 나오는 눈의 합이 10보다 큰 경우는 $(5,6)$, $(6,5)$, $(6,6)$의 3가지이므로 구하는 확률은 $\frac{3}{36} = \frac{1}{12}$이다.

(3) 두 주사위에서 나오는 눈의 차의 절댓값이 4 이상인 경우는 $(1,5)$, $(1,6)$, $(2,6)$, $(5,1)$, $(6,1)$, $(6,2)$의 6가지이므로 구하는 확률은 $\frac{6}{36} = \frac{1}{6}$이다.

(4) 두 주사위에서 나오는 눈의 곱이 홀수인 경우는 두 주사위 모두 홀수의 눈이 나오는 경우이므로 $3 \times 3 = 9$개의 원소로 이루어진다. 따라서 구하는 확률은 $\frac{9}{36} = \frac{1}{4}$이다. ■

예제 2.5 주머니 속에 흰 공 5개, 검은 공 3개, 노란 공 2개가 들어 있다. 이 10개의 공 중에서 무작위로 4개의 공을 꺼낼 때 다음 확률들을 구하여라.

(1) 4개 모두 흰 공일 확률

(2) 흰 공이 3개일 확률

(3) 흰 공 2개, 검은 공 1개, 노란 공 1개일 확률

(4) 검은 공이 2개 이상일 확률

풀이 전체 10개의 공 중에서 4개를 꺼내므로 모든 가능한 경우의 수는 ${}_{10}C_4 = 210$이고 이 210가지가 똑같은 정도로 가능하다.

(1) 4개 모두 흰 공인 경우의 수는 ${}_5C_4 = 5$이므로 구하는 확률은 $\frac{5}{210} = \frac{1}{42}$이다.

(2) 흰 공이 3개인 경우는, 흰 공 5개 중 3개가 뽑히고 검은 공과 노란 공을 합한 5개 중 1개가 뽑히는 경우이므로 ${}_5C_3 \times {}_5C_1 = 50$가지다. 따라서 구하는 확률은 $\frac{50}{210} = \frac{5}{21}$이다.

(3) 흰 공 2개, 검은 공 1개, 노란 공 1개가 뽑히는 경우의 수는 ${}_5C_2 \times {}_3C_1 \times {}_2C_1 = 60$이므로 구하는 확률은 $\frac{60}{210} = \frac{2}{7}$이다.

(4) 뽑히는 흰 공, 검은 공, 노란 공의 수를 각각 n_1, n_2, n_3라고 하면 검은 공이 2개 이상 뽑히는 (n_1, n_2, n_3)의 순서쌍은 5가지가 있으며, 각각의 경우의 수는 다음과 같다.

$$(2,2,0) \Rightarrow {}_5C_2 \times {}_3C_2 \times {}_2C_0 = 10 \times 3 \times 1 = 30$$

$$(1,2,1) \Rightarrow {}_5C_1 \times {}_3C_2 \times {}_2C_1 = 5 \times 3 \times 2 = 30$$

$$(0,2,2) \Rightarrow {}_5C_0 \times {}_3C_2 \times {}_2C_2 = 1 \times 3 \times 1 = 3$$

$$(1,3,0) \Rightarrow {}_5C_1 \times {}_3C_3 \times {}_2C_0 = 5 \times 1 \times 1 = 5$$

$$(0,3,1) \Rightarrow {}_5C_0 \times {}_3C_3 \times {}_2C_1 = 1 \times 1 \times 2 = 2$$

따라서 검은 공이 2개 이상 뽑히는 경우의 수는 $30 + 30 + 3 + 5 + 2 = 70$이므로 구하

는 확률은 $\frac{70}{210}=\frac{1}{3}$이다. ■

2

Note 위의 예제에서 10개의 공 중 무작위로 4개의 공을 꺼낸다고 했는데, 이것은 가능한 $_{10}C_4=210$가지 경우의 발생 확률이 $\frac{1}{210}$씩으로 동일하다는 것을 의미한다. 앞으로도 특별한 언급이 없는 한 꺼낸다는(또는 뽑는다는) 것은 모든 가능한 경우의 발생 확률이 동일하게 꺼내는(뽑는) 것을 의미한다.

예제 2.6 아홉 사람($A, B, C, D, E, F, G, H, I$)을 한 조에 3명씩 3개조가 되게 무작위로 나눌 때, 다음의 각 확률을 구하여라.

(1) A와 B가 같은 조가 될 확률

(2) A, B, C가 같은 조가 될 확률

풀이

(방법 1) 가능한 경우의 수는 $\frac{9!}{3!3!3!}=1680$이다.

(1) A와 B가 같이 1조가 되는 경우의 수는 $\frac{7!}{1!3!3!}=140$(나머지 7명을 1조 1명, 2조 3명, 3조 3명으로 나누므로)인데, A와 B가 같이 2조가 될 수도 있고 같이 3조가 될 수도 있으므로 구하는 확률은 $\frac{140\times 3}{1680}=\frac{1}{4}$이다.

(2) A, B, C가 같이 1조가 되는 경우의 수는 $\frac{6!}{3!3!}=20$(나머지 6명을 2조 3명, 3조 3명으로 나누므로)인데, A, B, C가 같이 2조가 될 수도 있고 같이 3조가 될 수도 있으므로 구하는 확률은 $\frac{20\times 3}{1680}=\frac{1}{28}$이다.

(방법 2) A의 입장에서 자신과 같은 조가 될 사람 2명이 정해지는 상황으로 볼 수 있으므로 가능한 경우의 수는 $_8C_2$이다.

(1) B가 A와 같은 조로 뽑히고 나머지 7명 중 1명을 더 뽑는 것으로 보면 되므로 구하는 확률은 $\frac{_7C_1}{_8C_2}=\frac{7}{28}=\frac{1}{4}$이다.

(2) B와 C가 A와 같은 조로 뽑히는 경우이므로 구하는 확률은 $\frac{_2C_2}{_8C_2}=\frac{1}{28}$이다. ■

Note 〈예제 2.6〉에서 3개의 조에 1조, 2조, 3조의 번호를 붙이는 경우로 생각해서 풀 수도 있고 번호를 안 붙이는 경우로 생각해서 풀 수도 있는데, 번호를 붙이느냐 안 붙이느냐에 따라 경우의 수는 달라지지만, 확률은 영향을 받지 않는다.

확률의 고전적 정의에는 표본공간의 모든 원소(가능한 실현결과)가 일어날 가능성이 다 같다는 전제조건이 붙어 있는데, 현실적으로 이러한 전제조건이 만족되지 않는 경우가 많다. 예를 들면, 어떤 공정에서 불량품이 생산될 확률을 구하는 경우, 어떤 질병이 특정한 치료법에 의해 치료될 확률을 구하는 경우, 야구선수가 안타를 칠 확률을 구하는 경우 등이다. 이러한 경우에는 확률의 고전적 정의를 적용할 수 없다. 또한 이를테면 길이 10 cm인 선분 위에 무작위로 두 개의 점을 찍을 때 두 점 사이의 거리가 5 cm 이내일 확률을 구하는 경우를 생각해 보자. 이때는 표본공간의 원소가 무한개이기 때문에 역시 확률의 고전적 정의를 적용할 수 없다. 따라서 우리는 확률을 좀 더 일반적으로 정의할 필요가 있으며, 앞으로 소개할 통계적 확률, 기하학적 확률 등을 필요로 한다. 우선 확률의 공리적 정의를 알아보자. 이것은 확률이 당연히 만족해야 할 몇 가지 성질을 통해서 확률을 정의한 것이다.

확률의 공리적 정의

표본공간 S 내의 사건들에 대하여 정의된 실숫값 함수 P가 다음의 (1), (2), (3)을 만족할 때 $P(A)$를 사건 A의 **확률**이라고 한다.

(1) 임의의 사건 A에 대하여 $P(A) \geq 0$

(2) $P(S) = 1$

(3) 사건 $A_1, A_2, \cdots$가 서로 배반이면

(i) 양의 정수 k에 대하여

$$P(A_1 \cup A_2 \cup \cdots \cup A_k) = P(A_1) + P(A_2) + \cdots + P(A_k)$$

(ii) 사건의 개수가 가산무한인 경우

$$P(A_1 \cup A_2 \cup \cdots) = P(A_1) + P(A_2) + \cdots$$

확률의 공리적 정의는 확률의 고전적 정의와 별개의 것이 아니며, 고전적 정의를 특수한 경우로 포함하는 일반적인 것이다. 표본공간이 $S = \{e_1, e_2, \cdots, e_n\}$이고 모든 원소가 일어날 가능성이 다 같다면, 공리적 정의의 (2)와 (3)(i)에 의해 각 원소가 일어날 확률은

$$P(\{e_i\}) = \frac{1}{n} \qquad (i = 1, 2, \cdots, n)$$

이 되며, r개의 원소로 이루어진 사건의 확률은 다시 (3)(i)에 의해 $\frac{r}{n}$이 되어 고전적 정의에 의한 확률과 일치한다.

예제 2.7 각 눈이 나올 확률이 눈의 숫자에 비례하는 주사위가 있다고 가정하자. 즉

2의 눈이 나올 확률은 1의 눈이 나올 확률의 2배이고 나머지도 그런 식이다. 다음 확률들을 구하여라.

(1) 각 눈이 나올 확률

(2) 짝수의 눈이 나올 확률

(3) 5 이상의 눈이 나올 확률

풀이

(1) 1의 눈이 나올 확률을 a라고 하자. 확률의 공리적 정의 (2)에 의해 $P(S)=1$인데, 표본공간은 $S=\{1,2,3,4,5,6\}$이므로 공리적 정의 (3)(i)에 의해

$$\begin{aligned}1 &= P(\{1,2,3,4,5,6\})\\ &= P(\{1\})+P(\{2\})+P(\{3\})+P(\{4\})+P(\{5\})+P(\{6\})\\ &= a+2a+3a+4a+5a+6a\\ &= 21a\end{aligned}$$

이며, 따라서 $a=\frac{1}{21}$이다. 즉 1, 2, 3, 4, 5, 6의 눈이 나올 확률은 순서대로 $\frac{1}{21}$, $\frac{2}{21}$, $\frac{3}{21}$, $\frac{4}{21}$, $\frac{5}{21}$, $\frac{6}{21}$이다.

(2) 공리적 정의 (3)(i)에 의해

$$P(\{2,4,6\})=P(\{2\})+P(\{4\})+P(\{6\})=\frac{2}{21}+\frac{4}{21}+\frac{6}{21}=\frac{4}{7}$$

(3) 공리적 정의 (3)(i)에 의해

$$P(\{5,6\})=P(\{5\})+P(\{6\})=\frac{5}{21}+\frac{6}{21}=\frac{11}{21}$$ ■

예제 2.8 어느 고등학교에서 달리기대회를 하는데, 참가자가 8명(1학년 3명, 2학년 3명, 3학년 2명)이다. 같은 학년끼리는 우승 확률이 동일하며, 3학년 학생의 1명당 우승 확률은 0.2, 2학년 학생의 1명당 우승 확률은 0.12라고 가정하자.

(1) 1학년 학생의 1명당 우승 확률을 구하여라.

(2) 이 8명 중 3학년 1명과 1학년 1명은 형제라고 한다. 이 형제 중에서 우승자가 나올 확률을 구하여라.

풀이

(1) 1학년 3명을 A, B, C, 2학년 3명을 D, E, F, 3학년 2명을 G, H라고 하면, 표본공간은 $S=\{A,B,C,D,E,F,G,H\}$이다. 1학년 1명당 우승 확률을 p라고 하면, 확률의

공리적 정의 (3)(i)에 의해 $P(\{A, B, C\}) = 3p$이다. 역시 공리적 정의 (3)(i)에 의해 $P(\{D, E, F\}) = 0.36$이고 $P(\{G, H\}) = 0.4$이므로, 공리적 정의 (2)와 (3)(i)에 의해 $3p + 0.36 + 0.4 = 1$, 즉 $p = 0.08$이다.

(2) 편의상 1학년 학생 A와 3학년 학생 G가 형제간이라고 하자. 이 형제 중에서 우승자가 나올 확률은 공리적 정의 (3)(i)에 의해

$$P(\{A, G\}) = P(\{A\}) + P(\{G\}) = 0.08 + 0.2 = 0.28$$

■

참고 플레잉카드(playing cards)의 구성

플레잉카드(일명 트럼프 카드)에 관한 문제가 확률에서 종종 나오므로 그 구성을 간단히 소개한다.

표 2.1 플레잉카드의 구성

무늬	색깔	이름	장수
◆	붉은색	다이아몬드(Diamond)	13장(A, 2, 3, ⋯, J, Q, K)
♥	붉은색	하트(Heart)	13장(A, 2, 3, ⋯, J, Q, K)
♠	검은색	스페이드(Spade)	13장(A, 2, 3, ⋯, J, Q, K)
♣	검은색	클럽(Club)	13장(A, 2, 3, ⋯, J, Q, K)

(※ 카드게임을 할 때에는 조커(Joker)라는 카드가 추가되기도 하지만, 확률 계산에서는 통상 위의 52장만을 대상으로 한다.)

예제 2.9 52장으로 구성된 플레잉카드에서 두 장을 뽑을 때, 두 장의 카드가 같은 무늬일 확률을 구하여라.

풀이 사건 A_1, A_2, A_3, A_4를 다음과 같이 정의하자.

A_1: 두 장의 카드가 모두 다이아몬드일 사건

A_2: 두 장의 카드가 모두 하트일 사건

A_3: 두 장의 카드가 모두 스페이드일 사건

A_4: 두 장의 카드가 모두 클럽일 사건

그러면 두 장의 카드가 같은 무늬일 사건은 $A_1 \cup A_2 \cup A_3 \cup A_4$이다. A_1, A_2, A_3, A_4는 서로 배반이므로 구하는 확률은 확률의 공리적 정의 (3)(i)에 의해

$$P(A_1 \cup A_2 \cup A_3 \cup A_4) = P(A_1) + P(A_2) + P(A_3) + P(A_4)$$

$$= \frac{{}_{13}C_2}{{}_{52}C_2} \times 4 = \frac{\frac{13 \times 12}{2!}}{\frac{52 \times 51}{2!}} \times 4 = \frac{4}{17}$$ ■

어떤 농구선수가 자유투를 던질 때 골이 들어갈 확률에 관하여 생각해 보자. 자유투의 결과는 골이 들어가거나 안 들어가거나 둘 중의 하나일 것이므로 표본공간은 $S=\{$골, 노골$\}$이다. 이렇게 표본공간이 두 개의 원소로 이루어져 있으므로 그중 하나의 원소인 '골'이 될 확률은 $\frac{1}{2}$이라고 말한다면 이것은 옳은 얘기일까?

의외로 많은 사람들이 이것을 옳다고 생각하는 것을 보았는데, 결론부터 말하면 이것은 옳지 않다. 확률의 고전적 정의에 의해 이런 식으로 확률을 구하려면 중요한 전제조건이 만족되어야 한다. 즉 표본공간의 모든 원소가 일어날 가능성이 다 같다는 조건 말이다. 하지만 자유투의 경우 '골'과 '노골'의 가능성이 같다는 근거는 어디에도 없다. 위와 같은 식으로 생각한다면, '농구의 신'이라 불리는 마이클 조던이 자유투를 던져도 골이 될 확률이 $\frac{1}{2}$이고 농구를 전혀 해 본 적이 없는 어린이가 던져도 골이 될 확률이 $\frac{1}{2}$이라는, 누가 생각해도 터무니없게 느껴지는 결론에 도달하게 될 것이다. (※ 그러면 동전을 던질 때 앞면이 나올 확률이 $\frac{1}{2}$이라는 것은 왜 맞는 말일까? 이 2.1.2절의 첫 번째 〈Note〉에서도 언급한 바와 같이, 특별한 언급이 없으면 주사위나 동전은 공정한 것, 즉 모든 면이 나올 가능성이 동일한 것을 뜻하기 때문이다.)

따라서 농구선수의 자유투가 골이 될 확률을 확률의 고전적 정의에 의해서 구할 수는 없다. 그러면 어떻게 구해야 할까? 자유투를 많이 던져 보는 수밖에 없다. 많이 던져서 그중 몇 %나 골이 들어가는지를 관찰하는 것이다. 예를 들어, 100번을 던져서 70번 들어갔다고 가정하자. 이때 우리는 던진 횟수에 대한 골의 **상대도수**가 70%라고 말한다. 이 상대도수가 골이 들어갈 확률(미지의 값)에 대한 추정값이 되는 것이다. 만약 1000번을 던졌더니 골이 700번 들어갔다고 하자. 이때에도 역시 골이 들어갈 확률은 70%로 추측되는데, 100번을 던졌을 때의 결과보다는 1000번을 던졌을 때의 결과가 더욱 믿을 만할 것이다. 이렇게 많은 시행을 통해 어떤 사건이 일어나는 상대도수를 이용하여 추측하는 확률을 **통계적 확률** 또는 **경험적 확률**이라고 한다. 이 통계적 확률과 대비하여 고전적 정의에 의해 정의되는 확률을 **수학적 확률**이라고 하기도 한다.

상대도수와 통계적 확률(또는 경험적 확률)

시행의 횟수를 N이라고 하고 그 중에서 어떤 사건 A가 일어나는 횟수를 a라고 할 때 $\frac{a}{N}$를 사건 A가 일어날 **상대도수**라고 한다. 또한 $\lim_{N\to\infty} \frac{a}{N} = p$일 때, 이 p를 사건 A가 일어날 **통계적 확률**(또는 **경험적 확률**)이라고 한다.
(※ 현실적으로는 시행 횟수 N을 무한히 크게 할 수 없으므로 N이 어느 정도 클 때의 $\frac{a}{N}$를 사건 A의 통계적 확률로 보는 것이 일반적이다.)

참고 통계적 확률과 수학적 확률의 관계

동전을 던질 때 앞면이 나올 확률이 $\frac{1}{2}$이라고 해서 이것이 동전을 두 번 던지면 그 중 한 번은 반드시 앞면이 나온다는 것을 뜻하는 것은 아니다. 동전을 두 번 던지면 앞면이 한 번도 안 나올 수도 있고 두 번 다 앞면이 나올 수도 있다. 확률이 $\frac{1}{2}$이라는 것은, 동전을 던지는 횟수가 많아질수록 앞면이 나오는 횟수의 비율이 $\frac{1}{2}$에 가까워진다는 것을 의미한다.

일반적으로 시행 횟수 N이 커질수록 사건 A의 통계적 확률 $\frac{a}{N}$는 거의 확실하게 사건 A의 수학적 확률인 $P(A)$에 한없이 가까워진다는 사실(즉 $\lim_{N\to\infty}\frac{a}{N}=P(A)$)이 밝혀져 있다.

예제 2.10 어떤 종류의 제품의 제조 공정에서 제조된 5000개의 제품을 검사한 결과 15개의 불량품이 만들어졌다면, 이 공정에서 불량품이 만들어질 확률은 얼마인가?

풀이 구하는 확률(통계적 확률)은

$$\frac{\text{불량품이 만들어지는 사건의 발생 횟수}}{\text{시행 횟수}}=\frac{15}{5000}=0.003$$ ■

예제 2.11 흰 공과 검은 공이 합해서 9개 들어 있는 주머니에서 2개의 공을 꺼내 보고 다시 집어넣는 일을 여러 번 되풀이하였더니 6회 중 1회 꼴로 2개 모두 흰 공이었다면, 9개 중 흰 공이 몇 개 있을 것이라고 추측할 수 있는가?

풀이 흰 공의 수를 x개라고 하면, 2개의 공을 꺼낼 때 2개 모두 흰 공일 확률은

$$\frac{{}_xC_2}{{}_9C_2}=\frac{\frac{x(x-1)}{2}}{\frac{9\times8}{2}}=\frac{x(x-1)}{72}$$

이다. 시행 횟수가 커서 통계적 확률인 $\frac{1}{6}$이 수학적 확률과 비슷할 것이므로 $\frac{x(x-1)}{72}\fallingdotseq\frac{1}{6}$이다. 이것을 정리하면 $x^2-x-12\fallingdotseq0$, 즉 $(x+3)(x-4)\fallingdotseq0$이 되는데, $x\geq2$이어

야 하므로 $x \fallingdotseq 4$이다. 따라서 흰 공이 4개 있을 것으로 추측된다. ■

2.1.3 기하학적 확률

표본공간의 모든 원소의 개수가 무한인 경우에는 확률의 고전적 정의를 적용할 수 없다. 이런 경우에는 사건 A가 일어날 확률 $P(A)$를

$$P(A) = \frac{(A\text{가 발생하는 영역의 크기})}{(\text{발생 가능한 모든 영역의 크기})}$$

로 정의한다. 이를테면 선분 AB 위에 무작위로(선분 전체에 걸쳐 가능성을 균일하게 하여) 취한 점 P가 선분 AB의 일부분인 선분 CD 위에 있을 확률을 생각해 보자. 이 경우에는 점 P의 위치로 가능한 지점이 무한히 많으므로 확률의 고전적 정의를 적용할 수 없다. 그런데 만약 선분 AB를 n등분한다면 무작위로 취한 점 P가 이들 각 구간에 속하는 것은 같은 정도로 확실하다고(즉 확률이 $\frac{1}{n}$씩이라고) 생각할 수 있다. 따라서 점 P가 이 구간들 중 특정한 r개 가운데 어느 하나에 속할 확률은 $\frac{r}{n}$이라고 할 수 있다.

따라서 선분 AB가 길이가 같은 n개의 구간으로 분할되고 선분 AB의 일부분인 선분 CD가 그중 r개의 구간으로 이루어졌다면, 선분 AB 위에 무작위로 취한 점 P가 선분 CD 위에 있을 확률은 $\frac{r}{n}$이 되고, 이 값은 결국 $\frac{\overline{CD}}{\overline{AB}}$와 같은 것이다.

위의 논리를 2차원, 3차원의 경우로도 확장해서 적용할 수 있으며, 다음과 같이 기하학적 확률을 정의한다.

> **기하학적 확률**
> 영역 A가 영역 S에 포함된다고 하자. 영역 S 전체에 걸쳐 가능성을 균일하게 하여 무작위로 취한 점 P가 영역 A에 포함될 확률을 $\frac{m(A)}{m(S)}$로 정의한다. 여기서 $m(A)$는 영역 A의 측도(measure)를 의미한다.

Note 위의 정의에서 측도란 1차원의 경우 길이, 2차원의 경우 넓이, 3차원의 경우 부피를 뜻한다. 4차원 이상의 경우도 이를 확장해서 생각하면 되겠다.

예제 2.12 구간 $0 < m < 10$에서 무작위로 실수 m을 뽑을 때, 이차방정식 $2x^2 + mx + m = 0$이 실근을 가질 확률을 구하여라.

풀이 이차방정식 $ax^2+bx+c=0$이 실근을 가지려면 판별식 $D=b^2-4ac$가 0보다 크거나 같아야 한다. 따라서 주어진 방정식이 실근을 갖기 위한 조건은 $D=m^2-8m=m(m-8)\ge 0$, 즉 $m\le 0$ 또는 $m\ge 8$이다. 따라서 $0<m<10$의 범위에서 실근을 갖는 범위는 $8\le m<10$이므로 구하는 확률은 $\dfrac{10-8}{10}=\dfrac{1}{5}$이다(〈그림 2.6〉 참조).

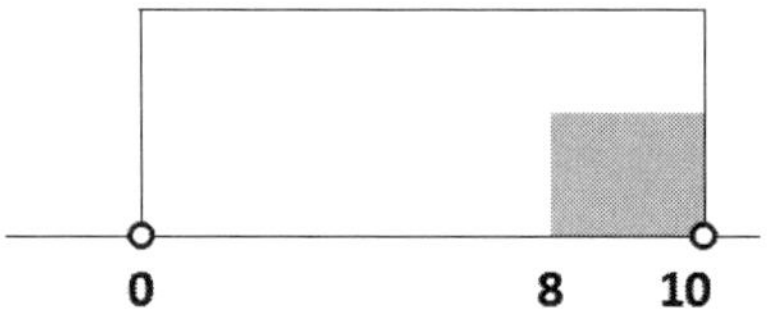

그림 2.6 ■

예제 2.13 선분 AB 위에 무작위로 두 점을 취할 때, 두 점 중 한 점은 B보다 A에 가까이 있고 나머지 한 점은 A보다 B에 가까이 있을 확률을 구하여라.

풀이 두 점을 C, D라고 하고 $\overline{AB}=a$, $\overline{AC}=x$, $\overline{AD}=y$라고 하면(〈그림 2.7〉 참조),

$$0<x<a,\ 0<y<a \qquad \cdots\cdots\cdots\cdots ①$$

①을 만족하는 점 (x,y)의 영역은 한 변의 길이가 a인 정사각형의 내부이다(〈그림 2.8〉 참조). 한편 두 점 중 한 점은 B보다 A에 가까이 있고 나머지 한 점은 A보다 B에 가까이 있으려면

$$0<x<\frac{a}{2},\ \frac{a}{2}<y<a \text{ 또는 } \frac{a}{2}<x<a,\ 0<y<\frac{a}{2} \qquad \cdots\cdots\cdots\cdots ②$$

②를 만족하는 점 (x,y)의 영역은 〈그림 2.8〉의 그늘진 부분이다. 따라서 구하는 확률은

$$\frac{(\text{②를 만족하는 점 }(x,y)\text{의 영역의 넓이})}{(\text{①을 만족하는 점 }(x,y)\text{의 영역의 넓이})}=\frac{\left(\frac{a}{2}\right)^2\times 2}{a^2}=\frac{1}{2}$$

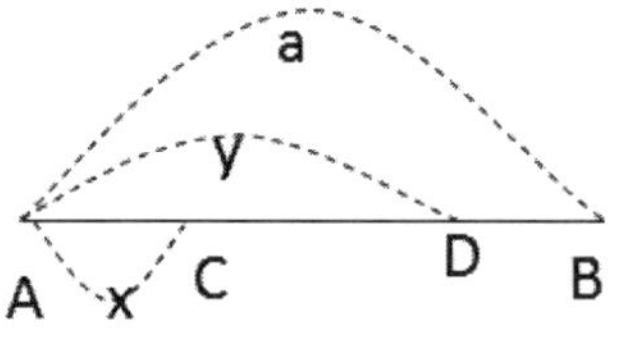

그림 2.7

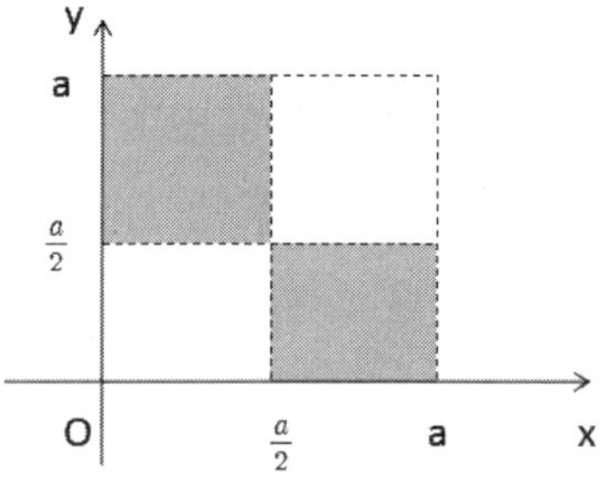

그림 2.8 ■

예제 2.14 길이가 a인 선분 AB 위에 무작위로 취한 두 점 사이의 거리가 상수 b보다 클 확률을 구하여라. 단, $0 \le b \le a$이다.

풀이

(방법 1) 두 점을 C, D라고 하고 $\overline{AC} = x$, $\overline{AD} = y$라고 하면(〈그림 2.9〉 참조),

$$0 < x < a,\ 0 < y < a \quad \cdots\cdots\cdots\cdots ①$$

①을 만족하는 점 (x, y)의 영역은 한 변의 길이가 a인 정사각형의 내부이다(〈그림 2.10〉 참조). 한편 두 점 C, D 사이의 거리가 상수 b보다 크려면(즉 $|y-x| > b$)

$$y > x + b \ \text{ 또는 } \ y < x - b \quad \cdots\cdots\cdots\cdots ②$$

①, ②를 만족하는 점 (x, y)의 영역은 〈그림 2.10〉의 그늘진 부분이다. 따라서 구하는 확률은

$$\frac{(①, ②\text{를 만족하는 점 } (x,y)\text{의 영역의 넓이})}{(①\text{을 만족하는 점 } (x,y)\text{의 영역의 넓이})} = \frac{\frac{1}{2}(a-b)^2 \times 2}{a^2} = \frac{(a-b)^2}{a^2}$$

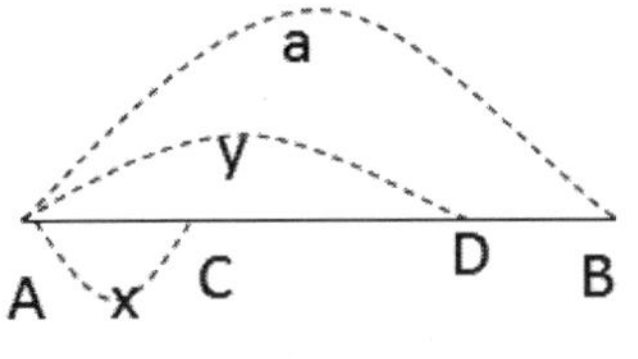

그림 2.9

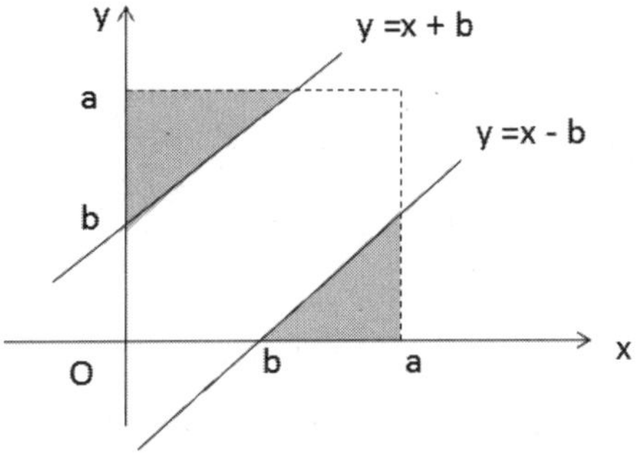

그림 2.10

(방법 2) 두 점 중 왼쪽 점을 P, 오른쪽 점을 Q라고 하고 $\overline{AP} = x$, $\overline{PQ} = y$라고 하면(〈그림 2.11〉 참조),

$$0 < x < a,\ 0 < y < a - x \quad \cdots\cdots\cdots\cdots ①$$

①을 만족하는 점 (x, y)의 영역은 〈그림 2.12〉에서 큰 삼각형의 내부이다. 한편 두 점 P, Q 사이의 거리가 상수 b보다 크면서(즉 $y > b$) ①도 만족하는 점 (x, y)의 영역은 〈그림 2.12〉에서 작은 삼각형의 내부이다. 따라서 구하는 확률은

$$\frac{(\text{작은 삼각형의 넓이})}{(\text{큰 삼각형의 넓이})}=\frac{\frac{1}{2}(a-b)^2}{\frac{1}{2}a^2}=\frac{(a-b)^2}{a^2}$$

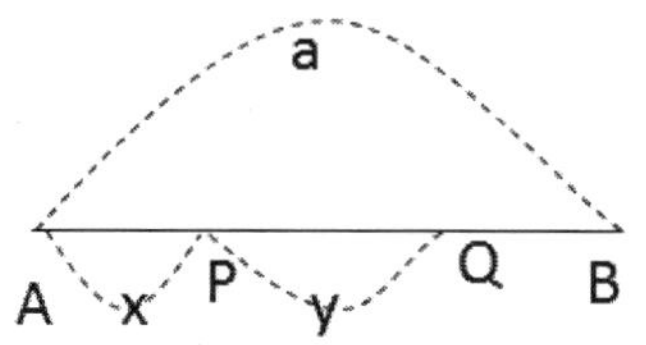

그림 2.11

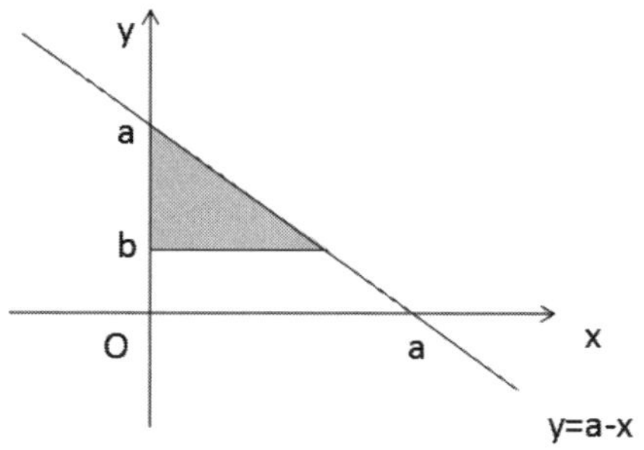

그림 2.12 ■

2.2 확률의 성질

이 절에서는 확률의 몇 가지 중요한 성질을 알아보고 증명해 보자. 앞 절에 나온 확률의 공리적 정의에서 제시된 성질들이 새로운 여러 성질을 증명하는 데 사용되며, 또한 증명된 앞부분의 성질은 뒷부분의 성질을 증명하는 데 사용된다.

정리 2.1 확률의 기본 성질

(1) 임의의 사건 A에 대하여 $P(A^c)=1-P(A)$

(2) $P(\varnothing)=0$

(3) $A\subset B$(즉 사건 A가 사건 B의 부분집합)이면 $P(A)\le P(B)$

(4) 임의의 사건 A에 대하여 $P(A)\le 1$

(5) $A\subset B$이면 $P(B-A)=P(B)-P(A)$

(단, $B-A$는 차집합으로서 $A^c\cap B$와 같은 것이다.)

증명

(1) $S=A\cup A^c$이고 $A\cap A^c=\varnothing$이므로 확률의 공리적 정의 (3)(ⅰ)에 의해 $P(S)=P(A)+P(A^c)$이다. 그런데 공리적 정의 (2)에 의해 $P(S)=1$이므로 $P(A^c)=1-P(A)$이다.

(2) $\varnothing=S^c$이므로, 바로 앞에서 증명된 확률의 기본 성질 (1)과 공리적 정의 (2)에 의해 $P(\varnothing)=1-P(S)=1-1=0$이다.

(3) (〈그림 2.13〉 참조)

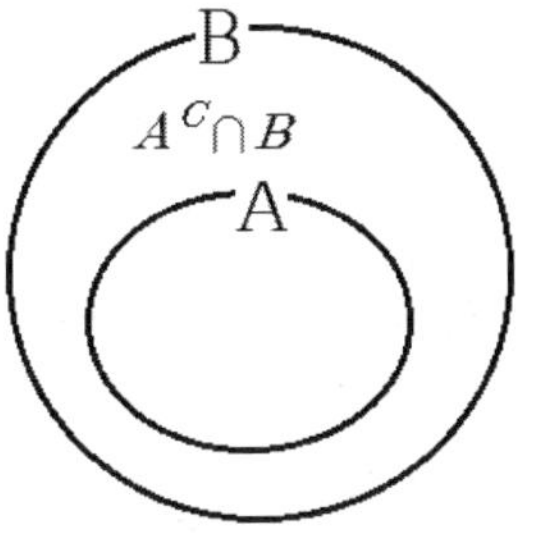

그림 2.13

$B = A \cup (A^c \cap B)$이고 $A \cap (A^c \cap B) = \varnothing$이므로 공리적 정의 (3)(i)에 의해 $P(B) = P(A) + P(A^c \cap B)$이다. 그런데 공리적 정의 (1)에 의해 $P(A^c \cap B) \geq 0$이므로 $P(A) \leq P(B)$이다.

(4) $A \subset S$이므로 바로 앞에서 증명된 확률의 기본 성질 (3)에 의해 $P(A) \leq P(S)$인데, 공리적 정의 (2)에 의해 $P(S) = 1$이므로 $P(A) \leq 1$이다.

(5) (〈그림 2.13〉 참조)

$B = A \cup (B - A)$이고 $A \cap (B - A) = \varnothing$이므로 공리적 정의 (3)(i)에 의해 $P(B) = P(A) + P(B - A)$이다. 따라서 $P(B - A) = P(B) - P(A)$이다. ■

예제 2.15 두 개의 주사위를 던질 때 적어도 한 주사위의 눈이 5보다 작을 확률을 구하여라.

풀이 주어진 사건의 여사건의 확률을 구해서 1에서 빼면 된다.
표본공간은 다음과 같이 36개의 원소로 이루어진다.

$$S = \{(1,1), (1,2), \cdots, (1,6), (2,1), (2,2), \cdots, (2,6), \cdots, (6,1), (6,2), \cdots, (6,6)\}$$

적어도 한 주사위의 눈이 5보다 작은 사건을 A라고 하면, A의 여사건 A^c는 두 주사위의 눈이 모두 5 이상인 사건이다.

$A^c = \{(5,5), (5,6), (6,5), (6,6)\}$이므로 $P(A^c) = \frac{4}{36} = \frac{1}{9}$이다. 따라서 구하는 확률은

$$P(A) = 1 - P(A^c) = \frac{8}{9}$$ ■

예제 2.16 일곱 개의 동전을 던질 때 적어도 하나의 동전에서 앞면이 나올 확률을 구하여라.

풀이 표본공간은 $2^7 = 128$개의 원소로 이루어진다. 적어도 하나의 동전에서 앞면이 나오는 사건을 A라고 하면, A의 여사건 A^c는 일곱 개의 동전에서 모두 뒷면이 나오는 사건이다. 따라서 A^c는 단 한 개의 원소로 이루어지므로 $P(A^c) = \frac{1}{128}$이며, 구하는 확률은

$$P(A) = 1 - P(A^c) = \frac{127}{128}$$ ■

예제 2.17 주머니 속에 흰 공 8개와 검은 공 6개가 있다. 이 중에서 5개의 공을 꺼낼 때, 적어도 2개의 흰 공이 뽑힐 확률을 구하여라.

풀이 뽑히는 흰 공과 검은 공의 개수를 순서쌍으로 나타내면 가능한 경우는 $(5, 0)$, $(4, 1)$, $(3, 2)$, $(2, 3)$, $(1, 4)$, $(0, 5)$의 6가지이다. 이 중 적어도 2개의 흰 공이 뽑히는 경우는 $(5, 0)$, $(4, 1)$, $(3, 2)$, $(2, 3)$의 4가지인데, 이 확률을 직접 구하는 것보다 여사건의 확률을 구해서 1에서 빼는 편이 간편하다. 즉 구하는 확률은

$$1 - \frac{{}_8C_1 \times {}_6C_4 + {}_8C_0 \times {}_6C_5}{{}_{14}C_5} = 1 - \frac{8 \times 15 + 6}{2002} = \frac{134}{143}$$ ■

예제 2.18 우연히 모인 다섯 사람 중 생일이 같은 사람이 있을 확률은 얼마인가? 단, 윤년은 생각하지 않으며, 사람의 생일은 365일에 걸쳐 확률이 동일하다고 간주한다.

풀이 역시 여사건의 확률을 구해서 1에서 빼는 편이 간편하다. 모든 가능한 경우의 수는 365^5이고 다섯 사람의 생일이 모두 다른 경우의 수는 ${}_{365}P_5$이므로, 다섯 사람의 생일이 모두 다를 확률은

$$\frac{{}_{365}P_5}{365^5} = \frac{364 \times 363 \times 362 \times 361}{365^4} \fallingdotseq 0.9729$$

이다. 따라서 다섯 사람 중 생일이 같은 사람이 있을 확률은 $1 - 0.9729 = 0.0271$이다. ■

참고 〈예제 2.18〉과 관련하여 생각해 보자. 사람 수가 늘어나면 생일이 같은 사람이 있을 확률도 조금씩 커질 것이다. 그러면 생일이 같은 사람이 있을 확률이 0.5보다 크기 위한 최소 인원은 몇 명이겠는가? 이 문제는 다음 부등식을 만족하는 최소의 양의 정수 n을 구하는 문제가 된다.

$$1 - \frac{{}_{365}P_n}{365^n} > 0.5, \text{ 즉 } \frac{364 \times 363 \times 362 \times \cdots \times (365 - n + 1)}{365^{n-1}} < 0.5$$

이 부등식을 풀면 $n \geq 23$, 즉 생일이 같은 사람이 있을 확률이 0.5보다 크기 위한 최소 인원은 23명이라는 결과가 나온다. 이것은 대다수의 사람들이 직감적으로 예상하는 것보다 훨씬 적은 인원일 것이다. 만약 사람이 50명이라면 생일이 같은 사람이 있을 확률은

$$1-\frac{_{365}P_{50}}{365^{50}}=1-\frac{364\times 363\times\cdots\times 316}{365^{49}}\fallingdotseq 0.9704$$

로 무려 97% 이상이 된다.

예제 2.19 1부터 n까지의 정수 중에서 3개의 정수를 뽑을 때 그 속에 1이 포함되지 않을 확률을 구하여라. 단, $n \geq 4$이다.

풀이 모든 가능한 경우는 $_nC_3$가지이다.

(방법 1) 1이 포함되지 않는 경우는 $_{n-1}C_3$가지이므로 구하는 확률은

$$\frac{_{n-1}C_3}{_nC_3}=\frac{\dfrac{(n-1)(n-2)(n-3)}{3!}}{\dfrac{n(n-1)(n-2)}{3!}}=1-\frac{3}{n}$$

(방법 2) (여사건의 확률 이용)

1이 포함되는 경우는 $_{n-1}C_2$가지이다(1을 뽑아놓고 나머지 $n-1$개의 정수 중에서 2개를 더 뽑으면 되므로). 따라서 1이 포함되지 않을 확률은

$$1-\frac{_{n-1}C_2}{_nC_3}=1-\frac{\dfrac{(n-1)(n-2)}{2!}}{\dfrac{n(n-1)(n-2)}{3!}}=1-\frac{3}{n}$$ ■

예제 2.20 김씨, 이씨, 박씨, 최씨가 각각 2명씩 해서 총 8명이 있다. 이 사람들을 무작위로 2명씩 짝지어 4쌍을 만들 때, 같은 성씨로 구성된 쌍이 적어도 하나 나올 확률을 구하여라.

풀이 8명을 편의상 김1, 김2, 이1, 이2, 박1, 박2, 최1, 최2로 나타내자. 이 8명을 2명씩 짝짓는 방법은 $\frac{8!}{2!2!2!2!}\times\frac{1}{4!}=105$가지이다.

이제 같은 성씨로 구성된 쌍이 하나도 안 나오는 경우의 수를 생각하자. 김1의 짝이 될 수 있는 사람은 김2를 제외한 6명이다. 이 각각의 경우에 대하여 김2의 짝이 될 수 있는 사람은 나머지 5명이다.

(i) 김1의 짝과 김2의 짝이 같은 성씨인 경우:

나머지 4명은 두 가지의 성씨로만 이루어져 있다. 예컨대 김1의 짝과 김2의 짝이 모두 이씨라면 나머지 4명은 박씨 2명과 최씨 2명이다. 이때 같은 성씨로 구성된 쌍이 하나도 안 나오려면 박1의 짝이 최1 또는 최2가 되어야 한다. 즉 두 가지의 가능한 경우가 있다.

(ii) 김1의 짝과 김2의 짝이 다른 성씨인 경우:
나머지 4명은 세 가지의 성씨로 이루어져 있다. 예컨대 김1의 짝이 이1이고 김2의 짝이 박1이라면 나머지 4명은 이2, 박2와 최씨 2명이다. 이때 같은 성씨로 구성된 쌍이 하나도 안 나오려면 이2의 짝이 최1 또는 최2가 되어야 한다. 즉 이때에도 역시 두 가지의 가능한 경우가 있다.

따라서 같은 성씨로 구성된 쌍이 하나도 안 나올 확률은 $\frac{6\times 5\times 2}{105}=\frac{4}{7}$이며, 같은 성씨로 구성된 쌍이 적어도 하나 나올 확률은 $1-\frac{4}{7}=\frac{3}{7}$이다. ■

예제 2.21 1부터 10까지의 정수가 각각 쓰여 있는 10장의 카드가 있다. 이 중에서 3장의 카드를 뽑을 때, 뽑힌 3장의 카드에 쓰여 있는 정수에 관한 다음 확률을 구하여라.

(1) 세 정수 중 최댓값이 8 이하일 확률

(2) 세 정수 중 최댓값이 7일 확률

(3) 세 정수 중 최솟값이 4 이상일 확률

(4) 세 정수 중 최솟값이 5일 확률

풀이 모든 가능한 경우는 ${}_{10}C_3=120$가지.

(1) 세 정수 중 최댓값이 8 이하이려면 세 정수가 모두 8 이하여야 한다. 세 정수가 모두 8 이하인 경우는 ${}_{8}C_3=56$가지이므로, 구하는 확률은 $\frac{56}{120}=\frac{7}{15}$이다.

(2) 세 정수 중 최댓값이 7 이하인 사건을 B, 6 이하인 사건을 A라고 하면, $A\subset B$이다. 최댓값이 7인 사건은 $B-A$이므로 〈정리 2.1〉의 (5)를 이용할 수 있다. 즉 구하는 확률은

$$P(B-A)=P(B)-P(A)=\frac{{}_{7}C_3}{{}_{10}C_3}-\frac{{}_{6}C_3}{{}_{10}C_3}=\frac{35-20}{120}=\frac{1}{8}$$

(3) 세 정수 중 최솟값이 4 이상이려면 세 정수가 모두 4 이상이어야 한다. 세 정수가 모두 4 이상인 경우는 ${}_{7}C_3=35$가지이므로, 구하는 확률은 $\frac{35}{120}=\frac{7}{24}$이다.

(4) 세 정수 중 최솟값이 5 이상인 사건을 D, 6 이상인 사건을 C라고 하면, $C\subset D$이다. 최솟값이 5인 사건은 $D-C$이므로 구하는 확률은 〈정리 2.1〉의 (5)에 의해

$$P(D-C)=P(D)-P(C)=\frac{{}_6C_3}{{}_{10}C_3}-\frac{{}_5C_3}{{}_{10}C_3}=\frac{20-10}{120}=\frac{1}{12}$$ ■

2

참고 〈예제 2.21〉의 (2)는 다음과 같이 풀 수도 있다. 세 정수 중 최댓값이 7인 경우의 수는 ${}_6C_2$이다(7이 뽑히고 1, 2, 3, 4, 5, 6 중에서 2개가 뽑히면 되므로). 따라서 구하는 확률은 $\frac{{}_6C_2}{{}_{10}C_3}=\frac{15}{120}=\frac{1}{8}$이다. 위의 풀이에 제시된 방법과 이 방법이 같은 결과를 주는 것은 ${}_7C_3-{}_6C_3={}_6C_2$가 성립하기 때문이다(〈예제 1.24〉의 (2)에서 증명한 관계식 ${}_nC_r={}_{n-1}C_{r-1}+{}_{n-1}C_r$ 참조). 마찬가지로 (4)도 $\frac{{}_5C_2}{{}_{10}C_3}=\frac{10}{120}=\frac{1}{12}$로 구할 수 있다.

예제 2.22 어느 대학교의 특정 동아리는 50명의 학생으로 구성되어 있는데, 그중 15명은 자연과학대학 학생이고 또 그중 6명이 통계학과 학생이다. 이 동아리에서 3명을 뽑을 때, 뽑힌 3명이 모두 자연과학대학 학생이되 통계학과가 아닌 학생이 적어도 1명 포함되어 있을 확률을 구하여라.

풀이 뽑힌 3명이 모두 자연과학대학 학생일 사건을 B, 모두 통계학과 학생일 사건을 A라고 하면, $A\subset B$이다. 뽑힌 3명이 모두 자연과학대학 학생이되 통계학과가 아닌 학생이 적어도 1명 포함되어 있을 사건은 $B-A$이므로 〈정리 2.1〉의 (5)를 이용할 수 있다. 즉 구하는 확률은

$$P(B-A)=P(B)-P(A)=\frac{{}_{15}C_3}{{}_{50}C_3}-\frac{{}_6C_3}{{}_{50}C_3}=\frac{455-20}{19600}=\frac{87}{3920}$$ ■

계속해서 확률의 중요한 성질인 덧셈법칙을 소개한다.

정리 2.2 확률의 덧셈법칙

(1) 임의의 두 사건 A, B에 대하여

$$P(A\cup B)=P(A)+P(B)-P(A\cap B)$$

(2) 임의의 세 사건 A, B, C에 대하여

$$P(A\cup B\cup C)=P(A)+P(B)+P(C)-P(A\cap B)-P(A\cap C)-P(B\cap C)+P(A\cap B\cap C)$$

증명

(1) (〈그림 2.14〉 참조)

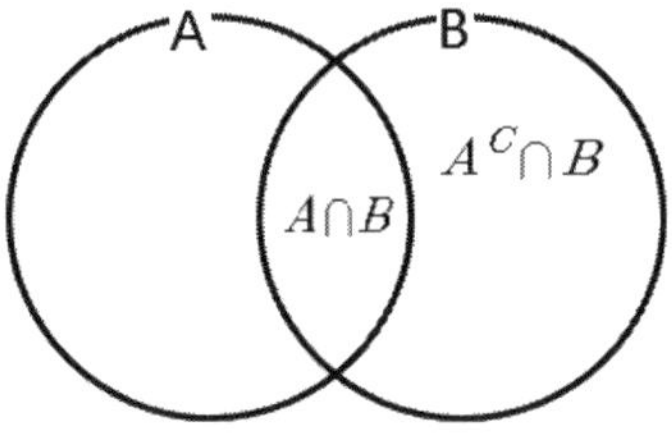

그림 2.14

확률의 공리적 정의 (3)(ⅰ)에 의해

$$P(A \cup B) = P(A \cup (A^c \cap B)) = P(A) + P(A^c \cap B) \qquad \cdots\cdots\cdots\cdots ①$$

한편 역시 공리적 정의 (3)(ⅰ)에 의해

$$P(B) = P((A \cap B) \cup (A^c \cap B)) = P(A \cap B) + P(A^c \cap B)$$

이므로

$$P(A^c \cap B) = P(B) - P(A \cap B) \qquad \cdots\cdots\cdots\cdots ②$$

②를 ①에 대입하면

$$P(A \cup B) = P(A) + P(B) - P(A \cap B)$$

(2) $P(A \cup B \cup C) = P(A \cup (B \cup C))$

$$\begin{aligned} &= P(A) + P(B \cup C) - P(A \cap (B \cup C)) \qquad (\text{덧셈법칙 }(1)) \\ &= P(A) + P(B \cup C) - P((A \cap B) \cup (A \cap C)) \qquad (\text{배분법칙}) \\ &= P(A) + P(B) + P(C) - P(B \cap C) \\ &\quad - \{P(A \cap B) + P(A \cap C) - P((A \cap B) \cap (A \cap C))\} \ (\text{덧셈법칙 }(1)) \\ &= P(A) + P(B) + P(C) - P(A \cap B) - P(A \cap C) \\ &\quad - P(B \cap C) + P(A \cap B \cap C) \end{aligned}$$

■

Note (1)에서 특히 A, B가 서로 배반인 사건이면 $P(A \cap B) = P(\varnothing) = 0$이므로 $P(A \cup B) = P(A) + P(B)$가 됨을 알 수 있는데, 이것은 확률의 공리적 정의 (3)(ⅰ)에서 이미 나왔던 것이다.

예제 2.23 52장으로 구성된 플레잉카드에서 한 장을 뽑을 때 퀸(Q)이나 붉은색 무늬 카드가 나올 확률은 얼마인가?

풀이 퀸이 나오는 사건을 A, 붉은색 무늬가 나오는 사건을 B라고 하면, 퀸이나 붉은색 무늬 카드가 나오는 사건은 $A \cup B$이다. 구하는 확률은 〈정리 2.2〉의 (1)에 의해

$$P(A \cup B) = P(A) + P(B) - P(A \cap B) = \frac{4}{52} + \frac{26}{52} - \frac{2}{52} = \frac{7}{13}$$ ■

예제 2.24 주머니 속에 흰 공 2개, 검은 공 4개, 노란 공 5개가 들어 있다. 여기서 5개의 공을 꺼낼 때 흰 공이 2개 나오거나 검은 공이 3개 이상 나올 확률을 구하여라.

풀이

(방법 1) (〈정리 2.2〉의 (1) 이용)

흰 공이 2개 나오는 사건을 A, 검은 공이 3개 이상 나오는 사건을 B라고 하면, 구하는 확률은

$$\begin{aligned} P(A \cup B) &= P(A) + P(B) - P(A \cap B) \\ &= \frac{{}_2C_2 \times {}_9C_3}{{}_{11}C_5} + \frac{{}_4C_3 \times {}_7C_2 + {}_4C_4 \times {}_7C_1}{{}_{11}C_5} - \frac{{}_2C_2 \times {}_4C_3 \times {}_5C_0}{{}_{11}C_5} \\ &= \frac{84 + 4 \times 21 + 7 - 4}{462} \\ &= \frac{171}{462} \end{aligned}$$

(방법 2) (여사건의 확률 이용)

뽑히는 흰 공, 검은 공, 노란 공의 수를 각각 x_1, x_2, x_3라고 하면, 흰 공이 1개 이하, 검은 공이 2개 이하 나오는 경우는 순서쌍 (x_1, x_2, x_3)가 $(0,0,5)$, $(0,1,4)$, $(0,2,3)$, $(1,0,4)$, $(1,1,3)$, $(1,2,2)$ 중의 한 가지인 경우이다. 따라서 흰 공이 1개 이하, 검은 공이 2개 이하 나올 확률은

$$\begin{aligned} &\frac{{}_2C_0 \times {}_4C_0 \times {}_5C_5}{{}_{11}C_5} + \frac{{}_2C_0 \times {}_4C_1 \times {}_5C_4}{{}_{11}C_5} + \frac{{}_2C_0 \times {}_4C_2 \times {}_5C_3}{{}_{11}C_5} \\ &\quad + \frac{{}_2C_1 \times {}_4C_0 \times {}_5C_4}{{}_{11}C_5} + \frac{{}_2C_1 \times {}_4C_1 \times {}_5C_3}{{}_{11}C_5} + \frac{{}_2C_1 \times {}_4C_2 \times {}_5C_2}{{}_{11}C_5} \\ &= \frac{1 + 4 \times 5 + 6 \times 10 + 2 \times 5 + 2 \times 4 \times 10 + 2 \times 6 \times 10}{462} \\ &= \frac{291}{462} \end{aligned}$$

따라서 구하는 확률은 $1-\frac{291}{462}=\frac{171}{462}$ ■

예제 2.25 두 사건 A, B가 있다. $P(A)=a$, $P(B)=b$, $P(A\cap B)=c$라고 할 때, 다음 각 확률을 a, b, c의 식으로 나타내라.

(1) $P(A^c\cup B^c)$ (2) $P(A^c\cap B)$ (3) $P(A^c\cap B^c)$

풀이 (〈그림 2.15〉 참조)

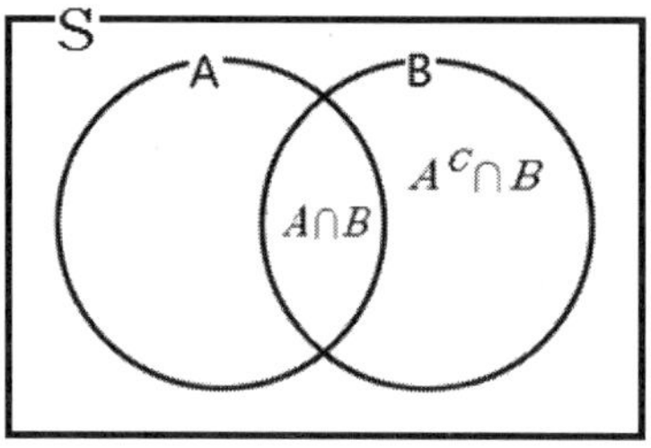

그림 2.15

(1) $P(A^c\cup B^c)=P((A\cap B)^c)=1-P(A\cap B)=1-c$

(2) $P(A^c\cap B)=P(B)-P(A\cap B)=b-c$

(3) $P(A^c\cap B^c)=P((A\cup B)^c)=1-P(A\cup B)$

$=1-\{P(A)+P(B)-P(A\cap B)\}=1-(a+b-c)$ ■

예제 2.26 세 사건 A, B, C가 있는데, $P(B)=0.45$, $P(C)=0.55$, $P(A\cap B)=0.2$, $P(A\cap C)=0.3$, $P(B\cap C)=0.25$, $P(A\cap B\cap C)=0.1$, $P(A\cup B\cup C)=0.85$이다. 다음 확률들을 구하여라.

(1) $P(A)$ (2) $P(A^c\cap B\cap C)$ (3) $P(A\cap B^c\cap C^c)$

풀이

(1) 문제에서 주어진 확률들을 〈정리 2.2〉의 (2)에 대입하면

$$0.85=P(A)+0.45+0.55-0.2-0.3-0.25+0.1=P(A)+0.35$$

따라서 $P(A)=0.5$

(2) (〈그림 2.16〉 참조)

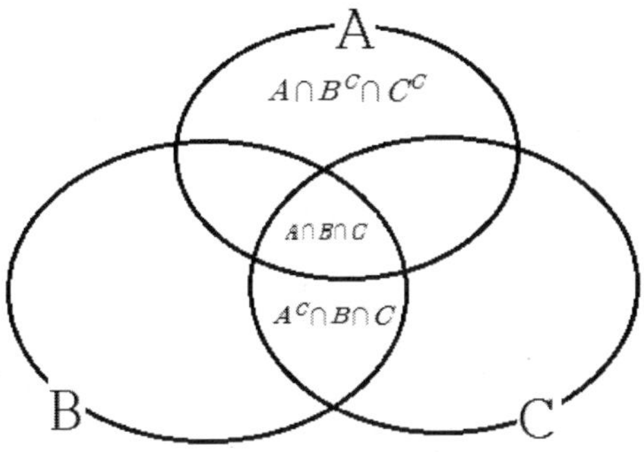

그림 2.16

$$P(A^c\cap B\cap C) = P(B\cap C) - P(A\cap B\cap C) = 0.25 - 0.1 = 0.15$$

(3) (〈그림 2.16〉 참조)

$$P(A\cap B^c\cap C^c) = P(A) - P((A\cap B)\cup(A\cap C))$$

그런데 〈정리 2.2〉의 (1)에 의해

$$\begin{aligned} P((A\cap B)\cup(A\cap C)) &= P(A\cap B) + P(A\cap C) - P((A\cap B)\cap(A\cap C)) \\ &= P(A\cap B) + P(A\cap C) - P(A\cap B\cap C) = 0.2 + 0.3 - 0.1 = 0.4 \end{aligned}$$

따라서 $P(A\cap B^c\cap C^c) = 0.5 - 0.4 = 0.1$ ■

예제 2.27 어느 대학교 자연과학대학의 총 학생 수는 800명이며, 그중 통계학과 학생은 160명이다. 한편 1학년 학생은 200명이며, 여학생은 360명이다. 또한 통계학과 1학년은 36명, 통계학과 여학생은 76명, 1학년 여학생은 98명, 통계학과 1학년 여학생은 20명이다. 자연과학대학에서 1명의 학생을 뽑을 때, 다음의 각 확률을 구하여라.

(1) 뽑힌 학생이 통계학과가 아니고 1학년이 아니며, 남학생일 확률

(2) 뽑힌 학생이 1학년이 아니며, 통계학과 여학생일 확률

(3) 뽑힌 학생이 1학년이며, 통계학과가 아니거나 여학생일 확률

풀이 사건 A, B, C를 다음과 같이 정의하자.

A : 뽑힌 학생이 통계학과 학생일 사건

B : 뽑힌 학생이 1학년일 사건

C : 뽑힌 학생이 여학생일 사건

(1) 구하는 확률은 $P(A^c\cap B^c\cap C^c) = P((A\cup B\cup C)^c) = 1 - P(A\cup B\cup C)$이다. 〈정리 2.2〉의 (2)에 의해

$$
\begin{aligned}
P(A\cup B\cup C) &= P(A)+P(B)+P(C)-P(A\cap B)-P(A\cap C)-P(B\cap C)+P(A\cap B\cap C)\\
&= \frac{160}{800}+\frac{200}{800}+\frac{360}{800}-\frac{36}{800}-\frac{76}{800}-\frac{98}{800}+\frac{20}{800}\\
&= \frac{530}{800}
\end{aligned}
$$

이므로, 구하는 확률은 $1-\frac{530}{800}=\frac{27}{80}$

(2) 구하는 확률은

$$
P(A\cap B^c\cap C)=P(A\cap C)-P(A\cap B\cap C)=\frac{76}{800}-\frac{20}{800}=\frac{7}{100}
$$

(3) 구하는 확률은

$$
\begin{aligned}
P(B\cap (A^c\cup C)) &= P((B\cap A^c)\cup (B\cap C))\\
&= P(B\cap A^c)+P(B\cap C)-P((B\cap A^c)\cap (B\cap C))\\
&= P(B\cap A^c)+P(B\cap C)-P(A^c\cap B\cap C)\\
&= P(B)-P(A\cap B)+P(A\cap B\cap C)\\
&= \frac{200}{800}-\frac{36}{800}+\frac{20}{800}\\
&= \frac{23}{100}
\end{aligned}
$$

■

확률의 덧셈법칙은 다음과 같이 여러 개의 사건의 경우로 일반화된다.

정리 2.3 확률의 덧셈법칙의 일반화

임의의 사건 $A_1, A_2, \cdots, A_n$에 대하여

$$
\begin{aligned}
P(A_1\cup A_2\cup \cdots \cup A_n) &= \sum_{i=1}^{n}P(A_i)-\sum_{1\le i_1<i_2\le n}P(A_{i_1}\cap A_{i_2})\\
&+\sum_{1\le i_1<i_2<i_3\le n}P(A_{i_1}\cap A_{i_2}\cap A_{i_3})-\cdots+(-1)^{n-1}P(A_1\cap A_2\cap \cdots \cap A_n)
\end{aligned}
$$

증명 수학적 귀납법을 사용한다.

(i) $n=1$일 때는 명백히 성립한다($P(A_1)=P(A_1)$이므로). 또한 $n=2$일 때와 $n=3$일 때는 〈정리 2.2〉에서 이미 보였다.

(ii) $n=k$일 때 성립한다고 가정하자. 이 가정하에서 $n=k+1$일 때 성립함을 보이면 된다.

$$
\begin{aligned}
P(A_1 \cup A_2 \cup \cdots \cup A_{k+1}) &= P((A_1 \cup A_2 \cup \cdots \cup A_k) \cup A_{k+1}) \\
&= P(A_1 \cup A_2 \cup \cdots \cup A_k) + P(A_{k+1}) - P((A_1 \cup A_2 \cup \cdots \cup A_k) \cap A_{k+1}) \\
&= \sum_{i=1}^{k} P(A_i) - \sum_{1 \le i_1 < i_2 \le k} P(A_{i_1} \cap A_{i_2}) + \sum_{1 \le i_1 < i_2 < i_3 \le k} P(A_{i_1} \cap A_{i_2} \cap A_{i_3}) \\
&\quad - \cdots + (-1)^{k-1} P(A_1 \cap A_2 \cap \cdots \cap A_k) + P(A_{k+1}) \\
&\quad - P((A_1 \cap A_{k+1}) \cup (A_2 \cap A_{k+1}) \cup \cdots \cup (A_k \cap A_{k+1})) \\
&= \sum_{i=1}^{k} P(A_i) - \sum_{1 \le i_1 < i_2 \le k} P(A_{i_1} \cap A_{i_2}) + \sum_{1 \le i_1 < i_2 < i_3 \le k} P(A_{i_1} \cap A_{i_2} \cap A_{i_3}) \\
&\quad - \cdots + (-1)^{k-1} P(A_1 \cap A_2 \cap \cdots \cap A_k) + P(A_{k+1}) \\
&\quad - \left\{ \sum_{i=1}^{k} P(A_i \cap A_{k+1}) - \sum_{1 \le i_1 < i_2 \le k} P((A_{i_1} \cap A_{k+1}) \cap (A_{i_2} \cap A_{k+1})) \right. \\
&\qquad + \sum_{1 \le i_1 < i_2 < i_3 \le k} P((A_{i_1} \cap A_{k+1}) \cap (A_{i_2} \cap A_{k+1}) \cap (A_{i_3} \cap A_{k+1})) \\
&\qquad \left. - \cdots + (-1)^{k-1} P((A_1 \cap A_{k+1}) \cap (A_2 \cap A_{k+1}) \cap \cdots \cap (A_k \cap A_{k+1})) \right\} \\
&= \sum_{i=1}^{k+1} P(A_i) - \sum_{1 \le i_1 < i_2 \le k+1} P(A_{i_1} \cap A_{i_2}) + \sum_{1 \le i_1 < i_2 < i_3 \le k+1} P(A_{i_1} \cap A_{i_2} \cap A_{i_3}) \\
&\quad - \cdots + (-1)^{k} P(A_1 \cap A_2 \cap \cdots \cap A_{k+1})
\end{aligned}
$$

이것은 $n = k+1$일 때도 성립함을 나타낸다.

따라서 임의의 양의 정수 n에 대하여 정리가 성립함을 알 수 있다. ■

〈정리 2.3〉에서 예컨대 $n=3$인 경우의 식을 써 보면

$$
\begin{aligned}
P(A_1 \cup A_2 \cup A_3) &= P(A_1) + P(A_2) + P(A_3) - P(A_1 \cap A_2) \\
&\quad - P(A_1 \cap A_3) - P(A_2 \cap A_3) + P(A_1 \cap A_2 \cap A_3)
\end{aligned}
$$

인데, 이것은 (당연하게도) 〈정리 2.2〉의 (2)와 동일한 식이다. $n=4$인 경우의 식도 직접 써 보기 바란다.

예제 2.28 파티에 참석한 n명의 남자가 각자 쓰고 온 모자를 벗어서 한데 모아 모두 섞은 뒤 무작위로 모자 한 개씩을 다시 집어서 쓴다고 하자.

(1) 모든 사람이 자기 모자를 쓸 확률을 구하여라.

(2) 적어도 한 명이 자기 모자를 쓸 확률을 구하여라.

풀이 n명의 남자를 $a_1, a_2, \cdots, a_n$으로 나타내자. 또한 a_i가 쓰고 온 모자를 b_i로 나타내고,

모자를 섞은 뒤 a_i가 b_i를 쓰게 되는 사건을 A_i로 나타내자($i=1,2,\cdots,n$).

(1) 구하는 확률은 $P(A_1 \cap A_2 \cap \cdots \cap A_n) = \dfrac{1}{n!}$

(2) $P(A_1) = P(A_2) = \cdots = P(A_n) = \dfrac{(n-1)!}{n!} = \dfrac{1}{n}$,

$$P(A_{i_1} \cap A_{i_2}) = \frac{(n-2)!}{n!} = \frac{1}{n(n-1)} \quad (1 \le i_1 < i_2 \le n),$$

$$P(A_{i_1} \cap A_{i_2} \cap A_{i_3}) = \frac{(n-3)!}{n!} = \frac{1}{n(n-1)(n-2)} \quad (1 \le i_1 < i_2 < i_3 \le n),$$

$$\vdots$$

이므로 구하는 확률은 〈정리 2.3〉에 의해

$$\begin{aligned} &P(A_1 \cup A_2 \cup \cdots \cup A_n) \\ &= n \cdot \frac{1}{n} - {}_nC_2 \cdot \frac{1}{n(n-1)} + {}_nC_3 \cdot \frac{1}{n(n-1)(n-2)} - \cdots + (-1)^{n-1} \cdot \frac{1}{n!} \\ &= 1 - \frac{1}{2!} + \frac{1}{3!} - \cdots + (-1)^{n-1} \cdot \frac{1}{n!} \end{aligned}$$

(※ 예를 들어 남자가 3명인 경우 ⇨ $P(A_1 \cup A_2 \cup A_3) = 1 - \dfrac{1}{2!} + \dfrac{1}{3!} = \dfrac{2}{3}$,

남자가 4명인 경우 ⇨ $P(A_1 \cup A_2 \cup A_3 \cup A_4) = 1 - \dfrac{1}{2!} + \dfrac{1}{3!} - \dfrac{1}{4!} = \dfrac{5}{8}$이다.) ■

2.3 조건부확률

이 절에서는 어떤 사건이 일어났다는 조건이 주어졌을 때 다른 사건이 일어날 확률인 **조건부확률**을 소개하고자 한다. 어떤 사건의 발생 여부가 다른 사건의 확률에 큰 영향을 미칠 수 있으므로 조건부확률은 큰 의미를 갖는다. 더욱이 조건부확률은 확률에 관한 여러 가지의 중요한 결과를 얻어내는 도구가 되므로 매우 중요하다.

예를 들어, 주사위를 던져서 소수(素數)의 눈이 나오면 상품을 받는 게임이 있다고 하자. 게임 참가자는 당연히 소수(즉 2, 3, 5)의 눈이 나오기를 원할 것이다. 여러분 각자가 게임 참가자라고 가정하고, 주사위를 던진 뒤 결과를 확인하기 전의 상황이라고 하자. 다음의 3가지 중 어느 경우가 가장 희망적인 상황이라고 할 수 있겠는가?

(1) 나온 눈에 관하여 아무 정보를 얻지 못한 경우

(2) 결과를 먼저 본 진행자로부터 홀수의 눈이 나왔다는 말을 들은 경우

(3) 결과를 먼저 본 진행자로부터 짝수의 눈이 나왔다는 말을 들은 경우

아마 대다수의 사람들이 (2)의 경우를 가장 희망적인 상황이라고 느낄 것이다. 그 이유를 생각해 보자. (1)의 경우에는 소수의 눈이 나왔을 가능성이 당연히 50%이다. 1, 2, 3, 4, 5, 6 중 소수는 3개이기 때문이다. (2)의 경우에는 나왔을 가능성이 있는 눈이 1, 3, 5의 3가지인데, 그중 소수는 3과 5의 2가지이므로 소수의 눈이 나왔을 가능성이 $\frac{2}{3}$가 된다. (3)의 경우에는 나왔을 가능성이 있는 눈이 2, 4, 6의 3가지인데, 그중 소수는 2뿐이므로 소수의 눈이 나왔을 가능성은 $\frac{1}{3}$이다. (2)의 $\frac{2}{3}$와 (3)의 $\frac{1}{3}$이 바로 조건부확률이다.

조건부확률은 다음과 같이 정의된다.

조건부확률(conditional probability)

사건 A의 발생이 주어졌을 때, 사건 B의 조건부확률은

$$P(B|A) = \frac{P(A \cap B)}{P(A)} \quad (\text{단, } P(A) > 0)$$

위의 주사위 던지기의 상황을 조건부확률의 정의와 관련하여 생각해 보자(〈그림 2.17〉 참조). 홀수의 눈이 나오는 사건을 A, 소수의 눈이 나오는 사건을 B로 나타내면, $A = \{1, 3, 5\}$, $B = \{2, 3, 5\}$, $P(A) = \frac{3}{6}$, $P(B) = \frac{3}{6}$이다. 홀수의 눈이 나왔다는 조건이 주어졌다면, $A^c = \{2, 4, 6\}$의 가능성은 완전히 배제되므로 $A = \{1, 3, 5\}$를 마치 새로운 표본공간처럼 생각하면 된다. 이 A의 원소 중 소수는 3과 5인데, 이 두 소수를 원소로 하는 사건인 $\{3, 5\}$는 바로 $A = \{1, 3, 5\}$와 $B = \{2, 3, 5\}$의 곱사건인 $A \cap B$이다. 즉 조건부확률 $P(B|A)$는

$$P(B|A) = \frac{n(A \cap B)}{n(A)} = \frac{2}{3}$$

인데, 이것은 결국 $\frac{2/6}{3/6}$, 즉 $\frac{P(A \cap B)}{P(A)}$와 같은 것이다.

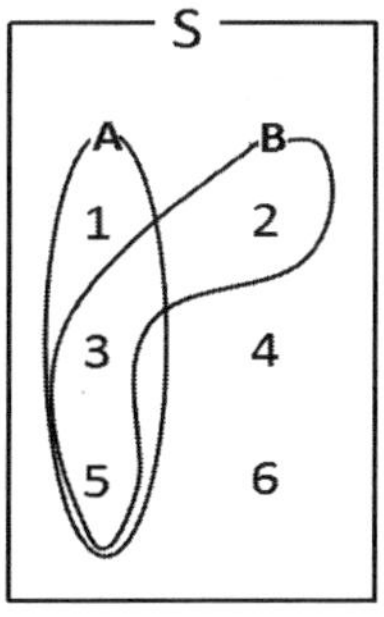

그림 2.17

조건부확률은 다음의 성질을 갖는다.

정리 2.4 조건부확률의 성질

$P(A) > 0$일 때 다음이 성립한다.

(1) 임의의 사건 B에 대하여 $0 \le P(B|A) \le 1$

(2) $P(A|A) = 1$

(3) 사건 $B_1, B_2, \cdots$가 서로 배반이면

(i) 양의 정수 k에 대하여

$$P(B_1 \cup B_2 \cup \cdots \cup B_k|A) = P(B_1|A) + P(B_2|A) + \cdots + P(B_k|A)$$

(ii) 사건의 개수가 가산무한인 경우

$$P(B_1 \cup B_2 \cup \cdots |A) = P(B_1|A) + P(B_2|A) + \cdots$$

(즉 $P(\cdot|A)$는 마치 A가 새로운 표본공간인 것처럼 작용한다.)

증명

(1) $P(B|A) = \dfrac{P(A \cap B)}{P(A)}$에서, 확률의 공리적 정의 (1)에 의해 $P(A \cap B) \ge 0$이다. 한편 $A \cap B \subset A$이므로 확률의 기본 성질 (3)에 의해 $P(A \cap B) \le P(A)$이다. 따라서 $0 \le P(B|A) \le 1$이다.

(2) $P(A|A) = \dfrac{P(A \cap A)}{P(A)} = \dfrac{P(A)}{P(A)} = 1$

(3) (ii) $P(B_1 \cup B_2 \cup \cdots |A) = \dfrac{P(A \cap (B_1 \cup B_2 \cup \cdots))}{P(A)}$ (조건부확률의 정의)

$= \dfrac{P((A \cap B_1) \cup (A \cap B_2) \cup \cdots)}{P(A)}$ (배분법칙)

$= \dfrac{P(A \cap B_1) + P(A \cap B_2) + \cdots}{P(A)}$ (확률의 공리적 정의 (3)(ii))

$= \dfrac{P(A \cap B_1)}{P(A)} + \dfrac{P(A \cap B_2)}{P(A)} + \cdots$

$= P(B_1|A) + P(B_2|A) + \cdots$ (조건부확률의 정의)

(i)도 (ii)와 매우 유사하게 증명할 수 있다. ■

예제 2.29 세 개의 동전을 한 개씩 차례로 던진다. 첫 번째 던진 것이 앞면이 나왔을 경우 적어도 두 개가 앞면이 나올 확률을 구하여라.

풀이 앞면을 H, 뒷면을 T로 표시하면 표본공간은 다음과 같다.

$$S=\{HHH, HHT, HTH, HTT, THH, THT, TTH, TTT\}$$

첫 번째 던진 것이 앞면이 나오는 사건을 A, 적어도 두 개가 앞면이 나오는 사건을 B라고 하면

$$A=\{HHH, HHT, HTH, HTT\},\ \ B=\{HHH, HHT, HTH, THH\}$$

이고

$$A\cap B=\{HHH, HHT, HTH\}$$

이다. 따라서 구하는 확률은

$$P(B|A)=\frac{P(A\cap B)}{P(A)}=\frac{3/8}{4/8}=\frac{3}{4}$$ ■

예제 2.30 두 개의 주사위를 던져, 두 주사위의 눈의 합이 8인 사건을 A, 두 주사위에서 같은 눈이 나오는 사건을 B라고 할 때, $P(B|A)$와 $P(A|B)$를 구하여라.

풀이 표본공간 S와 A, B, $A\cap B$는 다음과 같다.

$$S=\{(1,1),(1,2),\cdots,(1,6),(2,1),(2,2),\cdots,(2,6),\cdots,(6,1),(6,2),\cdots,(6,6)\}$$
$$A=\{(2,6),(3,5),(4,4),(5,3),(6,2)\}$$
$$B=\{(1,1),(2,2),(3,3),(4,4),(5,5),(6,6)\}$$
$$A\cap B=\{(4,4)\}$$

따라서

$$P(B|A)=\frac{P(A\cap B)}{P(A)}=\frac{1/36}{5/36}=\frac{1}{5}$$
$$P(A|B)=\frac{P(A\cap B)}{P(B)}=\frac{1/36}{6/36}=\frac{1}{6}$$ ■

예제 2.31 주머니 속에 3개의 흰 공과 3개의 검은 공이 있다. 2개의 공이 뽑혔는데 그 중 적어도 하나는 흰 공이었다. 2개 모두가 흰 공일 확률은 얼마인가?

풀이 뽑힌 2개의 공 중 적어도 하나가 흰 공일 사건을 A, 2개 모두가 흰 공일 사건을 B

라고 하자. $A \supset B$이므로 $A \cap B = B$이다. 따라서 구하는 확률은

$$P(B|A) = \frac{P(A \cap B)}{P(A)} = \frac{P(B)}{P(A)} = \frac{{}_3C_2/{}_6C_2}{({}_3C_1 \times {}_3C_1 + {}_3C_2)/{}_6C_2} = \frac{3}{9+3} = \frac{1}{4}$$ ■

예제 2.32 〈예제 2.27〉의 상황에서 다음의 조건부확률들을 구하여라.

(1) 뽑힌 학생이 1학년이라는 조건 하에 통계학과가 아니거나 여학생일 확률

(2) 뽑힌 학생이 통계학과 여학생이라는 조건 하에 1학년일 확률

(3) 뽑힌 학생이 1학년이 아니거나 통계학과 학생이라는 조건 하에 남학생일 확률

풀이 사건 A, B, C를 〈예제 2.27〉의 풀이에서와 같이 정의하자.

(1) 구하는 조건부확률은

$$P(A^c \cup C|B) = \frac{P((A^c \cup C) \cap B)}{P(B)} = \frac{23/100}{200/800} = \frac{23}{25}$$

(2) 구하는 조건부확률은

$$P(B|A \cap C) = \frac{P(B \cap (A \cap C))}{P(A \cap C)} = \frac{P(A \cap B \cap C)}{P(A \cap C)} = \frac{20/800}{76/800} = \frac{5}{19}$$

(3) 구하는 조건부확률은

$$\begin{aligned} P(C^c|A \cup B^c) &= \frac{P((A \cup B^c) \cap C^c)}{P(A \cup B^c)} \\ &= \frac{P((A \cap C^c) \cup (B^c \cap C^c))}{P(A \cup B^c)} \\ &= \frac{P(A \cap C^c) + P(B^c \cap C^c) - P((A \cap C^c) \cap (B^c \cap C^c))}{P(A) + P(B^c) - P(A \cap B^c)} \\ &= \frac{P(A) - P(A \cap C) + 1 - P(B \cup C) - P(A \cap B^c \cap C^c)}{P(A) + 1 - P(B) - \{P(A) - P(A \cap B)\}} \end{aligned}$$

여기서

$$P(B \cup C) = P(B) + P(C) - P(B \cap C) = \frac{200}{800} + \frac{360}{800} - \frac{98}{800} = \frac{462}{800}$$

$$\begin{aligned} P(A \cap B^c \cap C^c) &= P(A) - P((A \cap B) \cup (A \cap C)) \\ &= P(A) - \{P(A \cap B) + P(A \cap C) - P(A \cap B \cap C)\} \\ &= \frac{160}{800} - \left(\frac{36}{800} + \frac{76}{800} - \frac{20}{800}\right) \end{aligned}$$

$$= \frac{68}{800}$$

이므로, 구하는 조건부확률은

$$\frac{\frac{160}{800} - \frac{76}{800} + 1 - \frac{462}{800} - \frac{68}{800}}{\frac{160}{800} + 1 - \frac{200}{800} - \left(\frac{160}{800} - \frac{36}{800}\right)} = \frac{59}{106}$$ ■

조건부확률을 정의하는 식으로부터 곧바로 $P(A \cap B) = P(A)P(B|A)$ (단, $P(A) > 0$)을 얻는다. 또한 A와 B의 역할을 바꾸면 $P(B \cap A) = P(B)P(A|B)$ (단, $P(B) > 0$)을 얻는다. 3개의 사건 A, B, C에 대해서도 $A \cap B \cap C = (A \cap B) \cap C$임을 이용하고 위의 관계식을 단계적으로 적용하면 $P(A \cap B \cap C) = P(A \cap B)P(C|A \cap B) = P(A)P(B|A)$ $P(B|A)P(C|A \cap B)$ (단, $P(A \cap B) > 0$)을 얻는다. n개의 사건들에 대해서도 일반화된 관계식을 얻을 수 있다. 이 식들을 확률의 곱셈법칙이라고 한다.

정리 2.5 확률의 곱셈법칙

$P(A) > 0$, $P(B) > 0$이면

$$P(A \cap B) = P(A)P(B|A) = P(B)P(A|B)$$

$P(A \cap B) > 0$이면

$$P(A \cap B \cap C) = P(A)P(B|A)P(C|A \cap B) = P(B)P(A|B)P(C|A \cap B)$$

일반적으로, $P(A_1 \cap A_2 \cap \cdots \cap A_{n-1}) > 0$ 이면

$$P(A_1 \cap A_2 \cap \cdots \cap A_n) \\ = P(A_1)P(A_2|A_1)P(A_3|A_1 \cap A_2) \cdots P(A_n|A_1 \cap A_2 \cap \cdots \cap A_{n-1})$$

예제 2.33 두 사건 A, B가 있다. $P(A) = 0.2$, $P(A|B) = 0.3$, $P(A^c \cap B^c) = 0.5$일 때, $P(B)$와 $P(B|A)$를 구하여라.

풀이 $P(A \cup B) = 1 - P((A \cup B)^c) = 1 - P(A^c \cap B^c) = 1 - 0.5 = 0.5$이다. 그런데 $P(A \cup B) = P(A) + P(B) - P(A \cap B) = P(A) + P(B) - P(B)P(A|B)$이므로 $0.5 = 0.2 + P(B) - 0.3P(B)$이다. 이것을 풀면 $P(B) = \frac{3}{7}$을 얻는다. 따라서

$$P(B|A)=\frac{P(A\cap B)}{P(A)}=\frac{P(B)P(A|B)}{P(A)}=\frac{\frac{3}{7}\times 0.3}{0.2}=\frac{9}{14}$$ ■

예제 2.34 주머니 속에 5개의 파란 공과 4개의 빨간 공이 있다. 3개의 공을 뽑을 때, 파란 공, 빨간 공, 파란 공의 순서로 뽑힐 확률을 구하여라.

풀이 사건 A, B, C를 다음과 같이 정의하자.

A: 첫 번째에 파란 공이 나오는 사건
B: 두 번째에 빨간 공이 나오는 사건
C: 세 번째에 파란 공이 나오는 사건

구하는 확률은

$$P(A\cap B\cap C)=P(A)P(B|A)P(C|A\cap B)=\frac{5}{9}\times\frac{4}{8}\times\frac{4}{7}=\frac{10}{63}$$ ■

예제 2.35 (〈예제 2.18〉에서 다뤘던 문제를 확률의 곱셈법칙을 이용하여 풀어 보자.) 우연히 모인 다섯 사람 중 생일이 같은 사람이 있을 확률은 얼마인가? 단, 윤년은 생각하지 않으며, 사람의 생일은 365일에 걸쳐 확률이 동일하다고 간주한다.

풀이 다섯 사람을 A, B, C, D, E라고 하자. A의 생일은 몇 월 며칠이든 관계없다. 사건 A_1, A_2, A_3, A_4를 다음과 같이 정의하자.

A_1: B의 생일이 A의 생일과 같지 않을 사건
A_2: C의 생일이 A, B의 생일과 같지 않을 사건
A_3: D의 생일이 A, B, C의 생일과 같지 않을 사건
A_4: E의 생일이 A, B, C, D의 생일과 같지 않을 사건

그러면 A, B, C, D, E의 생일이 모두 다를 사건은 $A_1\cap A_2\cap A_3\cap A_4$이다. 생일이 모두 다를 확률은 확률의 곱셈법칙에 의해

$$\begin{aligned}P(A_1\cap A_2\cap A_3\cap A_4)&=P(A_1)P(A_2|A_1)P(A_3|A_1\cap A_2)P(A_4|A_1\cap A_2\cap A_3)\\&=\frac{364}{365}\times\frac{363}{365}\times\frac{362}{365}\times\frac{361}{365}\\&\fallingdotseq 0.9729\end{aligned}$$

이며, 따라서 다섯 사람 중 생일이 같은 사람이 있을 확률은 $1-0.9729=0.0271$이다. ■

예제 2.36 52장의 플레잉카드에서 3장을 뽑을 때, 3장의 카드가 모두 다른 무늬일 확률을 구하여라.

풀이

(방법 1) (뽑는 순서를 따지지 않음)

모든 가능한 경우는 ${}_{52}C_3$가지

4가지의 무늬 중 뽑히는 무늬 3가지가 정해지는 경우는 ${}_{4}C_3$가지

뽑힌 무늬 각각에서 13장 중 1장이 뽑히는 경우는 ${}_{13}C_1$가지

따라서 구하는 확률은

$$\frac{{}_{4}C_3 \times ({}_{13}C_1)^3}{{}_{52}C_3} = \frac{4 \times 13^3}{\frac{52 \times 51 \times 50}{3!}} = \frac{169}{425}$$

(방법 2) (뽑는 순서를 따져서 확률의 곱셈법칙 이용)

맨 처음 뽑히는 카드는 어떤 무늬이든 관계없다.

두 번째 뽑히는 카드가 맨 처음 뽑힌 카드와 다른 무늬인 사건을 A라고 하고, 세 번째 뽑히는 카드가 첫 번째, 두 번째 뽑힌 카드와 다른 무늬인 사건을 B라고 하면, 구하는 확률은

$$P(A \cap B) = P(A)P(B|A) = \frac{39}{51} \times \frac{26}{50} = \frac{169}{425}$$

■

예제 2.37 로또복권 추첨에서 1부터 45까지의 정수 중 뽑힌 6개의 숫자가 구입자가 선택해 둔 6개의 숫자와 일치하면 1등으로 당첨된다. 로또복권 1게임의 1등 당첨 확률을 구하여라.

풀이

(방법 1) (뽑는 순서를 따지지 않음)

모든 가능한 경우는 ${}_{45}C_6$가지.

선택해둔 6개의 숫자가 추첨에서 뽑히는 경우는 ${}_{6}C_6 = 1$가지.

따라서 구하는 확률은 $\frac{1}{{}_{45}C_6} = \frac{1}{8145060}$이다.

(방법 2) (뽑는 순서를 따져서 확률의 곱셈법칙 이용)

첫 번째로 뽑히는 숫자가 구입자가 선택해 둔 숫자일 확률은 $\frac{6}{45}$이다.

위의 조건 하에서 두 번째로 뽑히는 숫자가 구입자가 선택해 둔 숫자일 확률은

$\frac{5}{44}$이다.

위의 조건들 하에서 세 번째로 뽑히는 숫자가 구입자가 선택해 둔 숫자일 확률은 $\frac{4}{43}$이다.

이런 식으로 계속하여 곱셈법칙을 사용하면, 구하는 확률은

$$\frac{6}{45}\times\frac{5}{44}\times\frac{4}{43}\times\frac{3}{42}\times\frac{2}{41}\times\frac{1}{40}=\frac{1}{\frac{{}_{45}P_6}{6!}}=\frac{1}{8145060}$$ ■

예제 2.38 (〈예제 2.19〉에서 다뤘던 문제를 확률의 곱셈법칙을 이용하여 풀어 보자.) 1부터 n까지의 정수 중에서 3개의 정수를 뽑을 때 그 속에 1이 포함되지 않을 확률을 구하여라. 단, $n \geq 4$이다.

풀이 사건 A, B, C를 다음과 같이 정의하자.

A: 첫 번째에 뽑히는 정수가 1일 사건

B: 두 번째에 뽑히는 정수가 1일 사건

C: 세 번째에 뽑히는 정수가 1일 사건

(방법 1) 구하는 확률은

$$\begin{aligned} P(A^c\cap B^c\cap C^c) &= P(A^c)P(B^c|A^c)P(C^c|A^c\cap B^c) \\ &= \frac{n-1}{n}\frac{n-2}{n-1}\frac{n-3}{n-2}=1-\frac{3}{n} \end{aligned}$$

(방법 2) (여사건의 확률 이용)

A, B, C는 서로 배반이므로, 1이 뽑힐 확률은

$$\begin{aligned} P(A\cup B\cup C) &= P(A)+P(B)+P(C) \\ &= \frac{1}{n}+\frac{n-1}{n}\frac{1}{n-1}+\frac{n-1}{n}\frac{n-2}{n-1}\frac{1}{n-2}=\frac{3}{n} \end{aligned}$$

따라서 구하는 확률은 $1-\frac{3}{n}$이다. ■

예제 2.39 아홉 사람($A, B, C, D, E, F, G, H, I$)이 있다. 이 사람들을 무작위로 두 사람씩 짝지어 네 쌍을 만들려 한다. 한 사람은 짝이 없는 채로 남는다. 다음의 각 확률을 구하여라.

(1) A가 짝이 없는 채로 남을 확률

(2) A와 B가 짝이 될 확률

(3) A와 B, C와 D, E와 F, G와 H가 짝이 되고 I가 짝이 없이 남을 확률

풀이

(방법 1) 9명을 2명, 2명, 2명, 2명, 1명으로 이루어진 5개의 무리(무리를 번호나 이름으로 구분하지 않음)로 나누는 경우이므로 모든 가능한 경우의 수는 $\frac{9!}{2!2!2!2!1!}\times\frac{1}{4!}=945$이다.

(1) A가 짝이 없는 채로 남는 경우의 수는 나머지 8명을 2명씩 4쌍으로 나누는 경우의 수이므로 $\frac{8!}{2!2!2!2!}\times\frac{1}{4!}=105$이다. 따라서 구하는 확률은 $\frac{105}{945}=\frac{1}{9}$ 이다.

(2) A와 B가 짝이 되는 경우의 수는 나머지 7명을 2명, 2명, 2명, 1명으로 이루어진 4개의 무리(무리를 번호나 이름으로 구분하지 않음)로 나누는 경우의 수이므로 $\frac{7!}{2!2!2!1!}\times\frac{1}{3!}=105$이다. 따라서 구하는 확률은 $\frac{105}{945}=\frac{1}{9}$이다.

(3) 구하는 확률은 $\frac{1}{945}$

(방법 2) ((2), (3)에서 확률의 곱셈법칙 이용)

(1) 9명 모두 같은 조건이므로 구하는 확률은 $\frac{1}{9}$이다.

(2) 짝이 없는 사람이 A, B 이외의 사람일 확률은 $\frac{7}{9}$이다.

위의 조건 하에서 B가 A의 짝이 될 확률은 $\frac{1}{7}$이다.

따라서 구하는 확률은 $\frac{7}{9}\times\frac{1}{7}=\frac{1}{9}$이다.

(3) 짝이 없는 사람이 I일 확률은 $\frac{1}{9}$ 이다.

위의 조건 하에서 B가 A의 짝이 될 확률은 $\frac{1}{7}$이다.

위의 조건들 하에서 D가 C의 짝이 될 확률은 $\frac{1}{5}$이다.

위의 조건들 하에서 F가 E의 짝이 될 확률은 $\frac{1}{3}$이다.

위의 조건들이 만족되면 H는 자동으로 G의 짝이 된다.

따라서 구하는 확률은 $\frac{1}{9}\times\frac{1}{7}\times\frac{1}{5}\times\frac{1}{3}=\frac{1}{945}$이다. ■

2.4 전확률의 법칙과 베이즈 정리

2.4.1 전확률의 법칙

두 사건 A, B가 있고 $0 < P(A) < 1$이라고 하자. B는 $A \cap B$와 $A^c \cap B$의 합사건이고 $A \cap B$와 $A^c \cap B$는 서로 배반이므로(〈그림 2.18〉 참조) $P(B) = P(A \cap B) + P(A^c \cap B)$가 성립한다. 여기에 확률의 곱셈법칙을 적용하면 다음의 식이 성립한다. 이것을 확률의 분할법칙이라고 한다.

정리 2.6 확률의 분할법칙

$$\begin{aligned} P(B) &= P(A \cap B) + P(A^c \cap B) \\ &= P(A)P(B|A) + P(A^c)P(B|A^c) \end{aligned}$$

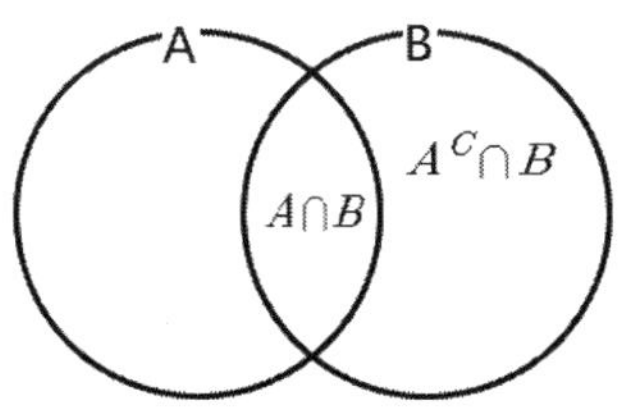

그림 2.18

이제 사건의 분할이라는 개념을 소개한다.

사건의 분할(partition)

사건 $A_1, A_2, \cdots, A_n$이 다음의 두 가지 조건을 만족할 때, $A_1, A_2, \cdots, A_n$을 사건 A의 분할이라고 한다.

(1) $A_1, A_2, \cdots, A_n$은 서로 배반 (즉 $A_i \cap A_j = \varnothing \, (i, j = 1, 2, \cdots, n;\ i \neq j)$)

(2) $A_1 \cup A_2 \cup \cdots \cup A_n = A$

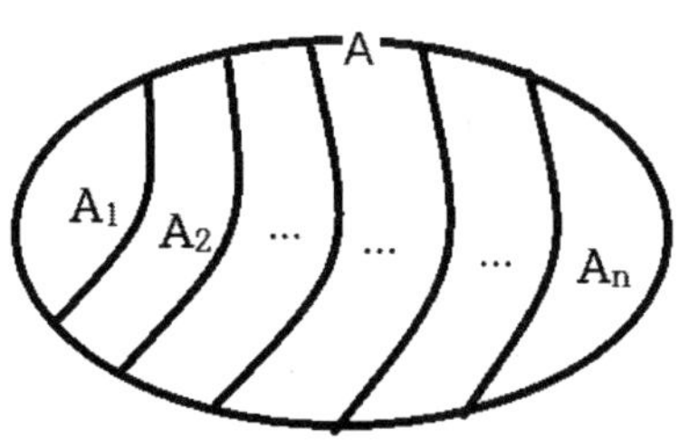

그림 2.19 사건의 분할

위의 정의에서 볼 수 있듯이 사건의 분할은 사건을 서로 겹치지 않는 몇 개의 부분으로 쪼개는 것을 의미한다. 예를 들면, 하나의 주사위를 던지는 실험에서 사건 $A_1=\{1,2\}$, $A_2=\{5\}$ 및 $A_3=\{3,4,6\}$은 표본공간의 한 분할이지만, $B_1=\{1,2,3\}$ 및 $B_2=\{3,4,5,6\}$은 표본공간의 분할이 아니다.

확률의 분할법칙을 일반화하면 다음과 같은 전확률의 법칙을 얻는다.

정리 2.7 전확률의 법칙(law of total probability)

사건 $A_1, A_2, \cdots, A_n$이 표본공간의 분할이고 $P(A_i)>0$ $(i=1,2,\cdots,n)$이면 임의의 사건 B에 대하여

$$P(B)=P(A_1)P(B|A_1)+P(A_2)P(B|A_2)+\cdots+P(A_n)P(B|A_n)$$

증명
$$\begin{aligned} P(B) &= P(B\cap S) \\ &= P(B\cap(A_1\cup A_2\cup\cdots A_n)) \\ &= P((B\cap A_1)\cup(B\cap A_2)\cup\cdots\cup(B\cap A_n)) \quad \text{(배분법칙) (〈그림 2.20〉 참조)} \\ &= P(B\cap A_1)+P(B\cap A_2)+\cdots+P(B\cap A_n) \quad \text{(확률의 공리적 정의 (3)(i))} \\ &= P(A_1)P(B|A_1)+P(A_2)P(B|A_2)+\cdots+P(A_n)P(B|A_n) \quad \text{(확률의 곱셈법칙)} \end{aligned}$$

■

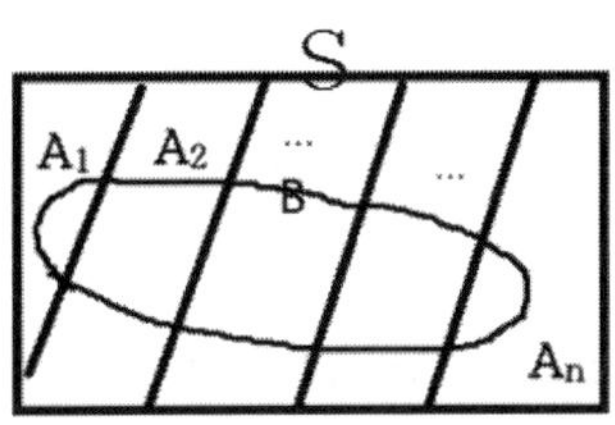

그림 2.20

위의 전확률의 법칙을 보면, $\sum_{i=1}^{n}P(A_i)=1$이므로 $P(B)$는 각각 $P(A_1)$, $P(A_2)$, $\cdots$, $P(A_n)$을 가중값으로 하는 $P(B|A_1)$, $P(B|A_2)$, $\cdots$, $P(B|A_n)$의 가중평균임을 알 수 있다.

예제 2.40 주머니 속에 흰 공 8개, 검은 공 5개, 노란 공 4개가 들어 있다. 1개씩 2개의 공을 뽑을 때, 두 번째에 뽑히는 공이 흰 공일 확률을 구하여라.

풀이 사건 A_1, A_2, A_3, B를 다음과 같이 정의하자.

A_1: 첫 번째에 흰 공이 나오는 사건

A_2: 첫 번째에 검은 공이 나오는 사건

A_3: 첫 번째에 노란 공이 나오는 사건

B: 두 번째에 흰 공이 나오는 사건

A_1, A_2, A_3는 표본공간의 분할이므로 전확률의 법칙을 이용하여 구할 수 있다. 구하는 확률은

$$\begin{aligned} P(B) &= P(A_1)P(B|A_1) + P(A_2)P(B|A_2) + P(A_3)P(B|A_3) \\ &= \frac{8}{17}\times\frac{7}{16} + \frac{5}{17}\times\frac{8}{16} + \frac{4}{17}\times\frac{8}{16} \\ &= \frac{8}{17} \end{aligned}$$

■

예제 2.41 주머니 속에 흰 공 8개와 검은 공 5개가 들어 있다. 1개씩 3개의 공을 뽑을 때,

(1) 두 번째에 뽑히는 공이 흰 공일 확률을 구하여라.

(2) 세 번째에 뽑히는 공이 흰 공일 확률을 구하여라.

풀이 사건 A, B, C를 다음과 같이 정의하자.

A: 첫 번째에 흰 공이 나오는 사건

B: 두 번째에 흰 공이 나오는 사건

C: 세 번째에 흰 공이 나오는 사건

(1) 확률의 분할법칙에 의하여, 구하는 확률은

$$P(B) = P(A)P(B|A) + P(A^c)P(B|A^c) = \frac{8}{13}\times\frac{7}{12} + \frac{5}{13}\times\frac{8}{12} = \frac{8}{13}$$

(2) 두 번째 추출까지의 결과로 표본공간을 분할하면

$$S = (A\cap B)\cup(A\cap B^c)\cup(A^c\cap B)\cup(A^c\cap B^c)$$

로 나타낼 수 있다. 여기서 전확률의 법칙을 적용하면

$$\begin{aligned} P(C) &= P(A\cap B)P(C|A\cap B) + P(A\cap B^c)P(C|A\cap B^c) \\ &\quad + P(A^c\cap B)P(C|A^c\cap B) + P(A^c\cap B^c)P(C|A^c\cap B^c) \\ &= P(A)P(B|A)P(C|A\cap B) + P(A)P(B^c|A)P(C|A\cap B^c) \\ &\quad + P(A^c)P(B|A^c)P(C|A^c\cap B) + P(A^c)P(B^c|A^c)P(C|A^c\cap B^c) \\ &= \frac{8}{13}\times\frac{7}{12}\times\frac{6}{11} + \frac{8}{13}\times\frac{5}{12}\times\frac{7}{11} + \frac{5}{13}\times\frac{8}{12}\times\frac{7}{11} + \frac{5}{13}\times\frac{4}{12}\times\frac{8}{11} \end{aligned}$$

$$= \frac{8}{13}$$

(※ 이런 식으로 공을 1개씩 뽑을 때 흰 공이 뽑힐 확률은 첫 번째부터 열세 번째 추출까지 모두 $\frac{8}{13}$씩으로 동일하다.) ■

예제 2.42 빨간 상자에는 3개의 흰 공과 4개의 검은 공이 들어 있고 파란 상자에는 4개의 흰 공과 3개의 검은 공이 들어 있다.

(1) 빨간 상자에서 1개의 공을 꺼내 파란 상자로 옮긴 후 파란 상자에서 1개의 공을 꺼낼 때, 흰 공이 나올 확률을 구하여라.

(2) 빨간 상자에서 2개의 공을 꺼내 파란 상자로 옮긴 후 파란 상자에서 1개의 공을 꺼낼 때, 흰 공이 나올 확률을 구하여라.

풀이

(1) 사건 A, B를 다음과 같이 정의하자.

A: 빨간 상자에서 흰 공이 파란 상자로 옮겨지는 사건
B: 파란 상자에서 흰 공이 나오는 사건

확률의 분할법칙에 의하여, 구하는 확률은

$$P(B) = P(A)P(B|A) + P(A^c)P(B|A^c) = \frac{3}{7}\times\frac{5}{8} + \frac{4}{7}\times\frac{4}{8} = \frac{31}{56}$$

(2) 사건 A_1, A_2, A_3, B를 다음과 같이 정의하자.

A_1: 빨간 상자에서 2개의 흰 공이 파란 상자로 옮겨지는 사건
A_2: 빨간 상자에서 1개의 흰 공과 1개의 검은 공이 파란 상자로 옮겨지는 사건
A_3: 빨간 상자에서 2개의 검은 공이 파란 상자로 옮겨지는 사건
B: 파란 상자에서 흰 공이 나오는 사건

A_1, A_2, A_3는 표본공간의 분할이므로, 구하는 확률은 전확률의 법칙에 의해

$$\begin{aligned} P(B) &= P(A_1)P(B|A_1) + P(A_2)P(B|A_2) + P(A_3)P(B|A_3) \\ &= \frac{{}_3C_2}{{}_7C_2}\times\frac{6}{9} + \frac{{}_3C_1\times{}_4C_1}{{}_7C_2}\times\frac{5}{9} + \frac{{}_4C_2}{{}_7C_2}\times\frac{4}{9} \\ &= \frac{18+60+24}{189} \\ &= \frac{34}{63} \end{aligned}$$

■

예제 2.43 어떤 대학교의 자연과학대학 학생 중 28%는 1학년, 27%는 2학년, 25%는 3학년, 20%는 4학년이라고 한다. 그리고 1학년 학생의 40%, 2학년 학생의 40%, 3학년 학생의 50%, 4학년 학생의 55%가 여학생이라고 한다. 자연과학대학 학생 중 1명을 뽑을 때, 뽑힌 학생이 여학생일 확률을 구하여라.

풀이 뽑힌 학생이 1, 2, 3, 4학년일 사건을 각각 사건 A_1, A_2, A_3, A_4라고 하고 뽑힌 학생이 여학생일 사건을 B라고 하면 A_1, A_2, A_3, A_4는 표본공간의 분할이므로, 구하는 확률은 전확률의 법칙에 의해

$$\begin{aligned} P(B) &= P(A_1)P(B|A_1) + P(A_2)P(B|A_2) + P(A_3)P(B|A_3) + P(A_4)P(B|A_4) \\ &= 0.28 \times 0.40 + 0.27 \times 0.40 + 0.25 \times 0.50 + 0.20 \times 0.55 \\ &= 0.455 \end{aligned}$$

■

2.4.2 베이즈 정리

조건부확률과 확률의 곱셈법칙 및 전확률의 법칙으로부터 다음과 같은 정리를 얻을 수 있다. 이 정리는 영국의 철학자이자 신학자인 베이즈(Thomas Bayes, 1701–1761)의 이름을 따서 베이즈 정리라고 부른다.

정리 2.8 베이즈 정리(Bayes' theorem)

사건 $A_1, A_2, \cdots, A_n$이 표본공간의 분할이고 $P(A_i) > 0$ $(i = 1, 2, \cdots, n)$, $P(B) > 0$이면

$$P(A_k|B) = \frac{P(A_k)P(B|A_k)}{\sum_{i=1}^{n} P(A_i)P(B|A_i)} \qquad (k = 1, 2, \cdots, n)$$

증명

$$\begin{aligned} P(A_k|B) &= \frac{P(A_k \cap B)}{P(B)} && \text{(조건부확률의 정의)} \\ &= \frac{P(A_k)P(B|A_k)}{\sum_{i=1}^{n} P(A_i)P(B|A_i)} && \text{(확률의 곱셈법칙과 전확률의 법칙)} \end{aligned}$$

■

위의 베이즈 정리에서 $A_1, A_2, \cdots, A_n$을 원인으로 보고 B를 결과로 본다면, $P(A_k)$

$(k=1, 2, \cdots, n)$는 다른 정보가 없는 상태에서 n가지 원인 각각의 가능성을 나타내는 것이며, $P(B|A_k)$는 원인 A_k의 결과로 B가 일어날 확률을 나타낸다. 또한 $P(A_k|B)$는 결과인 B가 일어난 것이 관측된 후에 원인 A_k의 가능성을 나타낸다고 할 수 있다. 이런 의미에서 $P(A_k)$를 **사전확률**(prior probability), $P(A_k|B)$를 **사후확률**(posterior probability)이라고 부르기도 한다.

2

예제 2.44 특정 질병의 바이러스 감염 여부 검사에서 감염자가 양성 반응을 보일 확률은 95%이며, 미감염자가 양성 반응을 보일 확률은 4%라고 한다. 또한 어떤 도시에서 이 질병의 바이러스에 감염된 사람은 전체의 2%라고 한다. 이 도시에서 무작위로 추출된 어떤 사람이 양성 반응을 보였다면, 이 사람이 실제로 감염되어 있을 확률은 얼마인가?

풀이 추출된 사람이 감염자일 사건을 A, 양성 반응을 보일 사건을 B라고 하면, A와 A^c는 표본공간의 분할이다. 구하는 확률은 베이즈 정리에 의하여

$$P(A|B)=\frac{P(A)P(B|A)}{P(A)P(B|A)+P(A^c)P(B|A^c)}=\frac{0.02\times 0.95}{0.02\times 0.95+0.98\times 0.04}=\frac{95}{291}$$ ■

예제 2.45 어떤 공장에서 3대의 기계 M_1, M_2, M_3를 사용하여 같은 종류의 제품을 생산하고 있는데, 전체 생산량의 40%를 M_1으로, 35%를 M_2로, 25%를 M_3로 생산한다. M_1, M_2, M_3로부터 불량품이 생산될 확률은 각각 1%, 2%, 4%라고 한다. 생산된 제품으로부터 1개를 뽑아 검사했을 때, 그것이 불량품이었다고 하자. 그 제품이 M_1, M_2, M_3로부터 생산되었을 확률을 각각 구하여라.

풀이 뽑힌 제품이 M_1, M_2, M_3로부터 생산되었을 사건을 각각 A_1, A_2, A_3라고 하고 뽑힌 제품이 불량품일 사건을 B라고 하면, 구하고자 하는 확률은 $P(A_1|B)$, $P(A_2|B)$, $P(A_3|B)$이다. A_1, A_2, A_3는 표본공간의 분할이므로, 베이즈 정리에 의하여

$$\begin{aligned}P(A_1|B)&=\frac{P(A_1)P(B|A_1)}{P(A_1)P(B|A_1)+P(A_2)P(B|A_2)+P(A_3)P(B|A_3)}\\&=\frac{0.40\times 0.01}{0.40\times 0.01+0.35\times 0.02+0.25\times 0.04}\\&=\frac{4}{21}\end{aligned}$$

같은 방법으로 $P(A_2|B)=\frac{1}{3}$, $P(A_3|B)=\frac{10}{21}$을 얻는다. ■

Note 〈예제 2.45〉에서 사전확률은 $P(A_1)=0.40$, $P(A_2)=0.35$, $P(A_3)=0.25$로서 M_1으로부터 생산되었을 확률이 가장 높고 M_3로부터 생산되었을 확률이 가장 낮은데, 사후확률은 정반대로 M_3로부터 생산되었을 확률이 가장 높고 M_1으로부터 생산되었을 확률이 가장 낮다. 이것은 뽑힌 제품이 불량품이라는 정보가 주어진 것이, 불량품이 생산될 확률이 M_3에서 가장 높고 M_1에서 가장 낮다는 사실과 함께 작용하여 3대의 기계로부터 생산되었을 각각의 가능성을 크게 바꿔 버린 것이다.

예제 2.46 어떤 사람이 냉장고에서 우유를 꺼내 유통기한을 확인하지 않고 마셨는데 얼마 후 배탈이 났다. 냉장고 안에는 다섯 병의 우유가 있었는데, 그중 한 병은 유통기한이 지난 우유였다. 유통기한이 지나지 않은 우유를 마시면 배탈이 날 확률이 5%이고, 유통기한이 지난 우유를 마시면 배탈이 날 확률이 70%라고 가정하자. 그러면 그가 유통기한이 지난 우유를 마셨을 확률은 얼마인가?

풀이 유통기한이 지난 우유를 마시는 사건을 A, 배탈이 나는 사건을 B라고 하면, 구하는 확률은 베이즈 정리에 의하여

$$P(A|B)=\frac{P(A)P(B|A)}{P(A)P(B|A)+P(A^c)P(B|A^c)}=\frac{\frac{1}{5}\times 0.7}{\frac{1}{5}\times 0.7+\frac{4}{5}\times 0.05}=\frac{7}{9}$$ ■

예제 2.47 자동차 경품 행사에서, 3개의 문 A, B, C 중 1개 뒤에 자동차가 세워져 있다. 참가자가 이 3개의 문 중 하나를 선택하면 진행자는 나머지 2개의 문 중 자동차가 없는 문 1개(2개의 문 모두 자동차가 없으면 그중 아무 문이나 1개)를 열어 보이기로 했다. 내가 문 A를 선택하자, 진행자는 문 B를 열어 자동차가 없다는 걸 보이고, 지금이라도 선택을 문 C로 바꿀 수 있다고 했다. 문 C로 바꿔 선택하는 게 유리한가?

풀이 4개의 사건을 다음과 같이 정의하자.

A: 문 A의 뒤에 자동차가 있을 사건
B: 문 B의 뒤에 자동차가 있을 사건
C: 문 C의 뒤에 자동차가 있을 사건
B_1: 문 B를 열어 보일 사건

문 A의 선택을 고수하는 것과 문 C로 바꿔 선택하는 것 중 어느 쪽이 유리한가는 $P(A|B_1)$와 $P(C|B_1)$의 비교에 의해 결정된다.

베이즈 정리에 의해

$$P(A|B_1) = \frac{P(A)P(B_1|A)}{P(A)P(B_1|A) + P(B)P(B_1|B) + P(C)P(B_1|C)}$$

로 쓸 수 있다. 이제 필요한 확률들에 관해 생각해 보자.

아무 정보가 없을 때는 문 A, B, C가 동일한 확률을 가지므로 $P(A) = P(B) = P(C) = \frac{1}{3}$이다. 만약 문 A의 뒤에 자동차가 있다면 문 B와 문 C에 모두 자동차가 없으니 문 B, 문 C를 열 확률은 반반씩이다. 즉 $P(B_1|A) = \frac{1}{2}$이다. 문 B의 뒤에 자동차가 있다면 문 B를 절대로 열 수 없으므로 $P(B_1|B) = 0$이며, 문 C의 뒤에 자동차가 있다면 문 B를 열 수밖에 없으니 $P(B_1|C) = 1$이다. 따라서

$$P(A|B_1) = \frac{\frac{1}{3} \times \frac{1}{2}}{\frac{1}{3} \times \frac{1}{2} + \frac{1}{3} \times 0 + \frac{1}{3} \times 1} = \frac{1}{3}$$

이다.

같은 방법으로

$$P(C|B_1) = \frac{\frac{1}{3} \times 1}{\frac{1}{3} \times \frac{1}{2} + \frac{1}{3} \times 0 + \frac{1}{3} \times 1} = \frac{2}{3}$$

를 얻는다. 이것은 문 C로 바꿔 선택하는 게 유리하다는 것을 의미한다. ■

참고 〈예제 2.47〉은 **몬티 홀 문제**(Monty Hall problem)라고도 하는데, 미국의 텔레비전 프로그램 '거래를 합시다(Let's Make a Deal)'에서 유래한 것으로 진행자 몬티 홀의 이름에서 따온 것이다. 위와 같은 내용의 풀이가 제시되었을 때, 풀이가 틀렸다고 항의하는 수천 통의 편지가 쇄도했다고 한다. 1개의 문을 열고나면 문이 2개 남는데 그중 1개의 문 뒤에 자동차가 있기 때문에 선택을 바꾸든 안 바꾸든 자동차를 받을 확률은 $\frac{1}{2}$이라는 것이 이 편지들이 주장하는 내용이었다. 그러나 이러한 주장은 잘못된 것이다. 남은 2개의 문 뒤에 자동차가 있을 확률은 위의 풀이에서 보았듯이 동일하지 않다. 진행자가 3개의 문 중 1개의 문을 무작위로 골라서 여는 것이 아니라 자동차가 없는 문 중에서만 골라서 열기 때문이다.

2.5 사건의 독립

2.3절에서도 언급했듯이, 어떤 사건의 발생 여부가 다른 사건의 확률에 큰 영향을 미칠 수 있다. 즉 일반적으로 $P(B|A)$와 $P(B)$는 같지 않다. 특수한 경우로 $P(B|A)=P(B)$ (단, $P(A)>0$)인 경우를 생각하자. 이 경우 확률의 곱셈법칙 $P(A\cap B)=P(A)P(B|A)$로부터 $P(A\cap B)=P(A)P(B)$가 성립한다. 역으로, $P(A\cap B)=P(A)P(B)$이고 $P(A)>0$이면 $P(B|A)=\dfrac{P(A\cap B)}{P(A)}=\dfrac{P(A)P(B)}{P(A)}=P(B)$가 성립한다. A와 B의 역할을 바꿔서 생각해도 똑같은 논리를 적용할 수 있다. 즉 $P(A|B)=P(A)$ (단, $P(B)>0$)이면 $P(A\cap B)=P(A)P(B)$이며, 그 역도 성립한다.

두 사건의 독립성은 다음과 같이 정의된다.

두 사건의 독립

$$P(A\cap B)=P(A)P(B) \ (\text{즉 } P(B|A)=P(B),\ P(A|B)=P(A))$$

가 성립하는 경우 사건 A와 사건 B는 **독립**(independent)이라고 한다.

즉 두 사건 중 어느 하나가 일어난 것이 다른 한 사건의 발생 확률에 아무 영향을 미치지 않으면 이 두 사건은 독립이라고 한다는 것이다. 독립이 아닌 두 사건은 **종속**(dependent)이라고 한다.

예제 2.48 한 개의 동전을 두 번 던질 때, 첫 번째에 앞면이 나오는 사건과 두 번째에 앞면이 나오는 사건은 독립인가?

풀이 표본공간은 $S=\{HH, HT, TH, TT\}$이고, $A=\{HH, HT\}$, $B=\{HH, TH\}$, $A\cap B=\{HH\}$이므로 $P(A)=\frac{1}{2}$, $P(B)=\frac{1}{2}$, $P(A\cap B)=\frac{1}{4}$이 되어 $P(A\cap B)=P(A)P(B)$이다. 따라서 A와 B는 독립이다. ■

예제 2.49 한 개의 주사위를 던질 때, 홀수의 눈이 나오는 사건을 A, 3 이상의 눈이 나오는 사건을 B, 4 이상의 눈이 나오는 사건을 C라고 하자.

(1) A와 B는 독립인가?

(2) A와 C는 독립인가?

풀이 $A=\{1,3,5\}$, $B=\{3,4,5,6\}$, $C=\{4,5,6\}$이므로 $P(A)=\frac{1}{2}$, $P(B)=\frac{2}{3}$, $P(C)=\frac{1}{2}$이다.

(1) $A\cap B=\{3,5\}$이므로 $P(A\cap B)=\frac{1}{3}$이 되어 $P(A\cap B)=P(A)P(B)$이다. 따라서 A와 B는 독립이다.

(2) $A\cap C=\{5\}$이므로 $P(A\cap C)=\frac{1}{6}$이 되어 $P(A\cap C)\neq P(A)P(C)$이다. 따라서 A와 C는 독립이 아니다. ■

예제 2.50 한 개의 동전을 세 번 던질 때, 앞면이 적어도 두 번 나오는 사건을 A, 첫 번째에 앞면이 나오는 사건을 B라고 하면 A와 B는 독립인가?

풀이 표본공간은 $S=\{HHH, HHT, HTH, HTT, THH, THT, TTH, TTT\}$이고, $A=\{HHH, HHT, HTH, THH\}$, $B=\{HHH, HHT, HTH, HTT\}$, $A\cap B=\{HHH, HHT, HTH\}$이므로 $P(A)=\frac{1}{2}$, $P(B)=\frac{1}{2}$, $P(A\cap B)=\frac{3}{8}$이 되어 $P(A\cap B)\neq P(A)P(B)$이다. 따라서 A와 B는 독립이 아니다. ■

예제 2.51 주머니 속에 흰 공 5개와 검은 공 3개가 있다. 2개의 공을 비복원추출할 때와 복원추출할 때 각각에 대하여 2개가 모두 흰 공일 확률을 구하여라.

풀이 첫 번째, 두 번째에 흰 공이 나오는 사건을 각각 A, B라고 하면, 구하는 확률은 $P(A\cap B)=P(A)P(B|A)=\frac{5}{8}P(B|A)$이다.

(i) 비복원추출인 경우:

$$P(B|A)=\frac{4}{7}\text{이므로 } P(A\cap B)=\frac{5}{8}\times\frac{4}{7}=\frac{5}{14}$$

(ii) 복원추출인 경우:

$P(B|A)=P(B)=\frac{5}{8}$이다(즉 A와 B는 독립). 따라서 $P(A\cap B)=\frac{5}{8}\times\frac{5}{8}=\frac{25}{64}$ ■

정리 2.9

두 사건 A와 B가 독립이면 두 사건 A와 B^c, 두 사건 A^c와 B, 두 사건 A^c와 B^c도 독립이다.

증명

$A\cap B\subset A$이고 $A\cap B^c=A-(A\cap B)$이므로 〈정리 2.1〉의 (5)에 의해

$$\begin{aligned} P(A\cap B^c) &= P(A)-P(A\cap B) \\ &= P(A)-P(A)P(B) \qquad (A\text{와 } B\text{가 독립이므로}) \\ &= P(A)\{1-P(B)\} \\ &= P(A)P(B^c) \end{aligned}$$

이다. 따라서 A와 B^c도 독립이다.

나머지 내용도 유사하게 증명된다. ■

예제 2.52 (출처: 김병휘 등 (2002), p.102)

어떤 부동산업자는 여러 채의 집들의 문을 열기 위해 10개의 마스터키를 가지고 있는데, 그중 한 개의 마스터키만이 특정한 집을 열 수 있다. 만일 이 특정한 집이 잠겨 있을 확률이 70%라면, 이 부동산업자가 사무실을 나오기 전에 무작위로 4개의 마스터키를 선택했을 때 이 집으로 들어갈 수 있을 확률은 얼마인가?

풀이 이 특정한 집으로 들어갈 수 없는 경우는, 이 집도 잠겨 있고 이 집을 열 수 있는 마스터키도 선택되지 않는 경우뿐이다. 따라서 사건 A, B를 다음과 같이 정의하자.

A: 특정한 집이 잠겨 있을 사건

B: 특정한 집을 열 수 있는 마스터키가 선택되는 사건

그러면 구하는 확률은 $P(A^c\cup B)$이다.

$$\begin{aligned} P(A^c\cup B) &= 1-P(A\cap B^c) \\ &= 1-P(A)P(B^c) \quad (A\text{와 } B\text{가 독립이므로 } A\text{와 } B^c\text{도 독립}) \\ &= 1-\frac{7}{10}\times\frac{{}_9C_4}{{}_{10}C_4} \\ &= 1-\frac{7}{10}\times\frac{6}{10} \\ &= \frac{29}{50} \end{aligned}$$

■

예제 2.53 두 학생 A, B가 동일한 문제를 풀고 있다. A가 정답을 맞힐 확률이 0.8이고 B가 맞힐 확률은 0.6이라고 한다.

(1) 적어도 한 학생이 정답을 맞힐 확률을 구하여라.

(2) 두 학생이 모두 정답을 맞힐 확률을 구하여라.

(3) 두 학생 중 오직 1명만이 정답을 맞힐 확률을 구하여라.

(4) 1명만이 정답을 맞혔을 때, 그 학생이 A일 확률을 구하여라.

풀이 A가 정답을 맞히는 사건을 A라고 하고 B가 맞히는 사건을 B라고 하면, A와 B는 독립이다.

(1) 구하는 확률은

$$\begin{aligned}P(A\cup B)&=P(A)+P(B)-P(A\cap B)=P(A)+P(B)-P(A)P(B)\\&=0.8+0.6-0.8\times 0.6=0.92\end{aligned}$$

(2) 구하는 확률은

$$P(A\cap B)=P(A)P(B)=0.8\times 0.6=0.48$$

(3) 구하는 확률은

$$\begin{aligned}P((A\cap B^c)\cup(A^c\cap B))&=P(A\cap B^c)+P(A^c\cap B)\\&=P(A)P(B^c)+P(A^c)P(B)(A\text{와 }B^c\text{는 독립, }A^c\text{와 }B\text{도 독립})\\&=0.8\times(1-0.6)+(1-0.8)\times 0.6\\&=0.44\end{aligned}$$

(4) 구하는 확률은

$$\begin{aligned}P(A|(A\cap B^c)\cup(A^c\cap B))&=\frac{P(A\cap[(A\cap B^c)\cup(A^c\cap B)])}{P((A\cap B^c)\cup(A^c\cap B))}\\&=\frac{P(A\cap B^c)}{P((A\cap B^c)\cup(A^c\cap B))}=\frac{0.8\times 0.4}{0.44}=\frac{8}{11}\end{aligned}$$ ■

이제 일반적으로 n개의 사건의 독립에 관하여 알아보자. 쌍으로 독립과 서로 독립이라는 개념은 다음과 같이 정의된다.

쌍으로 독립(pairwise independent)과 서로 독립(mutually independent)

사건 $A_1, A_2, \cdots, A_n(n\geq 2)$이 있다고 하자.

(1) $i\neq j$인 모든 $i, j(i,j=1,2,\cdots,n)$에 대하여

$$P(A_i\cap A_j)=P(A_i)P(A_j)$$

가 성립할 때, $A_1, A_2, \cdots, A_n$은 **쌍으로 독립**이라고 한다.

(2) 다음이 모두 성립할 때, $A_1, A_2, \cdots, A_n$은 **서로 독립**이라고 한다.

$$P(A_i\cap A_j)=P(A_i)P(A_j)\qquad(1\leq i<j\leq n)$$

$$P(A_i \cap A_j \cap A_k) = P(A_i)P(A_j)P(A_k) \qquad (1 \le i < j < k \le n)$$

$$\vdots$$

$$P(A_1 \cap A_2 \cap \cdots \cap A_n) = P(A_1)P(A_2)\cdots P(A_n)$$

위의 정의에서 $n=2$인 경우를 보면, (1)과 (2)의 조건이 공히

$$P(A_1 \cap A_2) = P(A_1)P(A_2)$$

이다. 즉 2개의 사건에 관해서만 생각할 때는 쌍으로 독립과 서로 독립은 같은 것이다.

그러나 $n \ge 3$인 경우, 즉 3개 이상의 사건에 관해 생각할 때는 쌍으로 독립과 서로 독립은 다른 것이다. 예를 들어 $n=3$인 경우를 보자.

$$P(A_1 \cap A_2) = P(A_1)P(A_2),\ \ P(A_1 \cap A_3) = P(A_1)P(A_3),$$
$$P(A_2 \cap A_3) = P(A_2)P(A_3)$$

가 성립하면 세 사건 A_1, A_2, A_3는 쌍으로 독립이지만, 서로 독립이 되려면 이 세 가지 식뿐 아니라

$$P(A_1 \cap A_2 \cap A_3) = P(A_1)P(A_2)P(A_3)$$

까지도 성립해야 한다. 따라서 3개 이상의 사건의 경우에는 **서로 독립이면 쌍으로 독립이 되지만, 그것의 역은 성립하지 않는다는** 점에 유의해야 한다(〈예제 2.57〉 참조).

예제 2.54 세 사건 A, B, C가 서로 독립이면 다음의 사건들도 독립임을 보여라.

(1) A와 $B \cap C$ (2) A와 $B \cup C$

풀이

(1) $P(A \cap (B \cap C)) = P(A \cap B \cap C) = P(A)P(B)P(C) = P(A)P(B \cap C)$

따라서 A와 $B \cap C$도 독립이다.

(2)
$$\begin{aligned} P(A \cap (B \cup C)) &= P((A \cap B) \cup (A \cap C)) \\ &= P(A \cap B) + P(A \cap C) - P((A \cap B) \cap (A \cap C)) \\ &= P(A \cap B) + P(A \cap C) - P(A \cap B \cap C) \\ &= P(A)P(B) + P(A)P(C) - P(A)P(B)P(C) \\ &= P(A)\{P(B) + P(C) - P(B)P(C)\} \\ &= P(A)\{P(B) + P(C) - P(B \cap C)\} \\ &= P(A)P(B \cup C) \end{aligned}$$

따라서 A와 $B \cup C$도 독립이다. ■

n개의 사건이 있는 경우 〈정리 2.9〉는 다음과 같이 일반화된다. 여기서는 증명 없이 내용만 소개한다.

정리 2.10

사건 $A_1, A_2, \cdots, A_n$이 서로 독립이라고 하자. $B_i = A_i$ 또는 $B_i = A_i^c$로 놓으면 사건 $B_1, B_2, \cdots, B_n$도 서로 독립이다.

예제 2.55 3개의 부품으로 이루어져 있는 시스템이 있다. 각 부품의 작동 확률은 0.8씩이며, 작동 여부는 서로 독립이라고 한다. 이 시스템이 작동할 확률을 다음의 각 경우에 대해 구하여라.

(1) 직렬연결인 경우(3개의 부품이 모두 작동해야 시스템이 작동)

(2) 병렬연결인 경우(3개의 부품 중 적어도 한 개가 작동하면 시스템이 작동)

풀이 1, 2, 3번째 부품이 작동하는 사건을 각각 A_1, A_2, A_3라고 하면 이 세 사건은 서로 독립이다.

(1) 구하는 확률은

$$P(A_1 \cap A_2 \cap A_3) = P(A_1)P(A_2)P(A_3) = (0.8)^3 = 0.512$$

(2) 구하는 확률은

$$\begin{aligned} P(A_1 \cup A_2 \cup A_3) &= 1 - P((A_1 \cup A_2 \cup A_3)^c) \\ &= 1 - P(A_1^c \cap A_2^c \cap A_3^c) \\ &= 1 - P(A_1^c)P(A_2^c)P(A_3^c) \quad (A_1^c, A_2^c, A_3^c\text{는 서로 독립이므로}) \\ &= 1 - (1-0.8)^3 = 0.992 \end{aligned}$$

■

예제 2.56 3명의 사수가 표적에 총을 쏜다. 명중 확률이 각각 0.9, 0.7, 0.6이고 3명의 결과는 서로 독립이라고 할 때 3명 중 2명 이상이 명중시킬 확률은 얼마인가?

풀이 i번째 사수가 명중시키는 사건을 A_i $(i = 1, 2, 3)$라고 하면, 2명이 명중시킬 확률은

$$\begin{aligned} &P(A_1 \cap A_2 \cap A_3^c) + P(A_1 \cap A_2^c \cap A_3) + P(A_1^c \cap A_2 \cap A_3) \\ &= P(A_1)P(A_2)P(A_3^c) + P(A_1)P(A_2^c)P(A_3) + P(A_1^c)P(A_2)P(A_3) \end{aligned}$$

$$= 0.9 \times 0.7 \times (1-0.6) + 0.9 \times (1-0.7) \times 0.6 + (1-0.9) \times 0.7 \times 0.6$$
$$= 0.456$$

이며, 3명 모두가 명중시킬 확률은

$$P(A_1 \cap A_2 \cap A_3) = P(A_1)P(A_2)P(A_3) = 0.9 \times 0.7 \times 0.6 = 0.378$$

이다. 따라서 구하는 확률은 $0.456 + 0.378 = 0.834$이다. ■

예제 2.57 한 개의 동전을 두 번 던질 때, 첫 번째에 앞면이 나오는 사건을 A, 두 번째에 뒷면이 나오는 사건을 B, 두 번 다 앞면이 나오거나 두 번 다 뒷면이 나오는 사건을 C라고 하자.

(1) 세 사건 A, B, C는 쌍으로 독립인가?

(2) 세 사건 A, B, C는 서로 독립인가?

풀이 표본공간은 $S = \{HH, HT, TH, TT\}$이고 $A = \{HH, HT\}$, $B = \{HT, TT\}$, $C = \{HH, TT\}$이므로, $P(A) = P(B) = P(C) = \frac{1}{2}$이다.

(1) $A \cap B = \{HT\}$, $A \cap C = \{HH\}$, $B \cap C = \{TT\}$이다. 따라서

$$P(A \cap B) = P(A \cap C) = P(B \cap C) = \frac{1}{4} = P(A)P(B) = P(A)P(C) = P(B)P(C)$$

이므로 세 사건 A, B, C는 쌍으로 독립이다.

(2) $A \cap B \cap C = \varnothing$이다. 따라서

$$P(A \cap B \cap C) = 0 \neq P(A)P(B)P(C)$$

이므로 세 사건 A, B, C는 서로 독립이 아니다. ■

독립시행(independent trials)

동일한 시행을 반복할 때, 각 시행의 결과가 서로 독립이면, 이러한 시행을 **독립시행**이라고 한다.

정리 2.11

어떤 시행에서 사건 $A_1, A_2, \cdots, A_n (n \geq 2)$이 표본공간의 분할이고 $P(A_i) > 0$ $(i = 1, 2, \cdots, n)$이라고 하자. 이러한 시행을 독립적으로 반복하는 독립시행을 할 때, 사

건 A_i와 A_j $(i \neq j; i, j = 1, 2, \cdots, n)$ 중 A_i가 먼저 일어날 확률은 $\dfrac{P(A_i)}{P(A_i)+P(A_j)}$ 이다.

2

증명 $n=2$인 경우는 $P(A_1)+P(A_2)=1$이 되어 정리의 내용이 명백히 성립하므로, $n \geq 3$인 경우에 대해 증명하면 된다. 첫 번째부터 $(n-1)$번째까지의 시행에서 A_i와 A_j 중 어느 것도 나오지 않고 n번째 시행에서 A_i가 나오는 사건을 E_n이라고 하면, A_i와 A_j 중 A_i가 먼저 일어나는 사건은 $\bigcup_{n=1}^{\infty} E_n$이다. $E_1, E_2, E_3, \cdots$는 서로 배반이므로, A_i와 A_j 중 A_i가 먼저 일어날 확률은

$$P\left(\bigcup_{n=1}^{\infty} E_n\right) = \sum_{n=1}^{\infty} P(E_n)$$

이다. 독립시행이므로

$$P(E_n) = \{1 - P(A_i) - P(A_j)\}^{n-1} \cdot P(A_i)$$

이며, 따라서

$$P\left(\bigcup_{n=1}^{\infty} E_n\right) = \sum_{n=1}^{\infty} P(E_n) = \frac{P(A_i)}{1 - \{1 - P(A_i) - P(A_j)\}} = \frac{P(A_i)}{P(A_i)+P(A_j)}$$ ■

Note 〈정리 2.11〉의 증명 중 $\sum_{n=1}^{\infty} P(E_n)$을 계산하는 과정에서, 무한등비급수의 합을 구하는 다음 공식을 이용했다.

$$-1 < r < 1\text{일 때, } a + ar + ar^2 + \cdots = \frac{a}{1-r}$$

예제 2.58 한 쌍의 주사위를 던지는 독립시행을 한다. 두 주사위의 눈의 합이 7이 나오기 전에 9가 나올 확률은 얼마인가?

풀이 두 주사위의 눈의 합이 7인 사건을 A_1, 9인 사건을 A_2라고 하면,

$$A_1 = \{(1,6), (2,5), (3,4), (4,3), (5,2), (6,1)\}, \quad A_2 = \{(3,6), (4,5), (5,4), (6,3)\}$$

이므로, $P(A_1) = \dfrac{6}{36}$, $P(A_2) = \dfrac{4}{36}$이다. 따라서 구하는 확률은 〈정리 2.11〉에 의해

$$\frac{\frac{4}{36}}{\frac{6}{36}+\frac{4}{36}}=\frac{2}{5}$$

■

2.6 스포츠에 적용되는 확률

(※ 이 절은 경우에 따라 생략해도 학습의 흐름에는 큰 지장이 없을 것이다.)

이 절에서는 스포츠와 관련된 확률 문제들을 생각해 보자. 역시 실제 사례를 중심으로 한 예제들을 다룬다. 축구의 조 추첨에서는 경우의 수 문제와 확률 문제를 함께 생각한다.

예제 2.59 2002년의 한 · 일 월드컵을 위한 남미대륙 예선의 진행 방식은 다음과 같다. 10개국이 홈앤드어웨이로 풀리그를 벌여 상위 4개국이 본선에 진출한다(참고: 5위 팀은 오세아니아대륙 1위 팀과 플레이오프를 치러 이기면 본선에 진출한다).

(1) 남미대륙 예선의 경기 수를 구하여라.

(2) 남미의 10개국 중 월드컵 우승 경험이 있는 나라는 3개국(아르헨티나, 브라질, 우루과이)이다(2018년 현재). 남미대륙 예선의 모든 경기 중 무작위로 한 경기를 선택했을 때 그 경기가 이 3개국 중 적어도 한 나라가 출전하는 경기일 확률을 구하여라.

(3) (2)에서 무작위로 선택된 한 경기가 아르헨티나, 브라질, 우루과이 중 적어도 한 나라가 출전하는 경기라고 할 때, 브라질이 출전하는 경기일 조건부확률을 구하여라.

풀이

(1) 만약 풀리그로 한 경기씩만 한다면 경기 수는 ${}_{10}C_2=45$ 인데, 두 번씩(홈앤드어웨이) 하므로 총 경기 수는 $45\times 2=90$ 이다.

(2) **(방법 1)** (〈정리 2.2〉의 (2) 이용)

A: 무작위로 선택된 한 경기가 아르헨티나가 출전하는 경기일 사건
B: 무작위로 선택된 한 경기가 브라질이 출전하는 경기일 사건
C: 무작위로 선택된 한 경기가 우루과이가 출전하는 경기일 사건

사건 A, B, C를 위와 같이 정의하면

$P(A)=P(B)=P(C)=\frac{18}{90}$ (한 나라가 18경기씩 하므로)

$$P(A\cap B)=P(A\cap C)=P(B\cap C)=\frac{2}{90}$$

(아르헨티나 대 브라질의 경기는 두 경기이므로(나머지도 마찬가지))

$P(A\cap B\cap C)=0$ (한 경기에 세 나라가 나올 수는 없으므로)

따라서 구하는 확률은

$$\begin{aligned}P(A\cup B\cup C)&=P(A)+P(B)+P(C)-P(A\cap B)\\&\qquad-P(A\cap C)-P(B\cap C)+P(A\cap B\cap C)\\&=\frac{8}{15}\end{aligned}$$

(방법 2) (〈정리 2.1〉의 (1) 이용)

아르헨티나, 브라질, 우루과이 중 한 나라도 안 나오는 경기의 수는 ${}_7C_2\times 2=42$이므로, 구하는 확률은 $1-\frac{42}{90}=\frac{8}{15}$

(3) 구하는 조건부확률은

$$P(B|A\cup B\cup C)=\frac{P(B\cap(A\cup B\cup C))}{P(A\cup B\cup C)}=\frac{P(B)}{P(A\cup B\cup C)}=\frac{18/90}{8/15}=\frac{3}{8}$$ ■

예제 2.60 2016년에 프랑스에서 열린 유럽축구선수권대회(유로 2016)의 조 추첨에 관해 생각해 보자. 24개의 참가팀을 각 조에 4개 팀씩 6개조(A조~F조)로 편성한다. 우선 24개 팀은 다음과 같이 6개씩으로 나뉘어 4개의 포트에 배치되어 있다.

포트 1: 프랑스, 스페인, 독일, 잉글랜드, 포르투갈, 벨기에
포트 2: 이탈리아, 러시아, 스위스, 오스트리아, 크로아티아, 우크라이나
포트 3: 체코, 스웨덴, 폴란드, 루마니아, 슬로바키아, 헝가리
포트 4: 터키, 아일랜드, 아이슬란드, 웨일즈, 알바니아, 북아일랜드

포트 1의 6개 팀은 시드 배정을 받은 팀들이며, 프랑스는 개최국이므로 A조에 편성된다. 각 조에는 4개의 포트 각각에서 한 팀씩이 들어간다.

(1) 조 편성 결과 나올 수 있는 모든 경우의 수를 구하여라.

(2) 서로 다른 포트에 있는 특정한 두 팀(두 팀 모두 시드 비배정팀. 예: 이탈리아와 스웨덴)이 같은 조에 속하는 경우의 수를 구하여라.

(3) 서로 다른 포트에 있는 특정한 두 팀(두 팀 모두 시드 비배정팀)이 같은 조에 속할 확률을 구하여라.

(4) 특정한 두 팀(한 팀은 시드 배정팀, 한 팀은 비배정팀. 예: 독일과 폴란드)이 같은 조에

속하는 경우의 수를 구하여라.

(5) 특정한 두 팀(한 팀은 시드 배정팀, 한 팀은 비배정팀)이 같은 조에 속할 확률을 구하여라.

(6) 잉글랜드, 러시아, 슬로바키아, 웨일즈가 함께 B조에 편성되는 경우의 수를 구하여라.

(7) 잉글랜드, 러시아, 슬로바키아, 웨일즈가 함께 B조에 편성될 확률을 구하여라.

풀이

(1) 프랑스를 제외하면 포트 1에 5개 팀이 있으므로 이 팀들을 B조~F조에 배정하는 방법은 5!가지이다. 그리고 포트 2에 있는 6개 팀을 A조~F조에 배정하는 방법은 6!가지이고 포트 3과 포트 4도 마찬가지이므로, 구하는 경우의 수는

$$5! \times 6! \times 6! \times 6! = 4.4790 \times 10^{10}$$

이다.

(2) 이탈리아와 스웨덴이 함께 A조에 속하는 경우의 수는 $5! \times 5! \times 5! \times 6!$이다. 그런데 이탈리아와 스웨덴이 함께 A조에 속할 필요가 없이 같은 조에 속하기만 하면 되므로, 구하는 경우의 수는

$$5! \times 5! \times 5! \times 6! \times 6 = 7.4650 \times 10^{9}$$

이다.

(3) 구하는 확률은

$$\frac{(2)\text{의 답}}{(1)\text{의 답}} = \frac{1}{6}$$

이다.

(4) 독일과 폴란드가 함께 B조에 속하는 경우의 수는 $4! \times 6! \times 5! \times 6!$이다. 그런데 독일과 폴란드가 함께 B조에 속할 필요가 없이 같은 조(A조 제외)에 속하기만 하면 되므로, 구하는 경우의 수는

$$4! \times 6! \times 5! \times 6! \times 5 = 7.4650 \times 10^{9}$$

이다((2)번의 답과 같다).

(5) 구하는 확률은

$$\frac{(4)\text{의 답}}{(1)\text{의 답}} = \frac{1}{6}$$

이다.

(6) 프랑스가 A조, 잉글랜드가 B조에 배정되면, 포트 1의 나머지 4개 팀을 C조~F조에 배정하는 방법은 4!가지이다. 포트 2에서 러시아를 제외한 5개 팀을 A, C, D, E, F조에 배정하는 방법은 5!가지이고 포트 3과 포트 4도 마찬가지이므로, 구하는 경우의 수는

$$4! \times 5! \times 5! \times 5! = 41472000$$

이다.

(7) 구하는 확률은

$$\frac{(6)\text{의 답}}{(1)\text{의 답}} = \frac{1}{1080}$$

이다. ■

예제 2.61 2016년의 한국 프로야구에서 NC와 LG가 5전3선승제의 플레이오프를 벌여서 이긴 팀이 두산과 7전4선승제의 한국시리즈를 치른다. 플레이오프 2차전까지 마친 결과 NC가 2승을 거두고 있다. 플레이오프 2차전이 끝난 시점에서 생각할 때 다음 확률들을 구하여라. 단, NC와 LG의 각 경기에서 NC의 승리 확률을 a, NC와 두산의 각 경기에서 NC의 승리 확률을 b, LG와 두산의 각 경기에서 LG의 승리 확률을 c라고 하고 각 경기의 결과는 서로 독립적이라고 가정하며, 무승부의 가능성은 무시한다.

(1) NC가 한국시리즈에 진출할 확률

(2) 플레이오프가 3차전에서 끝날 확률

(3) NC, LG, 두산 각 팀의 한국시리즈 우승 확률

(4) $a = b = c = \frac{1}{2}$일 때(즉 매 경기에서 양 팀의 승리 확률이 반반씩일 때) (1), (2), (3)의 확률들을 구하여라.

풀이 사건들을 다음과 같이 정의하자.

N_3: NC가 플레이오프 3차전까지 치르고 한국시리즈에 진출하는 사건

N_4: NC가 플레이오프 4차전까지 치르고 한국시리즈에 진출하는 사건

N_5: NC가 플레이오프 5차전까지 치르고 한국시리즈에 진출하는 사건

L_5: LG가 플레이오프 5차전까지 치르고 한국시리즈에 진출하는 사건

D: 두산이 한국시리즈에서 우승하는 사건

그러면 N_3, N_4, N_5, L_5는 표본공간의 분할이다(〈그림 2.21〉 참조).

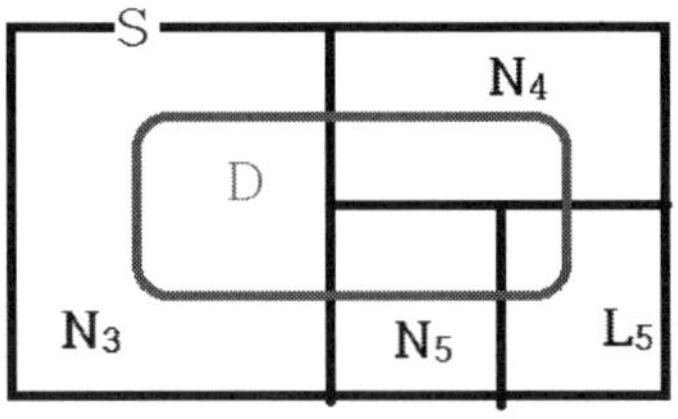

그림 2.21

(1) 구하는 확률은 $P(N_3 \cup N_4 \cup N_5) = 1 - P(L_5)$인데, LG가 한국시리즈에 진출하려면 플레이오프 3, 4, 5차전을 내리 이겨야 하므로 $P(L_5) = (1-a)^3$이다. 따라서 구하는 확률은

$$1-(1-a)^3 = a(3-3a+a^2)$$

이다.

(2) 구하는 확률은 플레이오프 3차전에서 NC가 이길 확률이므로 $P(N_3) = a$이다.

(3) (a) 플레이오프 2차전이 끝난 시점에서 NC의 한국시리즈 우승 확률은

$$P((N_3 \cup N_4 \cup N_5) \cap D^c) = P(N_3 \cup N_4 \cup N_5) P(D^c | N_3 \cup N_4 \cup N_5)$$

이다. $P(N_3 \cup N_4 \cup N_5)$는 (1)에서 구했고, $P(D^c | N_3 \cup N_4 \cup N_5)$는 NC와 두산이 한국시리즈에서 맞붙을 때 NC가 우승할 확률이므로 다음과 같이 구할 수 있다. (※ 이 확률은 4장에서 다루게 되는 음이항분포(negative binomial distribution)와 관련된 것이지만, 현재 단계에서도 충분히 구할 수 있다.)

(i) NC가 한국시리즈 4차전에서 우승할 확률은 b^4

(ii) NC가 한국시리즈 5차전에서 우승할 확률은 ${}_4C_3 b^3(1-b) \cdot b = 4b^4(1-b)$

(이유: 한국시리즈 5차전에서 우승하려면 4차전까지 3승1패를 하고 5차전에서 이겨야 한다. 4차전까지 3승1패를 하는 경우는 ${}_4C_3 = 4$가지(승승승패, 승승패승, 승패승승, 패승승승)가 있으며, 경기의 결과는 서로 독립이라고 가정한다 했으므로 각각의 확률은 $b^3(1-b)$이다. 6차전, 7차전에서 우승할 확률도 같은 방법으로 구한다.)

(iii) NC가 한국시리즈 6차전에서 우승할 확률은 ${}_5C_3 b^3(1-b)^2 \cdot b = 10b^4(1-b)^2$

(iv) NC가 한국시리즈 7차전에서 우승할 확률은 ${}_6C_3 b^3(1-b)^3 \cdot b = 20b^4(1-b)^3$

$P(D^c | N_3 \cup N_4 \cup N_5)$는 (i), (ii), (iii), (iv)의 4가지 확률의 합이므로 $b^4(35-84b$

$+70b^2-20b^3$)이다. 따라서 NC의 한국시리즈 우승 확률은

$$ab^4(3-3a+a^2)(35-84b+70b^2-20b^3)$$

이다.

(b) 플레이오프 2차전이 끝난 시점에서 LG의 한국시리즈 우승 확률은

$$P(L_5 \cap D^c) = P(L_5)P(D^c|L_5) = (1-a)^3 P(D^c|L_5)$$

이다. $P(D^c|L_5)$는 LG와 두산이 한국시리즈에서 맞붙을 때 LG가 우승할 확률이므로 NC의 경우와 같은 방법으로 구하면 $c^4(35-84c+70c^2-20c^3)$으로 얻어진다. 따라서 LG의 한국시리즈 우승 확률은

$$(1-a)^3 c^4(35-84c+70c^2-20c^3)$$

이다.

(c) 두산의 한국시리즈 우승 확률은

$$1-(NC\text{의 한국시리즈 우승 확률})-(LG\text{의 한국시리즈 우승 확률})$$
$$=1-ab^4(3-3a+a^2)(35-84b+70b^2-20b^3)-(1-a)^3c^4(35-84c+70c^2-20c^3)$$

이다.

(4) (1), (2), (3)에서 구한 확률에 $a=b=c=\frac{1}{2}$을 대입하면 다음과 같이 얻어진다.

NC가 한국시리즈에 진출할 확률$=\frac{7}{8}$

플레이오프가 3차전에서 끝날 확률$=\frac{1}{2}$

NC의 한국시리즈 우승 확률$=\frac{7}{16}$

LG의 한국시리즈 우승 확률$=\frac{1}{16}$

두산의 한국시리즈 우승 확률$=\frac{1}{2}$ ■

2.7 확률 연구의 역사적 배경

확률이 본격적으로 연구되기 시작한 것은 17세기 중반의 일이다. 확률 연구의 초기 역사에서 핵심을 이루는 두 사람은 프랑스의 파스칼(Blaise Pascal, 1623~1662)과 페르마

(Pierre de Fermat, 1601~1665)라고 할 수 있다. 이 두 학자는 서로 협력하여 확률 연구를 주도하였으며, 여러 개의 정리를 만들고 증명함으로써 당시에 체계가 잡히지 않고 있던 확률 이론의 기초를 확립하였다.

당시 프랑스에서는 주사위 등을 이용한 도박이 성행하고 있었는데, 도박과 관련하여 수학자가 아닌 도박사들로서는 해결하기 어려운 문제가 종종 나타났다. 이런 경우 도박사들은 파스칼과 페르마 등 수학자들에게 문제의 해결을 의뢰하곤 하였다. 이러한 사례는 여러 가지가 있는데, 여기서는 두 가지 사례만 소개하겠다. 소개하는 내용은 참고문헌(박병철 역 (2014))을 참고로 한 것이다.

2.7.1 사례 1

파리의 직업 도박사이던 슈발리에 드 메레(Chevalier de Méré)(본명은 앙투안 공보(Antoine Gombaud))는 주사위를 던져서 특정한 점수에 먼저 도달하는 사람이 판돈을 따는 '포인트(point)'라는 도박 게임과 관련하여 질문을 해왔다. 그는 어느 날 다른 도박사들과 함께 포인트 게임을 하고 있었는데 갑자기 급한 일이 생겨 게임을 중단하게 되었다. 따라서 게임의 승자가 정해지지 않은 상태에서 판돈을 어떻게 처리해야 하는가 하는 문제로 언쟁이 벌어졌다. 게임 중단 시점에 가장 높은 점수를 얻고 있던 사람은 특정 점수에 가장 근접한 점수를 확보한 자기가 판돈을 모두 가져가야 한다고 주장했고, 점수가 높지 않던 사람들은 게임이 중단되었으니 그 게임은 완전히 무효가 되어 판돈을 원래대로 똑같이 분배해야 한다고 주장했다. 문제가 해결되지 않자 드 메레는 공정하게 판돈을 분배하는 방법을 파스칼에게 물어왔다. 이에 파스칼은 다음과 같은 해결책을 제시하였다. 그는 게임 참가자들의 능력이 모두 같다는 가정(주사위를 던지는 게임이므로 이것은 당연한 가정이다) 하에 게임이 계속 진행되었을 경우 각각의 참가자들이 우승할 확률을 계산하였고, 이 확률에 비례하여 판돈을 나누어 갖는 것이 가장 공정하다는 결론을 내렸다.

위의 상황을 알기 쉽게 단순화된 예를 통하여 설명한다. 능력이 같은 두 사람이 10000원씩 내고 게임을 해서 세 번 먼저 이긴 사람이 판돈 20000원을 가져가기로 하였다. 그런데 A가 두 번, B가 한 번 이겼을 때 비상 상황이 발생하여 부득이 게임을 중단하게 되었다. 이때 20000원을 어떻게 분배해야 하는가?

파스칼은 이 문제를 다음과 같이 해결하였다. 만일 게임이 정상적으로 계속되었을 때 나올 수 있는 모든 경우를 생각해 보면 다음과 같다.

(1) 4차전에서 A가 승리 (확률 $\frac{1}{2}$) $\Rightarrow$ A가 3승1패로 우승

(2) 4차전에서 B가 승리, 5차전에서 A가 승리 (확률 $\frac{1}{2}\times\frac{1}{2}=\frac{1}{4}$) $\Rightarrow$ A가 3승2패로

우승

(3) 4차전에서 B가 승리, 5차전에서도 B가 승리 (확률 $\frac{1}{2}\times\frac{1}{2}=\frac{1}{4}$) $\Rightarrow$ B가 3승2패로 우승

따라서 게임이 정상적으로 계속되었다면 A가 우승할 확률은 $\frac{1}{2}+\frac{1}{4}=\frac{3}{4}$이고 B가 우승할 확률은 $\frac{1}{4}$이므로, 20000원을 이 우승 확률에 비례하게 배분하여 A가 15000원, B가 5000원을 가지면 된다고 결론을 내렸다.

2.7.2 사례 2

17세기 중반 프랑스의 사교계에서는 주사위를 이용한 도박이 성행하였다. 당시 도박사들 사이에는 주사위를 n번 던져서 6의 눈이 적어도 1회 나오면 승리하는 도박에서 $n \le 3$이면 던지는 사람이 불리하지만, $n \ge 4$이면 던지는 사람이 유리하다는 사실이 알려져 있었다고 한다(이것의 증명은 연습문제로 남겨 둔다).

슈발리에 드 메레 역시 주사위를 이용한 도박을 즐겨 하였는데, 수학적 사고를 도박에 적용하는 데에 관심이 많았으며 이를 통해 실제로 좋은 결과를 종종 얻곤 했다. 드 메레는 도박을 주사위 두 개를 동시에 던지는 문제로 확장하여, 두 주사위에서 모두 6의 눈이 나오는 (6, 6)이라는 결과를 적어도 1회 얻으면 승리하는 도박에서 던지는 사람이 유리하려면 주사위 두 개를 몇 번 이상 던져야 하는가 하는 문제를 다음과 같이 생각하였다. 주사위 두 개를 던지면 가능한 경우가 36가지가 되어 한 개를 던질 때의 6배로 늘어나므로 던지는 횟수도 6배로 하여 n을 $4\times 6=24$ 이상으로 하면 던지는 사람에게 유리한 도박일 것이라고 판단하였다. 그래서 실제로 이러한 내용으로 하여 매우 많은 횟수의 도박을 하였는데, 이길 때보다 질 때가 많아서 결과적으로 엄청난 손해를 보았다. 뜻밖의 결과에 낙심한 드 메레는 1654년에 파스칼에게 이 상황을 설명하고 문제의 해결을 요청하였다. 파스칼은 흥미를 느끼고 페르마와의 의견 교환을 통해서 이 문제를 다음과 같이 해결하였다.

주사위 두 개를 한 번 던져 (6, 6)이 안 나올 확률$=\frac{35}{36}$

주사위 두 개를 n번 던져 (6, 6)이 안 나올 확률$=\left(\frac{35}{36}\right)^n$ (사건의 독립성에 의해)

주사위 두 개를 n번 던져 (6, 6)이 적어도 1회 나올 확률$=1-\left(\frac{35}{36}\right)^n$

(6, 6)이 적어도 1회 나올 확률이 $\frac{1}{2}$보다 크면 던지는 사람이 유리하고, $\frac{1}{2}$보다 작으면

던지는 사람이 불리하다. $1-\left(\frac{35}{36}\right)^{24}$를 계산해 보면 약 0.4914가 되어 $\frac{1}{2}$보다 작으므로 던지는 사람에게 불리한 게임이다. $1-\left(\frac{35}{36}\right)^{25}$의 값은 약 0.5055이므로, 25회 이상을 던져야 던지는 사람에게 유리한 게임이 된다.

즉, 드 메레가 자신에게 유리하다고 생각했던 도박은 사실은 불리한 게임이었던 것이다.

위에서 소개한 사례들을 포함한 몇 가지 사례는 프랑스에서 확률에 관한 관심이 급속도로 커지기 시작하는 계기가 되었으며, 이를 바탕으로 유럽에서는 근대 확률 이론의 연구가 비약적으로 발전하게 되었다.

연습문제

1 한 개의 주사위를 던졌을 때, 홀수의 눈이 나오면 동전을 한 번 던지고, 짝수의 눈이 나오면 동전을 두 번 던지는 실험을 한다. 예를 들면, 주사위의 눈이 3이 나오고 이때 동전을 던져서 앞면이 나오면 이 결과를 $3H$로 나타내고, 주사위의 눈이 4가 나오고 동전을 두 번 던져 처음에는 앞면, 두 번째에는 뒷면이 나오면 이 결과를 $4HT$로 나타내기로 한다.

(1) 표본공간의 모든 원소들을 나열하여라.

(2) 주사위의 눈이 3보다 작은 사건을 A라고 할 때 A의 원소들을 나열하여라.

(3) 동전의 뒷면이 두 번 나오는 사건을 B라고 할 때 B의 원소들을 나열하여라.

2 다음 중 사건 A와 B가 서로 배반인 경우는 어느 것인가?

① 주사위를 한 번 던질 때
A: 짝수의 눈이 나오는 사건, B: 3의 눈이 나오는 사건

② 플레잉카드 중 1장을 뽑을 때
A: 하트(♥)가 나오는 사건, B: 퀸(Q)이 나오는 사건

③ 주사위를 두 번 던질 때
A: 5가 한 번도 안 나오는 사건, B: 6이 한 번도 안 나오는 사건

④ 흰 공 3개와 검은 공 2개가 있는 상자에서 무작위로 2개의 공을 뽑을 때
A: 첫 번째에 검은 공이 나오는 사건, B: 두 번째에 검은 공이 나오는 사건

⑤ 두 궁수 A와 B가 과녁에 활을 쏠 때
A: 궁수 A가 명중시키는 사건, B: 궁수 B가 명중시키는 사건

3 주머니 속에 15개의 제비가 들어 있는데, 그중 1개가 당첨 제비라고 하자. 15명의 사람이 1명씩 차례로 제비를 뽑을 때, 다음 중 옳은 것은 어느 것인가?

① 맨 먼저 뽑는 사람이 당첨 제비를 뽑을 확률이 가장 높다.

② 마지막에 뽑는 사람이 당첨 제비를 뽑을 확률이 가장 높다.

③ 중간 순서인 8번째로 뽑는 사람이 당첨 제비를 뽑을 확률이 가장 높다.

④ 당첨 제비를 뽑을 확률은 뽑는 순서에 관계없이 똑같다.

4 다음의 생각이나 말은 옳은가?

(1) 딸만 다섯인 집에서, 지금까지 계속 딸만 낳았으니 다음에는 아들일 것이라는 확신을 가지고 여섯째 아기를 낳는다.

(2) 성공률이 10%로 알려져 있는 어려운 수술을 받아야 하는 환자에게, "지금까지 이 병원에서 수술 받은 9명의 환자가 모두 실패해서 죽었으니, 이제 당신은 성공할 차례입니다"라고 말한다.

(3) 비행기를 탈 때마다 폭탄 테러의 가능성에 대한 공포를 느끼는 사람이, '설마 동시에 두 사람이 폭탄을 가지고 타지는 않겠지'라는 생각으로 자신이 폭탄을 가지고 탄다.

5 영어 단어 'rainbow'에 있는 문자들로 이루어지는 순열 가운데 무작위로 하나를 택했을 때, 다음 확률을 구하여라.

(1) 자음으로 끝나는 순열의 확률

(2) 모음으로 시작하는 순열의 확률

(3) 자음과 모음이 서로 교대로 나타나는 순열의 확률

6 1부터 10까지의 정수가 각각 쓰여 있는 10장의 카드가 있다. 이 중에서 두 장의 카드를 무작위로 뽑을 때, 뽑힌 두 장의 카드에 있는 숫자의 차의 절댓값이 2 이하일 확률을 구하여라.

7 상자 안에 흰 공 2개, 노란 공 4개, 빨간 공 4개, 파란 공 6개가 들어 있다. 2개의 공을 비복원추출한다고 하자.

(1) 같은 색깔의 공 2개가 뽑힐 확률을 구하여라.

(2) 같은 색깔의 공 2개가 뽑혔다는 것이 알려졌을 때, 그것이 파란 공일 확률을 구하여라.

8 남자 7명과 여자 8명이 있다.

(1) 이 중에서 4명을 뽑을 때, 남자가 적어도 1명 뽑힐 확률을 구하여라.

(2) 이 중에서 6명을 뽑을 때, 남자와 여자가 각각 적어도 2명씩 뽑힐 확률을 구하

여라.

(3) 이 중에서 5명을 뽑을 때, 남자가 여자보다 많이 뽑힐 확률을 구하여라.

9 전자제품의 구매자가 부품이 10개씩 포장되어 있는 상품을 구입하는데, 10개의 부품 중에서 무작위로 2개를 검사하여 모두 양호품인 경우에만 그 상품을 구입한다. 한 상품에 5개의 불량부품이 들어 있다고 할 때, 구매자가 이 포장된 상품을 구입할 확률을 구하여라.

10 13명의 회원으로 이루어진 모임에서 무작위로 3명을 뽑아 경품을 주려 한다. 그런데 회원 중 특정한 3명은 형제지간이다. 이 세 사람 중

(1) 적어도 한 명이 경품을 받을 확률을 구하여라.

(2) 적어도 두 명이 경품을 받을 확률을 구하여라.

11 선분 위에 한 점을 무작위로 잡아서 선분을 두 부분으로 나눌 때, 긴 부분의 길이가 짧은 부분의 길이의 두 배 이상이 될 확률을 구하여라.

12 수직선 R 위의 두 구간 $[-3, 0]$, $[0, 5]$에서 각각 점 A, B를 무작위로 취할 때 A와 B 사이의 거리가 4보다 클 확률을 구하여라.

13 반지름이 8 cm인 원판이 있다. 원판 위에 무작위로 하나의 점 P를 취할 때, 선분 OP의 길이가 4 cm와 6 cm 사이일 확률을 구하여라. 단, O는 원의 중심을 나타낸다.

14 1부터 10까지의 정수가 각각 쓰여 있는 10장의 카드가 있다. 이 중에서 4장의 카드를 무작위로 뽑을 때, 뽑힌 4장의 카드에 쓰여 있는 정수에 관한 다음 확률을 구하여라.

(1) 네 정수 중 최솟값이 3 이하일 확률

(2) 네 정수 중 최솟값이 2일 확률

15 52장의 플레잉카드에서 무작위로 3장을 뽑을 때 가장 높은 카드가 Q일 확률을 구하여라. 단, 낮은 단위부터 높은 단위까지 순서대로 쓰면 2, 3, …, 10, J, Q, K, A이다.

16 어느 도시에 TV 수리기사가 3명 있다. 만약 3대의 TV가 고장 났다면 정확히 i명 $(i=1, 2, 3)$의 수리기사를 부를 확률은 얼마인가? 각각의 TV에 대해 3명의 수리기사는 똑같은 확률을 갖는다고 가정한다. (한 대의 TV에 대해서는 한 명의 수리기사만 부를 수

있지만, 한 명의 수리기사가 여러 대의 TV를 고치러 갈 수 있다.)

17 어떤 사격선수가 300번의 사격을 해서 목표물에 명중시킨 것이 276번이라면 이 선수가 명중시킬 통계적 확률은 얼마인가?

18 주머니 속에 5개의 흰 공과 4개의 빨간 공이 있다. 무작위로 3개의 공을 비복원추출할 때, 같은 색깔의 공이 연달아 뽑히지 않고 색깔이 매번 교대로 뽑힐 확률을 구하여라.

19 빨간 공 2개, 노란 공 3개, 파란 공 5개가 들어 있는 상자에서 복원추출로 3개의 공을 꺼내는 경우

(1) 3개의 공 모두가 같은 색일 확률을 구하여라.

(2) 3가지의 색이 모두 나타날 확률을 구하여라.

20 잘 섞인 52장의 플레잉카드로부터 한 장의 카드를 뽑고 기록한 후 다시 집어넣는다. 이 실험을 네 번 하면, 다이아몬드 1장과 스페이드 1장을 뽑을 확률은 얼마인가?

21 우연히 모인 네 사람 중 태어난 달이 같은 사람이 있을 확률은 얼마인가? 단, 1월부터 12월까지 모두 같은 확률을 갖는다고 가정한다.

22 우연히 모인 사람들 중 태어난 달이 같은 사람이 있을 확률이 0.5보다 크기 위한 최소 인원은 몇 명인가? 단, 1월부터 12월까지 모두 같은 확률을 갖는다고 가정한다.

23 어떤 모임에서 갑, 을, 병이 회장으로 선출될 확률이 각각 0.5, 0.4, 0.1이다. 누가 회장이 되느냐에 따라 회원의 회비를 인상할 확률이 달라지는데, 갑이 선출되면 인상 확률이 0.6, 을이 선출되면 인상 확률이 0.4, 병이 선출되면 인상 확률이 0.7이다. 회원의 회비가 인상될 확률은 얼마인가?

24 A 주머니에는 흰 공 4개와 검은 공 2개가 들어 있고, B 주머니에는 흰 공 3개와 검은 공 1개가 들어 있다. A 주머니에서 2개의 공을 꺼내서 B 주머니에 넣고 섞은 뒤 B 주머니에서 2개의 공을 꺼낼 때, 2개 모두 검은 공이 나올 확률을 구하여라.

25 어떤 질병에 관련된 혈액검사에서 실제 질병이 있는 사람의 검사 결과가 양성으로 나올

확률이 0.8이다. 또한 실제로는 질병이 없는 사람의 검사 결과가 양성으로 나올 확률이 0.05이다. 이 질병이 있는 사람의 비율이 100명 중 2명 정도라고 하자.

(1) 무작위로 뽑힌 한 사람의 혈액검사 결과가 양성으로 나올 확률을 구하여라.

(2) 무작위로 뽑혀서 혈액검사 결과가 양성으로 나온 사람이 실제로 이 질병에 걸려 있을 확률을 구하여라.

26 〈예제 2.43〉에서 무작위로 뽑힌 1명의 자연과학대학 학생이 여학생이라면, 그 학생이 4학년 학생일 확률은 얼마인가?

27 주머니 속에 3개의 주사위가 있다. 1번 주사위는 보통의 주사위처럼 여섯 면에 1, 2, 3, 4, 5, 6이 각각 새겨져 있고, 2번 주사위는 두 면에 4, 두 면에 5, 두 면에 6이 새겨져 있으며, 3번 주사위는 세 면에 3, 세 면에 6이 새겨져 있다. 주머니에서 주사위 1개를 무작위로 꺼내서 던졌을 때 6의 눈이 나왔다면, 던져진 주사위가 1, 2, 3번 주사위일 각각의 확률은 얼마인가?

28 상자 A에 빨간 공 6개와 파란 공 4개가 들어 있다. 이 10개의 공들 중 5개를 무작위로 비복원추출하여 비어 있던 상자 B에 넣은 다음, 1개의 공을 상자 B에서 무작위로 추출한다. 이 공이 파란색이라면, 2개의 빨간 공과 3개의 파란 공이 상자 A에서 상자 B로 옮겨졌을 확률은 얼마인가?

29 흰 주사위와 노란 주사위를 던질 때, 흰 주사위에서 6의 눈이 나오는 사건을 A, 노란 주사위에서 3 이하의 눈이 나오는 사건을 B, 두 주사위의 눈의 합이 짝수인 사건을 C라고 하자.

(1) A, B, C는 쌍으로 독립인가?

(2) A, B, C는 서로 독립인가?

30 주사위 3개를 던질 때

(1) 나오는 눈의 수의 최댓값이 4 이하일 확률을 구하여라.

(2) 나오는 눈의 수의 최댓값이 5일 확률을 구하여라.

31 주사위 4개를 던질 때 나오는 눈의 수의 최솟값이 2일 확률을 구하여라.

32 세 사건 A, B, C가 서로 독립이면 A^c와 $B \cap C^c$도 독립임을 보여라.

33 세 명의 품질관리인이 생산품을 검사한다. 이들이 불량품을 골라낼 확률은 각각 0.95, 0.92, 0.90이라고 한다. 독립성을 가정할 때 정확히 두 사람이 불량품을 골라낼 확률을 구하여라.

34 두 개의 주사위를 던지는 독립시행을 한다. 두 눈의 차의 절댓값이 2 이상인 경우가 나오기 전에 두 주사위에서 같은 눈이 나올 확률을 구하여라.

35 세 궁수 A, B, C가 동시에 과녁에 활을 쏘려고 한다. A, B, C의 명중 확률이 각각 0.9, 0.8, 0.7이고 세 궁수의 결과는 서로 독립이라고 한다.

(1) 3명 중 1명만이 명중시킬 확률은 얼마인가?

(2) 3명 중 1명만이 명중시켰다면, 명중시킨 사람이 A일 확률은 얼마인가?

36 세 개의 주사위를 동시에 던질 때

(1) 세 주사위의 눈의 합으로 가능한 것은 모두 몇 가지인가?

(2) 세 주사위의 눈의 합이 얼마가 될 확률이 가장 높은가? 그리고 그 확률은 얼마인가?

37 네 개의 공정한 주사위를 던질 때, 다음 확률을 구하여라.

(1) 모두 다른 숫자가 나올 확률

(2) 원페어가 나올 확률(원페어란, 한 숫자가 두 번 나오고 다른 두 숫자가 한 번씩 나오는 것을 말한다. 예를 들면, 4가 두 번 나오고 2와 5가 한 번씩 나오는 경우)

38 여섯 면에 다음과 같이 숫자가 적힌 두 개의 주사위 A, B가 있다고 하자.

A: 1, 1, 1, 5, 5, 5

B: 2, 2, 2, 2, 6, 6

주사위 A, B를 던져 큰 숫자가 나오는 주사위가 이긴다고 하자. A가 이길 확률은 얼마인가?

39 주사위를 n번 던져서 6의 눈이 적어도 1회 나오면 승리하는 도박에서 $n \le 3$이면 던지는 사람이 불리하지만, $n \ge 4$이면 던지는 사람이 유리함을 보여라.

40 1부터 k까지 번호가 붙어 있는 k개의 공과 1부터 n까지 번호가 붙어 있는 n개의 상자가 있다. 각각의 공을 독립적으로 n개의 상자 중 하나에 넣는데, 각 상자에 들어갈 확률은 똑같이 $\frac{1}{n}$씩이다. k개의 공을 다 넣었을 때 빈 상자가 있을 확률을 k와 n이 포함된 식으로 나타내라.

41 빨간 공 5개, 노란 공 3개, 파란 공 4개가 있다. 이 12개의 공들 중 4개를 무작위로 비복원추출할 때, 다음 확률을 구하여라.

(1) 노란 공이 적어도 1개 뽑힐 확률

(2) 빨간 공이 2개 이상 뽑힐 확률

(3) 3가지 색깔의 공이 1개 이상씩 뽑힐 확률

42 1부터 10까지의 정수 중 3개를 무작위로 비복원추출할 때, 다음 확률을 구하여라.

(1) 뽑힌 정수의 합이 짝수일 확률

(2) 뽑힌 정수의 곱이 짝수일 확률

43 30개의 제품 중 2개의 불량품이 섞여 있다. 30개 중 일부를 무작위로 비복원추출할 때 불량품이 적어도 1개 뽑힐 확률이 $\frac{1}{2}$ 이상이 되게 하려면 몇 개 이상을 뽑아야 하는가?

44 8명의 사람(A, B, C, D, E, F, G, H)이 있다. 이 사람들을 무작위로 4명씩 2개조로 만들려 한다.

(1) A와 B가 같은 조가 될 확률을 구하여라.

(2) A, B, C가 같은 조가 될 확률을 구하여라.

45 두 사람 A와 B가 한 개의 표적을 향해 동시에 총을 쏜다고 하자. A와 B의 명중 확률은 각각 0.7, 0.4이며, 두 사람의 결과는 독립이라고 한다.

(1) 표적이 총알에 맞을 확률을 구하여라.

(2) 오직 1개의 총알만이 표적을 맞힐 확률을 구하여라.

(3) 2개의 총알 중 1개만이 표적을 맞혔을 때, 그 총알이 A가 쏜 것일 확률을 구하여라.

46 세 사람 A, B, C가 각자 자신의 상자를 가지고 있다. 각 상자에는 흰 공 1개와 검은 공 3개가 있다. A, B, C의 차례로 돌아가면서 계속 상자에서 공을 무작위로 1개씩 꺼내는 게임에서 처음으로 흰 공을 꺼내는 사람이 이긴다. 꺼낸 공을 다시 상자에 넣지 않는 경우 A, B, C 각각의 승리 확률을 구하여라.

3장 확률변수와 확률분포 및 기댓값

3.1 확률변수와 확률분포

확률적 실험이나 통계적 조사의 결과는 수치로 표시되는 경우도 있지만, 수치로 표시되지 않는 경우도 있다. 결과가 수치로 표시되지 않는 경우에는 표본공간이나 확률을 나타내는 것이 상당히 복잡해진다. 이러한 경우 표본공간을 수직선에 대응시켜 확률적 실험이나 통계적 조사의 결과를 수치화하여 나타내면 매우 편리할 것이다. 몇 가지 예를 들어보자.

예 3.1 1개의 동전을 던져서 어느 면이 나오는지 관찰하는 경우 표본공간은

$$S = \{\text{앞면}, \text{뒷면}\}$$

이고

$$P(\{\text{앞면}\}) = P(\{\text{뒷면}\}) = \frac{1}{2} \quad \cdots\cdots\cdots\cdots ①$$

인데, '앞면'과 '뒷면'이라는 두 가지의 가능한 실현결과는 수치로 표시되지 않은 것이다. 이때 표본공간에서 함수 X를

$$X(\text{앞면}) = 1, \quad X(\text{뒷면}) = 0$$

으로 정의하면, 식 ①은 다음과 같이 나타낼 수 있다.

$$P(\{\omega \in S : X(\omega) = 1\}) = P(\{\omega \in S : X(\omega) = 0\}) = \frac{1}{2} \quad \cdots\cdots\cdots\cdots ②$$

식 ②는 다음과 같이 간단히 표시할 수 있다.

$$P(X=1) \ = P(X=0) = \frac{1}{2}$$

X는 표본공간에서 정의되는 함수로서, $X=1$과 $X=0$에 대응하는 확률은 각각 $\frac{1}{2}$이 된다. 즉 표본공간과 그 위에서 주어지는 확률이 함수 X에 의해 수직선과 그 위의 확률에 대응되는 것이다. ■

예 3.2 2개의 주사위를 던져서 나오는 눈의 수의 순서쌍을 생각하는 경우 표본공간은

$$S=\{(1,1),(1,2),\cdots,(1,6),(2,1),(2,2),\cdots,(2,6),\cdots,(6,1),(6,2),\cdots,(6,6)\}$$

이고, 각 근원사건의 확률은 $\frac{1}{36}$씩이다. 표본공간에서 함수 X를 다음과 같이 정의하자.

$$X(i,j) = i+j$$

즉 X는 두 주사위의 눈의 수의 합이다. 그러면 X는 S를 정의역(domain)으로 하고 $\{2,3,4,5,6,7,8,9,10,11,12\}$를 치역(range)으로 하는 함수이다. 즉 X의 값으로 가능한 것은 2부터 12까지의 11개 정수이다. X가 이 11개 정숫값을 가질 확률은 다음과 같이 구할 수 있다.

$$P(X=2) = P(\{(1,1)\}) = \frac{1}{36}$$
$$P(X=3) = P(\{(1,2),\ (2,1)\}) = \frac{2}{36}$$
$$P(X=4) = P(\{(1,3),\ (2,2),\ (3,1)\}) = \frac{3}{36}$$
$$P(X=5) = P(\{(1,4),\ (2,3),\ (3,2),\ (4,1)\}) = \frac{4}{36}$$
$$P(X=6) = P(\{(1,5),\ (2,4),\ (3,3),\ (4,2),\ (5,1)\}) = \frac{5}{36}$$
$$P(X=7) = P(\{(1,6),\ (2,5),\ (3,4),\ (4,3),\ (5,2),\ (6,1)\}) = \frac{6}{36}$$
$$P(X=8) = P(\{(2,6),\ (3,5),\ (4,4),\ (5,3),\ (6,2)\}) = \frac{5}{36}$$
$$P(X=9) = P(\{(3,6),\ (4,5),\ (5,4),\ (6,3)\}) = \frac{4}{36}$$
$$P(X=10) = P(\{(4,6),\ (5,5),\ (6,4)\}) = \frac{3}{36}$$
$$P(X=11) = P(\{(5,6),\ (6,5)\}) = \frac{2}{36}$$
$$P(X=12) = P(\{(6,6)\}) = \frac{1}{36}$$

위의 11개 확률을 모두 더하면 1이 됨을 확인할 수 있다. ■

3

일반적으로, 표본공간에서 정의된 실숫값 함수를 **확률변수**라고 한다. 〈예 3.1〉과 〈예 3.2〉의 X는 확률변수의 예이다.

> **확률변수(random variable):**
> 표본공간에서 정의된 실숫값 함수

실수 전체의 집합의 부분집합 A에 대해 확률 $P(X \in A)$를 대응시켜 주는 관계를 X의 **확률분포**(probability distribution)라고 하며(확률분포를 간단히 분포라고 하기도 한다), 확률분포를 표로 나타낸 것을 **확률분포표**라고 한다. 〈표 3.1〉과 〈표 3.2〉는 각각 〈예 3.1〉과 〈예 3.2〉의 X의 확률분포표이다.

표 3.1 〈예 3.1〉의 X의 확률분포표

x	0	1
$P(X=x)$	$\frac{1}{2}$	$\frac{1}{2}$

표 3.2 〈예 3.2〉의 X의 확률분포표

x	2	3	4	5	6	7	8	9	10	11	12
$P(X=x)$	$\frac{1}{36}$	$\frac{2}{36}$	$\frac{3}{36}$	$\frac{4}{36}$	$\frac{5}{36}$	$\frac{6}{36}$	$\frac{5}{36}$	$\frac{4}{36}$	$\frac{3}{36}$	$\frac{2}{36}$	$\frac{1}{36}$

3.1.1 이산확률변수와 확률질량함수

확률변수 X가 취할 수 있는 모든 값이 유한개 또는 가산무한개일 때, X를 **이산확률변수**(discrete random variable)라고 한다. 〈예 3.1〉과 〈예 3.2〉의 X는 이산확률변수이다. 이산확률변수의 확률분포를 **이산확률분포**(discrete probability distribution)라고 한다.

이산확률변수의 확률분포는 다음과 같이 정의되는 **확률질량함수**에 의해 결정된다.

> **이산확률변수의 확률질량함수(probability mass function)**
> 이산확률변수 X가 취할 수 있는 값이 $x_1, x_2, x_3, \cdots$라고 하자. $x_1, x_2, x_3, \cdots$ 각각에 대하여 확률 $P(X=x_1)$, $P(X=x_2)$, $P(X=x_3), \cdots$를 대응시켜 주는 관계를 X의 **확률질량함수**(probability mass function)라고 한다. 즉 X의 확률질량함수를

$f(x)$로 나타내면

$$f(x) = P(X=x) = \begin{cases} P(X=x_j), & x=x_j \text{일 때} \quad (j=1, 2, \cdots) \\ 0, & \text{그 밖의 경우} \end{cases}$$

로 정의된다.

예 3.3 1개의 주사위를 던져서 나오는 눈의 수를 X라고 하면, X는 이산확률변수이고 X의 확률질량함수는 다음과 같다.

$$f(x) = \begin{cases} \dfrac{1}{6}, & x=1, 2, 3, 4, 5, 6 \\ 0, & \text{그 밖의 경우} \end{cases}$$ ■

예 3.4 〈예 3.1〉의 X의 확률질량함수는 다음과 같다.

$$f(x) = \begin{cases} \dfrac{1}{2}, & x=0, 1 \\ 0, & \text{그 밖의 경우} \end{cases}$$ ■

예 3.5 〈예 3.2〉의 X의 확률질량함수는 다음과 같이 나타낼 수 있다.

$$f(x) = \begin{cases} \dfrac{6-|x-7|}{36}, & x=2, 3, \cdots, 12 \\ 0, & \text{그 밖의 경우} \end{cases}$$ ■

Note

(1) 이산확률변수의 확률질량함수를 나타낼 때, 확률질량함수의 값이 0인 부분은 생략하고 나타내는 경우가 흔하다. 예컨대 〈예 3.3〉의 경우

$$f(x) = \frac{1}{6}, \quad x=1, 2, 3, 4, 5, 6$$

으로만 나타내도 문제가 없다.

(2) 이산확률변수의 확률분포를 나타내려면, 〈표 3.1〉이나 〈표 3.2〉와 같이 확률분포표로 나타내도 되고 〈예 3.3〉, 〈예 3.4〉, 〈예 3.5〉에서와 같이 확률질량함수를 써서 나타내도 된다.

이산확률변수의 확률질량함수 $f(x)$는 다음과 같은 성질을 갖는다.

확률질량함수 $f(x)$의 성질

(1) 모든 실수 x에 대해 $f(x) \geq 0$

(2) $\sum_{x \in R} f(x) = \sum_{j} f(x_j) = 1$ (단, R은 실수 전체의 집합)

(3) R의 임의의 부분집합 A에 대해 $P(X \in A) = \sum_{x \in A} f(x)$

위의 성질 (3)으로부터 알 수 있는 바와 같이, 이산확률변수 X에 관한 확률은 확률질량함수 $f(x)$를 이용하여 모두 구할 수 있다.

예제 3.1 1개의 동전을 두 번 던지는 실험에서 확률변수 X를 앞면이 나오는 횟수로 정의할 때, 다음 물음에 답하여라.

(1) X의 확률분포표를 구하여라.

(2) X의 확률질량함수를 구하여라.

풀이 표본공간은 $S = \{(H,H), (H,T), (T,H), (T,T)\}$이고, 각 근원사건의 확률은 $\frac{1}{4}$씩이다. 또한 표본공간의 각 원소에 대응하는 X의 값은 다음과 같다.

$$X((H,H)) = 2,\ X((H,T)) = X((T,H)) = 1,\ X((T,T)) = 0$$

(1) 따라서 X의 확률분포표는 다음과 같다.

표 3.3 X의 확률분포표

x	0	1	2
$P(X=x)$	$\frac{1}{4}$	$\frac{1}{2}$	$\frac{1}{4}$

(2) X의 확률질량함수는 다음과 같다.

$$f(x) = \begin{cases} \frac{1}{4}, & x = 0, 2 \\ \frac{1}{2}, & x = 1 \\ 0, & \text{그 밖의 경우} \end{cases}$$

또는 다음과 같이 나타낼 수도 있다.

$$f(x) = \begin{cases} \frac{2 - |x-1|}{4}, & x = 0, 1, 2 \\ 0, & \text{그 밖의 경우} \end{cases}$$

■

예제 3.2 1개의 동전을 세 번 던지는 실험에서 확률변수 X를 앞면이 나오는 횟수로 정의할 때, 다음 물음에 답하여라.

(1) X의 확률분포표를 구하여라.

(2) $P(1 \le X \le 2)$를 구하여라.

풀이 표본공간은 $S = \{HHH, HHT, HTH, THH, HTT, THT, TTH, TTT\}$이고, 각 근원사건의 확률은 $\frac{1}{8}$씩이다. 여기서 예컨대 HHT는 첫 번째는 앞면, 두 번째는 앞면, 세 번째는 뒷면이 나온 것을 나타내며, 나머지도 같은 방식이다. 표본공간의 각 원소에 대응하는 X의 값은 다음과 같다.

$$\begin{aligned} &X(HHH) = 3 \\ &X(HHT) = X(HTH) = X(THH) = 2 \\ &X(HTT) = X(THT) = X(TTH) = 1 \\ &X(TTT) = 0 \end{aligned}$$

따라서 X의 가능한 값은 $0, 1, 2, 3$이며, 각 값을 가질 확률은 다음과 같다.

$$P(X=0) = P(\{TTT\}) = \frac{1}{8}$$

$$P(X=1) = P(\{HTT, THT, TTH\}) = \frac{3}{8}$$

$$P(X=2) = P(\{HHT, HTH, THH\}) = \frac{3}{8}$$

$$P(X=3) = P(\{HHH\}) = \frac{1}{8}$$

(1) X의 확률분포표는 〈표 3.4〉와 같다.

표 3.4 X의 확률분포표

x	0	1	2	3
$f(x) = P(X=x)$	$\frac{1}{8}$	$\frac{3}{8}$	$\frac{3}{8}$	$\frac{1}{8}$

(2) $P(1 \le X \le 2) = \sum_{1 \le x \le 2} f(x) = f(1) + f(2) = \frac{3}{8} + \frac{3}{8} = \frac{3}{4}$

(※ 위의 식은 확률질량함수 $f(x)$의 성질 (3)에 맞춰서 표현한 것이고, 알기 쉽게 다음과 같이 써도 된다.

$$P(1 \le X \le 2) = P(X=1) + P(X=2) = \frac{3}{8} + \frac{3}{8} = \frac{3}{4} \;)$$

■

확률변수의 분포 상태를 시각적으로 쉽게 이해하도록 하기 위하여 확률분포를 그래프로 나타내는 경우가 많다. 이산확률변수의 경우 흔히 사용하는 것이 **확률막대그래프**(probability bar graph)이다. 확률막대그래프에서는 x의 값에 대응하는 확률인 $f(x)=P(X=x)$를 막대로 나타낸다. 〈그림 3.1〉은 〈예제 3.2〉의 X의 확률분포를 나타낸 확률막대그래프이다.

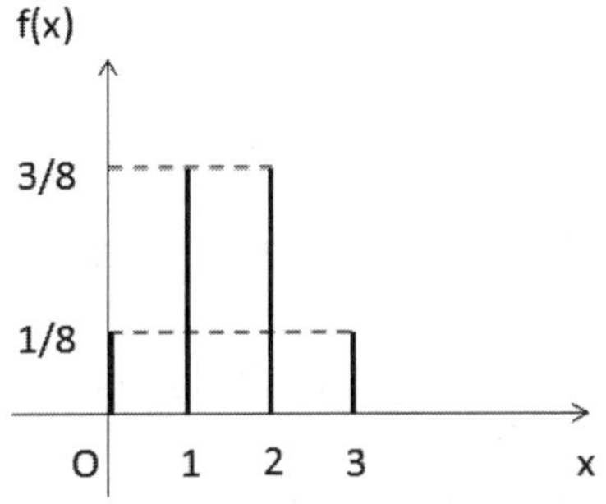

그림 3.1 〈예제 3.2〉의 X의 확률막대그래프

동일한 확률적 실험과 표본공간에서도 우리가 관심을 갖는 내용에 따라 여러 가지의 확률변수를 정의할 수 있다. 〈예제 3.3〉은 〈예제 3.2〉에서와 같은 상황에서 다른 확률변수들을 정의하는 경우이다.

예제 3.3 1개의 동전을 세 번 던지는 실험에서 확률변수 Y를 '처음 두 번 던졌을 때 뒷면이 나오는 횟수', Z를 '(앞면의 수) − (뒷면의 수)'로 정의할 때,

(1) Y의 확률분포를 구하여라.

(2) Z의 확률분포를 구하여라.

풀이 표본공간은 $S=\{HHH, HHT, HTH, THH, HTT, THT, TTH, TTT\}$이고, 각 근원사건의 확률은 $\frac{1}{8}$이다.

(1) Y의 가능한 값은 0, 1, 2이며, 각 값을 가질 확률은 다음과 같다.

$$P(Y=0)=P(\{HHH, HHT\})=\frac{2}{8}$$

$$P(Y=1)=P(\{HTH, THH, HTT, THT\})=\frac{4}{8}$$

$$P(Y=2)=P(\{TTH, TTT\})=\frac{2}{8}$$

따라서 Y의 확률분포는 〈표 3.5〉와 같다.

표 3.5 Y의 확률분포표

y	0	1	2
$P(Y=y)$	$\frac{1}{4}$	$\frac{1}{2}$	$\frac{1}{4}$

(2) Z의 가능한 값은 −3, −1, 1, 3이며, 각 값을 가질 확률은 다음과 같다.

$$P(Z=-3)=P(\{TTT\})=\frac{1}{8}$$

$$P(Z=-1)=P(\{HTT,\ THT,\ TTH\})=\frac{3}{8}$$

$$P(Z=1)=P(\{HHT,\ HTH,\ THH\})=\frac{3}{8}$$

$$P(Z=3)=P(\{HHH\})=\frac{1}{8}$$

따라서 Z의 확률분포는 〈표 3.6〉과 같다.

표 3.6 Z의 확률분포표

z	−3	−1	1	3
$P(Z=z)$	$\frac{1}{8}$	$\frac{3}{8}$	$\frac{3}{8}$	$\frac{1}{8}$

■

예제 3.4 1개의 주사위를 던지는데, 처음으로 3의 배수의 눈이 나올 때까지 던진다고 하자. 던지는 횟수를 X라고 할 때, X의 확률분포를 구하여라.

풀이 X의 가능한 값은 모든 양의 정수 1, 2, 3, …으로서 가산무한개이다. 따라서 X의 확률분포를 표로 나타내기가 어려우므로 확률질량함수로 나타내보자. $X=x$인 경우는 첫 번째부터 $x-1$번째까지는 3의 배수의 눈이 안 나오고 x번째에서 3의 배수의 눈이 나오는 경우이다. 또한 매 시행의 결과는 서로 독립이므로 X의 확률질량함수는 다음과 같다.

$$f(x)=P(X=x)=\frac{2}{3}\times\frac{2}{3}\times\cdots\times\frac{2}{3}\times\frac{1}{3}=\left(\frac{1}{3}\right)\left(\frac{2}{3}\right)^{x-1},\quad x=1,2,3,\cdots$$ ■

참고 〈예제 3.4〉에서 모든 실수 x에 대해 $f(x)$의 값을 더하면 1이 됨을 확인해 보자.

$$\sum_{x\in R} f(x)=\sum_{x=1}^{\infty}\left(\frac{1}{3}\right)\left(\frac{2}{3}\right)^{x-1}=\frac{\frac{1}{3}}{1-\frac{2}{3}}=1$$

여기서 무한등비수열의 합에 관한 다음의 공식을 이용했다.

$$a + ar + ar^2 + \cdots = \frac{a}{1-r} \quad (-1 < r < 1\text{일 때})$$

예제 3.5 다음 각각에 대해 함수 $f(x)$가 확률변수 X의 확률질량함수 조건을 만족하도록 상수 c의 값을 결정하여라.

(1) $f(x) = \dfrac{x}{c}, \quad x = 2, 4, 5, 8$

(2) $f(x) = c\left(\dfrac{1}{5}\right)^x, \quad x = 1, 2, 3, \cdots$

풀이

(1) $\sum_{x \in R} f(x) = \dfrac{2}{c} + \dfrac{4}{c} + \dfrac{5}{c} + \dfrac{8}{c} = \dfrac{19}{c}$ 인데, 이것이 1이어야 하므로 $c = 19$이다.

(2) $\sum_{x \in R} f(x) = \sum_{x=1}^{\infty} c\left(\dfrac{1}{5}\right)^x = \dfrac{\frac{c}{5}}{1 - \frac{1}{5}} = \dfrac{c}{4}$ 인데, 이것이 1이어야 하므로 $c = 4$이다. ■

다음 예제는 일명 **쿠폰 수집 문제**라고도 불리는 종류의 예제로서, 이산확률변수에 관한 흥미롭고도 유명한 문제이다.

예제 3.6 어느 레스토랑에서는 식사를 한 고객에게 영국의 전설적 4인조 가수인 비틀즈(The Beatles)의 멤버 중 1명의 사진을 증정하는 행사를 하고 있다. 어느 멤버의 사진을 증정할 것인지는 매번 독립적으로, 그리고 똑같은 확률로 정해진다. 어느 고객이 멤버 4명 모두의 사진을 모을 때까지 이 레스토랑을 방문하여 식사를 한다고 할 때 방문 횟수의 확률질량함수를 구하여라.

풀이 4명 모두의 사진을 모을 때까지 이 레스토랑을 방문하는 횟수를 X라고 하면, X의 가능한 값은 4 이상의 정수이다. 4 이상의 정수 x에 대해

$$P(X = x) = P(X \geq x) - P(X \geq x+1) = P(X > x-1) - P(X > x)$$

임을 이용한다. 비틀즈의 멤버 4명에게 편의상 1, 2, 3, 4의 번호를 붙이자. 처음부터 수집한 x장의 사진 중 i번째 멤버의 사진이 있는 사건을 A_i라고 하면, $X > x$인 사건은 $A_1^c \cup A_2^c \cup A_3^c \cup A_4^c$로 나타낼 수 있다. 〈정리 2.3〉을 이용하면

$$P(X > x) = P(A_1^c \cup A_2^c \cup A_3^c \cup A_4^c)$$

$$= \sum_{i=1}^{4} P(A_i^c) - \sum_{1 \le i_1 < i_2 \le 4} P(A_{i_1}^c \cap A_{i_2}^c)$$
$$+ \sum_{1 \le i_1 < i_2 < i_3 \le 4} P(A_{i_1}^c \cap A_{i_2}^c \cap A_{i_3}^c) - P(A_1^c \cap A_2^c \cap A_3^c \cap A_4^c)$$

인데, 최소한 한 멤버의 사진은 있어야 하므로 $P(A_1^c \cap A_2^c \cap A_3^c \cap A_4^c) = 0$이다. 또한 4명의 멤버에 대해 동일한 확률적 내용이 성립하므로

$$P(X > x) = 4P(A_1^c) - 6P(A_1^c \cap A_2^c) + 4P(A_1^c \cap A_2^c \cap A_3^c)$$

이다. A_1^c는 처음부터 수집한 x장의 사진이 첫째 멤버를 제외한 3명의 사진 중에서만 나오는 것을 의미하므로

$$P(A_1^c) = \left(\frac{3}{4}\right)^x$$

이며, 같은 방식으로

$$P(A_1^c \cap A_2^c) = \left(\frac{2}{4}\right)^x, \quad P(A_1^c \cap A_2^c \cap A_3^c) = \left(\frac{1}{4}\right)^x$$

이다. 따라서

$$P(X > x) = 4\left(\frac{3}{4}\right)^x - 6\left(\frac{2}{4}\right)^x + 4\left(\frac{1}{4}\right)^x$$

이고

$$P(X > x-1) = 4\left(\frac{3}{4}\right)^{x-1} - 6\left(\frac{2}{4}\right)^{x-1} + 4\left(\frac{1}{4}\right)^{x-1}$$

이 되므로, 4 이상의 정수 x에 대해

$$\begin{aligned} P(X = x) &= P(X > x-1) - P(X > x) \\ &= 4\left(\frac{3}{4}\right)^{x-1}\left(1 - \frac{3}{4}\right) - 6\left(\frac{2}{4}\right)^{x-1}\left(1 - \frac{2}{4}\right) + 4\left(\frac{1}{4}\right)^{x-1}\left(1 - \frac{1}{4}\right) \\ &= \left(\frac{3}{4}\right)^{x-1} - 3\left(\frac{2}{4}\right)^{x-1} + 3\left(\frac{1}{4}\right)^{x-1} \end{aligned}$$

이다. 즉 X의 확률질량함수는 다음과 같다.

$$f(x)=\begin{cases}\left(\frac{3}{4}\right)^{x-1}-3\left(\frac{2}{4}\right)^{x-1}+3\left(\frac{1}{4}\right)^{x-1}, & x=4,5,6,\cdots \\ 0, & \text{그 밖의 경우}\end{cases}$$

(※ 연습문제를 통해 $\sum_x f(x)=1$임을 확인하고 X의 기댓값도 구해 보기 바란다.) ■

3.1.2 연속확률변수와 확률밀도함수

지금까지 생각한 확률변수는 주사위의 눈의 수, 동전의 앞면이나 뒷면의 횟수, 주사위를 던지는 횟수와 같이, 취할 수 있는 값이 띄엄띄엄 있는 이산확률변수였다.

그러나 물체의 길이나 무게, 또는 특정한 일이 일어나기까지의 시간 등은 어떤 범위 내의 모든 실숫값을 가능한 결과들로 생각해야 하는 경우가 많다. 일반적으로, 어떤 구간 내의 모든 실숫값을 취할 수 있는 확률변수를 **연속확률변수**라고 하며, 연속확률변수의 확률분포를 **연속확률분포**(continuous probability distribution)라고 한다.

이산확률변수의 확률분포는 확률질량함수에 의해 결정됨을 앞에서 보았는데, 연속확률변수의 경우에는 다음과 같이 정의되는 **확률밀도함수**가 확률분포를 결정한다.

연속확률변수(continuous random variable)와 확률밀도함수(probability density function)

두 조건

$$(1)\ f(x)\geq 0,\quad -\infty<x<\infty$$

$$(2)\ \int_{-\infty}^{\infty}f(x)dx=1$$

을 만족하는 함수 $f(x)$가 있다고 하자. 실수 전체의 집합 R의 임의의 부분집합 A에 대하여 확률변수 X가

$$P(X\in A)=\int_A f(x)dx$$

를 만족할 때, X를 **연속확률변수**라고 하며, $f(x)$를 X의 **확률밀도함수**라고 한다.

예를 들어 집합 A가 구간 $[a,b]$, 즉 $\{x : a\leq x\leq b\}$라면

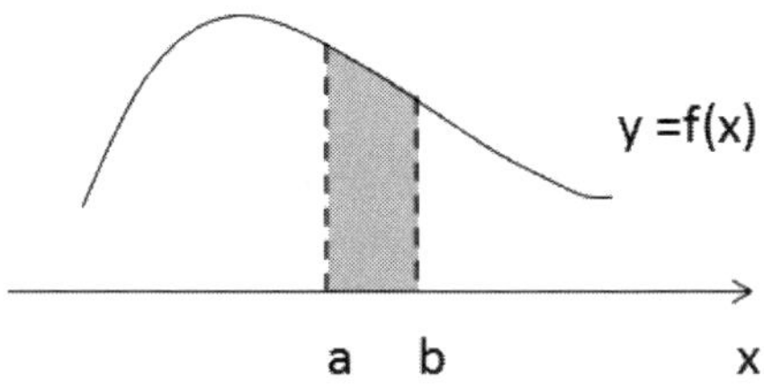

그림 3.2 확률밀도함수와 확률

$$P(X \in A) = P(a \le X \le b) = \int_a^b f(x)dx \tag{3.1}$$

이다. X의 확률밀도함수 $f(x)$의 그래프가 〈그림 3.2〉와 같다고 하자. 그러면 $P(a \le X \le b)$는 그림에서 그늘진 부분의 넓이와 같다.

위에서 $a = b$인 경우를 생각해 보자. 그러면 식 (3.1)에 의해

$$P(X = a) = \int_a^a f(x)dx = 0$$

이 된다. 이것은 연속확률변수가 어느 하나의 값을 가질 확률은 0이라는 것을 의미한다. 따라서 X가 연속확률변수인 경우, $a < b$이면

$$P(a \le X \le b) = P(a \le X < b) = P(a < X \le b) = P(a < X < b)$$

가 성립한다.

이산확률변수의 경우와는 달리, 연속확률변수의 확률밀도함수 $f(x)$의 값 자체는 확률이 아니라는 점에 주의할 필요가 있다. 확률밀도함수의 의미는 다음과 같이 설명할 수 있다. 충분히 작은 Δx에 대해 $P(x \le X \le x + \Delta x)$일 확률을 생각해 보자.

$$P(x \le X \le x + \Delta x) = \int_x^{x + \Delta x} f(t)\,dt \fallingdotseq f(x)\Delta x$$

이므로(〈그림 3.3〉 참조), $f(x)\Delta x$는 X가 x 근처에 있을 확률을 나타낸다. 즉 $f(x)$는

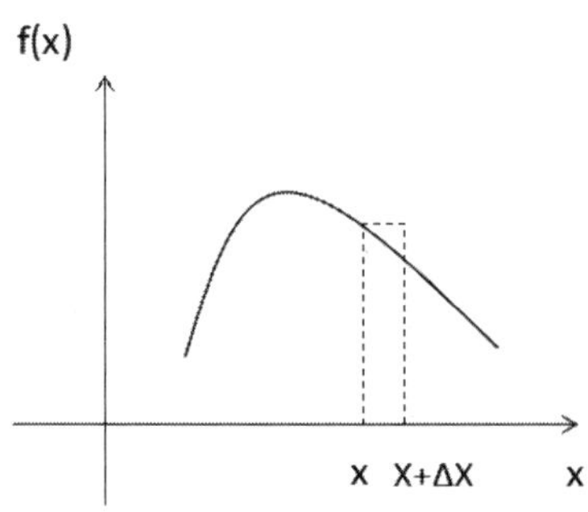

그림 3.3 확률밀도함수의 의미

$X = x$일 확률은 아니지만, X가 x 근처에 있을 확률을 결정해 주는 값이다.

예제 3.7 연속확률변수 X의 확률밀도함수가 다음과 같다.

$$f(x) = \begin{cases} cx, & 1 \le x \le 2 \\ 0, & \text{그 밖의 경우} \end{cases}$$

(1) 상수 c의 값을 구하여라.

(2) $P\left(\frac{3}{2} \le X \le 2\right)$를 구하여라.

(3) $P\left(1 \le X \le \frac{5}{4} \text{ 또는 } \frac{3}{2} \le X \le \frac{7}{4}\right)$을 구하여라.

풀이

(1) $\int_{-\infty}^{\infty} f(x)dx = 1$이어야 함을 이용한다.

$$1 = \int_1^2 cx\,dx = c\left[\frac{x^2}{2}\right]_1^2 = \frac{3}{2}c$$

따라서 $c = \frac{2}{3}$이다.

(2) $P\left(\frac{3}{2} \le X \le 2\right) = \int_{3/2}^2 f(x)dx = \int_{3/2}^2 \frac{2}{3}x\,dx = \left[\frac{x^2}{3}\right]_{3/2}^2 = \frac{4-\frac{9}{4}}{3} = \frac{7}{12}$

(3) $P\left(1 \le X \le \frac{5}{4} \text{ 또는 } \frac{3}{2} \le X \le \frac{7}{4}\right) = P\left(1 \le X \le \frac{5}{4}\right) + P\left(\frac{3}{2} \le X \le \frac{7}{4}\right)$

$$= \int_1^{5/4} \frac{2}{3}x\,dx + \int_{3/2}^{7/4} \frac{2}{3}x\,dx = \left[\frac{x^2}{3}\right]_1^{5/4} + \left[\frac{x^2}{3}\right]_{3/2}^{7/4} = \frac{11}{24}$$

■

참고 이산확률변수의 확률질량함수 값은 그 자체가 하나의 확률이므로 1보다 큰 값을 절대로 가질 수 없지만, 위에서 얘기했듯이 연속확률변수의 확률밀도함수 값은 확률이 아니므로 〈예제 3.7〉의 경우처럼 1보다 큰 값도 가질 수 있다(이를테면 $x = 2$일 때 $f(x)$의 값은 $\frac{4}{3}$). 심지어 확률밀도함수의 값이 유계(bounded)가 아닐 수도 있다. 예를 들면 다음과 같은 경우이다.

$$f(x) = \frac{1}{2\sqrt{x}}, \quad 0 < x < 1$$

3.2 누적분포함수

확률변수가 어떤 값보다 작거나 같을 확률을 나타내는 함수를 **누적분포함수** 또는 간단히 **분포함수**라고 한다.

확률변수의 누적분포함수(cumulative distribution function) 또는 분포함수 (distribution function)

다음과 같이 정의되는 함수 $F(x)$를 확률변수 X의 **누적분포함수** 또는 **분포함수**라고 한다.

$$F(x) = P(X \le x) = \begin{cases} \sum_{t \le x} f(t) & (\text{이산확률변수의 경우}) \\ \int_{-\infty}^{x} f(t)\,dt & (\text{연속확률변수의 경우}) \end{cases}$$

단, 위에서 $f(\cdot)$는 X의 확률질량함수(이산확률변수의 경우) 또는 확률밀도함수(연속확률변수의 경우)이다.

X가 연속확률변수이면 확률밀도함수 $f(x)$는 모든 유한구간에서 많아야 유한개의 불연속점을 갖는다. 이것은 분포함수 $F(x)$가 어디서든 연속임을 의미한다. 또한 $F(x)$의 x에 관한 도함수는 존재하며 확률밀도함수의 연속점 x에서

$$\frac{d}{dx} F(x) = f(x)$$

가 성립한다는 것을 의미한다.

예제 3.8 주사위를 던져서 나오는 눈의 수를 X라고 하고 X의 분포함수를 $F(x)$로 나타낼 때, 다음 값들을 구하여라.

(1) $F(0)$ (2) $F(1)$ (3) $F(4.6)$

풀이

(1) $F(0) = P(X \le 0) = 0$

(2) $F(1) = \sum_{t \le 1} f(t) = f(1) = \frac{1}{6}$

(3) $F(4.6) = \sum_{t \le 4.6} f(t) = f(1) + f(2) + f(3) + f(4) = \frac{1}{6} + \frac{1}{6} + \frac{1}{6} + \frac{1}{6} = \frac{2}{3}$ ■

예제 3.9 1개의 동전을 세 번 던져 앞면이 나오는 횟수를 X라고 할 때, X의 분포함수 $F(x)$를 구하고, $F(x)$의 그래프를 그려 보아라.

풀이 X의 확률분포는 〈예제 3.2〉에서 구한 바와 같다. 따라서 $F(x)$는 다음과 같이 구해진다.

$$F(x)=\sum_{t\le x}f(t)=\begin{cases}0, & x<0\\ \frac{1}{8}, & 0\le x<1\\ \frac{1}{8}+\frac{3}{8}=\frac{4}{8}, & 1\le x<2\\ \frac{1}{8}+\frac{3}{8}+\frac{3}{8}=\frac{7}{8}, & 2\le x<3\\ \frac{1}{8}+\frac{3}{8}+\frac{3}{8}+\frac{1}{8}=1, & 3\le x\end{cases}$$

$F(x)$의 그래프는 〈그림 3.4〉와 같다.

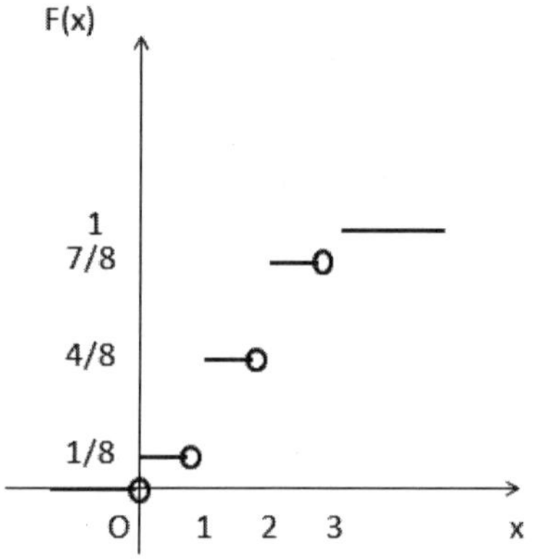

그림 3.4 $F(x)$의 그래프 ■

예제 3.10 연속확률변수 X의 확률밀도함수가 다음과 같을 때, X의 분포함수 $F(x)$를 구하고 $F(x)$의 그래프를 그려라.

$$f(x)=\begin{cases}2x, & 0\le x\le 1\\ 0, & \text{그 밖의 경우}\end{cases}$$

풀이

$$F(x)=\int_{-\infty}^{x}f(t)\,dt$$

(i) $x<0$일 때

$$F(x) = \int_{-\infty}^{x} 0\,dt = 0$$

(ii) $0 \le x \le 1$일 때

$$F(x) = \int_{-\infty}^{0} 0\,dt + \int_{0}^{x} 2t\,dt = 0 + \left[t^2\right]_0^x = x^2$$

(iii) $x > 1$일 때

$$F(x) = \int_{-\infty}^{0} 0\,dt + \int_{0}^{1} 2t\,dt + \int_{1}^{x} 0\,dt = 0 + \left[t^2\right]_0^1 + 0 = 1$$

$F(x)$의 그래프는 〈그림 3.5〉와 같다.

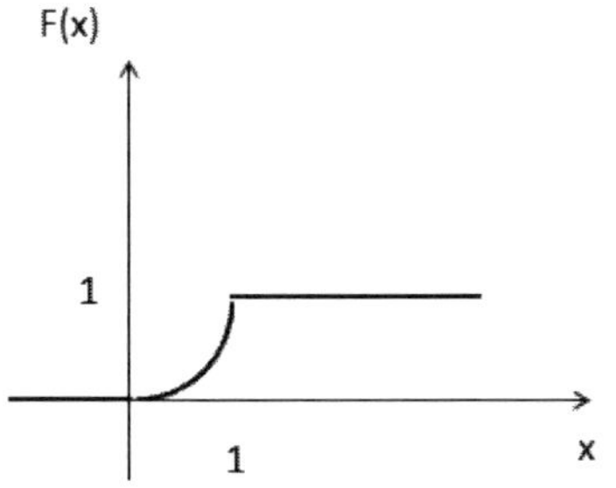

그림 3.5 $F(x)$의 그래프 ■

분포함수는 다음과 같은 성질을 갖는다.

분포함수 $F(x)$의 성질

(1) $F(x)$는 x의 비감소함수(nondecreasing function)이다.

(2) $F(\infty) = \lim_{x \to \infty} F(x) = 1$, $F(-\infty) = \lim_{x \to -\infty} F(x) = 0$

(3) $F(x)$는 각각의 x에서 우측으로 연속(continuous to the right)인 함수이다.

(4) 임의의 a에 대해 $P(X=a) = F(a) - F(a-)$

(단, $F(a-)$는 $x=a$에서 $F(x)$의 좌측극한(left-hand limit). 즉 $F(a-) = \lim_{h \to 0+} F(a-h)$)

(5) $F(x)$가 $x=a$에서 연속일 필요충분조건은 $P(X=a)=0$

증명

(1) $x_1 < x_2$일 때 $F(x_1) \le F(x_2)$임을 보이면 된다.

$x_1 < x_2$일 때,

$$\{x : x \le x_2\} = \{x : x \le x_1\} \cup \{x : x_1 < x \le x_2\}$$

이므로

$$P(X \le x_2) = P(X \le x_1) + P(x_1 < X \le x_2)$$

즉

$$F(x_2) = F(x_1) + P(x_1 < X \le x_2)$$

가 성립한다. 그런데 $P(x_1 < X \le x_2) \ge 0$이므로 $F(x_1) \le F(x_2)$임을 쉽게 알 수 있다.

(2) $\lim_{x \to \infty} F(x) = \lim_{x \to \infty} P(X \le x) = P(R) = 1$ (R: 실수 전체의 집합)

$\lim_{x \to -\infty} F(x) = \lim_{x \to -\infty} P(X \le x) = P(\varnothing) = 0$

(3) 각각의 x에서 $F(x+) - F(x)$의 값을 생각하자. 여기서 $F(x+)$는 x에서 $F(x)$의 우측극한(right-hand limit)을 뜻한다.

$$\begin{aligned} F(x+) - F(x) &= \lim_{h \to 0+} F(x+h) - F(x) = \lim_{h \to 0+} \{F(x+h) - F(x)\} \\ &= \lim_{h \to 0+} \{P(X \le x+h) - P(X \le x)\} = \lim_{h \to 0+} P(x < X \le x+h) \\ &= P(\varnothing) = 0 \end{aligned}$$

따라서 $F(x)$는 각각의 x에서 우측으로 연속이다.

(4) $$\begin{aligned} P(X = a) &= P(X \le a) - P(X < a) = P(X \le a) - \lim_{h \to 0+} P(X \le a-h) \\ &= F(a) - \lim_{h \to 0+} F(a-h) = F(a) - F(a-) \end{aligned}$$

(5) $F(x)$가 $x = a$에서 연속이면, $F(a+) = F(a) = F(a-)$이므로 $P(X = a) = F(a) - F(a-) = 0$이다. 역으로 $P(X = a) = 0$이면, $F(a) - F(a-) = 0$이므로 $F(a) = F(a-)$이다. 한편 (3)에서 보인 바와 같이 $F(x)$는 우측으로 연속이므로 $F(a+) = F(a)$이다. 즉 $F(a+) = F(a) = F(a-)$가 성립하므로 $F(x)$는 $x = a$에서 연속이다. ■

Note

(1) $a < b$이면

$$P(a < X \leq b) = F(b) - F(a)$$

임을 위 (1)의 증명으로부터 알 수 있다.

(2) x가 $F(x)$의 불연속점이면,

$$P(X = x) = F(x) - F(x-) > 0$$

이므로 $P(X = x)$는 $F(x)$가 x에서 갖는 점프(jump)의 크기와 같다. 〈예제 3.9〉의 〈그림 3.4〉에서 이를 확인할 수 있다.

예제 3.11 이산확률변수 X의 분포함수가 다음과 같다.

$$F(x) = \begin{cases} 0, & x < 1 \\ \frac{1}{5}, & 1 \leq x < 2 \\ \frac{3}{5}, & 2 \leq x < 4 \\ 1, & 4 \leq x \end{cases}$$

(1) X의 확률질량함수 $f(x)$를 구하여라.

(2) $P\left(X > \frac{3}{2}\right)$과 $P(1 < X \leq 3)$을 구하여라.

풀이

(1) $x = 1, 2, 4$에서 $F(x)$가 불연속이므로 $P(X = 1)$, $P(X = 2)$, $P(X = 4)$는 0보다 크며, 그 값은 각각 $F(x)$가 $x = 1, 2, 4$에서 갖는 점프의 크기와 같다. 즉 $f(x)$를 표로 나타내면 다음과 같다.

표 3.7 X의 확률질량함수

x	1	2	4
$f(x)$	$\frac{1}{5}$	$\frac{2}{5}$	$\frac{2}{5}$

(2) $P\left(X > \frac{3}{2}\right) = \sum_{x > \frac{3}{2}} f(x) = f(2) + f(4) = \frac{2}{5} + \frac{2}{5} = \frac{4}{5}$

(또는 $P\left(X > \frac{3}{2}\right) = 1 - P\left(X \leq \frac{3}{2}\right) = 1 - F\left(\frac{3}{2}\right) = 1 - \frac{1}{5} = \frac{4}{5}$)

$$P(1 < X \leq 3) = \sum_{1 < x \leq 3} f(x) = f(2) = \frac{2}{5}$$

(또는 $P(1 < X \leq 3) = P(X \leq 3) - P(X \leq 1) = F(3) - F(1) = \frac{3}{5} - \frac{1}{5} = \frac{2}{5}$) ■

3

예제 3.12 연속확률변수 X의 확률밀도함수가 다음과 같다.

$$f(x) = \begin{cases} \frac{x}{2}, & 0 < x < 2 \\ 0, & \text{그 밖의 경우} \end{cases}$$

(1) X의 분포함수 $F(x)$를 구하여라.

(2) $P\left(\frac{1}{4} < X \leq \frac{3}{2}\right)$과 $P(1 \leq X < 3)$을 구하여라.

풀이

(1) $F(x) = \begin{cases} 0, & x \leq 0 \\ \int_0^x \frac{t}{2} dt = \frac{x^2}{4}, & 0 < x < 2 \\ 1, & 2 \leq x \end{cases}$

(2) $P\left(\frac{1}{4} < X \leq \frac{3}{2}\right) = F\left(\frac{3}{2}\right) - F\left(\frac{1}{4}\right) = \frac{(3/2)^2}{4} - \frac{(1/4)^2}{4} = \frac{35}{64}$

$P(1 \leq X < 3) = P(1 < X \leq 3) = F(3) - F(1) = 1 - \frac{1}{4} = \frac{3}{4}$

(X가 연속확률변수이므로 $P(1 \leq X < 3) = P(1 < X \leq 3)$임을 이용했다.) ■

3.1.2절에서 언급한 바와 같이, X가 연속확률변수인 경우

$$P(a \leq X \leq b) = P(a \leq X < b) = P(a < X \leq b) = P(a < X < b)$$

이므로, 유한개의 x값에서 X의 확률밀도함수 $f(x)$의 값을 바꿔도 X의 분포는 변하지 않는다. 예를 들어 〈예제 3.12〉의 확률밀도함수가 다음과 같이 표시되어도 X의 분포와 확률에 관한 내용은 변하지 않는다.

$$f(x) = \begin{cases} \frac{x}{2}, & 0 \leq x \leq 2 \\ 0, & \text{그 밖의 경우} \end{cases}$$

다음 예제는 확률밀도함수의 값이 0보다 큰 부분이 어느 구간에 의해 분리되어 있는 경우이다.

예제 3.13 연속확률변수 X의 확률밀도함수가 다음과 같다.

$$f(x)=\begin{cases}\dfrac{1}{2}, & 0<x<1,\ 2<x<3\\ 0, & \text{그 밖의 경우}\end{cases}$$

(1) X의 분포함수 $F(x)$를 구하여라.

(2) $P\left(X>\frac{1}{2}\right)$과 $P\left(\frac{1}{3}\le X<\frac{5}{2}\right)$를 구하여라.

풀이

(1) $$F(x)=\begin{cases}0, & x<0\\ \displaystyle\int_0^x \frac{1}{2}\,dt=\frac{x}{2}, & 0\le x<1\\ \displaystyle\int_0^1 \frac{1}{2}\,dt=\frac{1}{2}, & 1\le x<2\\ \displaystyle\frac{1}{2}+\int_2^x \frac{1}{2}\,dt=\frac{x-1}{2}, & 2\le x<3\\ 1, & 3\le x\end{cases}$$

참고로 $f(x)$와 $F(x)$의 그래프를 각각 〈그림 3.6〉과 〈그림 3.7〉에 나타냈다. $f(x)$는 불연속이지만 $F(x)$는 연속임을 확인할 수 있다.

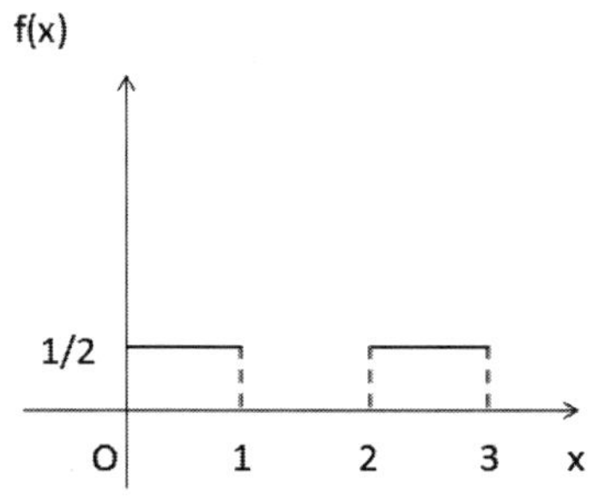

그림 3.6 $f(x)$의 그래프

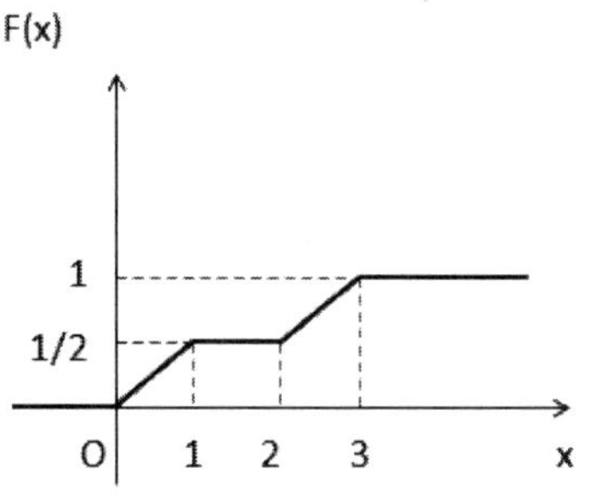

그림 3.7 $F(x)$의 그래프

(2) $P\left(X>\frac{1}{2}\right)=1-F\left(\frac{1}{2}\right)=1-\frac{1}{4}=\frac{3}{4}$

$P\left(\frac{1}{3}\le X<\frac{5}{2}\right)=F\left(\frac{5}{2}\right)-F\left(\frac{1}{3}\right)=\frac{3}{4}-\frac{1}{6}=\frac{7}{12}$ ■

3.3 확률변수의 평균과 분산

1개의 주사위(따로 언급하지 않는 한 공정한 주사위를 의미한다는 것은 이미 앞에서 이야기했다)를 던지는 실험을 생각해 보자. 〈예 3.3〉에서 본 바와 같이 나오는 눈의 수로 가능한 값은 1, 2, 3, 4, 5, 6이고 확률은 각각 $\frac{1}{6}$씩이다. 이제 이 주사위를 반복해서 여러 번 던진다고 생각하자. 그러면 1, 2, 3, 4, 5, 6이 나오는 비율이 각각 얼마 정도 될까? 던지는 횟수가 많지 않을 때는 비율의 편차가 클 가능성도 상당히 있다. 예를 들어 10번 정도 던지면 특정 숫자(의 눈)가 4회 정도 나오고 다른 숫자(의 눈)는 한 번도 안 나오는 일이 일어날 가능성도 아주 희박하지는 않을 것이다. 그러나 100번 던진다면 어떨까? 이때에도 특정 숫자가 40회 정도 나오고 다른 숫자는 한 번도 안 나올 가능성이 제법 있을까? 누구나 짐작하듯이 이런 일이 일어날 가능성은 매우 희박하다. 2.1.2절에서 이야기했듯이 일반적으로 시행횟수가 커질수록 어떤 사건의 통계적 확률은 거의 확실하게 그 사건의 수학적 확률에 한없이 가까워지기 때문에, 주사위를 여러 번 던지면 1, 2, 3, 4, 5, 6이 나오는 비율(상대도수)은 수학적 확률인 $\frac{1}{6}$에 가까워질 것이다.

위의 내용을 염두에 두고 다음과 같은 내용을 생각해 보자. 주사위를 N번 던진다고 하자. N은 상당히 큰 양의 정수이다. 던져서 나오는 눈의 수의 평균과 분산을 생각하자. 참고로, 자료의 값 $x_1, x_2, \cdots, x_N$이 있을 때 이 자료를 대표하는 값인 평균 μ와, 산포(퍼진 정도)를 나타내는 값인 분산 σ^2은 각각 다음과 같이 정의된다.

$$\mu = \frac{1}{N}\sum_{i=1}^{N} x_i \tag{3.2}$$

$$\sigma^2 = \frac{1}{N}\sum_{i=1}^{N}(x_i - \mu)^2 \tag{3.3}$$

N은 상당히 큰 양의 정수이므로(즉 주사위를 여러 번 던졌으므로) 통계적 확률과 수학적 확률의 관계에 따라 1, 2, 3, 4, 5, 6이 나오는 비율은 각각 $\frac{1}{6}$에 가까울 것이다. 즉 1, 2, 3, 4, 5, 6이 나오는 횟수는 각각 $\frac{N}{6}$에 가까울 것이다. 따라서 N번 던져서 나오는 눈의 수들의 평균 μ는 식 (3.2)에 의해 다음 값과 매우 가까울 것이다.

$$\frac{1}{N}\left(1\times\frac{N}{6}+2\times\frac{N}{6}+\cdots+6\times\frac{N}{6}\right)=1\times\frac{1}{6}+2\times\frac{1}{6}+\cdots+6\times\frac{1}{6}=\frac{7}{2} \tag{3.4}$$

위의 값은 주사위를 여러 번 던진다면 나오는 눈의 수의 평균값은 이 정도 될 것이라고 생각되는 값이다.

1개의 주사위를 한 번 던져서 나오는 눈의 수를 확률변수 X로 나타내자. 그러면 식 (3.4)에 주어진 값을 이 확률변수 X의 평균으로 정의한다. 이처럼 이산확률변수의 평균은 그 확률변수의 모든 가능한 값에 그 값을 취할 확률을 각각 곱한 다음 이것을 모두 합한 것이다. 위에서 주사위를 N번(N은 매우 큰 양의 정수) 던져서 나온 값들로 이루어진 집단을 모집단으로 생각하자. 그러면 이 모집단에는 1, 2, 3, 4, 5, 6이 각각 $\frac{1}{6}$씩의 비율로 들어있을 것이다. 확률변수의 평균은 이 모집단의 평균과 같다는 의미에서 흔히 기호 μ로 표시된다. 일반적으로 이산확률변수의 평균은 다음과 같이 정의된다.

확률질량함수가 $f(x)$인 이산확률변수 X의 평균:

$$\mu = \sum_{\text{모든 } x} x f(x) = \sum_{\text{모든 } x} x P(X = x)$$

예제 3.14 1개의 동전을 한 번 던져 나오는 결과에 따라 X원의 돈을 따는 게임이 있다고 하자. $X < 0$인 경우는 돈을 잃는 것을 의미한다. (1)과 (2)의 경우에 각각 확률변수 X의 평균을 구하여라.

(1) 앞면이 나오면 1000원을 따고, 뒷면이 나오면 500원을 잃는 경우

(2) 앞면이 나오면 200원을 따고, 뒷면이 나오면 100원을 잃는 경우

풀이

(1) $P(X = 1000) = P(X = -500) = \frac{1}{2}$이므로 $\mu = 1000 \times \frac{1}{2} + (-500) \times \frac{1}{2} = 250$

(2) $P(X = 200) = P(X = -100) = \frac{1}{2}$이므로 $\mu = 200 \times \frac{1}{2} + (-100) \times \frac{1}{2} = 50$ ■

위에서 설명한 이산확률변수의 평균의 의미에 근거하여 〈예제 3.14〉의 의미를 다음과 같이 설명할 수 있다. (1), (2)의 게임을 각각 아주 여러 번 한다면, 대체적으로 (1)의 경우에는 게임당 평균 250원을 따고 (2)의 경우에는 게임당 평균 50원을 딴다는 뜻이다. 따라서 게임 참가자의 입장에서 두 가지 게임 중 한 가지를 선택한다면, (1)을 선택하는 편이 좀 더 유리하다고 할 수 있겠다.

〈예제 3.14〉의 (1)에서 평균인 250(원)의 의미는 무엇일까? 이것은 어떤 사람이 이 게임을 한 번 할 때 따는 돈으로 기대할 수 있는 금액이다. 물론 한 번의 게임에서 실제로 250원을 따는 경우는 없지만, 이 게임을 수없이 반복했을 때 평균적으로 1게임당 250원씩을 따는 셈이므로 1게임당 그 정도의 돈을 딸 것을 기대할 수 있다는 뜻이다. 이런 의미에서 확률변수 X의 평균을 X의 **기댓값**(expectation 또는 expected value)이라고도 하며

$E(X)$로도 표시한다.

참고 $E(X)=\sum_{\text{모든 } x} xf(x)$의 정의는 엄밀하게는 이 총합이 절대수렴(absolute convergence)함을 (즉 $\sum_{\text{모든 } x}|x|f(x)$가 수렴하고 유한임을) 요구한다. 이 책에서 다루는 경우는 모두 이 조건이 만족되는 경우이다.

Note 앞으로는 $\sum_x$라고만 표시해도 $\sum_{\text{모든 } x}$를 의미하는 것으로 한다.

예제 3.15 1개의 동전을 세 번 던져 앞면이 나오는 횟수를 X라고 할 때, X의 기댓값을 구하여라.

풀이 〈예제 3.2〉에서 X의 확률분포표를 구하여 〈표 3.4〉에 나타낸 바 있다. 이것을 이용하여 X의 기댓값을 다음과 같이 구할 수 있다.

$$E(X)=\sum_x xf(x)=0\times\frac{1}{8}+1\times\frac{3}{8}+2\times\frac{3}{8}+3\times\frac{1}{8}=\frac{3}{2}$$ ■

연속확률변수의 경우에도 평균의 개념은 이산확률변수의 경우와 같다. 다만 합 기호($\sum$) 대신 적분 기호($\int$)가 사용될 뿐이다. 연속확률변수의 평균은 다음과 같이 정의된다.

> **확률밀도함수가 $f(x)$인 연속확률변수 X의 평균:**
>
> $$\mu=\int_{-\infty}^{\infty} xf(x)dx$$

예제 3.16 〈예제 3.12〉에 주어진 연속확률변수 X의 평균을 구하여라.

풀이 〈예제 3.12〉에서 X의 확률밀도함수는 다음과 같다.

$$f(x)=\begin{cases}\frac{x}{2}, & 0<x<2\\ 0, & \text{그 밖의 경우}\end{cases}$$

따라서 X의 평균은 다음과 같이 계산된다.

$$\mu=\int_{-\infty}^{\infty} xf(x)dx=\int_0^2 x\cdot\frac{x}{2}dx=\frac{[x^3]_0^2}{6}=\frac{4}{3}$$ ■

예제 3.17 〈예제 3.13〉에 주어진 연속확률변수 X의 평균을 구하여라.

풀이 〈예제 3.13〉에서 X의 확률밀도함수는 다음과 같다.

$$f(x)=\begin{cases}\dfrac{1}{2}, & 0<x<1,\ 2<x<3\\ 0, & \text{그 밖의 경우}\end{cases}$$

따라서 X의 평균은 다음과 같이 계산된다.

$$\mu=\int_{-\infty}^{\infty}xf(x)dx=\int_0^1 x\cdot\frac{1}{2}dx+\int_2^3 x\cdot\frac{1}{2}dx=\frac{1}{4}+\frac{9-4}{4}=\frac{3}{2}$$ ■

이번에는 확률변수 X의 분포가 주어졌을 때, $Y=u(X)$라는 관계에 의해 정의되는 새로운 확률변수 Y의 기댓값(즉 평균)에 관해 생각해 보자. 원칙적으로 기댓값의 정의에 따라 이를 구하려면 다음의 식을 사용해야 한다. 여기서 $f_Y(y)$는 Y의 확률질량함수(또는 확률밀도함수)이다.

$$E(Y)=\begin{cases}\sum_y yf_Y(y) & \text{(이산확률변수의 경우)}\\ \int_{-\infty}^{\infty} yf_Y(y)dy & \text{(연속확률변수의 경우)}\end{cases}\tag{3.5}$$

하지만 $f_Y(y)$를 따로 구하지 않고도 Y의 기댓값을 구할 수 있다. 다음의 정리는 그것을 가능하게 한다.

정리 3.1 기댓값의 정리

X는 확률질량함수(또는 확률밀도함수)가 $f(x)$인 확률변수라고 하자. $u(x)$가 임의의 실숫값 함수이면 확률변수 $Y=u(X)$의 기댓값은

$$E(Y)=E[u(X)]=\begin{cases}\sum_x u(x)f(x) & \text{(이산확률변수의 경우)}\\ \int_{-\infty}^{\infty} u(x)f(x)dx & \text{(연속확률변수의 경우)}\end{cases}\tag{3.6}$$

증명

연속확률변수인 경우의 증명은 이 책에서 다루는 범위를 벗어나므로 이산확률변수인 경우에 대해서만 증명한다. 집합 A_y를 $A_y=\{x: u(x)=y\}$로 정의하자. 그러면

$$E(Y) = \sum_y yP(Y=y) = \sum_y yP(u(X)=y) = \sum_y yP(X \in A_y)$$
$$= \sum_y \left\{ y \sum_{x \in A_y} P(X=x) \right\} = \sum_y \left\{ \sum_{x \in A_y} yP(X=x) \right\} = \sum_y \left\{ \sum_{x \in A_y} u(x)P(X=x) \right\}$$
$$= \sum_x u(x)P(X=x) = \sum_x u(x)f(x)$$

여기서 절대수렴하는 무한급수의 합은 더하는 순서에 관계없음을 이용했다. ■

예제 3.18 주사위를 던져서 나오는 눈의 수를 X라고 하자. $Y=(X-3)^2$이라고 할 때, Y의 기댓값을 식 (3.5)와 식 (3.6)을 이용하여 각각 구하고 그 결과가 같음을 확인하여라.

풀이

(방법 1) X의 각 값에 따른 Y의 값은 다음과 같다.

표 3.8 X의 값에 따른 Y의 값

X	1	2	3	4	5	6
Y	4	1	0	1	4	9

따라서 Y의 확률분포는 다음과 같다.

표 3.9 Y의 확률분포

y	0	1	4	9	합계
$f_Y(y)$	$\frac{1}{6}$	$\frac{2}{6}$	$\frac{2}{6}$	$\frac{1}{6}$	1

식 (3.5)를 이용하여 Y의 기댓값을 다음과 같이 얻는다.

$$E(Y) = 0 \times \frac{1}{6} + 1 \times \frac{2}{6} + 4 \times \frac{2}{6} + 9 \times \frac{1}{6} = \frac{19}{6}$$

(방법 2) 식 (3.6)을 이용하여 Y의 기댓값을 다음과 같이 얻는다.

$$E(Y) = E[(X-3)^2] = \sum_x (x-3)^2 f(x) = \sum_{x=1}^{6} (x-3)^2 \left(\frac{1}{6}\right)$$
$$= \frac{1}{6}(4+1+0+1+4+9) = \frac{19}{6}$$

두 방법에 의한 결과가 동일함을 확인할 수 있다. ■

다음의 정리는 기댓값의 중요한 성질에 관한 것이다.

정리 3.2 기댓값의 성질

(1) $E(a)=a$ (단, a는 상수)

(2) $E(aX+b)=aE(X)+b$ (단, a와 b는 상수)

(3) $E[c_1u_1(X)+\cdots+c_nu_n(X)]=c_1E[u_1(X)]+\cdots+c_nE[u_n(X)]$ (단, $c_1,\cdots,c_n$은 상수)

(4) $u(x)$가 모든 실수 x에 대하여 $u(x)\geq 0$인 함수이면, $E[u(X)]\geq 0$.

증명 이산확률변수인 경우의 증명만 보인다(연속확률변수의 경우는 합 기호 대신 적분 기호를 사용하면 쉽게 증명된다). X의 확률질량함수를 $f(x)$라고 하자.

(1) $E(a)=\sum_x af(x)=a\sum_x f(x)=a \quad (\sum_x f(x)=1$이므로)

(2) $E(aX+b)=\sum_x (ax+b)f(x)=a\sum_x xf(x)+b\sum_x f(x)=aE(X)+b$

(3)
$$\begin{aligned} E[c_1u_1(X)+\cdots+c_nu_n(X)] &= \sum_x \{c_1u_1(x)+\cdots+c_nu_n(x)\}f(x) \\ &= c_1\sum_x u_1(x)f(x)+\cdots+c_n\sum_x u_n(x)f(x) \\ &= c_1E[u_1(X)]+\cdots+c_nE[u_n(X)] \end{aligned}$$

(4) $E[u(X)]=\sum_x u(x)f(x)$인데, 모든 실수 x에 대해 $u(x)\geq 0$, $f(x)\geq 0$이므로 명백히 $E[u(X)]\geq 0$이다. ■

〈예제 3.14〉에서와 같이 1개의 동전을 한 번 던져 나오는 결과에 따라 돈을 따거나 잃는 게임을 한다고 가정하는데, 이번에는 금액을 바꿔서 생각하자. 다음과 같이 게임 1과 게임 2가 있다고 하자.

(게임 1) 앞면이 나오면 1000원을 따고, 뒷면이 나오면 1000원을 잃는다.
(게임 2) 앞면이 나오면 100만 원을 따고, 뒷면이 나오면 100만 원을 잃는다.

1회의 게임에서 딸 금액의 기댓값은 이 두 게임이 0원으로 같다. 그러면 이 두 게임의 성격이 같을까? 그렇게 느끼는 사람은 거의 없을 것이다. 게임 1을 할 때에 비해 게임 2를 할 때는 대부분의 사람들이 엄청난 긴장감을 느낄 것이다. 만약 두 게임 중 하나를 선택하여 참여할 수 있다고 할 때, 아주 대담한 사람이 아니면 게임 2를 선택하기가 쉽지 않을 것으로 생각되기도 한다. 이것은 앞면이 나왔을 때와 뒷면이 나왔을 때, 게임 참가자가 얻게 되는 결과의 차이가 두 게임 간에 매우 크기 때문이다.

이처럼 두 확률변수의 평균이 같다고 해서 그 확률변수들의 분포 상태가 같은 것은 결코 아니다. 확률변수의 평균은 분포의 대푯값일 뿐이며, 분포 상태에 관해서는 정보를 주지 못한다. 따라서 확률변수의 분포 상태 중 중요한 것인 퍼진 정도를 나타내는 측도가 필요한데, 이것이 **분산**과 **표준편차**이다. 확률변수의 분산과 표준편차는 다음과 같이 정의된다. 분산을 σ^2으로, 표준편차를 σ로 표시하기도 한다.

✔ 확률변수 X의 분산(variance)과 표준편차(standard deviation)

분산: $$Var(X) = E[(X-\mu)^2] = \begin{cases} \sum_x (x-\mu)^2 f(x) & \text{(이산확률변수의 경우)} \\ \int_{-\infty}^{\infty} (x-\mu)^2 f(x)dx & \text{(연속확률변수의 경우)} \end{cases}$$

표준편차: $SD(X) = \sqrt{Var(X)}$

(단, 여기서 μ는 X의 평균이고, $f(x)$는 X의 확률질량함수(또는 확률밀도함수)이다.)

참고 이 절의 시작 부분에서 언급했던, 주사위를 N번 던지는 경우를 다시 생각해 보자(N은 상당히 큰 양의 정수). 자료의 값 $x_1, x_2, \cdots, x_N$이 있을 때 이 자료의 평균은 식 (3.2)로 정의되고, 분산은 식 (3.3)으로 정의된다고 했다. 확률변수 X의 평균을 식 (3.2)와 관련지어 설명하였듯이 X의 분산도 식 (3.3)과 관련지어 설명할 수 있다. 각자 생각해보면 충분히 이해할 수 있을 것이다.

예제 3.19 주사위를 던져서 나오는 눈의 수를 확률변수 X라고 할 때 X의 분산과 표준편차를 구하여라.

풀이 식 (3.4)에 의해 $\mu = \frac{7}{2}$이므로

$$\begin{aligned} Var(X) &= E\left[\left(X - \frac{7}{2}\right)^2\right] = \sum_{x=1}^{6}\left(x-\frac{7}{2}\right)^2\left(\frac{1}{6}\right) \\ &= \frac{1}{6}\left\{\left(1-\frac{7}{2}\right)^2 + \left(2-\frac{7}{2}\right)^2 + \cdots + \left(6-\frac{7}{2}\right)^2\right\} = \frac{35}{12} \end{aligned}$$

$$SD(X) = \sqrt{Var(X)} = \sqrt{\frac{35}{12}}$$ ■

확률변수의 분산을 계산할 때, 위의 예제에서와 같이 분산의 정의식을 사용해도 되지

만 다음과 같이 변형된 식을 이용해도 된다. 이 형태를 이용하면 계산이 좀 더 간편한 경우가 많기 때문에 이것을 간편식이라고 부르기도 한다.

확률변수의 분산의 간편식

$$Var(X) = E(X^2) - \mu^2 = E(X^2) - \{E(X)\}^2$$

증명

$$Var(X) = E[(X-\mu)^2] = E(X^2 - 2\mu X + \mu^2)$$
$$= E(X^2) - 2\mu E(X) + \mu^2 \quad (\text{〈정리 3.2〉의 (1)과 (3)에 의해})$$
$$= E(X^2) - 2\mu \cdot \mu + \mu^2 = E(X^2) - \mu^2$$

■

예제 3.20 〈예제 3.18〉의 확률변수 X의 분산을 간편식을 이용하여 구하여라.

풀이 $Var(X) = E(X^2) - \mu^2 = \sum_x x^2 f(x) - \mu^2$

$$= \sum_{x=1}^{6} x^2\left(\frac{1}{6}\right) - \left(\frac{7}{2}\right)^2 = \frac{91}{6} - \frac{49}{4} = \frac{35}{12}$$

정의식을 사용하여 구한 결과와 동일함을 확인할 수 있다. ■

다음의 정리는 분산과 표준편차의 중요한 성질에 관한 것이다.

정리 3.3 분산과 표준편차의 성질

(1) 임의의 확률변수 X에 대해 $Var(X) \geq 0$, $SD(X) \geq 0$

(2) $Var(a) = 0$, $SD(a) = 0$ (단, a는 상수)

(3) $Var(aX+b) = a^2 Var(X)$, $SD(aX+b) = |a| SD(X)$ (단, a와 b는 상수)

증명

(1) $Var(X) = E[(X-\mu)^2]$인데, $(x-\mu)^2$은 모든 실수 x에 대하여 음이 아닌 함수이므로 〈정리 3.2〉의 (4)에 의해 $E[(X-\mu)^2] \geq 0$, 즉 $Var(X) \geq 0$이다.

(2) $Var(a) = E[\{a - E(a)\}^2] = E[(a-a)^2] = E(0) = 0$

$SD(a) = \sqrt{Var(a)} = 0$

(3) $Var(aX+b) = E[\{aX + b - E(aX+b)\}^2]$

$$= E[\{aX + b - aE(X) - b\}^2] \qquad (\langle \text{정리 } 3.2\rangle\text{의 (2)에 의해})$$
$$= E[a^2\{X - E(X)\}^2]$$
$$= a^2 E[\{X - E(X)\}^2] \qquad (\langle \text{정리 } 3.2\rangle\text{의 (2)에 의해})$$
$$= a^2\, Var(X)$$

$$SD(aX+b) = \sqrt{Var(aX+b)} = \sqrt{a^2\, Var(X)} = \sqrt{a^2}\,\sqrt{Var(X)} = |a| SD(X)$$ ■

예제 3.21 주사위를 던져서 나오는 눈의 수에 따라 받는 상금이 다음과 같다고 하자. Y의 기댓값과 분산을 구하여라.

표 3.10 주사위를 던져서 나오는 눈의 수에 따라 받는 상금

눈의 수(X)	1	2	3	4	5	6
상금(Y) (단위: 원)	150	250	350	450	550	650

풀이 Y의 확률분포로부터 직접 계산할 수도 있지만, 위의 표에서 $Y = 100X + 50$의 관계가 있고 또한 $E(X) = \frac{7}{2}$, $Var(X) = \frac{35}{12}$임을 알고 있으므로 다음과 같이 기댓값과 분산의 성질을 이용해서 구해도 된다.

〈정리 3.2〉의 (2)에 의해

$$E(Y) = 100E(X) + 50 = 100 \times \frac{7}{2} + 50 = 400$$

〈정리 3.3〉의 (3)에 의해

$$Var(Y) = 100^2\, Var(X) = 10000 \times \frac{35}{12} = \frac{87500}{3}$$ ■

어떤 확률변수에서 평균을 빼고 그것을 다시 표준편차로 나눈 것을 **표준화된 확률변수**(standardized random variable)라고 한다. 즉

$$Z = \frac{X - E(X)}{SD(X)} = \frac{X - \mu}{\sigma}$$

는 표준화된 확률변수이다. 표준화된 확률변수의 평균은 0이고 분산과 표준편차는 1임을 〈정리 3.2〉의 (2)와 〈정리 3.3〉의 (3)에 의해 쉽게 알 수 있다($a = \frac{1}{\sigma}$, $b = -\frac{\mu}{\sigma}$인 경우이므로).

3.4 적률생성함수

확률변수의 적률은 다음과 같이 정의된다.

> **✔ 적률(moment)**
>
> 확률변수 X에 대하여 X^k의 기댓값 즉 $E(X^k)$ $(k=1,2,3,\cdots)$가 존재할 때 이것을 X의 k차 **적률**(k−th moment)이라고 한다. $E(X^k)$를 μ_k로 나타내기도 한다.

위의 적률과 밀접하게 관련되어 있는 것이 확률변수의 적률생성함수이다. 적률생성함수는 다음과 같이 정의된다.

> **✔ 적률생성함수(moment generating function)**
>
> $-h<t<h$인 모든 실수 t에 대하여 기댓값 $E(e^{tX})$가 존재하는 어떤 양수 h가 존재한다고 가정하자. $E(e^{tX})$를 확률변수 X의(또는 X의 분포의) **적률생성함수**라고 하며 $M(t)$ 또는 $M_X(t)$로 표시한다. 즉
>
> $$M(t)=E(e^{tX})=\begin{cases}\sum_x e^{tx}f(x) & (\text{이산확률변수의 경우})\\ \int_{-\infty}^{\infty} e^{tx}f(x)dx & (\text{연속확률변수의 경우})\end{cases}$$

예제 3.22 1개의 동전을 세 번 던져 앞면이 나오는 횟수를 X라고 할 때, X의 적률생성함수를 구하여라.

풀이 X의 확률분포는 〈예제 3.2〉의 (1)에서 구한 바와 같이 〈표 3.4〉에 있다. 따라서 X의 적률생성함수는 다음과 같다.

$$M(t)=\sum_x e^{tx}f(x)=\frac{1}{8}+\frac{3}{8}e^t+\frac{3}{8}e^{2t}+\frac{1}{8}e^{3t}$$ ■

모든 확률분포에 대하여 적률생성함수가 존재하는 것은 아니다. 그러나 이 책에서 다루는 대부분의 확률분포에 대해서는 적률생성함수가 존재한다. 그리고 존재하는 경우 적률생성함수의 큰 유용성은 확률분포를 완전하고 유일하게 결정지어 준다는 데에 있다. 즉 서로 다른 확률분포는 동일한 적률생성함수를 가질 수 없다. 두 이산확률변수 X와 Y가 각각 확률질량함수 $f_X(x)$와 $f_Y(y)$를 갖고 동일한 공간(취할 수 있는 값들의 집합) $S=$

$\{a_1, a_2, a_3, \cdots\}$를 갖는다고 하자. X와 Y의 적률생성함수를 각각 $M_X(t)$와 $M_Y(t)$로 나타낼 때, $-h < t < h$인 모든 t에 대해 $M_X(t) = M_Y(t)$, 즉

$$e^{ta_1}f_X(a_1) + e^{ta_2}f_X(a_2) + \cdots = e^{ta_1}f_Y(a_1) + e^{ta_2}f_Y(a_2) + \cdots$$

이면 수학의 이론에 의해

$$f_X(a_i) = f_Y(a_i), \quad i = 1,2,3,\cdots$$

이 성립해야 한다. 이로부터 이산확률변수의 경우 적률생성함수는 확률분포를 유일하게 결정한다는 것을 알 수 있다. 연속확률변수의 경우에도 역시 같은 내용이 성립한다. 다만 그 경우의 증명은 이 책에서 다루는 범위를 벗어나므로 생략한다.

정리 3.4

확률변수 X의 적률생성함수 $M_X(t)$와 Y의 적률생성함수 $M_Y(t)$에 대하여

$$M_X(t) = M_Y(t), \quad -h < t < h \quad (\text{단, } h > 0)$$

이면 X와 Y의 확률분포는 같다.

적률생성함수 $M(t)$가 존재한다면 $M(t)$의 모든 차수의 도함수가 $t = 0$에서 존재한다. 다음의 정리는 이와 관련된 정리이다.

정리 3.5 적률생성함수의 성질

(1) $M(0) = 1$

(2) $M^{(k)}(0) = E(X^k)$ $(k = 1,2,3,\cdots)$ (단, $M^{(k)}(t)$는 $M(t)$의 k차 도함수)

증명

(1) $M(0) = E(e^0) = 1$

(2) 이산확률변수인 경우의 증명만 보인다(연속확률변수의 경우는 합 기호 대신 적분 기호를 사용하면 된다).

$M(t)$를 t에 관해 미분하면

$$M'(t) = \frac{d}{dt}\sum_x e^{tx}f(x) = \sum_x \frac{d}{dt}e^{tx}f(x) = \sum_x xe^{tx}f(x)$$

이므로, $M'(0)=\sum_x xf(x)=E(X)$이다.

이런 방식으로 $M(t)$를 t에 관해 k번 미분하면

$$M^{(k)}(t)=\frac{d^k}{dt^k}\sum_x e^{tx}f(x)=\sum_x \frac{d^k}{dt^k}e^{tx}f(x)=\sum_x x^k e^{tx}f(x)$$

이므로, $M^{(k)}(0)=\sum_x x^k f(x)=E(X^k)$이다. ■

〈정리 3.5〉의 (2)에서 알 수 있듯이 $M(t)$를 t에 관해 계속 미분하여 $t=0$을 대입하면 X의 적률들을 계속 얻게 된다. 이것이 $M(t)$를 적률생성함수라고 부르는 이유다. 또한 〈정리 3.5〉의 (2)에 의해 X의 평균과 분산을 다음과 같이 나타낼 수 있다.

$$\mu = M'(0) \tag{3.7}$$

$$\sigma^2 = M''(0)-\{M'(0)\}^2 \tag{3.8}$$

예제 3.23 X의 적률생성함수가

$$M(t)=\frac{4}{10}e^t+\frac{3}{10}e^{2t}+\frac{2}{10}e^{3t}+\frac{1}{10}e^{4t}$$

일 때 X의 확률질량함수를 구하여라.

풀이 적률생성함수는 확률분포를 유일하게 결정한다는 성질에 의하여 X의 확률분포는 다음과 같다.

표 3.11 X의 확률분포

x	1	2	3	4
$f(x)$	$\frac{4}{10}$	$\frac{3}{10}$	$\frac{2}{10}$	$\frac{1}{10}$

따라서 X의 확률질량함수를 다음과 같이 나타낼 수 있다.

$$f(x)=\begin{cases}\dfrac{5-x}{10}, & x=1,2,3,4\\ 0, & \text{그 밖의 경우}\end{cases}$$ ■

적률생성함수 $M(t)$가 존재한다면 $M(t)$의 모든 차수의 도함수가 $t=0$에서 존재하므로 $M(t)$를 다음과 같이 매클로린 급수(Maclaurin's series)로 나타낼 수 있다.

$$M(t) = M(0) + M'(0)\left(\frac{t}{1!}\right) + M''(0)\left(\frac{t^2}{2!}\right) + M^{(3)}(0)\left(\frac{t^3}{3!}\right) + \cdots$$

$M(t)$의 매클로린 급수 전개가 존재하고 적률이 주어지면 $M(t)$의 식을 명확히 구할 수 있다. 다음의 예제는 이것을 보여 준다.

예제 3.24 확률변수 X의 k차 적률($k=1,2,3,\cdots$)이 모두 0.3일 때, X의 적률생성함수 $M(t)$를 구하여라.

풀이 $M(t)$의 매클로린 급수 전개에 의해

$$\begin{aligned} M(t) &= 1 + (0.3)\left(\frac{t}{1!}\right) + (0.3)\left(\frac{t^2}{2!}\right) + (0.3)\left(\frac{t^3}{3!}\right) + \cdots \\ &= 0.7 + 0.3 + (0.3)\left(\frac{t}{1!}\right) + (0.3)\left(\frac{t^2}{2!}\right) + (0.3)\left(\frac{t^3}{3!}\right) + \cdots \\ &= 0.7 + (0.3)\left(1 + \frac{t}{1!} + \frac{t^2}{2!} + \frac{t^3}{3!} + \cdots\right) \\ &= 0.7 + 0.3e^t \qquad (e^t\text{의 매클로린 급수 전개 이용}) \end{aligned}$$

즉 X의 확률분포는 $P(X=0)=0.7$, $P(X=1)=0.3$이다. ■

예제 3.25 확률변수 X의 확률밀도함수가 다음과 같다.

$$f(x) = \begin{cases} xe^{-x}, & 0 < x < \infty \\ 0, & \text{그 밖의 경우} \end{cases}$$

(1) X의 적률생성함수를 구하여라.

(2) X의 평균과 분산을 구하여라.

풀이

(1) $M(t) = \int_0^\infty e^{tx} xe^{-x} dx = \int_0^\infty xe^{-(1-t)x} dx$

인데, $u = x$, $v' = e^{-(1-t)x}$로 하여 부분적분 $\int uv' = uv - \int u'v$ 를 이용하면

$$M(t) = \left[x \cdot \frac{e^{-(1-t)x}}{-(1-t)}\right]_0^\infty - \int_0^\infty 1 \cdot \frac{e^{-(1-t)x}}{-(1-t)} dx$$

가 된다. 여기서 $M(t)$가 존재하려면 $1-t > 0$, 즉 $t < 1$이어야 함을 알 수 있다.

$$M(t) = \int_0^\infty \frac{e^{-(1-t)x}}{1-t} dx = \left[\frac{e^{-(1-t)x}}{-(1-t)^2} \right]_0^\infty = \frac{1}{(1-t)^2}, \quad t < 1$$

(2) $M'(t) = \dfrac{-2(1-t)\cdot(-1)}{(1-t)^4} = \dfrac{2}{(1-t)^3}, \quad t < 1$

$$M''(t) = \frac{-2\cdot 3(1-t)^2\cdot(-1)}{(1-t)^6} = \frac{6}{(1-t)^4}, \quad t < 1$$

이므로, X의 평균과 분산은 각각 다음과 같다.

$$\mu = M'(0) = 2$$

$$\sigma^2 = M''(0) - \{M'(0)\}^2 = 6 - 2^2 = 2$$

■

정리 3.6

X의 적률생성함수를 $M_X(t)$라고 할 때, $Y = aX + b$(단, a와 b는 상수)의 적률생성함수는 $M_Y(t) = e^{bt} M_X(at)$이다.

증명 $M_Y(t) = E(e^{tY}) = E\left[e^{t(aX+b)}\right] = E(e^{atX} e^{bt}) = e^{bt} E(e^{atX}) = e^{bt} M_X(at)$ ■

연습문제

1 2개의 주사위를 던져서 두 주사위에서 나오는 눈의 수 중 작지 않은 쪽을 확률변수 X라고 할 때, X의 확률분포와 기댓값을 구하여라.

2 2개의 주사위 A, B를 동시에 던지는 실험을 반복하는데, 처음으로 A 주사위가 B 주사위보다 큰 눈이 나올 때까지 던진다고 하자. 던지는 횟수를 X라고 할 때, X의 확률분포를 구하여라.

3 다음 각각에 대해 함수 $f(x)$가 확률변수 X의 확률질량함수 조건을 만족하도록 상수 c의 값을 결정하여라.

(1) $f(x) = c\left(\dfrac{1}{3}\right)^{x-1}, \quad x = 2, 3, 4, \cdots$

(2) $f(x) = c(x-1), \quad x = 5, 6, 7, 8, 9, 10$

(3) $f(x) = c^2 x, \quad x = 1, 3, 5, 7$ (단, $c > 0$)

4 확률변수 X가 다음과 같은 분포함수 $F(x)$를 갖는다고 하자.

$$F(x) = \begin{cases} 0, & x < 4 \\ \dfrac{2}{5}, & 4 \le x < 6 \\ \dfrac{4}{5}, & 6 \le x < 10 \\ 1, & 10 \le x \end{cases}$$

(1) X의 확률분포표를 작성하여라.

(2) $P(3 \le X \le 7)$을 구하여라.

5 연속확률변수 X가 다음과 같은 확률밀도함수를 갖는다.

$$f(x)=\begin{cases} 2x, & 0<x<\frac{1}{2} \\ 1, & \frac{1}{2}<x<1 \\ 3-2x, & 1<x<\frac{3}{2} \\ 0, & \text{그 밖의 경우} \end{cases}$$

(1) $P\left(0<X<\frac{3}{2}\right)=1$임을 보여라.

(2) $P\left(X>\frac{2}{3}\right)$을 구하여라.

6 연속확률변수 X의 확률밀도함수가 다음과 같을 때, X의 분포함수 $F(x)$를 구하여라.

$$f(x)=\begin{cases} \cos x, & 0<x<\frac{\pi}{2} \\ 0, & \text{그 밖의 경우} \end{cases}$$

7 연속확률변수 X의 확률밀도함수가 다음과 같다.

$$f(x)=\begin{cases} 3(1-x)^2, & 0<x<1 \\ 0, & \text{그 밖의 경우} \end{cases}$$

(1) X의 분포함수 $F(x)$를 구하여라.

(2) $P\left(\frac{1}{3}\le X\le\frac{1}{2}\right)$을 구하여라.

8 연속확률변수 X의 확률밀도함수가 다음과 같다.

$$f(x)=\begin{cases} c(4x-x^2), & 0<x<4 \\ 0, & \text{그 밖의 경우} \end{cases}$$

(1) 상수 c의 값을 구하여라.

(2) $P(X>3)$을 구하여라.

(3) X의 분포함수 $F(x)$를 구하여라.

9 연속확률변수 X의 분포함수가 다음과 같다.

$$F(x)=\begin{cases}0, & x\le 0\\ \dfrac{3}{4}x^2-\dfrac{1}{4}x^3, & 0<x<2\\ 1, & 2\le x\end{cases}$$

(1) X의 확률밀도함수를 구하여라.

(2) $P\left(\frac{1}{2}<X<\frac{3}{2}\right)$을 구하여라.

10 연속확률변수 Y가 다음의 확률밀도함수를 갖는다고 하자.

$$g(y)=\begin{cases}\dfrac{3}{8}y^2, & 0\le y\le 2\\ 0, & \text{그 밖의 경우}\end{cases}$$

(1) Y의 평균과 분산을 구하여라.

(2) Y의 분포함수 $G(y)$를 구하여라.

(3) $P\left(0\le Y\le \frac{1}{2}\right)$을 구하여라.

11 이산확률변수 X의 확률질량함수가 다음과 같다.

$$f(x)=\begin{cases}k(5-x^2), & x=-2,-1,0,1,2\\ 0, & \text{그 밖의 경우}\end{cases}$$

(1) k의 값을 구하여라.

(2) $P\left(|X|\le \frac{3}{2}\right)$을 구하여라.

(3) X의 평균과 분산을 구하여라.

(4) $Y=3X-4$라고 할 때, Y의 평균과 분산을 구하여라.

12 연속확률변수 Y의 확률밀도함수가 다음과 같다.

$$g(y)=\begin{cases}\dfrac{c}{2y^3}, & 1<y<\infty\\ 0, & \text{그 밖의 경우}\end{cases}$$

(1) 상수 c의 값을 구하여라.

(2) $E(Y)$를 구하여라.

13 1개의 주사위를 던져서 나오는 눈의 수를 X라고 하고 $Y = 4 - 5X$로 정의하자.

(1) Y의 확률분포를 구하여라.

(2) $E(Y)$와 $SD(Y)$를 구하여라. ($E(X) = \frac{7}{2}$, $Var(X) = \frac{35}{12}$임을 이용할 수도 있다.)

14 어느 환자의 입원일 수인 확률변수 X의 확률질량함수가 다음과 같다.

$$f(x) = \frac{6 - x}{15}, \quad x = 1, 2, 3, 4, 5$$

만약 환자가 받을 수 있는 보험금이 첫 사흘까지는 하루당 10만원이고 사흘 초과 시에는 하루당 5만원이라면, 환자가 입원으로 받을 수 있는 보험금의 기대금액은 얼마인가?

15 어느 복권의 당첨금은 1000만, 100만, 10만, 5만, 1만, 5천, 그리고 1천원이며 이들 당첨금의 확률은 각각 $\frac{1}{100\text{만}}$, $\frac{1}{10\text{만}}$, $\frac{1}{5000}$, $\frac{1}{1000}$, $\frac{1}{100}$, $\frac{1}{50}$, 그리고 $\frac{1}{5}$이다.

(1) 복권 1매를 구입했을 때 기대되는 당첨금액은 얼마인가?

(2) 복권 1매의 가격이 1000원이라면 1매를 구입할 때 기대되는 손실금액은 얼마인가?

16 1부터 m까지의 양의 정수에 대해 $\frac{1}{m}$씩의 확률을 갖는 이산확률변수 X를 생각하자(이러한 분포를 이산형 균등분포라고 한다). X의 평균과 분산을 구하여라. (힌트: $\sum_{x=1}^{m} x^2 = \frac{m(m+1)(2m+1)}{6}$ 임을 이용할 수 있음)

17 2개의 주사위 A, B를 던져서 나오는 눈의 수를 각각 i, j라고 하고 확률변수 X를 다음과 같이 정의하자.

$$X(i, j) = |i - j|$$

(1) X의 확률분포를 구하여라.

(2) X의 분포함수를 $F(x)$라고 할 때, $F(3)$의 값을 구하여라.

(3) X의 평균과 분산을 구하여라.

18 확률변수 X의 확률질량함수가 다음과 같다.

$$f(x) = \frac{x}{15}, \quad x = 1, 2, 3, 4, 5$$

$E(X)$와 $E[X(3-X)]$를 구하여라.

19 $u(x) = (x-a)^2$이라고 하자. 여기서 a는 x의 함수가 아니다. $E[u(X)]$가 존재한다고 할 때, $E[u(X)]$를 최소로 하는 a의 값을 구하여라.

20 두 팀 A, B 중 한 팀이 세 경기를 먼저 승리하면 우승자가 정해지는 일련의 경기를 한다. 각 경기에서 A팀의 승리 확률은 독립적으로 p이고 무승부는 없다고 하자.

(1) 경기 수의 확률분포를 구하여라.

(2) 경기 수의 기댓값을 구하여라.

(3) 이 기댓값을 최대로 하는 p의 값과 그때의 최댓값을 구하여라.

21 3명의 사수가 과녁에 총을 쏘려고 한다. 3명의 명중 확률은 각각 0.9, 0.7, 0.6이며, 3명의 결과는 서로 독립이라고 한다. 3명 중 명중시키는 사람의 수를 X라고 하자.

(1) X의 확률분포를 구하여라.

(2) X의 기댓값과 분산을 구하여라.

22 확률변수 X의 적률생성함수가 다음과 같다.

$$M(t) = \frac{e^{2t}(2 + 2e^{2t} + e^{4t}) + 2}{7}$$

(1) X의 확률분포를 구하여라.

(2) X의 평균을 구하여라.

23 다음과 같은 확률밀도함수를 갖는 확률변수 X의 적률생성함수를 구하여라.

$$f(x) = \begin{cases} \frac{1}{3}, & -2 < x < 1 \\ 0, & \text{그 밖의 경우} \end{cases}$$

24 확률변수 X의 확률밀도함수가 다음과 같다.

$$f(x)=\begin{cases} e^{-x-1}, & -1<x<\infty \\ 0, & \text{그 밖의 경우} \end{cases}$$

(1) X의 적률생성함수를 구하여라.

(2) X의 평균과 분산을 구하여라.

25 4명의 고객에게 보낼 청구서와 각 고객의 주소가 적힌 봉투가 있다. 각각의 청구서를 해당 고객의 봉투에 맞춰서 넣어야 하는데, 업무상의 실수가 발생하여 4장의 청구서가 4장의 봉투에 무작위로 넣어졌다. 이때 들어가야 할 봉투에 제대로 넣어진 청구서의 수를 X라 하자.

(1) X의 확률분포를 구하여라.

(2) X의 적률생성함수 $M(t)$를 구하여라.

(3) $M(t)$를 1차, 2차 미분한 뒤 식 (3.7)과 (3.8)을 이용하여 X의 평균과 분산을 구하여라.

26 X의 적률생성함수를 $M(t)$라고 하고, $\psi(t)=\ln M(t)$라고 하자. 여기서 $\ln$은 자연로그(즉 e를 밑으로 하는 로그)이다. $\psi'(0)=\mu$, $\psi''(0)=\sigma^2$임을 보여라.

27 주머니 속에 1부터 8까지의 숫자가 각각 쓰여 있는 8개의 공이 들어 있다. 이 주머니에서 동시에 무작위로 2개의 공을 꺼내서 두 수의 차의 절댓값을 확률변수 X라고 한다.

(1) X의 확률분포를 구하여라.

(2) X의 평균과 분산을 구하여라.

28 연속확률변수 X의 확률밀도함수가 다음과 같다.

$$f(x)=\begin{cases} x-3, & 3<x<a \\ 0, & \text{그 밖의 경우} \end{cases}$$

(1) a의 값을 구하여라.

(2) $P(3<X<4)$를 구하여라.

29 연속확률변수 X의 확률밀도함수가 다음과 같다.

$$f(x)=\begin{cases} ax^2+b, & 0\le x\le 2 \\ 0, & \text{그 밖의 경우} \end{cases}$$

$E(X) = \dfrac{4}{3}$라고 할 때, a와 b의 값을 구하여라.

3

30 〈예제 3.6〉에서

(1) $\sum_x f(x) = 1$, 즉

$$\sum_{x=4}^{\infty}\left\{\left(\frac{3}{4}\right)^{x-1} - 3\left(\frac{2}{4}\right)^{x-1} + 3\left(\frac{1}{4}\right)^{x-1}\right\} = 1$$

임을 보여라.

(2) 4명 모두의 사진을 모을 때까지 이 레스토랑을 방문하는 횟수의 기댓값을 구하여라.

31 6개의 숫자가 모두 나올 때까지 주사위를 던진다고 할 때, 던지는 횟수 X의 확률질량함수를 구하여라.

32 1부터 9까지의 정수 중 4개를 무작위로 비복원추출할 때, 뽑힌 정수 중 둘째로 큰 수의 확률질량함수를 구하여라.

33 1부터 5까지의 정수 중 무작위로 2개를 뽑아서 첫 번째로 뽑힌 정수를 X, 두 번째로 뽑힌 정수를 Y라고 할 때, $|X - Y|$의 확률분포와 기댓값을 다음의 경우에 대하여 구하여라.

(1) 복원추출인 경우

(2) 비복원추출인 경우

34 어떤 학술지에 10편의 논문이 실려 있다. 각 논문의 저자 수를 조사하니, 저자가 1명인 논문이 3편이고, 2명, 3명, 4명인 논문이 각각 2편씩이었으며, 5명인 논문이 1편이었다. 동일인이 2편 이상의 논문에 저자로 되어 있는 경우는 없다. 또한 각 논문의 저자 중 1명은 교신저자이다.

(1) 저자들 중 1명을 무작위로 추출할 때 그 사람이 교신저자일 확률을 구하여라.

(2) 논문 1편을 무작위로 추출할 때, 뽑힌 논문의 저자 수의 기댓값과 분산을 구하여라.

(3) 저자들 중 1명을 무작위로 추출할 때, 뽑힌 저자가 쓴 논문의 저자 수의 기댓값을 구하여라.

4장 이산확률분포

3장에서는 확률변수와 확률분포의 개념을 처음으로 소개하고 몇 가지 확률분포의 예를 살펴보았다. 이산확률변수의 경우에는 확률질량함수, 연속확률변수의 경우에는 확률밀도함수의 요건만 만족되면 확률분포가 성립하기 때문에 무수히 많은 확률분포가 존재한다. 하지만 그중에서도 사회와 자연의 여러 현상에 잘 적용할 수 있는 확률분포들이 몇 가지 있으며, 이러한 확률분포들이 학문적으로, 그리고 실용적으로 큰 가치가 있는 것이다. 4장에서는 이산확률분포 중에서 매우 중요한 몇 가지의 분포를 상세히 알아본다.

4.1 베르누이 분포

가능한 결과가 오직 두 가지인 확률적 실험을 생각하자. 예를 들면 다음과 같은 경우들이다.

(1) 동전을 던져서 나오는 면 ⇨ 앞면, 뒷면
(2) 공정의 제품 중 하나를 뽑아서 검사한 결과 ⇨ 양품, 불량품
(3) 농구에서 자유투의 결과 ⇨ 골, 노골

이와 같이 어느 실험의 가능한 결과가 오직 두 가지일 때 이 실험을 **베르누이 시행**(Bernoulli trial)이라고 한다. 베르누이 시행의 결과는 일반적으로 '성공(s)'과 '실패(f)'로 나타낸다. 예컨대 위의 예 (1)의 경우 앞면을 '성공', 뒷면을 '실패'라고 하는 식이다(물론 뒷면을 '성공', 앞면을 '실패'라고 정의할 수도 있다). 각 시행에서 성공할 확률은 p, 실패할 확률은 $1-p$로 흔히 나타낸다. 즉 베르누이 시행에서의 표본공간은 $S=\{s, f\}$이고 $P(\{s\})=p$, $P(\{f\})=1-p$이다.

참고 가능한 결과가 여러 가지인 실험도 성공과 실패를 정의하기에 따라서 베르누이 시행으로 볼 수 있다. 예를 들어, 1개의 주사위를 던지는 경우를 생각하자. 이 경우 나오는 눈의 수로 가능한 것은 6가지이지만, 짝수의 눈이 나오는 것을 '성공', 홀수의 눈이 나오는 것을 '실패'로 정의하면 베르누이 시행이 된다. 또는 6의 눈이 나오는 것을 '성공', 그 밖의 눈이 나오는 것을 '실패'로 정의하면 역시 베르누이 시행이 된다.

이제 베르누이 시행의 결과에 따라 확률변수 X를 다음과 같이 정의하자.

$$X(s)=1,\quad X(f)=0$$

이 X를 **베르누이 확률변수**(Bernoulli random variable)라고 하며, X의 확률분포는 다음 표와 같다. 이 분포를 **베르누이 분포**(Bernoulli distribution)라고 한다. X가 성공 확률이 p인 베르누이 분포를 따른다는 뜻으로 $X \sim Ber(p)$로 나타내기도 한다. 베르누이 분포에서 p의 값이 정해지면 분포가 완전히 결정된다. 이처럼 분포의 특성을 나타내는 수치를 모수(parameter)라고 부른다.

표 4.1 베르누이 확률변수의 확률분포

x	0	1
$f(x)$	$1-p$	p

베르누이 분포의 평균과 분산을 〈정리 4.1〉에 나타낸다.

정리 4.1 베르누이 분포의 평균과 분산

$X \sim Ber(p)$일 때,

$$E(X)=p,\quad Var(X)=p(1-p)$$

증명 $E(X)=\sum_x xf(x)=0\cdot(1-p)+1\cdot p=p$

$$Var(X)=E(X^2)-\{E(X)\}^2=\sum_x x^2 f(x)-p^2$$
$$=0^2\cdot(1-p)+1^2\cdot p-p^2=p-p^2=p(1-p)$$ ■

〈정리 4.2〉는 베르누이 분포의 적률생성함수에 관한 것이다.

정리 4.2 베르누이 분포의 적률생성함수

$X \sim Ber(p)$일 때,

$$M(t) = pe^t + (1-p), \quad -\infty < t < \infty$$

증명 $M(t) = E(e^{tX}) = \sum_x e^{tx} f(x)$

$$= e^{0t} \cdot (1-p) + e^{1t} \cdot p = pe^t + (1-p), \quad -\infty < t < \infty$$ ■

예제 4.1 확률변수 X의 k차 적률$(k = 1, 2, 3, \cdots)$이 모두 0.3일 때, X의 분포는 무슨 분포인가?

풀이 〈예제 3.24〉에서 X의 적률생성함수가 $M(t) = 0.7 + 0.3e^t$임을 구했다. 따라서 X의 분포는 $p = 0.3$인 베르누이 분포, 즉 $Ber(0.3)$이다.

4.2 이항분포

이 절에서 다루는 이항분포는 이산확률분포 중에서 가장 기본적이고 중요한 분포라고 할 수 있다.

성공 확률이 p인 베르누이 시행을 n번 독립적으로 반복할 때의 성공 횟수를 확률변수 X라고 하자. 이 X를 시행횟수가 n, 성공 확률이 p인 **이항확률변수**(binomial random variable)라고 한다.

이항확률변수의 확률질량함수가 어떤 형태를 갖는지 생각해 보자. 예를 들어 시행횟수가 $n = 5$, 성공 확률이 p인 이항확률변수 X에 대해 확률 $P(X = 3)$을 생각하자. $X = 3$은 5번의 독립적인 베르누이 시행 중 3번은 성공, 2번은 실패가 일어난다는 의미이다. 성공을 's', 실패를 'f'로 하여 첫 번째부터 5번째 시행까지의 결과를 순서대로 나타내면, 5번 중 3번의 성공이 일어나는 경우는 다음과 같이 ${}_5C_3 = 10$가지가 있다. 이를테면 $sssff$는 첫 번째부터 3번째 시행까지는 성공, 4번째와 5번째 시행에서는 실패가 일어난 것을 의미한다.

$$sssff \quad ssfsf \quad ssffs \quad sfssf \quad sfsfs \quad sffss \quad fsssf \quad fssfs \quad fsfss \quad ffsss$$

위의 10가지 각각의 확률은 2.5절에서 다룬 독립 사건의 확률에 의해 $p^3(1-p)^2$이다. 또한 위의 10가지 사건은 서로 중복되지 않는 것들이므로 $P(X=3)$은 다음과 같이 나타낼 수 있다.

$$P(X=3) = {}_5C_3 p^3 (1-p)^2$$

여기서 ${}_5C_3$은 5개의 자리 중 s가 들어갈 3개의 자리가 정해지는 경우의 수라고 설명할 수 있겠다.

위의 내용을 일반화하면 이항확률변수의 확률질량함수를 다음과 같이 나타낼 수 있다. 이항확률변수의 확률분포를 **이항분포**라고 한다.

이항분포(binomial distribution)

다음과 같은 확률질량함수를 갖는 분포를 모수가 (n, p)인 **이항분포**라고 한다. 여기서 n은 시행횟수, p는 성공 확률이라고 부른다(단, n은 양의 정수, $0 \le p \le 1$).

$$f(x) = \begin{cases} {}_nC_x p^x (1-p)^{n-x}, & x = 0, 1, \cdots, n \\ 0, & \text{그 밖의 경우} \end{cases} \tag{4.1}$$

n과 p의 값이 정해지면 이항분포가 완전히 결정되므로 이항분포의 모수는 n과 p이다. X가 모수가 (n, p)인 이항분포를 따른다는 것을 $X \sim B(n, p)$로 나타낸다.

식 (4.1)이 확률질량함수의 성립 요건을 만족하는지 확인해 보자. 우선 모든 실수 x에 대해 $f(x) \ge 0$임은 명백하다. 다음으로 $f(x)$의 값들을 모두 합하면 1이 됨을 다음과 같이 확인할 수 있다.

$$\sum_x f(x) = \sum_{x=0}^{n} {}_nC_x p^x (1-p)^{n-x} = \{p + (1-p)\}^n = 1$$

여기서 1.5.1절에 나왔던 이항정리를 이용했다. 따라서 식 (4.1)은 확률질량함수의 성립 요건을 만족한다.

참고

(1) 베르누이 분포는 이항분포에서 시행횟수 $n=1$인 특수한 경우이다. 즉 $Ber(p) \equiv B(1, p)$ (여기서 '$\equiv$'는 양쪽의 분포가 같은 분포라는 것을 나타내는 기호이다.)

(2) 이항분포에서 $p=1$인 특수한 경우를 생각하자. 그러면 식 (4.1)에 의해

$$f(0) = f(1) = \cdots = f(n-1) = 0, \;\; f(n) = 1^n 0^0$$

이 되는데, $\sum_{x=0}^{n} f(x) = 1$이어야 하므로 $0^0 = 1$로 정의하면 됨을 알 수 있다.

다음은 이항분포의 몇 가지 예이다.

예 4.1

(1) 동전을 열 번 던져 앞면이 나오는 횟수를 X라고 하면 $X \sim B\left(10, \frac{1}{2}\right)$

(2) 주사위를 다섯 번 던져 6의 눈이 나오는 횟수를 X라고 하면 $X \sim B\left(5, \frac{1}{6}\right)$

(3) 흰 공 3개와 검은 공 5개가 들어 있는 상자에서 무작위로 4개의 공을 복원추출할 때 뽑히는 흰 공의 개수를 X라고 하면 $X \sim B\left(4, \frac{3}{8}\right)$ ■

예제 4.2 1개의 동전을 여섯 번 던져서 앞면이 나오는 횟수를 X라고 할 때,

(1) X의 확률질량함수를 써라.

(2) $P(X=3)$을 구하여라.

풀이

(1) $X \sim B\left(6, \frac{1}{2}\right)$이므로 X의 확률질량함수는 다음과 같다.

$$f(x) = {}_6C_x\left(\frac{1}{2}\right)^x\left(1-\frac{1}{2}\right)^{6-x} = {}_6C_x\left(\frac{1}{2}\right)^6 = \frac{{}_6C_x}{64}, \quad x = 0, 1, \cdots, 6$$

(2) $P(X=3) = \frac{{}_6C_3}{64} = \frac{5}{16}$ ■

예제 4.3 4지선다형 문제가 다섯 문제 출제된 시험이 있다. 어떤 학생이 공부를 전혀 하지 않아서 모든 문제의 답을 아무렇게나 찍어서 쓴다고 하자.

(1) 이 학생이 두 문제의 정답을 맞힐 확률을 구하여라.

(2) 세 문제 이상 정답을 맞혀야 합격이라면, 이 학생이 합격할 확률은 얼마인가?

풀이 이 학생이 정답을 맞히는 문제의 수를 X라고 하면 $X \sim B\left(5, \frac{1}{4}\right)$이다.

(1) $P(X=2) = {}_5C_2\left(\frac{1}{4}\right)^2\left(\frac{3}{4}\right)^3 = \frac{270}{1024} = \frac{135}{512}$

(2) $P(X \geq 3) = {}_5C_3\left(\frac{1}{4}\right)^3\left(\frac{3}{4}\right)^2 + {}_5C_4\left(\frac{1}{4}\right)^4\left(\frac{3}{4}\right) + \left(\frac{1}{4}\right)^5 = \frac{106}{1024} = \frac{53}{512}$ ■

예제 4.4 어떤 통신 시스템은 여러 개의 성분으로 이루어져 있는데, 성분들 중 반 이상이 작동하면 그 시스템이 정상적으로 작동한다. 각 성분의 작동 확률은 p이며, 각 성분의 작동 여부는 서로 독립이다. 3개의 성분으로 구성된 시스템이 5개의 성분으로 구성된 시스템보다 정상 작동할 확률이 더 높으려면 p가 어떤 범위에 있어야 하는가?

풀이 3개의 성분으로 구성된 시스템에서 작동하는 성분의 수를 X, 5개의 성분으로 구성된 시스템에서 작동하는 성분의 수를 Y라고 하면, $X \sim B(3, p)$, $Y \sim B(5, p)$이므로, 3개의 성분으로 구성된 시스템이 정상 작동할 확률은

$$P(X \geq 2) = {}_3C_2 p^2 (1-p) + p^3 = 3p^2 - 2p^3$$

이며, 5개의 성분으로 구성된 시스템이 정상 작동할 확률은

$$P(Y \geq 3) = {}_5C_3 p^3 (1-p)^2 + {}_5C_4 p^4 (1-p) + p^5 = 10p^3 - 15p^4 + 6p^5$$

이다. 따라서 구하는 p의 범위는

$$3p^2 - 2p^3 > 10p^3 - 15p^4 + 6p^5$$

즉

$$3p^2 (1-p)^2 (2p-1) < 0$$

으로부터 $0 < p < \frac{1}{2}$이다. ■

예제 4.5 7전4선승제의 미국 프로야구 월드시리즈에서 A팀과 B팀이 맞붙어서 우승팀을 결정한다. 무승부는 없고, 매 경기에서 반드시 승부를 가린다. 각 경기에서 A팀의 승리 확률을 p라고 하자. A팀이 월드시리즈에서 우승할 확률을 구하여라.

풀이 7경기 중 A팀이 이기는 경기의 수를 X라고 하면 $X \sim B(7, p)$이다. 따라서 구하는 확률은

$$\begin{aligned} P(X \geq 4) &= \sum_{x=4}^{7} {}_7C_x p^x (1-p)^{7-x} \\ &= 35p^4 (1-p)^3 + 21p^5 (1-p)^2 + 7p^6 (1-p) + p^7 \\ &= 35p^4 - 84p^5 + 70p^6 - 20p^7 \end{aligned}$$

■

참고 위의 예제에서 시행횟수가 7인 이항분포를 확률모형으로 사용하였다. 미국 프로야구 월드시리즈의 실제 운영에서는 6차전 이내에 4승을 거두는 팀이 나와서 우승팀이 결정되면 잔여

경기를 하지 않지만, 확률 계산에서는 시행횟수가 7인 이항분포를 사용하면 된다.

정리 4.3 이항분포의 평균과 분산

$X \sim B(n, p)$일 때,

$$E(X) = np, \quad Var(X) = np(1-p)$$

증명

(i) $E(X) = \sum_x xf(x) = \sum_{x=0}^{n} x \; {}_nC_x p^x (1-p)^{n-x}$

$$= \sum_{x=1}^{n} x \, {}_nC_x p^x (1-p)^{n-x}$$

$$= \sum_{x=1}^{n} \frac{n!}{(x-1)!(n-x)!} p^x (1-p)^{n-x}$$

$$= \sum_{t=0}^{n-1} \frac{n!}{t!(n-1-t)!} p^{1+t} (1-p)^{n-1-t} \qquad (x-1\text{을 } t\text{로 치환했음})$$

$$= np \sum_{t=0}^{n-1} \frac{(n-1)!}{t!(n-1-t)!} p^t (1-p)^{n-1-t}$$

$= np$(위에서 $\sum$ 부분의 값은 이항정리에 의해 $\{p+(1-p)\}^{n-1} = 1$이므로)

(ii) $Var(X) = E(X^2) - \{E(X)\}^2 = E[X(X-1)] + E(X) - \{E(X)\}^2$임을 이용한다.

$$E[X(X-1)] = \sum_x x(x-1)f(x) = \sum_{x=0}^{n} x(x-1) \; {}_nC_x p^x (1-p)^{n-x}$$

$$= \sum_{x=2}^{n} x(x-1) \; {}_nC_x p^x (1-p)^{n-x}$$

$$= \sum_{x=2}^{n} \frac{n!}{(x-2)!(n-x)!} p^x (1-p)^{n-x}$$

$$= \sum_{t=0}^{n-2} \frac{n!}{t!(n-2-t)!} p^{2+t} (1-p)^{n-2-t} \quad (x-2\text{를 } t\text{로 치환했음})$$

$$= n(n-1)p^2 \sum_{t=0}^{n-2} \frac{(n-2)!}{t!(n-2-t)!} p^t (1-p)^{n-2-t}$$

$$= n(n-1)p^2$$

(위에서 $\sum$ 부분의 값은 이항정리에 의해 $\{p+(1-p)\}^{n-2} = 1$이므로)

따라서

$$Var(X) = n(n-1)p^2 + np - (np)^2 = np(1-p)$$ ■

정리 4.4 이항분포의 적률생성함수

$X \sim B(n, p)$일 때,

$$M(t) = \{pe^t + (1-p)\}^n, \quad -\infty < t < \infty$$

증명 $M(t) = E(e^{tX}) = \sum_x e^{tx} f(x) = \sum_{x=0}^{n} e^{tx} {}_nC_x p^x (1-p)^{n-x}$

$$= \sum_{x=0}^{n} {}_nC_x (pe^t)^x (1-p)^{n-x} = \{pe^t + (1-p)\}^n, \quad -\infty < t < \infty$$ ■

예제 4.6 $X \sim B(n, p)$일 때, X의 적률생성함수를 이용하여 X의 기댓값과 분산을 구하여라.

풀이 $M(t) = \{pe^t + (1-p)\}^n$이므로

$$M'(t) = n\{pe^t + (1-p)\}^{n-1} \cdot pe^t$$

$$M''(t) = n(n-1)\{pe^t + (1-p)\}^{n-2} \cdot (pe^t)^2 + n\{pe^t + (1-p)\}^{n-1} \cdot pe^t$$

식 (3.7)과 (3.8)에 의해

$$E(X) = M'(0) = np$$

$$Var(X) = M''(0) - \{M'(0)\}^2 = n(n-1)p^2 + np - (np)^2 = np(1-p)$$ ■

예제 4.7 한 개의 주사위를 열두 번 던져서 6의 눈이 나오는 횟수를 X라고 할 때, X의 기댓값과 분산을 구하여라.

풀이 $X \sim B\left(12, \frac{1}{6}\right)$이므로

$$E(X) = 12 \times \frac{1}{6} = 2, \qquad Var(X) = 12 \times \frac{1}{6} \times \frac{5}{6} = \frac{5}{3}$$ ■

예제 4.8 어느 회사에서 생산되는 제품이 불량품일 확률은 0.02이며, 각 제품의 불량 여부는 서로 독립이다. 이 제품 열 개가 한 상자에 포장되어 출고되는데, 열 개 중 두 개 이상의 불량품이 들어 있는 상자는 반품된다. 100개의 상자가 출고되었다고 할 때,

(1) 두 개 이상의 상자가 반품될 확률을 구하여라.

(2) 반품될 상자 수의 기댓값과 분산을 구하여라.

풀이 한 상자에 들어 있는 불량품의 수를 X라고 하면 $X \sim B(10, 0.02)$이므로, 상자가 반품될 확률은

$$P(X \geq 2) = 1 - P(X=0) - P(X=1)$$
$$= 1 - (0.98)^{10} - {}_{10}C_1(0.02)(0.98)^9 = 0.0162$$

이다. 따라서 출고된 100개의 상자 중 반품될 상자 수를 Y라고 하면 $Y \sim B(100, 0.0162)$가 된다.

(1) 구하는 확률은

$$P(Y \geq 2) = 1 - P(Y=0) - P(Y=1)$$
$$= 1 - (0.9838)^{100} - {}_{100}C_1(0.0162)(0.9838)^{99} = 0.4831$$

(2) Y의 기댓값과 분산은 다음과 같다.

$$E(Y) = 100 \times 0.0162 = 1.62$$
$$Var(Y) = 100 \times 0.0162 \times (1 - 0.0162) = 1.5938$$

■

예제 4.9 이항확률변수 X의 평균이 1이고 표준편차가 $\frac{\sqrt{3}}{2}$이라고 한다. $P(X \geq 3)$을 구하여라.

풀이 $X \sim B(n, p)$라고 하면 $np = 1$이고 $\sqrt{np(1-p)} = \frac{\sqrt{3}}{2}$, 즉 $np(1-p) = \frac{3}{4}$이므로 $1 - p = \frac{3}{4}$, 즉 $p = \frac{1}{4}$이고, 따라서 $n = 4$임을 알 수 있다. 그러므로

$$P(X \geq 3) = {}_4C_3\left(\frac{1}{4}\right)^3\left(\frac{3}{4}\right) + \left(\frac{1}{4}\right)^4 = \frac{13}{256}$$

■

4.3 포아송 분포

포아송 분포(Poisson distribution)

다음과 같은 확률질량함수를 갖는 분포를 모수가 λ인 **포아송 분포**라고 한다(단, $\lambda > 0$이며, e는 자연로그의 밑으로서 $e = 2.71828\cdots$이다).

$$f(x) = \begin{cases} \dfrac{e^{-\lambda}\lambda^x}{x!}, & x = 0, 1, 2, \cdots \\ 0, & \text{그 밖의 경우} \end{cases} \tag{4.2}$$

먼저 식 (4.2)가 확률질량함수의 성립 요건을 만족하는지 확인해 보자. 우선 모든 실수 x에 대해 $f(x) \geq 0$임은 명백하다. 다음으로

$$\sum_x f(x) = \sum_{x=0}^{\infty} \frac{e^{-\lambda}\lambda^x}{x!} = e^{-\lambda} \sum_{x=0}^{\infty} \frac{\lambda^x}{x!} = e^{-\lambda}e^{\lambda} = 1$$

이다(위에서 e^{λ}의 매클로린 급수 전개를 이용했다). 따라서 식 (4.2)는 확률질량함수의 성립 요건을 만족한다.

λ의 값이 정해지면 포아송 분포가 완전히 결정되므로 포아송 분포의 모수는 λ이다. X가 모수 λ인 포아송 분포를 따른다는 것을 $X \sim Poi(\lambda)$로 나타낸다.

포아송 분포 역시 실제 문제에 많이 응용되는 중요한 분포이다. 일정한 시간 또는 일정한 공간에서 발생하는 사건의 건수의 분포에 높은 적합성을 갖는다. 예를 들면, 일정 시간 동안 어떤 가게에 오는 고객의 수, 일정 시간 동안 어떤 전화기에 걸려오는 전화의 수, 일정 시간 동안 어떤 방사성 물질로부터 방출되는 특정 입자의 수, 일정 시간 동안 어느 지역에서 발생하는 교통사고 건수, 일정 길이의 전깃줄에 나타나는 결점의 수, 일정 크기의 옷감에서 발견되는 흠의 수 등에 대한 확률모형으로 포아송 분포가 흔히 사용된다.

포아송 분포의 누적확률에 관해서 생각해 보자. k를 음이 아닌 정수라고 하자. $X \sim Poi(\lambda)$일 때,

$$P(X \leq k) = \sum_{x=0}^{k} \frac{e^{-\lambda}\lambda^x}{x!}$$

이다. 부록의 〈표 A.1〉에는 여러 가지의 λ값과 k값에 대해서 $P(X \leq k)$의 값을 구하여 수록해놓았다.

예제 4.10 $X \sim Poi(5)$일 때, 다음 확률들을 구하여라.

(1) $P(X=7)$　　(2) $P(X \leq 2)$

(3) $P(X \geq 4)$　　(4) $P(5 \leq X \leq 8)$

풀이

(방법 1) (확률질량함수를 사용하여 직접 계산)

(1) $P(X=7) = \dfrac{e^{-5}5^7}{7!} = 0.1044$

(2) $P(X \leq 2) = \sum_{x=0}^{2} P(X=x) = \sum_{x=0}^{2} \dfrac{e^{-5}5^x}{x!} = e^{-5}\left(1+5+\dfrac{5^2}{2!}\right) = 0.1247$

(3) $P(X \geq 4) = 1 - P(X \leq 3) = 1 - \sum_{x=0}^{3} P(X=x)$

$= 1 - \sum_{x=0}^{3} \dfrac{e^{-5}5^x}{x!} = 1 - e^{-5}\left(1+5+\dfrac{5^2}{2!}+\dfrac{5^3}{3!}\right) = 0.7350$

(4) $P(5 \leq X \leq 8) = \sum_{x=5}^{8} P(X=x) = \sum_{x=5}^{8} \dfrac{e^{-5}5^x}{x!}$

$= e^{-5}\left(\dfrac{5^5}{5!}+\dfrac{5^6}{6!}+\dfrac{5^7}{7!}+\dfrac{5^8}{8!}\right) = 0.4914$

(방법 2) (〈표 A.1〉을 이용)

(1) $P(X=7) = P(X \leq 7) - P(X \leq 6) = 0.8666 - 0.7622 = 0.1044$

(2) $P(X \leq 2) = 0.1247$

(3) $P(X \geq 4) = 1 - P(X \leq 3) = 1 - 0.2650 = 0.7350$

(4) $P(5 \leq X \leq 8) = P(X \leq 8) - P(X \leq 4) = 0.9319 - 0.4405 = 0.4914$ ■

정리 4.5 포아송 분포의 평균과 분산

$X \sim Poi(\lambda)$일 때,

$$E(X) = \lambda,\ \ Var(X) = \lambda$$

(※ 즉 포아송 확률변수는 평균과 분산의 값이 같다.)

증명

(i) $E(X) = \sum_{x=0}^{\infty} x \cdot \dfrac{e^{-\lambda}\lambda^x}{x!} = \sum_{x=1}^{\infty} \dfrac{e^{-\lambda}\lambda^x}{(x-1)!}$

$$= \sum_{t=0}^{\infty} \frac{e^{-\lambda}\lambda^{1+t}}{t!} \qquad (x-1\text{을 } t\text{로 치환했음})$$

$$= \lambda \sum_{t=0}^{\infty} \frac{e^{-\lambda}\lambda^{t}}{t!}$$

$$= \lambda \quad (\textstyle\sum \text{ 부분의 값은 } Poi(\lambda) \text{ 분포의 확률질량함수 값들의 합이므로 } 1)$$

(ii) $Var(X) = E(X^2) - \{E(X)\}^2 = E[X(X-1)] + E(X) - \{E(X)\}^2$임을 이용한다.

$$E[X(X-1)] = \sum_{x=0}^{\infty} x(x-1) \cdot \frac{e^{-\lambda}\lambda^{x}}{x!} = \sum_{x=2}^{\infty} \frac{e^{-\lambda}\lambda^{x}}{(x-2)!}$$

$$= \sum_{t=0}^{\infty} \frac{e^{-\lambda}\lambda^{2+t}}{t!} \qquad (x-2\text{를 } t\text{로 치환했음})$$

$$= \lambda^2 \sum_{t=0}^{\infty} \frac{e^{-\lambda}\lambda^{t}}{t!}$$

$$= \lambda^2$$

따라서

$$Var(X) = \lambda^2 + \lambda - \lambda^2 = \lambda$$ ■

정리 4.6 포아송 분포의 적률생성함수

$X \sim Poi(\lambda)$일 때,

$$M(t) = e^{\lambda(e^t - 1)}, \quad -\infty < t < \infty$$

증명 $M(t) = \sum_{x} e^{tx} f(x) = \sum_{x=0}^{\infty} e^{tx} \cdot \frac{e^{-\lambda}\lambda^{x}}{x!}$

$$= e^{-\lambda} \sum_{x=0}^{\infty} \frac{(\lambda e^t)^x}{x!}$$

$$= e^{-\lambda} e^{\lambda e^t}$$

$$= e^{\lambda(e^t - 1)}, \quad -\infty < t < \infty$$ ■

예제 4.11 $X \sim Poi(\lambda)$일 때, X의 적률생성함수를 이용하여 X의 기댓값과 분산을 구하여라.

풀이 $M(t) = e^{\lambda(e^t - 1)}$이므로

$$M'(t) = e^{\lambda(e^t - 1)} \cdot \lambda e^t$$

$$M''(t) = e^{\lambda(e^t - 1)} \cdot (\lambda e^t)^2 + e^{\lambda(e^t - 1)} \cdot \lambda e^t$$

식 (3.7)과 (3.8)에 의해

$$E(X) = M'(0) = \lambda$$

$$Var(X) = M''(0) - \{M'(0)\}^2 = \lambda^2 + \lambda - \lambda^2 = \lambda$$

■

예제 4.12 어느 지역에서 한 달 동안 발생하는 교통사고 건수는 평균 4건인 포아송 분포를 따른다고 한다. 이 지역에서 어느 달에

(1) 정확히 5건의 교통사고가 발생할 확률을 구하여라.

(2) 3건 이하의 교통사고가 발생할 확률을 구하여라.

(3) 적어도 2건의 교통사고가 발생할 확률을 구하여라.

풀이 이 지역에서 한 달 동안 발생하는 교통사고 건수를 X라고 하면 $X \sim Poi(4)$이다.

(1) $P(X=5) = \dfrac{e^{-4}4^5}{5!} = 0.1563$

(2) $P(X \leq 3) = \displaystyle\sum_{x=0}^{3} \frac{e^{-4}4^x}{x!} = e^{-4}\left(1 + 4 + \frac{4^2}{2!} + \frac{4^3}{3!}\right) = 0.4335$

(3) $P(X \geq 2) = 1 - P(X \leq 1) = 1 - e^{-4} - 4e^{-4} = 0.9084$

(※ 물론 〈표 A.1〉을 이용해도 같은 결과를 얻을 수 있다. 각자 확인해 보기 바란다.) ■

포아송 확률변수는 다음과 같이 정의되는 포아송 과정과 밀접한 관련이 있다.

> **포아송 과정(Poisson process)**
>
> 주어진 연속구간(여기서 구간은 시간일 수도 있고 공간일 수도 있다)에서 발생하는 사건의 수가 다음 조건들을 만족하면 이 사건들은 **발생률**(또는 모수라고도 함) $\lambda(>0)$를 갖는 포아송 과정을 따른다고 한다.
>
> (1) 길이가 h인 충분히 짧은 길이의 구간에서 정확히 한 건의 사건이 발생할 확률은 거의 λh이다.
>
> (2) 충분히 짧은 길이의 구간에서 두 건 이상의 사건이 발생할 확률은 거의 0이다.
>
> (3) 겹치지 않는 n개의 구간에서 $j_1, j_2, \cdots, j_n$개의 사건이 발생할 사건을 각각 E_1, $E_2, \cdots, E_n$이라고 하면, $E_1, E_2, \cdots, E_n$은 서로 독립이다. 여기서 $j_1, j_2, \cdots, j_n$은 임의의 음이 아닌 정수들이다.

포아송 과정의 세 가지 조건을 만족하는 확률적 실험을 고려하자. '길이 1'인 구간에서 발생하는 사건의 수를 확률변수 X로 나타내고, 음이 아닌 정수 x에 대해 $X=x$일 근사확률을 생각하자. 여기서 '길이 1'은 고려되는 양(시간이든 공간이든)의 한 단위를 나타낸다. 구간을 똑같은 길이를 갖는 n개의 부구간으로 쪼갰다고 생각하자. n이 충분히 크다면, 각 부구간의 길이는 충분히 짧으므로 조건 (2)에 따라 각 부구간에서는 0건 또는 1건의 사건이 발생할 것이며, $X=x$일 근사확률은 n개의 부구간 중 정확히 x개의 부구간에서 한 건씩의 사건이 발생할 확률이다. 각 부구간에서 정확히 한 건의 사건이 발생할 확률은 조건 (1)에 의해 근사적으로 $\lambda \cdot \left(\frac{1}{n}\right)=\frac{\lambda}{n}$이고 각 부구간에서의 사건 발생 여부는 조건 (3)에 의해 독립적인 베르누이 시행으로 볼 수 있다. 또한 전체 구간에서 발생하는 사건의 수는 부구간들에서 발생하는 사건 수의 합이므로 X의 분포는 근사적으로 $B\left(n, \frac{\lambda}{n}\right)$가 되며, 따라서 $P(X=x)$의 근삿값은 다음과 같이 쓸 수 있다.

$$ {}_nC_x\left(\frac{\lambda}{n}\right)^x\left(1-\frac{\lambda}{n}\right)^{n-x} $$

이제 $n\to\infty$일 때 위의 값이 어떻게 되는지 알아보자.

$$ \begin{aligned} &\lim_{n\to\infty} {}_nC_x\left(\frac{\lambda}{n}\right)^x\left(1-\frac{\lambda}{n}\right)^{n-x} \\ &=\lim_{n\to\infty}\frac{n!}{x!(n-x)!}\frac{\lambda^x}{n^x}\left(1-\frac{\lambda}{n}\right)^{n-x} \\ &=\lim_{n\to\infty}\frac{n(n-1)\cdots(n-x+1)}{n^x}\frac{\lambda^x}{x!}\left(1-\frac{\lambda}{n}\right)^n\left(1-\frac{\lambda}{n}\right)^{-x} \end{aligned} $$

인데, 고정된 x에 대해

$$ \lim_{n\to\infty}\frac{n(n-1)\cdots(n-x+1)}{n^x}=\lim_{n\to\infty}\left\{1\cdot\left(1-\frac{1}{n}\right)\cdots\left(1-\frac{x-1}{n}\right)\right\}=1, $$

$$ \lim_{n\to\infty}\left(1-\frac{\lambda}{n}\right)^{-x}=1 $$

이 성립하고

$$ \lim_{n\to\infty}\left(1-\frac{\lambda}{n}\right)^n=\lim_{n\to\infty}\left\{\left(1+\frac{1}{-n/\lambda}\right)^{-n/\lambda}\right\}^{-\lambda}=e^{-\lambda} $$

(여기서 $\lim_{x\to\pm\infty}\left(1+\frac{1}{x}\right)^x=e$임을 이용했다)이므로 다음과 같은 극한값을 얻게 된다.

$$\lim_{n\to\infty} {}_nC_x\left(\frac{\lambda}{n}\right)^x\left(1-\frac{\lambda}{n}\right)^{n-x} = \frac{e^{-\lambda}\lambda^x}{x!}$$

위의 식에서 우변은 바로 포아송 분포의 확률질량함수를 나타내는 식이다.

위의 내용과 관련하여 이항분포의 포아송 분포 근사를 다음과 같이 기술할 수 있다.

정리 4.7 이항분포의 포아송 분포 근사

이항분포 $B(n, p)$에서 $np=\lambda$로 고정되고 $n\to\infty$이고 $p\to 0$일 때의 극한분포는 포아송 분포 $Poi(\lambda)$이다.

〈표 4.2〉는 np의 값이 2로 일정한 상태에서 n이 커지고 p가 작아짐에 따라 이항분포 $B(n, p)$가 포아송 분포 $Poi(2)$로 가까이 가는 과정을 몇 개의 확률을 계산함으로써 보여주고 있다.

표 4.2 이항분포의 포아송 분포 근사 예

	n	p	$P(X=0)$	$P(X=4)$
이항분포	10	0.2	0.1074	0.0881
	20	0.1	0.1216	0.0898
	50	0.04	0.1299	0.0902
	100	0.02	0.1326	0.0902
	1000	0.002	0.1351	0.0902
포아송 분포	$\lambda=2$		0.1353	0.0902

예제 4.13 평균적으로 500명 중 한 명이 특정 종류의 서류 작성 과정에서 기재 오류를 범한다고 한다. 이 종류의 서류 중 무작위로 1,000명의 서류를 뽑아서 조사할 때 3건 이상의 기재 오류가 있을 확률을 다음에 의하여 구하여라.

(1) 이항분포를 이용

(2) 포아송 분포 근사를 이용

풀이 1,000명 중 기재 오류를 범하는 사람의 수를 X라고 하면, 구하는 확률은 $P(X\ge 3)$이다.

(1) $X\sim B\left(1000, \frac{1}{500}\right)$이므로

$$\begin{aligned} P(X\ge 3) &= 1-P(X\le 2) \\ &= 1-\left(\frac{499}{500}\right)^{1000} - {}_{1000}C_1\left(\frac{1}{500}\right)\left(\frac{499}{500}\right)^{999} - {}_{1000}C_2\left(\frac{1}{500}\right)^2\left(\frac{499}{500}\right)^{998} \end{aligned}$$

$= 0.323323$

(2) (1)의 이항분포에서 $n = 1000$이 크고 $p = \dfrac{1}{500}$이 매우 작으므로 X의 근사적인 분포는 $Poi(np)$, 즉 $Poi(2)$이다. 따라서

$$P(X \geq 3) = 1 - P(X \leq 2) \fallingdotseq 1 - e^{-2}\left(1 + 2 + \frac{2^2}{2!}\right) = 1 - 5e^{-2} = 0.323324$$

(※ (1)과 (2)의 답을 비교해 보면 근사 정도가 매우 좋음을 볼 수 있다.) ■

포아송 과정에서 단위 구간당 λ의 발생률로 사건이 발생한다고 하고, 길이 t인 구간에서의 사건 발생건수를 X라고 하자. 그러면 X의 기댓값은 λt이다. 더욱이 X의 분포는 포아송 분포가 된다. 즉 $X \sim Poi(\lambda t)$가 되어 X는 다음과 같은 확률질량함수를 갖는다. (증명은 전종우 · 김우철 (1987, pp.102–104)을 참고하기 바란다.) 이것은 길이 t인 구간을 평균 λt를 갖는 단위 구간처럼 처리하는 것이다.

$$f(x) = \begin{cases} \dfrac{e^{-\lambda t}(\lambda t)^x}{x!}, & x = 0, 1, 2, \cdots \\ 0, & \text{그 밖의 경우} \end{cases}$$

예제 4.14 어느 전깃줄에 포아송 과정에 따라 50미터의 길이당 평균 1개의 흠이 있다고 한다. 400미터의 전깃줄에 있는 흠이 5개 이하일 확률을 구하여라.

풀이 50미터를 단위 길이로 생각하면 $\lambda = 1$이다. 400미터는 50미터의 8배이므로 $t = 8$로 볼 수 있다. 그러므로 400미터의 전깃줄에 있는 흠의 수를 X라고 하면 $X \sim Poi(8)$이다. 따라서 구하는 확률은

$$P(X \leq 5) = \sum_{x=0}^{5} \frac{e^{-8}8^x}{x!} = 0.1912$$ ■

예제 4.15 어느 가게에 25분마다 평균 1명의 비율로 포아송 과정에 따라 고객이 방문한다고 한다. 주어진 2시간 동안 이 가게를 방문할 고객의 수를 X라고 하자.

(1) X의 기댓값과 분산은 얼마인가?

(2) $P(X \geq 4)$를 구하여라.

풀이 25분을 단위 시간으로 생각하면 $\lambda = 1$이다. 2시간은 $t = 120/25 = 4.8$인 경우이므로 2시간 동안 이 가게를 방문할 고객의 수를 X라고 하면 $X \sim Poi(4.8)$이다.

(1) $E(X) = 4.8$, $Var(X) = 4.8$

(2) $P(X \geq 4) = 1 - \sum_{x=0}^{3} \frac{e^{-4.8}(4.8)^x}{x!} = 0.7058$ ■

참고 〈예제 4.14〉와 〈예제 4.15〉에서 단위 길이나 단위 시간을 어떻게 잡아도 같은 결과를 얻게 된다. 예를 들어, 〈예제 4.15〉에서 1분을 단위 시간으로 잡으면 $\lambda = 1/25$이 되고 2시간은 $t = 120$이므로 2시간 동안의 고객 수의 분포는 $Poi(\lambda t)$, 즉 $Poi(4.8)$이다. 1시간을 단위 시간으로 잡는다면 $\lambda = 2.4$가 되고 2시간은 $t = 2$이므로 2시간 동안의 고객 수의 분포는 $Poi(\lambda t)$, 즉 역시 $Poi(4.8)$이다.

4.4 기하분포

성공 확률이 $p(0 < p < 1)$인 베르누이 시행을 첫 번째 성공을 얻을 때까지 독립적으로 반복하는 상황을 생각하자. 첫 번째 성공을 얻을 때까지의 시행횟수를 X라고 하면 X의 확률질량함수는 어떻게 될까? 우선 X의 가능한 값은 모든 양의 정수(1, 2, 3,⋯)임을 쉽게 알 수 있다. 양의 정수 x에 대해 X가 x라는 값을 가지려면, 첫 번째부터 $x-1$번째 시행까지는 모두 실패가 나오고 x번째 시행에서 처음으로 성공이 나와야 한다. 각 시행의 결과는 서로 독립이므로 확률 $P(X=x)$는 다음과 같다.

$$P(X=x) = (1-p)^{x-1}p, \quad x = 1, 2, 3, \cdots$$

이와 같은 확률질량함수를 갖는 분포를 모수가 p인 **기하분포**라고 한다.

> **기하분포(geometric distribution)**
>
> 다음과 같은 확률질량함수를 갖는 분포를 모수가 p인 **기하분포**라고 한다(단, $0 < p < 1$).
>
> $$f(x) = \begin{cases} p(1-p)^{x-1}, & x = 1, 2, 3, \cdots \\ 0, & \text{그 밖의 경우} \end{cases} \tag{4.3}$$

식 (4.3)이 확률질량함수의 성립 요건을 만족한다는 것은 간단히 확인할 수 있다. 우선 모든 실수 x에 대해 $f(x) \geq 0$임은 명백하다. 다음으로

$$\sum_x f(x) = \sum_{x=1}^{\infty} p(1-p)^{x-1} = \frac{p}{1-(1-p)} = 1$$

이다(여기서 $-1 < r < 1$일 때 $a + ar + ar^2 + \cdots = \dfrac{a}{1-r}$임을 이용했다). 따라서 식 (4.3)은 확률질량함수의 성립 요건을 만족한다. X가 모수 p인 기하분포를 따른다는 것을 $X \sim Geo(p)$로 나타낸다.

예제 4.16 주머니 속에 흰 공 a개와 검은 공 b개가 들어 있다. 복원추출로 공을 1개씩 꺼내기를 반복할 때, 다음 확률을 구하여라. 여기서 a, b, n은 양의 정수이다.

(1) n번째 추출에서 처음으로 흰 공이 나올 확률

(2) 처음으로 흰 공이 나올 때까지 적어도 n번을 꺼내야 할 확률

풀이 처음으로 흰 공이 나올 때까지 꺼내는 횟수를 X라고 하면 $X \sim Geo\left(\dfrac{a}{a+b}\right)$이다.

(1) 구하는 확률은

$$P(X=n) = \left(\frac{a}{a+b}\right)\left(1-\frac{a}{a+b}\right)^{n-1} = \frac{ab^{n-1}}{(a+b)^n}$$

(2) 구하는 확률은

$$P(X \geq n) = \sum_{x=n}^{\infty}\left(\frac{a}{a+b}\right)\left(1-\frac{a}{a+b}\right)^{x-1}$$

$$= \frac{\left(\frac{a}{a+b}\right)\left(1-\frac{a}{a+b}\right)^{n-1}}{1-\left(1-\frac{a}{a+b}\right)} = \left(\frac{b}{a+b}\right)^{n-1}$$

■

예제 4.17 처음으로 6의 눈이 나올 때까지 주사위를 던진다고 하자.

(1) 네 번 던질 때까지 6이 안 나올 확률을 구하여라.

(2) 다섯 번 던질 때까지 6이 안 나왔다면, 앞으로 네 번을 더 던져도 6이 안 나올 확률은 얼마인가?

풀이 처음으로 6이 나올 때까지 주사위를 던지는 횟수를 X라고 하면, $X \sim Geo\left(\dfrac{1}{6}\right)$이다.

(1) 구하는 확률은

$$P(X > 4) = \sum_{x=5}^{\infty}\left(\frac{1}{6}\right)\left(\frac{5}{6}\right)^{x-1} = \frac{(1/6)(5/6)^4}{1-5/6} = \left(\frac{5}{6}\right)^4 = \frac{625}{1296}$$

(2) 구하는 확률은

$$P(X>9\,|\,X>5)=\frac{P(X>9,\,X>5)}{P(X>5)}=\frac{P(X>9)}{P(X>5)}=\frac{(5/6)^9}{(5/6)^5}=\left(\frac{5}{6}\right)^4=\frac{625}{1296}$$ ■

〈예제 4.17〉에서 볼 수 있듯이, 주사위를 다섯 번 던질 때까지 6이 안 나왔다는 조건 하에 앞으로 네 번을 더 던져도 6이 안 나올 확률은 처음 던지는 시점에서 생각할 때 네 번 던질 때까지 6이 안 나올 확률과 같다. 즉 다섯 번 던질 때까지 6이 안 나왔다는 사실을 기억하지 못한다는 것이다. 이러한 성질을 **무기억성**이라고 한다. 기하분포의 큰 특징은 이 무기억성을 가지고 있다는 것이다(〈정리 4.8〉에서 이를 증명하겠다). 이산확률변수의 무기억성은 다음과 같이 정의되는 성질이다.

이산확률변수의 무기억성(memoryless property)

음이 아닌 이산확률변수 X가 임의의 음이 아닌 정수 i, j에 대하여

$$P(X>i+j\,|\,X>i)=P(X>j)$$

를 만족하면, X는(X의 분포는) **무기억성**을 가지고 있다고 한다.

정리 4.8

기하분포는 무기억성을 가지고 있다.

증명 $X\sim Geo(p)$라고 하면, 임의의 음이 아닌 정수 i에 대해

$$P(X>i)=\sum_{x=i+1}^{\infty}p(1-p)^{x-1}=\frac{p(1-p)^i}{1-(1-p)}=(1-p)^i$$

이므로

$$\begin{aligned}P(X>i+j\,|\,X>i)&=\frac{P(X>i+j,\,X>i)}{P(X>i)}=\frac{P(X>i+j)}{P(X>i)}\\&=\frac{(1-p)^{i+j}}{(1-p)^i}=(1-p)^j=P(X>j)\end{aligned}$$

따라서 기하분포는 무기억성을 가지고 있다. ■

더욱이 기하분포는 이산확률분포 중에서 무기억성을 갖는 유일한 분포이다.

정리 4.9 기하분포의 평균과 분산

$X \sim Geo(p)$일 때,

$$E(X) = \frac{1}{p}, \quad Var(X) = \frac{1-p}{p^2}$$

증명 $q = 1 - p$라고 하자.

(방법 1)

(i) $E(X) = \sum_{x=1}^{\infty} x \cdot pq^{x-1} = p \sum_{x=1}^{\infty} xq^{x-1}$

$\sum_{x=1}^{\infty} xq^{x-1} = A$라고 하면

$$A = 1 + 2q + 3q^2 + 4q^3 + \cdots \qquad \cdots\cdots\cdots\cdots ①$$

①의 양변에 q를 곱하면

$$qA = q + 2q^2 + 3q^3 + \cdots \qquad \cdots\cdots\cdots\cdots ②$$

①에서 ②를 변변 빼면

$$(1-q)A = 1 + q + q^2 + q^3 + \cdots = \frac{1}{1-q} \qquad (0 < q < 1\text{이므로})$$

따라서 $A = \frac{1}{(1-q)^2}$이므로 $E(X) = p \cdot \frac{1}{(1-q)^2} = \frac{1}{p}$이다.

(ii) $E(X^2) = \sum_{x=1}^{\infty} x^2 \cdot pq^{x-1} = p \sum_{x=1}^{\infty} x^2 q^{x-1}$

$\sum_{x=1}^{\infty} x^2 q^{x-1} = B$라고 하면

$$B = 1^2 + 2^2 q + 3^2 q^2 + 4^2 q^3 + \cdots + n^2 q^{n-1} + \cdots \qquad \cdots\cdots\cdots\cdots ③$$

③의 양변에 q를 곱하면

$$qB = 1^2 q + 2^2 q^2 + 3^2 q^3 + \cdots + (n-1)^2 q^{n-1} + \cdots \qquad \cdots\cdots\cdots\cdots ④$$

③에서 ④를 변변 빼면

$$(1-q)B = \sum_{x=1}^{\infty}\{x^2-(x-1)^2\}q^{x-1} = \sum_{x=1}^{\infty}(2x-1)q^{x-1}$$

$$= 2\sum_{x=1}^{\infty}xq^{x-1} - \sum_{x=1}^{\infty}q^{x-1} = 2\cdot\frac{1}{(1-q)^2} - \frac{1}{1-q} = \frac{1+q}{(1-q)^2}$$

이므로 $B = \dfrac{1+q}{(1-q)^3}$이다. 따라서

$$E(X^2) = p\cdot\frac{1+q}{(1-q)^3} = \frac{1+q}{p^2} = \frac{2-p}{p^2}$$

이므로

$$Var(X) = E(X^2) - \{E(X)\}^2 = \frac{2-p}{p^2} - \left(\frac{1}{p}\right)^2 = \frac{1-p}{p^2}$$

(방법 2) (미분 이용)

(i) $E(X) = \sum_{x=1}^{\infty} x\cdot pq^{x-1} = p\sum_{x=1}^{\infty}xq^{x-1} = p\sum_{x=1}^{\infty}\frac{d}{dq}(q^x) = p\cdot\frac{d}{dq}(\sum_{x=1}^{\infty}q^x)$

$$= p\cdot\frac{d}{dq}\left(\frac{q}{1-q}\right) = p\cdot\frac{1-q-q\cdot(-1)}{(1-q)^2} = \frac{p}{(1-q)^2} = \frac{1}{p}$$

(ii) $E[X(X-1)] = \sum_{x=1}^{\infty}x(x-1)\cdot pq^{x-1} = pq\sum_{x=1}^{\infty}x(x-1)q^{x-2}$

$$= pq\sum_{x=1}^{\infty}\frac{d^2}{dq^2}(q^x) = pq\cdot\frac{d^2}{dq^2}\sum_{x=1}^{\infty}(q^x) = pq\cdot\frac{d^2}{dq^2}\left(\frac{q}{1-q}\right)$$

$$= pq\cdot\frac{d}{dq}\left\{\frac{1}{(1-q)^2}\right\} = pq\cdot\frac{2}{(1-q)^3} = \frac{2(1-p)}{p^2}$$

따라서

$$Var(X) = E[X(X-1)] + E(X) - \{E(X)\}^2$$

$$= \frac{2(1-p)}{p^2} + \frac{1}{p} - \left(\frac{1}{p}\right)^2 = \frac{1-p}{p^2}$$

■

정리 4.10 기하분포의 적률생성함수

$X \sim Geo(p)$일 때,

$$M(t) = \frac{pe^t}{1-(1-p)e^t},\quad t < \ln\left(\frac{1}{1-p}\right)$$

증명 $M(t) = \sum_x e^{tx} f(x) = \sum_{x=1}^{\infty} e^{tx} \cdot pq^{x-1} = \frac{p}{q} \sum_{x=1}^{\infty} (qe^t)^x$

$$= \frac{p}{q} \cdot \frac{qe^t}{1-qe^t} \qquad \left(\text{단, } -1 < qe^t < 1\text{이어야 하므로 } t < \ln\left(\frac{1}{1-p}\right)\right)$$

$$= \frac{pe^t}{1-(1-p)e^t} \qquad \left(t < \ln\left(\frac{1}{1-p}\right)\right)$$

■

$X \sim Geo(p)$일 때, X의 적률생성함수를 이용하여 X의 기댓값과 분산을 구해도 당연히 〈정리 4.9〉에서와 같은 결과를 얻는다. 자세한 것은 연습문제로 남긴다.

예제 4.18 처음으로 6의 눈이 나올 때까지 주사위를 던지는 횟수를 X라고 할 때, X의 기댓값과 분산을 구하여라.

풀이 $X \sim Geo\left(\frac{1}{6}\right)$이므로 〈정리 4.9〉에 의해 X의 기댓값과 분산은 다음과 같다.

$$E(X) = \frac{1}{1/6} = 6$$

$$Var(X) = \frac{1-1/6}{(1/6)^2} = 30$$

■

예제 4.19 모두 앞면이 나올 때까지 2개의 동전을 동시에 던지는 게임을 하는데, 첫 번째 던졌을 때 바로 나오면 20,000원을 따고, 두 번째나 세 번째 던졌을 때 나오면 8,000원을 따며, 네 번째 이후에 나오면 16,000원을 잃는다고 하자.

(1) 돈을 딸 확률을 구하여라.

(2) 딸 금액의 기댓값을 구하여라.

풀이 모두 앞면이 나올 때까지 2개의 동전을 동시에 던지는 횟수를 X라고 하면 $X \sim Geo\left(\frac{1}{4}\right)$이므로 X의 확률질량함수는

$$f(x) = \left(\frac{1}{4}\right)\left(\frac{3}{4}\right)^{x-1}, \quad x = 1, 2, 3, \cdots$$

이다.

(1) 구하는 확률은

$$P(X \le 3) = \frac{1}{4} + \left(\frac{1}{4}\right)\left(\frac{3}{4}\right) + \left(\frac{1}{4}\right)\left(\frac{3}{4}\right)^2 = \frac{37}{64}$$

(2) 딸 금액의 기댓값은

$$20000 \times \frac{1}{4} + 8000 \times \left(\frac{3}{16} + \frac{9}{64}\right) + (-16000) \times \frac{27}{64} = 875(\text{원})$$ ■

예제 4.20 $X \sim Geo(p)$라고 하자. X의 분포함수를 $F(x)$로 나타낼 때, $F(k)$의 값을 구하여라. 여기서 k는 양의 정수이다.

풀이 $F(k) = P(X \le k) = \sum_{x=1}^{k} f(x) = \sum_{x=1}^{k} p(1-p)^{x-1}$

$$= \frac{p\{1-(1-p)^k\}}{1-(1-p)} = 1-(1-p)^k$$

(위에서 등비수열의 합 공식 $a + ar + ar^2 + \cdots + ar^{n-1} = \frac{a(1-r^n)}{1-r}$을 이용했다.) ■

4.5 음이항분포

성공 확률이 $p(0 < p < 1)$인 베르누이 시행을 r번째 성공을 얻을 때까지 독립적으로 반복한다고 하자(r은 양의 정수). r번째 성공을 얻을 때까지의 시행횟수를 X라고 하자. 우선 X의 가능한 값은 $r, r+1, r+2, \cdots$이다. x가 r 이상의 양의 정수일 때 X가 x라는 값을 가지려면, 첫 번째부터 $x-1$번째 시행까지는 $r-1$번의 성공과 $x-r$번의 실패가 나온 뒤 x번째 시행에서 성공이 나와야 한다. 각 시행의 결과는 서로 독립이므로 확률 $P(X=x)$는 다음과 같다.

$$P(X=x) = {}_{x-1}C_{r-1}p^{r-1}(1-p)^{x-r} \cdot p = {}_{x-1}C_{r-1}p^{r}(1-p)^{x-r},$$
$$x = r, r+1, r+2, \cdots$$

이와 같은 확률질량함수를 갖는 분포를 모수가 (r, p)인 음이항분포라고 한다.

음이항분포(negative binomial distribution)

다음과 같은 확률질량함수를 갖는 분포를 모수가 (r, p)인 **음이항분포**라고 한다. (단, r은 양의 정수이고, $0 < p < 1$)

$$f(x)=\begin{cases} {}_{x-1}C_{r-1}p^r(1-p)^{x-r}, & x=r, r+1, r+2, \cdots \\ 0, & \text{그 밖의 경우} \end{cases} \tag{4.4}$$

X가 모수 (r, p)인 음이항분포를 따른다는 것을 $X \sim NB(r, p)$로 나타낸다. $r=1$인 특수한 경우 음이항분포는 바로 기하분포가 됨을 알 수 있다. 즉 $NB(1, p) \equiv Geo(p)$이다.

식 (4.4)가 확률질량함수의 성립 요건을 만족한다는 것을 확인해 보자. 우선 명백히 모든 실수 x에 대해 $f(x) \geq 0$이다. 이제 함수

$$h(w)=(1-w)^{-r} \qquad (r\text{은 양의 정수})$$

를 생각하자. $h(w)$의 1, 2, 3차 도함수들은 다음과 같다.

$$\begin{aligned} h'(w) &= r(1-w)^{-(r+1)} \\ h''(w) &= r(r+1)(1-w)^{-(r+2)} \\ h^{(3)}(w) &= r(r+1)(r+2)(1-w)^{-(r+3)} \end{aligned}$$

따라서 $h'(0)=r$, $h''(0)=r(r+1)$, $h^{(3)}(0)=r(r+1)(r+2)$이다. 이것을 일반화하면,

$$h^{(k)}(0)=r(r+1)\cdots(r+k-1)=\frac{(r+k-1)!}{(r-1)!}$$

이다. 이제 $h(w)$에 매클로린 급수 전개를 적용하면

$$\begin{aligned} (1-w)^{-r} &= 1+\frac{(r+1-1)!}{(r-1)!}\cdot\frac{w}{1!}+\frac{(r+2-1)!}{(r-1)!}\cdot\frac{w^2}{2!}+\frac{(r+3-1)!}{(r-1)!}\cdot\frac{w^3}{3!}+\cdots \\ &= \sum_{k=0}^{\infty} {}_{r+k-1}C_{r-1}w^k \end{aligned}$$

이 성립한다. 이것을 이용하면 음이항분포의 확률질량함수의 합이 1이 된다는 것을 다음과 같이 보일 수 있다.

$$\begin{aligned} \sum_x f(x) &= \sum_{x=r}^{\infty} {}_{x-1}C_{r-1}p^r(1-p)^{x-r} \\ &= p^r\sum_{x=r}^{\infty} {}_{x-1}C_{r-1}(1-p)^{x-r} \\ &= p^r\sum_{k=0}^{\infty} {}_{r+k-1}C_{r-1}(1-p)^{k} \qquad (x-r\text{을 } k\text{로 치환했음}) \\ &= p^r\{1-(1-p)\}^{-r} \\ &= 1 \end{aligned}$$

예제 4.21 3의 배수의 눈이 세 번 나올 때까지 주사위를 던진다고 하자.

(1) 정확히 여섯 번 던질 확률을 구하여라.

(2) 다섯 번 이하로 던질 확률을 구하여라.

풀이 3의 배수의 눈이 세 번 나올 때까지 주사위를 던지는 횟수를 X라고 하면 $X \sim NB\left(3, \frac{1}{3}\right)$이다.

(1) $P(X=6) = {}_{6-1}C_{3-1}\left(\frac{1}{3}\right)^3\left(\frac{2}{3}\right)^{6-3} = \frac{80}{729}$

(2) $P(X \le 5) = \left(\frac{1}{3}\right)^3 + {}_3C_2\left(\frac{1}{3}\right)^3\left(\frac{2}{3}\right) + {}_4C_2\left(\frac{1}{3}\right)^3\left(\frac{2}{3}\right)^2 = \frac{17}{81}$ ■

예제 4.22 (〈예제 4.5〉를 음이항분포를 이용하여 풀어보자.) 7전4선승제의 미국 프로야구 월드시리즈에서 A팀과 B팀이 맞붙어서 우승팀을 결정한다. 무승부는 없고, 매 경기에서 반드시 승부를 가린다. 각 경기에서 A팀의 승리 확률을 p라고 하자. A팀이 월드시리즈에서 우승할 확률을 음이항분포를 이용하여 구하여라.

풀이 A팀이 4승째를 거둘 때까지의 경기 수를 X라고 하면 $X \sim NB(4, p)$이다. A팀이 월드시리즈에서 우승하려면 7차전 이내에 4승을 거둬야 하므로 구하는 확률은

$$\begin{aligned} P(X \le 7) &= \sum_{x=4}^{7} {}_{x-1}C_3 p^4 (1-p)^{x-4} \\ &= p^4 + 4p^4(1-p) + 10p^4(1-p)^2 + 20p^4(1-p)^3 \\ &= 35p^4 - 84p^5 + 70p^6 - 20p^7 \end{aligned}$$

(※ 〈예제 4.5〉에서 이항분포를 이용하여 푼 것과 같은 결과가 나온 것을 볼 수 있다.) ■

정리 4.11 음이항분포의 평균과 분산

$X \sim NB(r, p)$일 때,

$$E(X) = \frac{r}{p}, \quad Var(X) = \frac{r(1-p)}{p^2}$$

증명 $q = 1-p$라고 하자.

(i) $E(X) = \sum_{x=r}^{\infty} x \cdot {}_{x-1}C_{r-1} p^r q^{x-r}$

$$= \sum_{x=r}^{\infty} \frac{x!}{(r-1)!(x-r)!} p^r q^{x-r}$$

$$= \sum_{t=r+1}^{\infty} \frac{(t-1)!}{(r-1)!(t-1-r)!} p^r q^{t-1-r} \qquad (x+1\text{을 } t\text{로 치환했음})$$

$$= \frac{r}{p} \sum_{t=r+1}^{\infty} \frac{(t-1)!}{\{(r+1)-1\}!\{t-(r+1)\}!} p^{r+1} q^{t-(r+1)}$$

$$= \frac{r}{p} \sum_{t=r+1}^{\infty} {}_{t-1}C_{(r+1)-1} p^{r+1} q^{t-(r+1)}$$

그런데 여기서 $\sum$ 부분의 값은 $NB(r+1, p)$ 분포의 확률질량함수 값들의 합이므로 1이다. 따라서

$$E(X) = \frac{r}{p}$$

(ii) $Var(X) = E(X^2) - \{E(X)\}^2 = E[X(X+1)] - E(X) - \{E(X)\}^2$ 임을 이용한다.

$$E[X(X+1)] = \sum_{x=r}^{\infty} x(x+1) \cdot {}_{x-1}C_{r-1} p^r q^{x-r}$$

$$= \sum_{x=r}^{\infty} \frac{(x+1)!}{(r-1)!(x-r)!} p^r q^{x-r}$$

$$= \sum_{t=r+2}^{\infty} \frac{(t-1)!}{(r-1)!(t-2-r)!} p^r q^{t-2-r} \qquad (x+2\text{를 } t\text{로 치환했음})$$

$$= \frac{r(r+1)}{p^2} \sum_{t=r+2}^{\infty} \frac{(t-1)!}{\{(r+2)-1\}!\{t-(r+2)\}!} p^{r+2} q^{t-(r+2)}$$

$$= \frac{r(r+1)}{p^2} \sum_{t=r+2}^{\infty} {}_{t-1}C_{(r+2)-1} p^{r+2} q^{t-(r+2)}$$

그런데 여기서 $\sum$ 부분의 값은 $NB(r+2, p)$ 분포의 확률질량함수 값들의 합이므로 1이다. 따라서

$$E[X(X+1)] = \frac{r(r+1)}{p^2}$$

이므로

$$Var(X) = \frac{r(r+1)}{p^2} - \frac{r}{p} - \left(\frac{r}{p}\right)^2 = \frac{r(1-p)}{p^2}$$ ■

정리 4.12 음이항분포의 적률생성함수

$X \sim NB(r, p)$일 때,

$$M(t)=\left\{\frac{pe^t}{1-(1-p)e^t}\right\}^r,\quad t<\ln\left(\frac{1}{1-p}\right)$$

증명 $q=1-p$라고 하자.

$$\begin{aligned}M(t)&=\sum_{x=r}^{\infty} e^{tx}\cdot {}_{x-1}C_{r-1}p^r q^{x-r}\\&=\sum_{x=r}^{\infty}(e^t)^r(e^t)^{x-r}\cdot {}_{x-1}C_{r-1}p^r q^{x-r}\\&=(pe^t)^r\sum_{x=r}^{\infty}{}_{x-1}C_{r-1}(qe^t)^{x-r}\\&=(pe^t)^r\cdot\frac{\sum_{x=r}^{\infty}{}_{x-1}C_{r-1}(1-qe^t)^r(qe^t)^{x-r}}{(1-qe^t)^r}\end{aligned}$$

그런데 여기서 $\sum$ 부분의 값은 $NB(r, 1-qe^t)$ 분포의 확률질량함수 값들의 합이므로 1이 된다(단, $0<1-qe^t<1$이어야 하므로 $e^t<\frac{1}{q}$, 즉 $t<\ln\left(\frac{1}{1-p}\right)$이다). 따라서

$$M(t)=\left\{\frac{pe^t}{1-(1-p)e^t}\right\}^r,\quad t<\ln\left(\frac{1}{1-p}\right)$$ ■

예제 4.23 6의 눈이 다섯 번 나올 때까지 주사위를 던지는 횟수를 X라고 할 때

(1) X의 기댓값과 분산을 구하여라.

(2) X의 적률생성함수를 구하여라.

풀이 $X\sim NB\left(5, \frac{1}{6}\right)$이므로

(1) 〈정리 4.11〉에 의해

$$E(X)=\frac{5}{1/6}=30,\quad Var(X)=\frac{5(1-1/6)}{(1/6)^2}=150$$

(2) 〈정리 4.12〉에 의해

$$M(t) = \left\{\frac{(1/6)e^t}{1-(1-1/6)e^t}\right\}^5 = \left(\frac{e^t}{6-5e^t}\right)^5, \quad t < \ln\left(\frac{1}{1-1/6}\right) = \ln\left(\frac{6}{5}\right)$$ ■

4.6 초기하분포

항아리에 N개의 공이 들어 있고, 그중 M개는 흰 공, 나머지 $N-M$개는 검은 공이라고 하자. 이 N개의 공 중 무작위로 n개를 비복원추출할 때 뽑히는 흰 공의 수를 X라고 하면, X의 확률질량함수는 어떻게 될까?

우선 X의 가능한 값부터 생각하자. 뽑히는 흰 공의 수 X는 n과 M을 초과할 수 없으므로 $X \le \min(n, M)$이어야 한다. 한편 뽑히는 검은 공의 수 $n-X$는 n과 $N-M$을 초과할 수 없으므로 $n-X \le \min(n, N-M)$, 즉 $X \ge \max(0, n-N+M)$이어야 한다. 예를 들어, 13개(흰 공 8개, 검은 공 5개)의 공 중 무작위로 9개를 비복원추출한다면, 흰 공이 아무리 많이 뽑혀도 8개를 초과할 수 없다(흰 공의 전체 개수가 8개이므로). 한편 흰 공이 아무리 적게 뽑혀도 4개 이상 뽑혀야 한다(검은 공 5개가 다 뽑힌다 해도 나머지 4개는 흰 공이 뽑혀야 하므로). 따라서 뽑히는 흰 공의 가능한 개수는 4, 5, 6, 7, 8이다.

이제 $\max(0, n-N+M) \le x \le \min(n, M)$를 만족하는 정수 x에 대해 $X=x$일 확률을 생각하자. M개의 흰 공 중 x개가 뽑히는 경우의 수는 $\binom{M}{x}$이고 그 각각의 경우에 대해 $N-M$개의 검은 공 중 $n-x$개가 뽑히는 경우의 수는 $\binom{N-M}{n-x}$이므로, 흰 공 x개와 검은 공 $n-x$개가 뽑히는 경우의 수는 곱의 법칙에 의해 $\binom{M}{x}\binom{N-M}{n-x}$이다. N개의 공 중 무작위로 n개를 비복원추출하는 방법은 $\binom{N}{n}$가지이므로(여기서 뽑히는 순서는 따지지 않고 있음에 유의하라) X의 확률질량함수는 아래의 식 (4.5)와 같다. 이러한 X의 분포를 초기하분포라고 한다. X가 모수 (M, N, n)인 초기하분포를 따른다는 것을 $X \sim Hyp(M, N, n)$으로 나타낸다.

초기하분포(hypergeometric distribution)

다음과 같은 확률질량함수를 갖는 분포를 모수가 (M, N, n)인 **초기하분포**라고 한다.
(단, N은 양의 정수이고, $M = 0, 1, \cdots, N, \quad n = 1, 2, \cdots, N$)

$$f(x) = \begin{cases} \dfrac{\binom{M}{x}\binom{N-M}{n-x}}{\binom{N}{n}}, & \max(0, n-N+M) \le x \le \min(n, M),\ x\text{는 정수} \\ 0, & \text{그 밖의 경우} \end{cases} \tag{4.5}$$

초기하분포를 일반적인 상황으로 설명하면 다음과 같다. 크기 N인 유한모집단에서 M개의 원소가 특정한 속성(이것을 속성 A라고 하자)을 가지며, 나머지 $N-M$개의 원소는 속성 A를 갖고 있지 않다고 하자. 크기 $n(n \le N)$인 표본을 무작위로 비복원추출할 때, 추출된 표본에서 속성 A를 갖고 있는 것의 개수를 X라고 하면, $X \sim Hyp(M, N, n)$이다.

참고 위에서 $M=0$인 특수한 경우를 생각하자. 그러면 식 (4.5)에 의해 $f(0) = \binom{0}{0}$인데, 속성 A를 갖는 원소가 0개이면 $X=0$일 확률이 1이므로 $\binom{0}{0}=1$로 정의하면 됨을 알 수 있다.

예제 4.24 어느 모임은 9명의 회원으로 구성되어 있는데, 그중 5명은 남자, 나머지 4명은 여자이다. 이 모임에서 무작위로 6명을 뽑을 때 뽑히는 남자의 수를 X라고 하자.

(1) X의 분포는 무엇인가?

(2) $P(X=3)$을 구하여라.

(3) $P(X \ge 4)$를 구하여라.

풀이

(1) X의 분포는 초기하분포 $Hyp(5, 9, 6)$이다.

(2) $P(X=3) = \dfrac{\binom{5}{3}\binom{4}{3}}{\binom{9}{6}} = \dfrac{10}{21}$

(3) $P(X \ge 4) = \dfrac{\binom{5}{4}\binom{4}{2}}{\binom{9}{6}} + \dfrac{\binom{5}{5}\binom{4}{1}}{\binom{9}{6}} = \dfrac{17}{42}$ ■

참고 초기하분포의 확률질량함수 값들의 합이 1이 됨을 엄밀히 증명하지는 않지만, 하나의 예로서 〈예제 4.24〉의 경우에 관해서 생각해 보자.

$(1+y)^5(1+y)^4$에 이항정리를 적용하면 다음과 같이 쓸 수 있다.

$(1+y)^5(1+y)^4$

$$= \left\{\binom{5}{0} + \binom{5}{1}y + \binom{5}{2}y^2 + \binom{5}{3}y^3 + \binom{5}{4}y^4 + \binom{5}{5}y^5\right\}\left\{\binom{4}{0} + \binom{4}{1}y + \binom{4}{2}y^2 + \binom{4}{3}y^3 + \binom{4}{4}y^4\right\}$$

여기서 y^6의 계수는 다음과 같다.

$$\binom{5}{2}\binom{4}{4} + \binom{5}{3}\binom{4}{3} + \binom{5}{4}\binom{4}{2} + \binom{5}{5}\binom{4}{1} = 10 + 40 + 30 + 4 = 84 \qquad \cdots\cdots\cdots\cdots ①$$

한편 $(1+y)^9$에 이항정리를 적용하면

$$(1+y)^9 = \binom{9}{0} + \binom{9}{1}y + \binom{9}{2}y^2 + \cdots + \binom{9}{9}y^9$$

여기서 y^6의 계수는 $\binom{9}{6} = 84 \qquad \cdots\cdots\cdots\cdots ②$

①과 ②가 일치하므로 $\sum_{x=2}^{5}\binom{5}{x}\binom{4}{6-x} = \binom{9}{6}$, 즉

$$\sum_{x=2}^{5}\frac{\binom{5}{x}\binom{4}{6-x}}{\binom{9}{6}} = 1$$

이 성립한다. 이것은 초기하분포 $Hyp(5, 9, 6)$의 확률질량함수 값들의 합이 1임을 나타낸다.

예제 4.25 공장에서 생산된 10개의 제품이 한 상자에 들어 있다. 제품의 구매자는 한 상자에서 무작위로 3개의 제품을 뽑아서 검사하여 불량품이 1개도 발견되지 않는 경우에만 그 상자를 구입한다. 다음 각각의 경우에 구매자가 상자를 구입할 확률을 구하여라.

(1) 상자에 불량품이 1개도 없는 경우

(2) 상자에 1개의 불량품이 있는 경우

(3) 상자에 2개의 불량품이 있는 경우

(4) 상자에 3개의 불량품이 있는 경우

풀이 뽑힌 3개의 제품 중 불량품의 개수를 X라고 하면 X의 분포는 초기하분포이며, 구하는 확률은 $P(X=0)$이다.

(1) $X \sim Hyp(0, 10, 3)$이므로 $P(X=0) = \binom{10}{3}/\binom{10}{3} = 1$

(2) $X \sim Hyp(1, 10, 3)$이므로 $P(X=0) = \binom{1}{0}\binom{9}{3}/\binom{10}{3} = \frac{7}{10}$

(3) $X \sim Hyp(2, 10, 3)$이므로 $P(X=0) = \binom{2}{0}\binom{8}{3}/\binom{10}{3} = \frac{7}{15}$

(4) $X \sim Hyp(3, 10, 3)$이므로 $P(X=0) = \binom{3}{0}\binom{7}{3} / \binom{10}{3} = \frac{7}{24}$

(※ 당연하게도, 상자에 포함된 불량품이 많을수록 상자를 구입할 확률은 낮아진다.) ■

다음의 정리는 초기하분포의 이항분포로의 근사에 관한 내용이다.

정리 4.13 초기하분포의 이항분포로의 근사

초기하분포 $Hyp(M, N, n)$에서 $\frac{M}{N} = p$로 고정되고(또는 $\lim_{N\to\infty} \frac{M}{N} = p$이고) $N \to \infty$ 일 때의 극한분포는 이항분포 $B(n, p)$이다.

증명 주어진 x에 대해

$$P(X=x) = \frac{\binom{M}{x}\binom{N-M}{n-x}}{\binom{N}{n}}$$

$$= \frac{\frac{M!}{x!(M-x)!} \cdot \frac{(N-M)!}{(n-x)!\{(N-M)-(n-x)\}!}}{\frac{N!}{n!(N-n)!}}$$

$$= \frac{\frac{M(M-1)\cdots(M-x+1)}{x!} \cdot \frac{(N-M)\{(N-M)-1\}\cdots\{(N-M)-(n-x)+1\}}{(n-x)!}}{\frac{N(N-1)\cdots(N-n+1)}{n!}}$$

$$= \frac{n!}{x!(n-x)!}$$

$$\times \frac{\frac{M(M-1)\cdots\{M-(x-1)\}}{N^x} \cdot \frac{(N-M)\{(N-M)-1\}\cdots\{(N-M)-(n-x-1)\}}{N^{n-x}}}{\frac{N(N-1)\cdots\{N-(n-1)\}}{N^n}}$$

$$= \binom{n}{x} \cdot \frac{\left(\frac{M}{N}\right)\left(\frac{M}{N}-\frac{1}{N}\right)\cdots\left(\frac{M}{N}-\frac{x-1}{N}\right) \cdot \left(\frac{N-M}{N}\right)\left(\frac{N-M}{N}-\frac{1}{N}\right)\cdots\left(\frac{N-M}{N}-\frac{n-x-1}{N}\right)}{1 \cdot \left(1-\frac{1}{N}\right)\cdots\left(1-\frac{n-1}{N}\right)}$$

여기서 N이 한없이 커지면, 오른쪽 부분의 분자는 $p^x(1-p)^{n-x}$으로 수렴하고 분모는 1로 수렴하므로 $P(X=x)$는 $\binom{n}{x}p^x(1-p)^{n-x}$로 수렴한다. ■

예제 4.26 N개의 공 중 M개는 흰 공이고 나머지 $N-M$개는 검은 공이다(단, $M=\frac{3}{10}N$). 이 N개의 공 중 $n=10$개를 무작위로 비복원추출하여 뽑힌 흰 공의 수를 X라고 할 때, $P(X=3)$을 다음 각 경우에 대하여 구하여라.

(1) $N=100, M=30$인 경우 초기하분포를 사용하여

(2) $N=1000, M=300$인 경우 초기하분포를 사용하여

(3) $N=10000, M=3000$인 경우 초기하분포를 사용하여

(4) 이항분포로의 근사를 이용하여

풀이

(1) $P(X=3)=\binom{30}{3}\binom{70}{7}/\binom{100}{10}=0.2812$

(2) $P(X=3)=\binom{300}{3}\binom{700}{7}/\binom{1000}{10}=0.2682$

(3) $P(X=3)=\binom{3000}{3}\binom{7000}{7}/\binom{10000}{10}=0.2670$

(4) X의 근사적인 분포는 $B(10, 0.3)$이므로 $P(X=3)\fallingdotseq\binom{10}{3}(0.3)^3(0.7)^7=0.2668$

(※ N이 클수록 이항분포를 이용한 근사가 실제와 가까운 결과를 주는 것을 볼 수 있다.) ■

정리 4.14 초기하분포의 평균과 분산

$X\sim Hyp(M, N, n)$일 때,

$$E(X)=n\left(\frac{M}{N}\right),\quad Var(X)=n\left(\frac{M}{N}\right)\left(\frac{N-M}{N}\right)\left(\frac{N-n}{N-1}\right)$$

증명

$$\text{(i) } E(X)=\sum_{x=\max(0,n-N+M)}^{\min(n,M)} x\cdot\frac{\binom{M}{x}\binom{N-M}{n-x}}{\binom{N}{n}}$$

$$=\sum_{x=\max(1,n-N+M)}^{\min(n,M)} x\cdot\frac{\binom{M}{x}\binom{N-M}{n-x}}{\binom{N}{n}}$$

$$= \sum_{x=\max(1,\, n-N+M)}^{\min(n,\, M)} \frac{x \cdot \dfrac{M!}{x!(M-x)!}\dbinom{N-M}{n-x}}{\dbinom{N}{n}}$$

$$= \sum_{x=\max(1,\, n-N+M)}^{\min(n,\, M)} \frac{\dfrac{M \cdot (M-1)!}{(x-1)!(M-x)!}\dbinom{N-M}{n-x}}{\dbinom{N}{n}}$$

$$= \sum_{x=\max(1,\, n-N+M)}^{\min(n,\, M)} \frac{M\dbinom{M-1}{x-1}\dbinom{N-M}{n-x}}{\dbinom{N}{n}}$$

$$= \sum_{t=\max(1,\, n-N+M)-1}^{\min(n,\, M)-1} \frac{M\dbinom{M-1}{t}\dbinom{N-M}{n-(t+1)}}{\dbinom{N}{n}} \qquad (x-1\text{을 } t\text{로 치환했음})$$

그런데

$$\binom{N}{n} = \frac{N!}{n!(N-n)!} = \frac{N \cdot (N-1)!}{n \cdot (n-1)!(N-n)!} = \frac{N}{n}\binom{N-1}{n-1}$$

임을 이용하면

$$E(X) = \frac{nM}{N} \sum_{t=\max(0,\, n-N+M-1)}^{\min(n-1,\, M-1)} \frac{\dbinom{M-1}{t}\dbinom{(N-1)-(M-1)}{(n-1)-t}}{\dbinom{N-1}{n-1}}$$

$$= \frac{nM}{N} \sum_{t=\max(0,\, (n-1)-(N-1)+(M-1))}^{\min(n-1,\, M-1)} \frac{\dbinom{M-1}{t}\dbinom{(N-1)-(M-1)}{(n-1)-t}}{\dbinom{N-1}{n-1}}$$

그런데 여기서 $\sum$ 부분의 값은 $Hyp(M-1, N-1, n-1)$ 분포의 확률질량함수 값들의 합이므로 1이다. 따라서

$$E(X) = n\left(\frac{M}{N}\right)$$

(ii) $Var(X) = E[X(X-1)] + E(X) - \{E(X)\}^2$ 임을 이용한다.

$$E[X(X-1)] = \sum_{x=\max(0,\, n-N+M)}^{\min(n,\, M)} x(x-1) \cdot \frac{\dbinom{M}{x}\dbinom{N-M}{n-x}}{\dbinom{N}{n}}$$

$$= \sum_{x=\max(2,\, n-N+M)}^{\min(n,\, M)} x(x-1) \cdot \frac{\binom{M}{x}\binom{N-M}{n-x}}{\binom{N}{n}}$$

$$= \sum_{x=\max(2,\, n-N+M)}^{\min(n,\, M)} \frac{x(x-1) \cdot \dfrac{M!}{x!(M-x)!}\binom{N-M}{n-x}}{\binom{N}{n}}$$

$$= \sum_{x=\max(2,\, n-N+M)}^{\min(n,\, M)} \frac{\dfrac{M(M-1) \cdot (M-2)!}{(x-2)!(M-x)!}\binom{N-M}{n-x}}{\binom{N}{n}}$$

$$= \sum_{x=\max(2,\, n-N+M)}^{\min(n,\, M)} \frac{M(M-1)\binom{M-2}{x-2}\binom{N-M}{n-x}}{\binom{N}{n}}$$

$$= \sum_{t=\max(2,\, n-N+M)-2}^{\min(n,\, M)-2} \frac{M(M-1)\binom{M-2}{t}\binom{N-M}{n-(t+2)}}{\binom{N}{n}}$$ ($x-2$를 t로 치환했음)

그런데

$$\binom{N}{n} = \frac{N!}{n!(N-n)!} = \frac{N(N-1) \cdot (N-2)!}{n(n-1) \cdot (n-2)!(N-n)!} = \frac{N(N-1)}{n(n-1)}\binom{N-2}{n-2}$$

임을 이용하면

$$E[X(X-1)] = \frac{n(n-1)M(M-1)}{N(N-1)} \sum_{t=\max(0,\, n-N+M-2)}^{\min(n-2,\, M-2)} \frac{\binom{M-2}{t}\binom{(N-2)-(M-2)}{(n-2)-t}}{\binom{N-2}{n-2}}$$

$$= \frac{n(n-1)M(M-1)}{N(N-1)} \sum_{t=\max(0,\, (n-2)-(N-2)+(M-2))}^{\min(n-2,\, M-2)} \frac{\binom{M-2}{t}\binom{(N-2)-(M-2)}{(n-2)-t}}{\binom{N-2}{n-2}}$$

그런데 여기서 $\sum$ 부분의 값은 $Hyp(M-2, N-2, n-2)$ 분포의 확률질량함수 값들의 합이므로 1이다. 따라서

$$E[X(X-1)] = \frac{n(n-1)M(M-1)}{N(N-1)}$$

이므로

$$Var(X) = \frac{n(n-1)M(M-1)}{N(N-1)} + \frac{nM}{N} - \left(\frac{nM}{N}\right)^2 = n\left(\frac{M}{N}\right)\left(\frac{N-M}{N}\right)\left(\frac{N-n}{N-1}\right)$$ ■

4

예제 4.27 12개의 빨간 공과 8개의 파란 공이 들어 있는 주머니에서 5개의 공을 무작위로 비복원추출할 때 뽑히는 빨간 공의 수를 X라고 하자. X의 평균과 분산을 구하여라.

풀이 $X \sim Hyp(12, 20, 5)$이므로 〈정리 4.14〉에 의해

$$E(X) = 5 \times \frac{12}{20} = 3$$

$$Var(X) = 5 \times \frac{12}{20} \times \frac{8}{20} \times \frac{15}{19} = \frac{18}{19}$$ ■

참고 위의 예제에서 20개의 공 중 60%인 12개가 빨간 공이므로, 5개를 무작위로 뽑으면 빨간 공이 역시 60%, 즉 3개 정도 뽑힐 것으로 직관적으로 기대할 수 있다. 이렇게 직관적으로 기대되는 개수가 바로 기댓값임을 〈정리 4.14〉에서 엄밀히 증명한 것이다.

초기하분포의 적률생성함수는 구하는 것이 매우 복잡할 뿐만 아니라 거의 의미가 없으므로 논하지 않는다.

연습문제

1 베르누이 확률변수의 분산이 가장 클 때는 p가 얼마일 때인가?

2 X의 분포가 베르누이 분포 $Ber(p)$이면 $1-X$의 분포는 무엇인가?

3 3개의 공을 독립적으로 던져 4개의 상자 A, B, C, D 중 하나에 넣는다. 각 공이 각 상자에 들어갈 확률은 $\frac{1}{4}$씩이다.

(1) A 상자에 정확히 1개가 들어갈 확률을 구하여라.

(2) A 상자에 적어도 2개가 들어갈 확률을 구하여라.

4 자유투 성공 확률이 80%인 농구선수가 4개의 자유투를 독립적으로 시행할 때 성공 횟수를 X라고 하자.

(1) $P(X \geq 3)$을 구하여라.

(2) X의 기댓값과 분산을 구하여라.

5 5지선다형 문제 5개가 출제된 시험이 있다. 문제당 20점으로 100점이 만점인 이 시험에서 60점 이상이 합격이다. 공부를 전혀 하지 않은 김 군이 모든 문제의 답을 아무렇게나 찍어서 답한다고 하자.

(1) 김 군이 합격할 확률을 구하여라.

(2) 김 군을 포함한 5명의 학생이 모두 아무렇게나 찍어서 답할 때, 5명 가운데 합격자가 한 명이라도 나올 확률을 구하여라.

6 주사위를 45번 던져 4의 눈이 나오는 횟수를 X라고 할 때 X의 평균과 표준편차를 구하여라.

7 이항확률변수 X의 평균이 4이고 분산이 $\frac{4}{3}$일 때, $P(X \leq 2)$를 구하여라.

4

8 어느 퀴즈쇼에 출연한 3인조 팀에게 진위형 문제가 주어진다. 정답을 맞힐 확률은 3명이 독립적으로 각각 0.6이다. 다음의 (1)과 (2) 중 어느 것이 이 팀에게 더 좋은 전략이 되겠는가?

(1) 3명 중 무작위로(각각 확률 $\frac{1}{3}$) 한 명을 선택하여 질문에 답하게 한다.

(2) 3명 모두에게 그 문제의 답을 생각하게 하고 다수(즉 2인 이상)가 내놓은 답을 그 팀의 답으로 제시한다.

9 연습문제 8에서 각 사람이 정답을 맞힐 확률이 독립적으로 0.4라면 어떻게 되는가?

10 항아리에 5개의 빨간 공과 3개의 파란 공이 있다. 무작위로 한 개의 공을 뽑아 빨간 공이 뽑히면 $X=1$, 파란 공이 뽑히면 $X=0$이라고 한다.

(1) X의 평균과 분산을 구하여라.

(2) 다음의 각 분포에 대하여 X의 분포가 될 수 있는 것은 모수의 값을 모두 밝히고, X의 분포가 될 수 없는 것은 될 수 없다고 써라.

① 베르누이 분포

② 이항분포

③ 포아송 분포

④ 초기하분포

11 어떤 사무원의 페이지당 오타수는 평균이 1.6인 포아송 확률변수라고 한다. 주어진 어느 페이지에서

(1) 오타가 1건도 없을 확률을 구하여라.

(2) 3건 이상의 오타를 칠 확률을 구하여라.

12 어떤 직물은 15 m^2당 하나 꼴로 흠이 있다고 한다. 포아송 분포를 가정할 때 48 m^2에 많아야 3개의 흠이 있을 확률을 구하여라.

13 어떤 전화기에 30분마다 평균 2건의 비율로 포아송 과정에 따라 전화가 걸려온다고 한다.

(1) 오전 10시에서 10시45분 사이에 전화가 1건도 안 걸려올 확률을 구하여라.

(2) 오후 2시에서 4시 사이에 이 전화기에 5건 이상의 전화가 걸려올 확률을 구하여라.

14 Y는 어떤 기계에서 생산된 20개들이 한 상자 안에 포함된 불량품의 수이다. 공정에서 제품의 불량률을 0.01이라고 할 때 $P(Y \leq 1)$을 다음에 의하여 구하여라.

(1) 이항분포를 이용

(2) 포아송 분포로의 근사를 이용

15 1000명 중 평균적으로 한 명은 알콜중독자라고 가정하자. 무작위로 뽑힌 2000명 중 알콜중독자가 3명보다 적을 확률을 다음에 의하여 구하여라.

(1) 이항분포를 이용

(2) 포아송 분포 근사를 이용

16 자동차 운전자 중 98%가 신호 위반 경험이 있다고 가정하자. 무작위로 뽑힌 200명의 자동차 운전자 중 신호 위반 경험자가 198명 이상일 확률을 다음의 각 방법에 의하여 구하여라.

(1) 이항분포를 이용

(2) 포아송 분포 근사를 이용

17 X는 포아송 확률변수인데, $P(X=2)=P(X=3)$이라고 한다. $P(X=1)$은 얼마인가?

18 아주 두꺼운 책에서 오타가 한 건도 없는 페이지가 전체의 20.20%라고 한다. 페이지당 오타의 수가 포아송 분포를 따른다고 가정하면, 두 건 이상의 오타가 있는 페이지는 전체의 몇 % 정도가 되겠는가?

19 어떤 제품의 생산 공정에서 불량품이 만들어질 확률이 2%이다. 제품은 생산되는 즉시 검사를 받는다. 처음으로 불량품이 발견될 때까지 검사할 제품의 수를 X라고 할 때, 다음을 구하여라.

(1) X의 평균과 분산

(2) $P(X=40)$

(3) $P(X \leq 40)$

(4) $P(X \geq 40)$

20 처음으로 3의 눈이 나올 때까지 주사위를 던지는 횟수를 X라고 할 때, 조건부확률

$P(X \leq 2 \mid X \leq 4)$를 구하여라.

21 $X \sim Geo(p)$일 때, X의 적률생성함수를 이용하여 X의 기댓값과 분산을 구하여라.

22 세 명이 동전을 한 개씩 던져서 혼자 다른 면이 나오는 사람이 점심을 사기로 하였다. 세 명이 모두 같은 면이 나오면 다시 던진다. 밥을 살 사람이 결정되기 위해서 두 번 이하로 던질 확률을 구하여라.

23 어느 생물학자가 몇 마리의 쥐에게 한 번에 한 마리씩 세균을 주입하는데, 두 마리가 감염될 때까지 주입하기로 하였다. 감염 확률이 $\frac{1}{3}$이라면, 다섯 마리 이상의 쥐가 필요할 확률은 얼마인가?

24 어느 음이항확률변수의 평균과 분산의 값이 같다고 한다. 그러면 p는 얼마인가?

25 $X \sim NB(r, p)$일 때, X의 적률생성함수를 이용하여 X의 기댓값과 분산을 구하여라.

26 동전 4개를 던져서 앞면과 뒷면이 2개씩 나오는 것을 '성공'이라고 하자. 두 번째 성공이 일어날 때까지 던지는 횟수를 X라고 할 때,

(1) X의 확률분포는 무엇인가?

(2) $P(X=4)$를 구하여라.

27 어느 학교의 1학년 학생은 400명인데, 그중 특정 안건에 찬성하는 학생은 300명이다. 1학년 학생 중 무작위로 5명을 비복원추출하여 찬반을 조사할 때 과반수가 찬성할 확률을 다음에 의하여 구하여라.

(1) 정확한 분포에 의한 확률

(2) 이항분포로의 근사를 이용

28 1만 명 중 특정한 병에 걸린 환자가 200명 포함되어 있다. 이 1만 명 중 무작위로 20명을 비복원추출할 때 뽑히는 환자의 수를 X라고 하자. $P(X=2)$를 다음에 의하여 구하여라.

(1) 정확한 분포에 의한 확률을 나타내는 식

(2) 이항분포로의 근사를 이용

(3) 포아송 분포로의 근사를 이용

29 52장으로 구성된 플레잉카드에서 다섯 장을 뽑을 때,

(1) 두 장의 다이아몬드가 뽑힐 확률을 구하여라.

(2) 뽑히는 다이아몬드 장수의 평균과 분산을 구하여라.

30 어느 모임은 9명의 회원으로 구성되어 있는데, 그중 5명은 남자, 나머지 4명은 여자이다. 이 모임에서 무작위로 6명을 뽑을 때 뽑히는 남자의 수를 X라고 하자.

(1) X의 확률분포표를 작성하여라.

(2) (1)의 확률분포표로부터 X의 평균과 분산을 계산하고, 이 결과가 〈정리 4.14〉를 이용하여 구한 것과 일치함을 확인하여라.

31 확률변수 X의 적률생성함수가 다음과 같을 때, 각각 지정된 확률을 구하여라.

(1) $M(t) = e^{e^t - 1}$ $(-\infty < t < \infty)$ 일 때, $P(X=2)$

(2) $M(t) = \left(\dfrac{7e^t}{10-3e^t}\right)^3$ $\left(t < \ln\left(\dfrac{10}{3}\right)\right)$ 일 때, $P(X=4)$

(3) $M(t) = \dfrac{1}{9}(e^{2t} + 4e^t + 4)$ $(-\infty < t < \infty)$ 일 때, $P(X \le 1)$

32 두 프로야구팀 A와 B가 7전4선승제의 한국시리즈를 벌이고 있는데, A팀이 1승을 먼저 거두고 있다. 각 경기에서 양 팀의 승리 확률은 $\frac{1}{2}$씩이고 매 경기의 결과는 서로 독립이며 무승부는 없다고 가정하자.

(1) A팀이 우승할 확률을 구하여라.

(2) 한국시리즈가 7차전까지 갈 확률을 구하여라.

5장 연속확률분포

이산확률분포와 마찬가지로 연속확률분포 중에도 사회와 자연에 잘 적용될 수 있고 학문적 가치가 높은 몇 가지의 분포가 있다. 5장에서는 중요한 몇 가지의 연속확률분포들에 관하여 알아본다.

5.1 균등분포

균등분포(uniform distribution)

다음과 같은 확률밀도함수를 갖는 분포를 구간 (a, b)에서의 **균등분포**(또는 **균일분포**)라고 한다(단, $-\infty < a < b < \infty$).

$$f(x) = \begin{cases} \dfrac{1}{b-a}, & a < x < b \\ 0, & \text{그 밖의 경우} \end{cases} \tag{5.1}$$

즉 균등분포는 정해진 구간에서 확률밀도함수의 값이 일정한 분포이다. 식 (5.1)이 확률밀도함수의 성립 요건을 만족한다는 것은 명백하다. X가 구간 (a, b)에서의 균등분포를 따른다는 것을 $X \sim U(a, b)$로 나타낸다. 균등확률변수의 누적분포함수는 다음과 같이 구할 수 있다.

균등확률변수의 누적분포함수

$X \sim U(a, b)$일 때, X의 누적분포함수는 다음과 같다.

$$F(x) = \int_{-\infty}^{x} f(t)\,dt = \begin{cases} 0, & x \le a \\ \int_{a}^{x} \frac{1}{b-a}dt = \frac{x-a}{b-a}, & a < x < b \\ 1, & x \ge b \end{cases} \qquad (5.2)$$

균등분포의 확률밀도함수와 누적분포함수는 대체적으로 각각 〈그림 5.1〉, 〈그림 5.2〉와 비슷한 모양을 갖는다. 그림의 경우는 $a = 4$, $b = 8$인 경우이다.

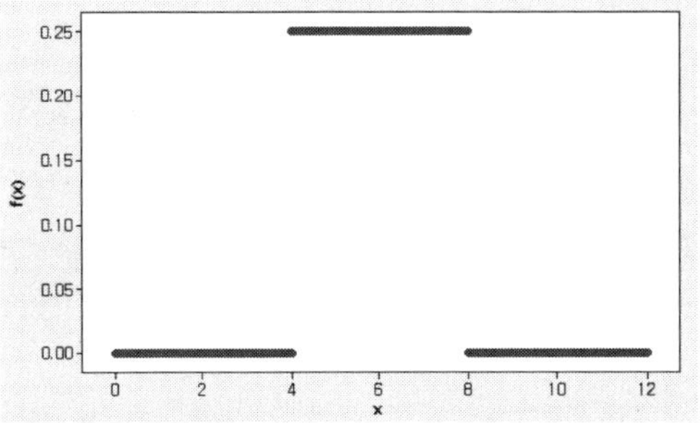

그림 5.1 균등분포의 확률밀도함수 그래프

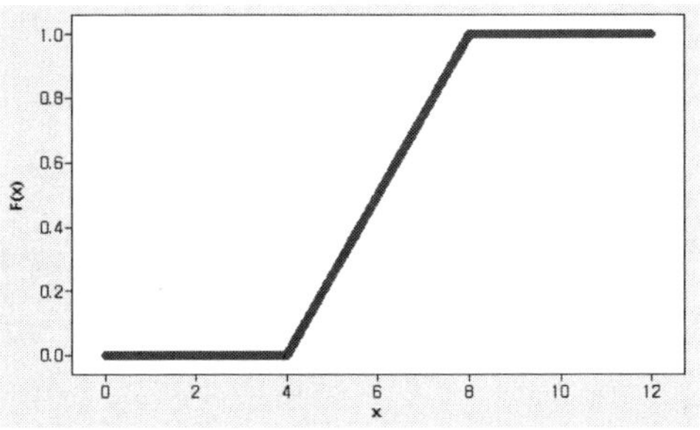

그림 5.2 균등분포의 누적분포함수 그래프

예제 5.1 $X \sim U(2, 9)$일 때, 다음 확률을 구하여라.

(1) $P(X < 7)$ (2) $P(X > 6)$ (3) $P(4 \le X \le 8)$

풀이

(방법 1) (확률밀도함수를 적분)

(1) $P(X < 7) = \int_{2}^{7} \frac{1}{7}dx = \frac{5}{7}$

(2) $P(X > 6) = \int_{6}^{9} \frac{1}{7}dx = \frac{3}{7}$

(3) $P(4 \le X \le 8) = \int_{4}^{8} \frac{1}{7}dx = \frac{4}{7}$

(방법 2) (누적분포함수의 식 (5.2) 이용)

(1) $P(X < 7) = F(7) = \frac{7-2}{9-2} = \frac{5}{7}$

(2) $P(X > 6) = 1 - P(X \le 6) = 1 - F(6) = 1 - \frac{6-2}{9-2} = \frac{3}{7}$

(3) $P(4 \le X \le 8) = P(X \le 8) - P(X < 4) = F(8) - F(4) = \frac{8-2}{9-2} - \frac{4-2}{9-2} = \frac{4}{7}$

(※ X의 분포는 길이 7인 구간 $(2, 9)$에서 균일하고, (3)의 문제에 주어진 구간의 길이는 $8-4=4$이므로 간편히 $P(4 \le X \le 8)=\frac{4}{7}$로 구해도 된다.) ■

5

예제 5.2 터미널에서 버스가 오전 6시부터 오후 8시까지 20분 간격으로 출발한다. 어느 승객이 오전 10시와 11시 사이에 터미널에 도착하며 도착 시점은 10시와 11시 사이에서 균등분포를 이룬다고 하자.

(1) 그가 버스 출발을 기다리는 시간이 5분 미만일 확률을 구하여라.

(2) 그가 5분 동안 기다렸는데 아직 버스가 출발하지 않았다고 할 때, 앞으로 5분을 더 기다려도 버스가 출발하지 않을 확률을 구하여라.

풀이 이 승객이 터미널에 도착하는 시각을 10시 X분이라고 하면 $X \sim U(0, 60)$이다.

(1) 그가 버스 출발을 기다리는 시간이 5분 미만이려면 도착 시점이 10시 15분과 10시 20분 사이, 10시 35분과 10시 40분 사이, 10시 55분과 11시 사이 중의 한 가지여야 하므로, 구하는 확률은

$$\begin{aligned} &P(15 < X < 20) + P(35 < X < 40) + P(55 < X < 60) \\ &= \int_{15}^{20} \frac{1}{60} dx + \int_{35}^{40} \frac{1}{60} dx + \int_{55}^{60} \frac{1}{60} dx \\ &= \frac{1}{4} \end{aligned}$$

(2) 구하는 확률은

$$\begin{aligned} &P(0 < X < 10 \text{ 또는 } 20 < X < 30 \text{ 또는 } 40 < X < 50 \\ &\qquad | \, 0 < X < 15 \text{ 또는 } 20 < X < 35 \text{ 또는 } 40 < X < 55) \\ &= \frac{P(0 < X < 10 \text{ 또는 } 20 < X < 30 \text{ 또는 } 40 < X < 50)}{P(0 < X < 15 \text{ 또는 } 20 < X < 35 \text{ 또는 } 40 < X < 55)} \\ &= \frac{30/60}{45/60} \\ &= \frac{2}{3} \end{aligned}$$

■

정리 5.1 균등분포의 평균과 분산

$X \sim U(a, b)$일 때,

$$E(X) = \frac{a+b}{2}, \quad Var(X) = \frac{(b-a)^2}{12}$$

증명

(i) $E(X) = \int_{-\infty}^{\infty} xf(x)dx = \int_a^b x \cdot \frac{1}{b-a}dx = \frac{1}{b-a} \cdot \frac{b^2-a^2}{2} = \frac{a+b}{2}$

(ii) $E(X^2) = \int_{-\infty}^{\infty} x^2 f(x)dx = \int_a^b x^2 \cdot \frac{1}{b-a}dx = \frac{1}{b-a} \cdot \frac{b^3-a^3}{3} = \frac{a^2+ab+b^2}{3}$

이므로

$$Var(X) = E(X^2) - \{E(X)\}^2 = \frac{a^2+ab+b^2}{3} - \left(\frac{a+b}{2}\right)^2 = \frac{(b-a)^2}{12}$$ ■

예제 5.3 $X \sim U(10, 20)$일 때 X의 평균과 분산을 구하여라.

풀이 〈정리 5.1〉에 의해

$$E(X) = \frac{10+20}{2} = 15, \quad Var(X) = \frac{(20-10)^2}{12} = \frac{25}{3}$$ ■

예제 5.4 X가 균등분포 $U(0, 1)$을 따르고 $Y = aX + b$라고 하자. 여기서 a와 b는 상수이고, $a > 0$이다.

(1) Y의 누적분포함수와 확률밀도함수를 구하여라. Y의 분포는 무엇인가?

(2) Y의 평균과 분산을 구하여라.

풀이 식 (5.2)에 의해 X의 누적분포함수는 다음과 같다.

$$F(x) = \begin{cases} 0, & x \le 0 \\ x, & 0 < x < 1 \\ 1, & x \ge 1 \end{cases}$$

Y의 누적분포함수를 $F_Y(y)$, 확률밀도함수를 $f_Y(y)$라고 하면,

$$F_Y(y) = P(Y \le y) = P\left(X \le \frac{y-b}{a}\right) = F\left(\frac{y-b}{a}\right)$$

$$= \begin{cases} 0, & \frac{y-b}{a} \le 0 \quad (\text{즉 } y \le b) \\ \frac{y-b}{a}, & 0 < \frac{y-b}{a} < 1 \quad (\text{즉 } b < y < a+b) \\ 1, & \frac{y-b}{a} \ge 1 \quad (\text{즉 } y \ge a+b) \end{cases}$$

$$f_Y(y) = \frac{d}{dy}F_Y(y) = \begin{cases} \frac{1}{a}, & b < y < a+b \\ 0, & \text{그 밖의 경우} \end{cases}$$

즉 Y의 분포는 균등분포 $U(b, a+b)$이다.

(2) 〈정리 5.1〉에 의해

$$E(Y)=\frac{b+(a+b)}{2}=\frac{a}{2}+b$$

$$Var(Y)=\frac{(a+b-b)^2}{12}=\frac{a^2}{12}$$

■

정리 5.2 균등분포의 적률생성함수

$X \sim U(a, b)$일 때,

$$M(t)=\begin{cases}\dfrac{e^{tb}-e^{ta}}{t(b-a)}, & t \neq 0 \\ 1, & t=0\end{cases}$$

증명 $M(t)=E(e^{tX})=\int_a^b e^{tx}\cdot\frac{1}{b-a}dx=\frac{1}{b-a}\int_a^b e^{tx}dx$

$$=\begin{cases}\dfrac{1}{b-a}\left[\dfrac{e^{tx}}{t}\right]_a^b=\dfrac{e^{tb}-e^{ta}}{t(b-a)}, & t \neq 0 \\ 1, & t=0\end{cases}$$

■

5.2 정규분포

연속확률분포 중 가장 중요하고 많이 쓰이는 분포는 정규분포라고 할 수 있다. 정규분포의 확률밀도함수는 〈그림 5.3〉과 같이 좌우대칭인 종과 비슷한 모양을 하고 있으며, 평균에서 최댓값을 갖고 평균에서 멀어질수록 함수의 값이 작아진다. 정규분포는 자연과 사회의 각 분야에서 얻어지는 각종의 데이터(예를 들면, 사람들의 키와 몸무게, 학생들의 시험점수, 생산되는 제품의 품질특성값 등)에 대한 적합도가 높기 때문에 매우 유용한 분포이다. 뿐만 아니라, 모집단의 분포가 무엇이든 표본크기가 크면 표본평균은 근사적으로 정규분포를 따른다는 중심극한정리가 발견되면서 정규분포의 중요성은 더욱 커졌다. 중심극한정리에 관해서는 7장에서 상세히 논의하겠다.

정규분포(normal distribution)

다음과 같은 확률밀도함수를 갖는 분포를 모수 μ와 σ^2을 갖는 **정규분포**라고 한다 (단, $-\infty < \mu < \infty$, $\sigma > 0$).

$$f(x) = \frac{1}{\sqrt{2\pi}\,\sigma} e^{-\frac{(x-\mu)^2}{2\sigma^2}}, \quad -\infty < x < \infty \tag{5.3}$$

정규분포의 확률밀도함수는 확률밀도함수의 성립 요건인 (1)과 (2)를 포함하여 다음과 같은 성질들을 갖는다.

정규분포의 확률밀도함수 $f(x)$의 성질

(1) 모든 실수 x에 대해 $f(x) > 0$

(2) $\displaystyle\int_{-\infty}^{\infty} f(x)\,dx = 1$

(3) $x = \mu$에 관하여 대칭

(4) $x = \mu$에서 최댓값을 갖는다.

(5) $\displaystyle\lim_{x \to \pm\infty} f(x) = 0$

(6) $x = \mu \pm \sigma$에서 변곡점을 갖는다.

증명

(1) $e = 2.71828 \cdots > 0$, $\sigma > 0$이므로 명백히 성립한다.

(2) $I = \displaystyle\int_{-\infty}^{\infty} \frac{1}{\sqrt{2\pi}\,\sigma} e^{-\frac{(x-\mu)^2}{2\sigma^2}}\,dx$라고 하자.

$\dfrac{x-\mu}{\sigma} = t$로 치환하면 $\dfrac{1}{\sigma}dx = dt$이므로 $I = \displaystyle\int_{-\infty}^{\infty} \frac{1}{\sqrt{2\pi}} e^{-\frac{t^2}{2}}\,dt$가 된다. 따라서

$$\begin{aligned} I^2 &= \left(\int_{-\infty}^{\infty} \frac{1}{\sqrt{2\pi}} e^{-\frac{t^2}{2}}\,dt\right)\left(\int_{-\infty}^{\infty} \frac{1}{\sqrt{2\pi}} e^{-\frac{u^2}{2}}\,du\right) \\ &= \int_{-\infty}^{\infty}\left(\int_{-\infty}^{\infty} \frac{1}{\sqrt{2\pi}} e^{-\frac{t^2}{2}}\,dt\right)\frac{1}{\sqrt{2\pi}} e^{-\frac{u^2}{2}}\,du \\ &= \frac{1}{2\pi}\int_{-\infty}^{\infty}\int_{-\infty}^{\infty} e^{-\frac{t^2+u^2}{2}}\,dt\,du \end{aligned}$$

이다. 여기서 극좌표로 변환하기 위해 $t = r\cos\theta$, $u = r\sin\theta$로 놓으면 자코비안(Jacobian) J는

$$J = \begin{vmatrix} \dfrac{\partial t}{\partial r} & \dfrac{\partial t}{\partial \theta} \\ \dfrac{\partial u}{\partial r} & \dfrac{\partial u}{\partial \theta} \end{vmatrix} = \begin{vmatrix} \cos\theta & -r\sin\theta \\ \sin\theta & r\cos\theta \end{vmatrix} = r\cos^2\theta - (-r\sin^2\theta) = r$$

이 되므로

$$\begin{aligned} I^2 &= \frac{1}{2\pi}\int_0^{2\pi}\int_0^{\infty} e^{-(r^2\cos^2\theta + r^2\sin^2\theta)/2} J dr\, d\theta \\ &= \frac{1}{2\pi}\int_0^{2\pi}\int_0^{\infty} e^{-\frac{r^2}{2}} r\, dr\, d\theta \\ &= \frac{1}{2\pi}\left(\int_0^{\infty} e^{-\frac{r^2}{2}} r\, dr\right)\left(\int_0^{2\pi} d\theta\right) \\ &= \int_0^{\infty} e^{-s} ds \qquad \left(\frac{r^2}{2} = s \text{로 치환했음} \Rightarrow r\,dr = ds\right) \\ &= \left[-e^{-s}\right]_0^{\infty} \\ &= 1 \end{aligned}$$

이다. 그런데 I는 양수인 것이 명백하므로 $I = 1$이다.

(3) 임의의 a에 대해 $f(\mu + a) = f(\mu - a)$이므로 성립한다.

(4) $e > 0$이므로 $f(x)$는 $-\dfrac{(x-\mu)^2}{2\sigma^2}$가 최대일 때 최대인데, 이것은 $(x-\mu)^2 = 0$ 즉 $x = \mu$일 때이다.

(5) $x \to \pm\infty$이면 $-\dfrac{(x-\mu)^2}{2\sigma^2} \to -\infty$이므로 $f(x) \to 0$이다.

(6) $f(x)$를 1차 미분, 2차 미분해 보면

$$f'(x) = -\left(\frac{x-\mu}{\sqrt{2\pi}\,\sigma^2}\right)e^{-\frac{(x-\mu)^2}{2\sigma^2}}$$

$$f''(x) = \frac{1}{\sqrt{2\pi}\,\sigma^2}e^{-\frac{(x-\mu)^2}{2\sigma^2}}\left\{\frac{(x-\mu)^2}{\sigma^2} - 1\right\}$$

을 얻는다. 따라서 x가 변함에 따라 $f'(x), f''(x), f(x)$가 다음과 같이 변한다는 걸 알 수 있다.

표 5.1 x의 변화에 따른 $f'(x), f''(x), f(x)$의 변화

x	$\cdots$	$\mu-\sigma$	$\cdots$	μ	$\cdots$	$\mu+\sigma$	$\cdots$
$f'(x)$	$+$	$+$	$+$	0	$-$	$-$	$-$
$f''(x)$	$+$	0	$-$	$-$	$-$	0	$+$
$f(x)$	↗	변곡	↗	최대	↘	변곡	↘

■

위의 내용으로부터 알 수 있듯이, 모수 μ와 σ^2은 각각 정규분포의 중심 위치와 산포를 결정한다. X가 모수가 μ와 σ^2인 정규분포를 따른다는 것을 $X \sim N(\mu, \sigma^2)$으로 나타낸다. 〈정리 5.3〉에서 증명하겠지만, μ는 정규분포의 평균이고 σ^2은 분산이다. 정규분포의 확률밀도함수는 다음과 같은 곡선 모양을 이룬다.

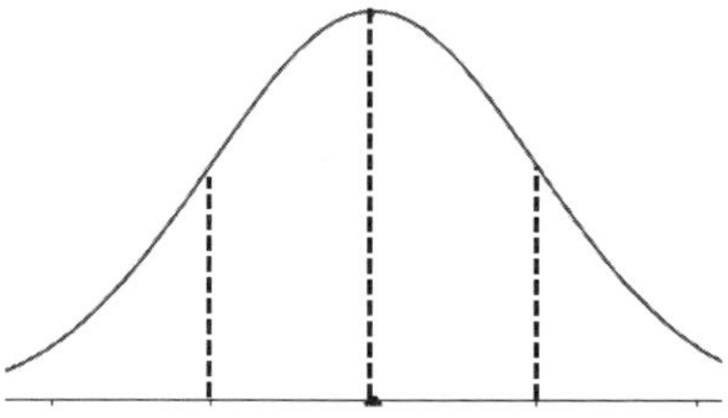

그림 5.3 정규분포의 확률밀도함수 그래프

정리 5.3 정규분포의 평균과 분산

$X \sim N(\mu, \sigma^2)$일 때,

$$E(X) = \mu, \quad Var(X) = \sigma^2$$

증명

(i) $E(X) = \int_{-\infty}^{\infty} x \cdot \frac{1}{\sqrt{2\pi}\,\sigma} e^{-\frac{(x-\mu)^2}{2\sigma^2}} dx$

$$= \int_{-\infty}^{\infty} (\mu + \sigma t) \cdot \frac{1}{\sqrt{2\pi}} e^{-\frac{t^2}{2}} dt \qquad \left(\frac{x-\mu}{\sigma} = t\text{로 치환했음} \Rightarrow \frac{1}{\sigma}dx = dt\right)$$

$$= \mu \int_{-\infty}^{\infty} \frac{1}{\sqrt{2\pi}} e^{-\frac{t^2}{2}} dt + \sigma \int_{-\infty}^{\infty} \frac{t}{\sqrt{2\pi}} e^{-\frac{t^2}{2}} dt$$

그런데 정규분포의 확률밀도함수의 성질 (2)의 증명 과정에서 보였듯이

$\int_{-\infty}^{\infty} \frac{1}{\sqrt{2\pi}} e^{-\frac{t^2}{2}} dt = 1$이다.

한편 $\int_{-\infty}^{\infty} \frac{t}{\sqrt{2\pi}} e^{-\frac{t^2}{2}} dt$의 값을 구하기 위해 우선 $\frac{t}{\sqrt{2\pi}} e^{-\frac{t^2}{2}}$의 부정적분을 구해 보자. $t^2 = u$로 치환하면 $2t\,dt = du$이므로

$$\int \frac{t}{\sqrt{2\pi}} e^{-\frac{t^2}{2}} dt = \int \frac{1}{\sqrt{2\pi}} e^{-\frac{u}{2}} \cdot \frac{1}{2} du = -\frac{1}{\sqrt{2\pi}} e^{-\frac{u}{2}} + C = -\frac{1}{\sqrt{2\pi}} e^{-\frac{t^2}{2}} + C$$

이다. 따라서

$$\int_{-\infty}^{\infty} \frac{t}{\sqrt{2\pi}} e^{-\frac{t^2}{2}} dt = \left[-\frac{1}{\sqrt{2\pi}} e^{-\frac{t^2}{2}}\right]_{-\infty}^{\infty} = 0$$

이므로 $E(X) = \mu$이다.

(ii) $Var(X) = E[(X-\mu)^2] = \int_{-\infty}^{\infty} (x-\mu)^2 \cdot \frac{1}{\sqrt{2\pi}\,\sigma} e^{-\frac{(x-\mu)^2}{2\sigma^2}} dx$

$= \int_{-\infty}^{\infty} \sigma^2 t^2 \cdot \frac{1}{\sqrt{2\pi}} e^{-\frac{t^2}{2}} dt \qquad (\frac{x-\mu}{\sigma} = t$로 치환했음 $\Rightarrow \frac{1}{\sigma} dx = dt)$

$= \sigma^2 \int_{-\infty}^{\infty} t \cdot \frac{t}{\sqrt{2\pi}} e^{-\frac{t^2}{2}} dt$

$= \sigma^2 \left\{ \left[t \cdot \left(-\frac{1}{\sqrt{2\pi}} e^{-\frac{t^2}{2}} \right) \right]_{-\infty}^{\infty} - \int_{-\infty}^{\infty} \left(-\frac{1}{\sqrt{2\pi}} e^{-\frac{t^2}{2}} \right) dt \right\}$

(부분적분을 적용했음)

$= \sigma^2 \left(0 + \int_{-\infty}^{\infty} \frac{1}{\sqrt{2\pi}} e^{-\frac{t^2}{2}} dt \right)$

$= \sigma^2$ ■

정리 5.4 정규분포의 적률생성함수

$X \sim N(\mu, \sigma^2)$일 때,

$$M(t) = \exp\left(\mu t + \frac{\sigma^2 t^2}{2}\right)$$

증명 $M(t)=E(e^{tX})=\int_{-\infty}^{\infty} e^{tx}\cdot\dfrac{1}{\sqrt{2\pi}\,\sigma}e^{-\frac{(x-\mu)^2}{2\sigma^2}}dx$

$$=\int_{-\infty}^{\infty}\frac{1}{\sqrt{2\pi}\,\sigma}\exp\left(-\frac{x^2-2\mu x+\mu^2-2\sigma^2 tx}{2\sigma^2}\right)dx$$

$$=\int_{-\infty}^{\infty}\frac{1}{\sqrt{2\pi}\,\sigma}\exp\left(-\frac{x^2-2(\mu+\sigma^2 t)x+\mu^2}{2\sigma^2}\right)dx$$

$$=\int_{-\infty}^{\infty}\frac{1}{\sqrt{2\pi}\,\sigma}\exp\left(-\frac{\{x-(\mu+\sigma^2 t)\}^2+\mu^2-(\mu+\sigma^2 t)^2}{2\sigma^2}\right)dx$$

$$=\exp\left(\frac{(\mu+\sigma^2 t)^2-\mu^2}{2\sigma^2}\right)\int_{-\infty}^{\infty}\frac{1}{\sqrt{2\pi}\,\sigma}\exp\left(-\frac{\{x-(\mu+\sigma^2 t)\}^2}{2\sigma^2}\right)dx$$

그런데 여기서 적분의 값은 $N(\mu+\sigma^2 t, \sigma^2)$ 분포의 확률밀도함수를 적분한 것이므로 1이다. 따라서

$$M(t)=\exp\left(\frac{(\mu+\sigma^2 t)^2-\mu^2}{2\sigma^2}\right)=\exp\left(\mu t+\frac{\sigma^2 t^2}{2}\right)$$ ■

예제 5.5 $X\sim N(\mu, \sigma^2)$일 때, X의 적률생성함수를 이용하여 X의 기댓값과 분산을 구하여라.

풀이 $M(t)=\exp\left(\mu t+\dfrac{\sigma^2 t^2}{2}\right)$이므로

$$M'(t)=M(t)\cdot(\mu+\sigma^2 t)$$
$$M''(t)=M'(t)\cdot(\mu+\sigma^2 t)+M(t)\cdot\sigma^2=M(t)\cdot(\mu+\sigma^2 t)^2+M(t)\cdot\sigma^2$$

식 (3.7)과 (3.8)에 의해

$$E(X)=M'(0)=\mu$$
$$Var(X)=M''(0)-\{M'(0)\}^2=\mu^2+\sigma^2-\mu^2=\sigma^2$$ ■

〈그림 5.4〉는 표준편차는 같고 평균은 다른 두 정규분포의 확률밀도함수를 나타낸 것이고, 〈그림 5.5〉는 평균은 같고 표준편차는 다른 세 정규분포의 확률밀도함수를 나타낸 것이며, 〈그림 5.6〉은 평균은 같고 표준편차는 다른 세 정규분포의 누적분포함수를 나타낸 것이다.

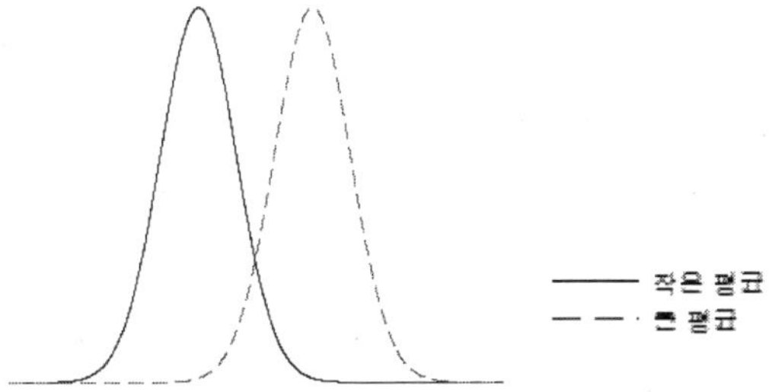

그림 5.4 표준편차는 같고 평균은 다른 두 정규분포의 확률밀도함수

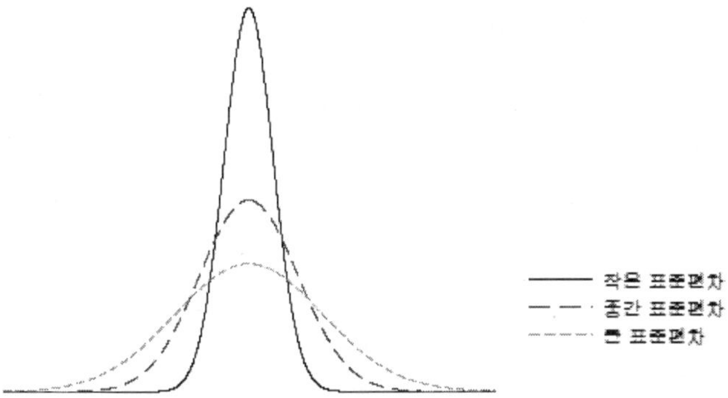

그림 5.5 평균은 같고 표준편차는 다른 세 정규분포의 확률밀도함수

그림 5.6 평균은 같고 표준편차는 다른 세 정규분포의 누적분포함수

정규분포 중 특히 평균이 0이고 분산이 1인 정규분포를 **표준정규분포**(standard normal distribution)라고 한다. 또한 표준정규분포를 따르는 확률변수를 흔히 Z로 표시한다. 즉 $Z \sim N(0,1)$이다. 표준정규확률변수 Z의 확률밀도함수를 $\phi(z)$로, 누적분포함수를 $\Phi(z)$로, 적률생성함수를 $M_Z(t)$로 각각 나타내면, 그 내용은 다음과 같다.

$$\phi(z) = \frac{1}{\sqrt{2\pi}} e^{-\frac{z^2}{2}}, \quad -\infty < z < \infty$$

$$\Phi(z) = P(Z \le z) = \int_{-\infty}^{z} \phi(t)\,dt = \int_{-\infty}^{z} \frac{1}{\sqrt{2\pi}} e^{-\frac{t^2}{2}}\,dt, \quad -\infty < z < \infty$$

$$M_Z(t) = E(e^{tZ}) = e^{\frac{t^2}{2}}$$

표준정규분포의 누적분포함수 $\Phi(z)$는 다음과 같은 기본 성질을 갖는다.

표준정규분포의 누적분포함수 $\Phi(z)$의 기본 성질

(1) $\Phi(0) = 0.5$

(2) $z_1 < z_2$이면 $\Phi(z_1) < \Phi(z_2)$이다.

(3) 임의의 실수 z에 대해 $\Phi(-z) = 1 - \Phi(z)$

증명 표준정규분포는 0에 관하여 대칭임을 이용한다.

(1) $P(Z \le 0) = P(Z \ge 0) = P(Z > 0)$이다. 그런데 $P(Z \le 0) + P(Z > 0) = 1$이므로 $P(Z \le 0) = 0.5$, 즉 $\Phi(0) = 0.5$이다.

(2) $z_1 < z_2$이면,

$$\Phi(z_2) - \Phi(z_1) = \int_{-\infty}^{z_2} \frac{1}{\sqrt{2\pi}} e^{-\frac{t^2}{2}}\,dt - \int_{-\infty}^{z_1} \frac{1}{\sqrt{2\pi}} e^{-\frac{t^2}{2}}\,dt$$
$$= \int_{z_1}^{z_2} \frac{1}{\sqrt{2\pi}} e^{-\frac{t^2}{2}}\,dt > 0$$

(3) $\Phi(-z) = P(Z \le -z) = P(Z \ge z) = 1 - P(Z \le z) = 1 - \Phi(z)$ ■

〈그림 5.7〉과 〈그림 5.8〉은 각각 위의 성질 (1)과 (3)을 시각적으로 설명하기 위한 것이다.

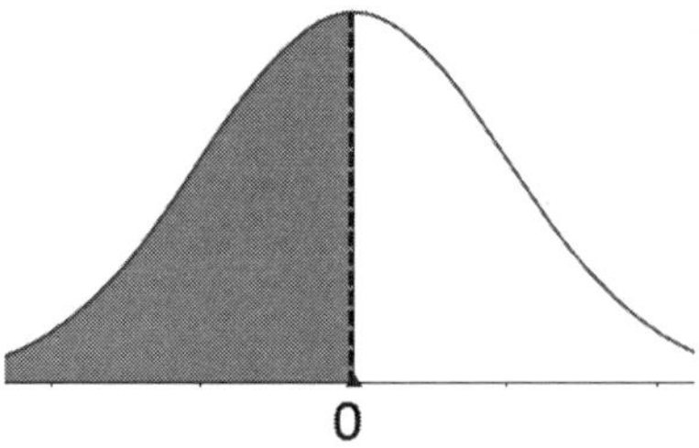

그림 5.7 $\Phi(0) = 0.5$의 설명

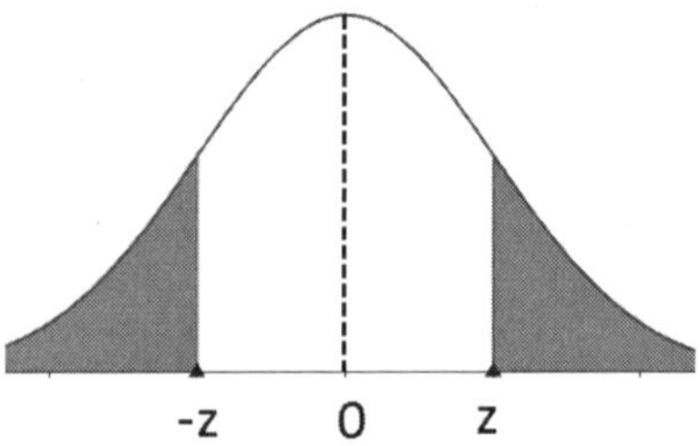

그림 5.8 $\Phi(-z) = 1 - \Phi(z)$의 설명

부록의 〈표 A.2〉는 여러 가지의 z값에 대해서 Z의 누적분포함수 $\Phi(z)$, 즉 $P(Z \le z)$의 값을 구하여 수록해놓은 표이다.

5

예제 5.6 Z가 표준정규분포를 따르는 확률변수일 때, 〈표 A.2〉를 이용하여 다음 확률들을 구하여라.

(1) $P(Z \le 0.67)$ (2) $P(Z > 1.46)$ 3) $P(Z < -1.06)$

(4) $P(-0.45 < Z < 1.29)$ (5) $P(Z < -1.70$ 또는 $Z > 2.13)$

풀이

(1) $P(Z \le 0.67) = 0.7486$

(2) $P(Z > 1.46) = 1 - P(Z \le 1.46) = 1 - 0.9279 = 0.0721$

(3) $P(Z < -1.06) = 1 - P(Z \le 1.06) = 1 - 0.8554 = 0.1446$

(4)
$$\begin{aligned} P(-0.45 < Z < 1.29) &= P(Z < 1.29) - P(Z \le -0.45) \\ &= P(Z < 1.29) - \{1 - P(Z \le 0.45)\} \\ &= 0.9015 - (1 - 0.6736) \\ &= 0.5751 \end{aligned}$$

(5)
$$\begin{aligned} P(Z < -1.70 \text{ 또는 } Z > 2.13) &= P(Z < -1.70) + P(Z > 2.13) \\ &= 1 - P(Z \le 1.70) + 1 - P(Z \le 2.13) \\ &= 1 - 0.9554 + 1 - 0.9834 \\ &= 0.0612 \end{aligned}$$

■

예제 5.7 Z가 표준정규분포를 따르는 확률변수일 때, 〈표 A.2〉를 이용하여 다음의 z값들을 구하여라.

(1) $P(Z > z) = 0.025$를 만족하는 z값

(2) $P(-z < Z < z) = 0.9$를 만족하는 z값

풀이

(1) $1 - P(Z \le z) = 0.025$이므로 $P(Z \le z) = 0.975$이다. 따라서 $z = 1.96$이다.

(2)
$$\begin{aligned} 0.9 &= P(-z < Z < z) = P(Z \le z) - P(Z \le -z) \\ &= P(Z \le z) - \{1 - P(Z \le z)\} = 2P(Z \le z) - 1 \end{aligned}$$

이므로 $P(Z \le z) = 0.95$이다. 〈표 A.2〉에서 보면 $P(Z \le 1.64) = 0.9495$, $P(Z \le 1.65) = 0.9505$이므로, 보간법(interpolation)을 사용하면 구하는 z값은 1.645이다.

■

정리 5.5

a와 b는 상수이고 $a \neq 0$이라고 하자. $X \sim N(\mu, \sigma^2)$이면, $aX+b$의 분포는 $N(a\mu+b, a^2\sigma^2)$이다.

증명

(방법 1) (누적분포함수와 확률밀도함수 이용)

$aX+b$의 누적분포함수를 $F_{aX+b}(y)$, 확률밀도함수를 $f_{aX+b}(y)$로 각각 나타내자.

(i) $a > 0$일 때:

$$F_{aX+b}(y) = P(aX+b \le y) = P\left(X \le \frac{y-b}{a}\right)$$

$$= \int_{-\infty}^{\frac{y-b}{a}} \frac{1}{\sqrt{2\pi}\,\sigma} e^{-\frac{(x-\mu)^2}{2\sigma^2}} dx$$

$$= \int_{-\infty}^{\frac{y-b-a\mu}{a\sigma}} \frac{1}{\sqrt{2\pi}} e^{-\frac{t^2}{2}} dt \qquad \left(\frac{x-\mu}{\sigma} = t\text{로 치환했음} \Rightarrow \frac{1}{\sigma}dx = dt\right)$$

$$f_{aX+b}(y) = F'_{aX+b}(y) = \frac{1}{\sqrt{2\pi}} exp\left(-\frac{\left(\frac{y-b-a\mu}{a\sigma}\right)^2}{2}\right) \cdot \frac{1}{a\sigma}$$

$$= \frac{1}{\sqrt{2\pi}\,a\sigma} exp\left(-\frac{\{y-(a\mu+b)\}^2}{2a^2\sigma^2}\right)$$

따라서 $aX+b \sim N(a\mu+b, a^2\sigma^2)$

(ii) $a < 0$일 때:

$$F_{aX+b}(y) = P(aX+b \le y) = P\left(X \ge \frac{y-b}{a}\right)$$

$$= 1 - \int_{-\infty}^{\frac{y-b}{a}} \frac{1}{\sqrt{2\pi}\,\sigma} e^{-\frac{(x-\mu)^2}{2\sigma^2}} dx$$

$$= 1 - \int_{-\infty}^{\frac{y-b-a\mu}{a\sigma}} \frac{1}{\sqrt{2\pi}} e^{-\frac{t^2}{2}} dt \qquad \left(\frac{x-\mu}{\sigma} = t\text{로 치환했음} \Rightarrow \frac{1}{\sigma}dx = dt\right)$$

$$f_{aX+b}(y) = F'_{aX+b}(y) = -\frac{1}{\sqrt{2\pi}} exp\left(-\frac{\left(\frac{y-b-a\mu}{a\sigma}\right)^2}{2}\right) \cdot \frac{1}{a\sigma}$$

$$= \frac{1}{\sqrt{2\pi} \cdot (-a\sigma)} exp\left(-\frac{\{y-(a\mu+b)\}^2}{2a^2\sigma^2}\right) (※\ a<0\text{일 때는 } -a\sigma>0\text{임})$$

따라서 $aX+b \sim N(a\mu+b, a^2\sigma^2)$

(방법 2) (적률생성함수 이용)

$aX+b$의 적률생성함수를 $M_{aX+b}(t)$로 나타내면,

$$M_{aX+b}(t) = E(e^{t(aX+b)}) = E(e^{taX}e^{tb}) = e^{tb}E(e^{taX}) = e^{tb}M_X(ta)$$
$$= e^{tb}\exp\left(\mu ta + \frac{\sigma^2(ta)^2}{2}\right) = \exp\left((a\mu+b)t + \frac{(a^2\sigma^2)t^2}{2}\right)$$

이것은 평균이 $a\mu+b$이고 분산이 $a^2\sigma^2$인 정규분포의 적률생성함수이다. 따라서 $aX+b \sim N(a\mu+b, a^2\sigma^2)$ ■

〈정리 5.5〉에서 특히 $a = \frac{1}{\sigma}$, $b = -\frac{\mu}{\sigma}$인 경우를 생각하면 다음과 같은 따름정리를 얻는다.

따름정리 5.1

$X \sim N(\mu, \sigma^2)$이면, $\frac{X-\mu}{\sigma}$의 분포는 $N(0, 1)$이다.

위의 $\frac{X-\mu}{\sigma}$와 같이 확률변수에서 평균을 빼고 그것을 표준편차로 나눈 확률변수를 표준화된 확률변수라고 한다고 했다(3.3절 참조). 〈따름정리 5.1〉의 내용은 정규확률변수를 표준화한 확률변수의 분포는 표준정규분포라는 것이다. 이 사실은 매우 중요한 것으로서, 정규확률변수에 관한 확률을 계산할 때 필수적으로 사용된다.

다음의 〈예제 5.8〉의 내용은 μ와 σ^2의 값에 관계없이 성립하는 것으로서, 정규분포에 관한 대표적인 확률이다.

예제 5.8 $X \sim N(\mu, \sigma^2)$일 때, 다음 확률들을 구하여라.

(1) $P(\mu-\sigma < X < \mu+\sigma)$

(2) $P(\mu-2\sigma < X < \mu+2\sigma)$

(3) $P(\mu-3\sigma < X < \mu+3\sigma)$

풀이

(1) $P(\mu-\sigma < X < \mu+\sigma) = P\left(\frac{\mu-\sigma-\mu}{\sigma} < \frac{X-\mu}{\sigma} < \frac{\mu+\sigma-\mu}{\sigma}\right) = P(-1 < Z < 1)$

$= \Phi(1) - \Phi(-1) = \Phi(1) - \{1-\Phi(1)\} = 2\Phi(1) - 1 = 2\times 0.8413 - 1 = 0.6826$

(2) 같은 방식으로

$P(\mu-2\sigma < X < \mu+2\sigma) = P(-2 < Z < 2) = 2\Phi(2) - 1 = 2\times 0.9772 - 1 = 0.9544$

(3) 같은 방식으로

$P(\mu-3\sigma < X < \mu+3\sigma) = P(-3 < Z < 3) = 2\Phi(3) - 1 = 2\times 0.9987 - 1 = 0.9973$

(※ $\Phi(3)$의 값은 소수점 이하 네 자리까지 나타내면 0.9987이지만 좀 더 정밀하게는 0.998650이기 때문에 $2\Phi(3)-1$을 계산하여 소수점 이하 네 자리까지 나타내면 0.9973이다.) ■

예제 5.9 $X \sim N(7, 16)$일 때, 다음 확률들을 구하여라.

(1) $P(3 < X < 10)$

(2) $P(X > 14)$

(3) $P(X < 6$ 또는 $X > 13)$

풀이 $\frac{X-7}{4}$이 표준정규분포를 따르는 확률변수임을 이용한다.

(1) $P(3 < X < 10) = P\left(\frac{3-7}{4} < \frac{X-7}{4} < \frac{10-7}{4}\right) = \Phi(0.75) - \Phi(-1)$

$= \Phi(0.75) - \{1-\Phi(1)\} = 0.7734 - (1-0.8413) = 0.6147$

(2) $P(X > 14) = P\left(\frac{X-7}{4} > \frac{14-7}{4}\right) = 1 - \Phi(1.75) = 1 - 0.9599 = 0.0401$

(3) $P(X < 6$ 또는 $X > 13) = P(X < 6) + P(X > 13)$

$$
\begin{aligned}
&= P\left(\frac{X-7}{4} < \frac{6-7}{4}\right) + P\left(\frac{X-7}{4} > \frac{13-7}{4}\right) \\
&= \Phi(-0.25) + 1 - \Phi(1.5) \\
&= 1 - \Phi(0.25) + 1 - \Phi(1.5) \\
&= 1 - 0.5987 + 1 - 0.9332 \\
&= 0.4681
\end{aligned}
$$

■

예제 5.10 어느 공장에서 생산되는 분필의 길이가 평균 10.0 cm, 표준편차 0.2 cm인 정규분포를 따른다고 한다. 하나의 분필을 무작위로 뽑았을 때 이 분필의 길이가 9.9 cm 와 10.3 cm 사이일 확률을 구하여라.

풀이 뽑힌 분필의 길이를 X(단위: cm)라고 하면 $X \sim N(10, (0.2)^2)$이다. 구하는 확률은

$$P(9.9 < X < 10.3) = P\left(\frac{9.9-10.0}{0.2} < \frac{X-10.0}{0.2} < \frac{10.3-10.0}{0.2}\right) = \Phi(1.5) - \Phi(-0.5)$$
$$= \Phi(1.5) - \{1-\Phi(0.5)\} = 0.9332 - (1-0.6915) = 0.6247$$

■

예제 5.11 어느 지역의 여자대학생들의 몸무게(단위: kg)의 분포가 근사적으로 $N(56, 5^2)$이라고 한다.

(1) 65 kg 이상인 학생은 전체의 몇 % 정도이겠는가?

(2) 몸무게가 전체에서 하위 10% 이하인 학생을 저체중으로 분류한다면, 몇 kg 이하인 학생이 저체중으로 분류되겠는가?

풀이

(1) $X \sim N(56, 5^2)$일 때

$$P(X \geq 65) = P\left(\frac{X-56}{5} \geq \frac{65-56}{5}\right) = 1 - \Phi(1.8) = 1 - 0.9641 = 0.0359$$

따라서 65 kg 이상인 학생은 전체의 약 3.59%이다.

(2) $X \sim N(56, 5^2)$일 때 $P(X \leq x) = 0.1$인 x를 구하면 된다.

$$0.1 = P(X \leq x) = P\left(\frac{X-56}{5} \leq \frac{x-56}{5}\right) = \Phi\left(\frac{x-56}{5}\right)$$

이제 〈표 A.2〉를 이용하여 x를 구해야 하는데, 표에 수록된 확률들은 0.5 이상이므로 성질 $\Phi(-z) = 1 - \Phi(z)$를 이용한다.

$$0.1 = \Phi\left(\frac{x-56}{5}\right) = 1 - \Phi\left(\frac{56-x}{5}\right)$$

로부터 $\Phi\left(\frac{56-x}{5}\right) = 0.9$이므로 근사적으로 $\frac{56-x}{5} = 1.28$, 즉 $x = 49.6$이다. 따라서 약 49.6 kg 이하인 학생이 저체중으로 분류된다.

■

5.3 지수분포

4.3절에서 다룬 포아송 분포와 포아송 과정을 생각하자. 포아송 과정에서, 주어진 구간에서 발생하는 사건의 수는 포아송 분포를 따르는 확률변수라고 하였다. 이제 모수(즉 단위 구간에서의 사건의 평균 발생건수)가 λ인 포아송 과정을 고려하자. 첫 번째 사건이 발생할 때까지의 대기시간(사건 발생 후 다음 사건이 발생할 때까지의 대기시간도 마찬가지다)을 W로 나타내고, W의 누적분포함수 $F(w)$와 확률밀도함수 $f(w)$를 구해 보자. 먼저 대기시간은 양수이어야 하므로 $w \le 0$일 때 $F(w)=0$이 됨은 명백하다. 한편 $w>0$인 경우, $W>w$는 길이 w인 구간에서 단 한 개의 사건도 발생하지 않는 것과 동치이므로 $F(w)$는 다음과 같다.

$$F(w)=P(W\le w)=1-P(W>w)=1-\frac{e^{-\lambda w}(\lambda w)^0}{0!}=1-e^{-\lambda w}$$

따라서 $f(w)$는 다음과 같다.

$$f(w)=F'(w)=\begin{cases}\lambda e^{-\lambda w}, & w>0\\ 0, & w\le 0\end{cases}$$

위의 W의 경우와 같은 누적분포함수와 확률밀도함수를 갖는 확률변수의 분포를 **지수분포**라고 한다.

> **지수분포(exponential distribution)**
>
> 다음과 같은 확률밀도함수를 갖는 분포를 모수가 λ인 **지수분포**라고 한다. (단, $\lambda>0$)
>
> $$f(x)=\begin{cases}\lambda e^{-\lambda x}, & x>0\\ 0, & x\le 0\end{cases} \tag{5.4}$$

식 (5.4)가 확률밀도함수의 성립 요건을 만족하는지 확인해 보자. 우선 모든 실수 x에 대해 $f(x)\ge 0$임은 명백하다. 다음으로

$$\int_{-\infty}^{\infty}f(x)dx=\int_0^{\infty}\lambda e^{-\lambda x}dx=\left[-e^{-\lambda x}\right]_0^{\infty}=0-(-1)=1$$

이므로 식 (5.4)는 확률질량함수의 성립 요건을 만족한다.

X가 모수 λ인 지수분포를 따른다는 것을 $X\sim Exp(\lambda)$로 나타낸다. 즉 모수가 λ인 포

아송 과정에서 첫 번째 사건이 일어날 때까지의 대기시간(또는 사건 발생 후 다음 사건이 발생할 때까지의 대기시간)의 분포는 $Exp(\lambda)$이다. 지수확률변수의 누적분포함수를 다시 한 번 쓰면 다음과 같다.

지수확률변수의 누적분포함수

$X \sim Exp(\lambda)$일 때, X의 누적분포함수는 다음과 같다.

$$F(x) = \int_{-\infty}^{x} f(t)\,dt = \begin{cases} 0, & x \le 0 \\ \int_0^x \lambda e^{-\lambda t} dt = 1 - e^{-\lambda x}, & x > 0 \end{cases} \tag{5.5}$$

지수분포의 확률밀도함수와 누적분포함수는 대체적으로 각각 〈그림 5.9〉, 〈그림 5.10〉과 비슷한 모양을 갖는다. 그림의 경우는 $\lambda = 0.5$인 경우이다.

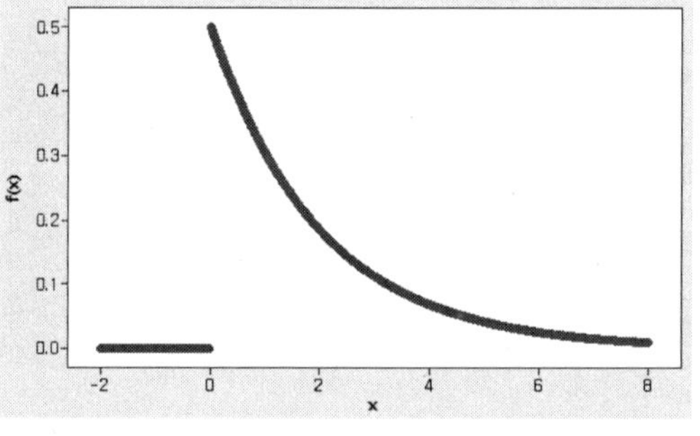

그림 5.9 지수분포의 확률밀도함수 그래프

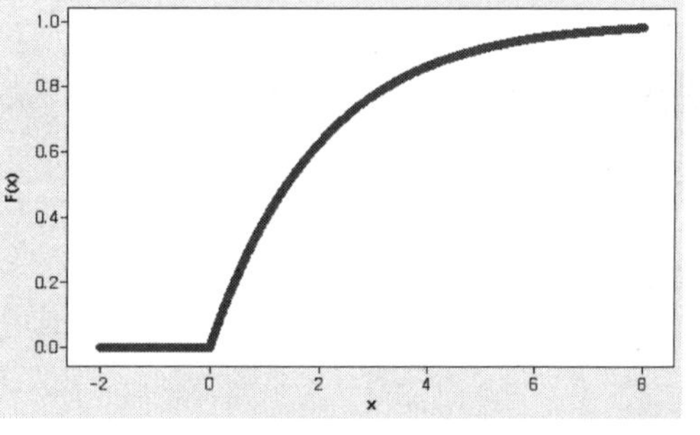

그림 5.10 지수분포의 누적분포함수 그래프

정리 5.6 지수분포의 평균과 분산

$X \sim Exp(\lambda)$일 때,

$$E(X) = \frac{1}{\lambda}, \quad Var(X) = \frac{1}{\lambda^2}$$

증명 부분적분법을 이용하여 적분한다.

(i) $E(X) = \int_0^\infty x \cdot \lambda e^{-\lambda x} dx = \left[x \cdot (-e^{-\lambda x})\right]_0^\infty - \int_0^\infty 1 \cdot (-e^{-\lambda x}) dx$

$= \left[-\frac{1}{\lambda} e^{-\lambda x}\right]_0^\infty = \frac{1}{\lambda}$

(ii) $E(X^2)=\int_0^\infty x^2\cdot\lambda e^{-\lambda x}dx=\left[x^2\cdot(-e^{-\lambda x})\right]_0^\infty-\int_0^\infty 2x\cdot(-e^{-\lambda x})dx$

$=2\int_0^\infty xe^{-\lambda x}dx$

인데, (i)에서 $\int_0^\infty x\cdot\lambda e^{-\lambda x}dx=\frac{1}{\lambda}$이므로 $\int_0^\infty xe^{-\lambda x}dx=\frac{1}{\lambda^2}$이 되어 $E(X^2)=\frac{2}{\lambda^2}$ 임을 알 수 있다. 따라서

$$Var(X)=E(X^2)-\{E(X)\}^2=\frac{2}{\lambda^2}-\left(\frac{1}{\lambda}\right)^2=\frac{1}{\lambda^2}$$ ■

정리 5.7 지수분포의 적률생성함수

$X\sim Exp(\lambda)$일 때,

$$M(t)=\frac{\lambda}{\lambda-t},\quad t<\lambda$$

증명 $M(t)=E(e^{tX})=\int_0^\infty e^{tx}\cdot\lambda e^{-\lambda x}dx=\lambda\int_0^\infty e^{(t-\lambda)x}dx$

위의 적분값은 $t-\lambda<0$ 즉 $t<\lambda$일 때 존재한다.

$$M(t)=\frac{\lambda\left[e^{(t-\lambda)x}\right]_0^\infty}{t-\lambda}=\frac{\lambda(0-1)}{t-\lambda}=\frac{\lambda}{\lambda-t},\quad t<\lambda$$ ■

예제 5.12 X가 평균 7을 갖는 지수확률변수라고 할 때,

(1) $P(X>7)$을 구하여라.

(2) $P(X>m)=0.5$인 m의 값을 구하여라. 이 m을 X의 분포의 중위수(median)라고 한다.

풀이 $E(X)=7$이므로 $X\sim Exp\left(\frac{1}{7}\right)$이다. 즉 X의 확률밀도함수는 다음과 같다.

$$f(x)=\begin{cases}\frac{1}{7}e^{-x/7}, & x>0\\ 0, & x\le 0\end{cases}$$

(1) $P(X>7)=\int_7^\infty\frac{1}{7}e^{-x/7}dx=\left[-e^{-x/7}\right]_7^\infty=e^{-1}=0.3679$

(2) $P(X>m)=\int_m^\infty\frac{1}{7}e^{-x/7}dx=e^{-m/7}$인데, 이것이 0.5와 같아야 하므로

$$m = -7\ln(0.5) \fallingdotseq 4.8520$$

을 얻는다.

(※ 〈그림 5.9〉에서 보는 바와 같이 지수분포의 확률밀도함수는 오른쪽으로 꼬리가 긴 형태를 가지고 있으므로 평균이 중위수보다 큰 값을 갖는다.) ■

5

예제 5.13 어떤 은행에는 시간당 평균 15명의 비율로 포아송 과정에 따라 고객들이 도착한다고 한다. 첫 고객이 도착할 때까지의 대기시간이 5분 이상일 확률을 구하여라.

풀이 첫 고객이 도착할 때까지의 대기시간을 X라고 하자. 시간의 단위를 무엇으로 하든 관계없이 확률은 동일하게 나와야 한다. 이를 확인하기 위하여 두 가지의 단위를 사용하여 구해 보자.

(방법 1) (시간의 단위를 시간(hour)으로 하는 경우)

포아송 과정의 모수는 $\lambda = 15$이므로 X의 분포는 $Exp(15)$이다. 따라서 구하는 확률은

$$P\left(X \geq \frac{1}{12}\right) = \int_{1/12}^{\infty} 15e^{-15x}dx = \left[-e^{-15x}\right]_{1/12}^{\infty} = e^{-5/4} = 0.2865$$

(방법 2) (시간의 단위를 분으로 하는 경우)

포아송 과정의 모수는 $\lambda = \frac{15}{60} = \frac{1}{4}$이므로 X의 분포는 $Exp\left(\frac{1}{4}\right)$이다. 따라서 구하는 확률은

$$P(X \geq 5) = \int_{5}^{\infty} \frac{1}{4}e^{-x/4}dx = \left[-e^{-x/4}\right]_{5}^{\infty} = e^{-5/4} = 0.2865$$ ■

예제 5.14 어떤 전자부품의 수명이 평균 1,200시간을 갖는 지수분포를 따른다고 가정하자.

(1) 이 부품이 1,600시간 이상 작동할 확률을 구하여라.

(2) 이 부품이 800시간 동안 작동하였다면 앞으로 1,600시간 이상 더 작동할 확률은 얼마인가?

풀이 이 전자부품의 수명을 X(단위: 시간)라고 하자.

(1) 구하는 확률은

$$P(X > 1600) = \int_{1600}^{\infty} \frac{1}{1200}e^{-x/1200}dx = \left[-e^{-x/1200}\right]_{1600}^{\infty} = e^{-4/3} = 0.2636$$

(2) 구하는 확률은

$$P(X>2400|X>800)=\frac{P(X>2400,\ X>800)}{P(X>800)}=\frac{P(X>2400)}{P(X>800)}$$

$$=\frac{\left[-e^{-x/1200}\right]_{2400}^{\infty}}{\left[-e^{-x/1200}\right]_{800}^{\infty}}=\frac{e^{-2}}{e^{-2/3}}=e^{-4/3}=0.2636$$ ■

위의 예제에서 알 수 있는 것은, 전자부품의 수명이 지수분포를 따른다고 '가정'한다면, 이 부품의 수명이 800시간 이상이라는 조건하에 그 시점으로부터 1,600시간 이상 더 지속될 확률은 처음 시점에서 생각할 때 수명이 1,600시간 이상일 확률과 같다는 것이다. 즉 지수분포는 **무기억성**을 가지고 있다(〈정리 5.8〉에서 이를 일반적으로 증명하겠다). 연속확률변수의 무기억성은 다음과 같이 정의된다.

연속확률변수의 무기억성(memoryless property)

음이 아닌 연속확률변수 X가 임의의 음이 아닌 실수 s, t에 대하여

$$P(X>s+t|X>s)=P(X>t)$$

를 만족하면, X는(X의 분포는) **무기억성**을 가지고 있다고 한다.

정리 5.8

지수분포는 무기억성을 가지고 있다.

증명 $X\sim Exp(\lambda)$라고 하면, 임의의 음이 아닌 실수 s에 대해

$$P(X>s)=\int_s^{\infty}\lambda e^{-\lambda x}dx=e^{-\lambda s}$$

이므로

$$P(X>s+t|X>s)=\frac{P(X>s+t,\ X>s)}{P(X>s)}=\frac{P(X>s+t)}{P(X>s)}$$

$$=\frac{e^{-\lambda(s+t)}}{e^{-\lambda s}}=e^{-\lambda t}=P(X>t)$$

따라서 지수분포는 무기억성을 가지고 있다. ■

지수분포는 연속확률분포 중에서 무기억성을 갖는 유일한 분포이다.

Note 〈예제 5.14〉에서 전자부품의 수명이 지수분포를 따른다고 가정했는데, 오랜 기간 사용된 부품은 새 부품에 비해 일정 기간 이상 작동할 가능성이 더 낮을 것이기 때문에 지수분포가 부품의 수명 분포에 대한 최적의 모형이라고 하기는 어렵다.

예제 5.15 어느 휴대전화에는 두 달에 평균 1건의 비율로 포아송 과정에 따라 전화가 잘못 걸려온다고 한다.

(1) 주어진 한 달 동안 잘못 걸려온 전화가 2건 이상일 확률을 구하여라.

(2) 어느 해의 1월부터 2월까지 잘못 걸려온 전화가 1건도 없을 때, 5월까지도 잘못 걸려온 전화가 없을 확률을 구하여라.

풀이 주어진 한 달 동안 잘못 걸려온 전화의 건수를 X라고 하고, 어느 해의 시작부터 처음으로 전화가 잘못 걸려올 때까지의 시간을 Y라고 하자. 단위 시간을 무엇으로 하든 관계없이 확률은 동일하게 나와야 한다. 이를 확인하기 위하여 단위 시간을 두 가지로 하여 구해 보자.

(방법 1) (단위 시간을 한 달로 하는 경우)

(1) 포아송 과정의 모수는 $\lambda = 0.5$이고, $t = 1$인 경우이므로 X의 분포는 $Poi(\lambda t)$, 즉 $Poi(0.5)$이다. 따라서 구하는 확률은

$$P(X \geq 2) = 1 - P(X = 0) - P(X = 1) = 1 - e^{-0.5} - 0.5e^{-0.5} = 0.0902$$

(2) 포아송 과정의 모수가 $\lambda = 0.5$이므로 Y의 분포는 $Exp(\lambda)$, 즉 $Exp(0.5)$이다. 따라서 구하는 확률은

$$P(Y > 5 \mid Y > 2) = P(Y > 3) = e^{-(0.5)(3)} = e^{-1.5} = 0.2231$$

(방법 2) (시간의 단위를 두 달로 하는 경우)

(1) 포아송 과정의 모수는 $\lambda = 1$이고, $t = 0.5$인 경우이므로 X의 분포는 $Poi(\lambda t)$, 즉 $Poi(0.5)$이다. 따라서 구하는 확률은 $P(X \geq 2) = 0.0902$로 방법 1에서와 같다.

(2) 포아송 과정의 모수가 $\lambda = 1$이므로 Y의 분포는 $Exp(\lambda)$, 즉 $Exp(1)$이다. 따라서 구하는 확률은

$$P(Y > 2.5 \mid Y > 1) = P(Y > 1.5) = e^{-(1)(1.5)} = e^{-1.5} = 0.2231$$

로 역시 방법 1에서와 같다. ■

5.4 감마분포와 카이제곱분포

이 절에서는 **감마분포**와 **카이제곱분포**를 소개한다. 먼저 이 분포들에 필수적인 감마함수를 정의한다. 모든 양수 α에 대하여 정의되는 다음과 같은 함수를 **감마함수**라고 한다.

감마함수(gamma function):

$$\Gamma(\alpha) = \int_0^\infty y^{\alpha-1} e^{-y} dy \qquad (\text{단, } \alpha > 0)$$

감마함수는 다음과 같은 성질을 갖는다.

정리 5.9 감마함수의 성질:

(1) 모든 양수 α에 대해 $\Gamma(\alpha) > 0$

(2) $\Gamma(1) = 1$

(3) 모든 $\alpha(>1)$에 대해 $\Gamma(\alpha) = (\alpha-1)\Gamma(\alpha-1)$

(4) α가 양의 정수이면 $\Gamma(\alpha) = (\alpha-1)!$ (단, $0! = 1$)

(5) $\Gamma\left(\frac{1}{2}\right) = \sqrt{\pi}$

증명

(1) 피적분함수가 양수이므로 명백하다.

(2) $\Gamma(1) = \int_0^\infty e^{-y} dy = \left[-e^{-y}\right]_0^\infty = 1$

(3) 부분적분법을 사용하면, $\alpha > 1$일 때

$$\begin{aligned}\Gamma(\alpha) &= \left[y^{\alpha-1} \cdot (-e^{-y})\right]_0^\infty - \int_0^\infty (\alpha-1) y^{\alpha-2} \cdot (-e^{-y}) dy \\ &= (\alpha-1)\int_0^\infty y^{\alpha-2} e^{-y} dy \\ &= (\alpha-1)\Gamma(\alpha-1)\end{aligned}$$

(4) (2)에서 보였듯이 $\Gamma(1) = 1 = 0!$

(3)을 이용하면, $\Gamma(2) = \Gamma(1) = 1 = 1!$

$\Gamma(3) = 2\Gamma(2) = 2 \times 1 = 2!$

양의 정수 k에 대해 $\Gamma(k) = (k-1)!$임을 가정하면

$$\Gamma(k+1) = k\Gamma(k) = k \cdot (k-1)! = k!$$

이므로, 수학적 귀납법에 의해 모든 양의 정수 α에 대해 $\Gamma(\alpha) = (\alpha-1)!$임을 알 수 있다.

(5) $\Gamma\left(\frac{1}{2}\right) = \int_0^{\infty} y^{-1/2} e^{-y} dy = \int_0^{\infty} \frac{1}{\sqrt{y}} e^{-y} dy$

$$= \int_0^{\infty} e^{-w^2} \cdot 2\,dw \qquad \left(\sqrt{y} = w\text{로 치환했음} \Rightarrow \frac{1}{2\sqrt{y}}dy = dw\right)$$

$$= \int_{-\infty}^{\infty} e^{-w^2} dw$$

$$= \sqrt{2\pi} \cdot \frac{1}{\sqrt{2}} \int_{-\infty}^{\infty} \frac{1}{\sqrt{2\pi} \cdot \frac{1}{\sqrt{2}}} exp\left(-\frac{(w-0)^2}{2\left(\frac{1}{\sqrt{2}}\right)^2}\right) dw$$

그런데 여기서 적분의 값은 $N\left(0, \frac{1}{2}\right)$ 분포의 확률밀도함수를 적분한 것이므로 1이다. 따라서

$$\Gamma\left(\frac{1}{2}\right) = \sqrt{\pi}$$

■

감마분포는 다음과 같이 정의된다.

감마분포(gamma distribution)

다음과 같은 확률밀도함수를 갖는 분포를 모수가 α와 β인 **감마분포**라고 한다(단, $\alpha > 0$, $\beta > 0$).

$$f(x) = \begin{cases} \frac{1}{\Gamma(\alpha)\beta^{\alpha}} x^{\alpha-1} e^{-x/\beta}, & x > 0 \\ 0, & x \le 0 \end{cases} \tag{5.6}$$

식 (5.6)이 확률밀도함수의 성립 요건을 만족하는지 확인해 보자. 우선 모든 실수 x에 대해 $f(x) \ge 0$임은 명백하다. 다음으로

$$
\begin{aligned}
\int_{-\infty}^{\infty} f(x)\,dx &= \int_0^{\infty} \frac{1}{\Gamma(\alpha)\beta^{\alpha}} x^{\alpha-1} e^{-x/\beta}\,dx \\
&= \int_0^{\infty} \frac{1}{\Gamma(\alpha)} \left(\frac{x}{\beta}\right)^{\alpha-1} e^{-x/\beta} \cdot \frac{1}{\beta}\,dx \\
&= \frac{1}{\Gamma(\alpha)} \int_0^{\infty} y^{\alpha-1} e^{-y}\,dy \qquad \left(\frac{x}{\beta} = y\text{로 치환했음} \Rightarrow \frac{1}{\beta}dx = dy\right) \\
&= 1
\end{aligned}
$$

이므로 식 (5.6)은 확률밀도함수의 성립 요건을 만족한다.

X가 모수가 α와 β인 감마분포를 따른다는 것을 $X \sim Gam(\alpha, \beta)$로 나타낸다.

Note 감마분포에서 $\alpha = 1$, $\beta = \frac{1}{\lambda}$인 경우를 생각해 보자. 그러면 X의 확률밀도함수는

$$
f(x) = \begin{cases} \dfrac{1}{\Gamma(1) \cdot \dfrac{1}{\lambda}} x^{1-1} e^{-x/\left(\frac{1}{\lambda}\right)} = \lambda e^{-\lambda x}, & x > 0 \\ 0, & x \le 0 \end{cases}
$$

이 되어 지수분포 $Exp(\lambda)$의 확률밀도함수와 같은 것이 된다. 즉 $Exp(\lambda) \equiv Gam\left(1, \frac{1}{\lambda}\right)$이 되어 지수분포는 감마분포의 특수한 경우임을 알 수 있다.

다음의 두 그림은 몇 개의 α값과 β값에 대하여 $Gam(\alpha, \beta)$ 분포의 확률밀도함수를 그래프로 나타낸 것이다. 〈그림 5.11〉은 $\beta = 2$로 고정되어 있는 상태에서 α의 값을 바꿔 가며 $Gam(1, 2)$, $Gam(2, 2)$, $Gam(4, 2)$ 분포를 나타낸 것이다. α의 값이 변함에 따라 분포의 모양이 바뀌므로 α를 **형상모수**(shape paramater)라고 한다. 한편 〈그림 5.12〉는 $\alpha = 2$로 고정되어 있는 상태에서 β의 값을 바꿔 가며 $Gam(2, 1)$, $Gam(2, 2)$, $Gam(2, 4)$ 분포를 나타낸 것이다. β의 값이 변함에 따라 분포의 폭이 바뀌므로 β를 **척도모수**(scale paramater)라고 한다.

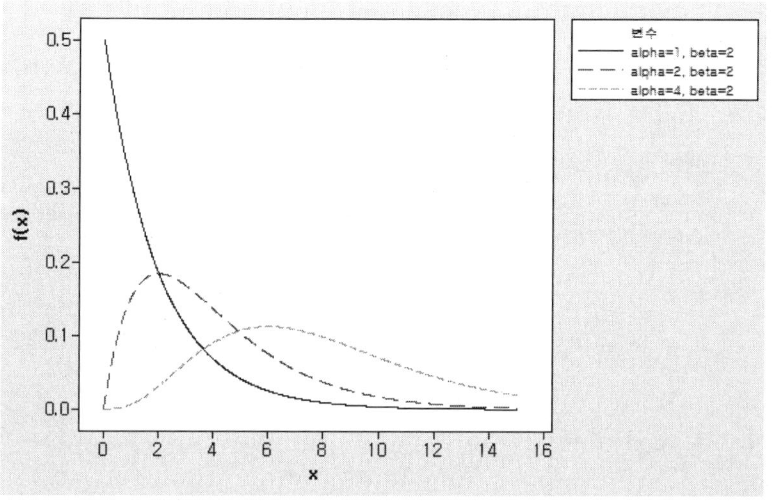

그림 5.11 감마분포의 확률밀도함수 그래프 (β가 고정되고 α가 변하는 경우)

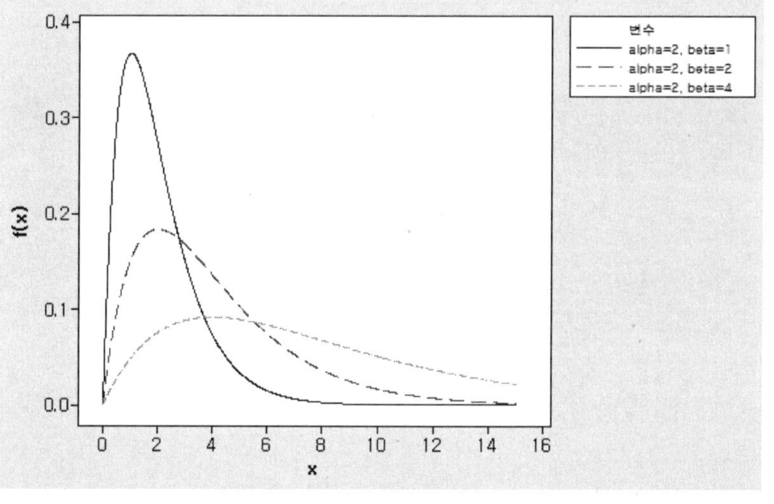

그림 5.12 감마분포의 확률밀도함수 그래프 (α가 고정되고 β가 변하는 경우)

모수가 λ인 포아송 과정을 생각하자. 첫 번째 사건이 일어날 때까지의 대기시간의 분포는 지수분포 $Exp(\lambda)$임을 5.3절에서 보였다. 그러면 일반적으로 k번째(k는 양의 정수) 사건이 일어날 때까지의 대기시간의 분포는 어떻게 될까? 다음의 정리를 보자.

정리 5.10

모수가 λ인 포아송 과정에서 k번째(k는 양의 정수) 사건이 일어날 때까지의 대기시간의 분포는 감마분포 $Gam\left(k, \dfrac{1}{\lambda}\right)$이다.

증명

k번째 사건이 일어날 때까지의 대기시간을 W라고 하고, W의 누적분포함수를 $F(w)$, 확률밀도함수를 $f(w)$로 나타내자.

(i) $w>0$일 때:

$W>w$는 구간 $[0,w]$에서 k보다 적은 개수의 사건이 발생하는 것과 같으므로 $F(w)$는 다음과 같다.

$$F(w)=P(W\le w)=1-P(W>w)=1-\sum_{i=0}^{k-1}\frac{e^{-\lambda w}(\lambda w)^i}{i!}$$

따라서 $f(w)$는 다음과 같다.

$$\begin{aligned}
f(w)=F'(w)&=-\sum_{i=0}^{k-1}\frac{e^{-\lambda w}\cdot(-\lambda)(\lambda w)^i+e^{-\lambda w}\cdot i(\lambda w)^{i-1}\cdot\lambda}{i!}\\
&=-e^{-\lambda w}\sum_{i=0}^{k-1}\left\{\frac{i\lambda(\lambda w)^{i-1}}{i!}-\frac{\lambda(\lambda w)^i}{i!}\right\}\\
&=-e^{-\lambda w}\left[(-\lambda)+\{\lambda-\lambda(\lambda w)\}+\left\{\frac{2\lambda(\lambda w)}{2!}-\frac{\lambda(\lambda w)^2}{2!}\right\}\right.\\
&\qquad\left.+\left\{\frac{3\lambda(\lambda w)^2}{3!}-\frac{\lambda(\lambda w)^3}{3!}\right\}+\cdots+\left\{\frac{(k-1)\lambda(\lambda w)^{k-2}}{(k-1)!}-\frac{\lambda(\lambda w)^{k-1}}{(k-1)!}\right\}\right]\\
&=e^{-\lambda w}\cdot\frac{\lambda(\lambda w)^{k-1}}{(k-1)!}\\
&=\frac{1}{\Gamma(k)\left(\frac{1}{\lambda}\right)^k}w^{k-1}e^{-w/\left(\frac{1}{\lambda}\right)}
\end{aligned}$$

이것은 감마분포 $Gam\left(k,\frac{1}{\lambda}\right)$의 확률밀도함수 형태이다.

(ii) $w>0$일 때: $F(w)=0$, $f(w)=0$

(i)과 (ii)를 종합하면, W의 분포는 $Gam\left(k,\frac{1}{\lambda}\right)$이다. ■

예제 5.16 어느 서점에 오는 고객의 수가 평균적으로 5분당 1명인 포아송 과정을 따른다고 하자.

(1) 처음 두 명의 고객이 오기까지 서점 주인이 기다리는 시간이 8분 이하일 확률을 구하여라.

(2) 처음 1시간 동안에 10명 미만의 고객이 올 확률을 구하여라.

풀이 시간의 단위를 분으로 하자. 분당 평균 0.2명이 오므로 포아송 과정의 모수는 $\lambda = 0.2$이다.

(1) (방법 1)

처음 두 명의 고객이 오기까지 기다리는 시간을 W라고 하면 〈정리 5.10〉에 의해 $W \sim Gam(2, 5)$이다. 따라서 구하는 확률은

$$P(W \le 8) = \int_0^8 \frac{1}{25} we^{-w/5} dw = \left[-\frac{w}{5} e^{-w/5} \right]_0^8 + \int_0^8 \frac{1}{5} e^{-w/5} dw$$

$$= -\frac{8}{5} e^{-8/5} + \left[-e^{-w/5} \right]_0^8 = 1 - \frac{13}{5} e^{-8/5} = 0.4751$$

(방법 2)

서점을 연 뒤 처음 8분 동안 오는 고객의 수를 X라고 하면 X의 분포는 $Poi(0.2 \times 8)$, 즉 $Poi(1.6)$이다. 처음 두 명의 고객이 오기까지 기다리는 시간이 8분 이하라는 것은 처음 8분 동안 오는 고객의 수가 2명 이상이라는 것과 같으므로, 구하는 확률은

$$P(X \ge 2) = 1 - \sum_{x=0}^{2} \frac{e^{-1.6}(1.6)^x}{x!} = 1 - 2.6e^{-1.6} = 0.4751$$

(2) 서점을 연 뒤 처음 1시간 동안 오는 고객의 수를 Y라고 하면 Y의 분포는 $Poi(0.2 \times 60)$, 즉 $Poi(12)$이다. 따라서 구하는 확률은

$$P(Y < 10) = \sum_{y=0}^{9} \frac{e^{-12}(12)^y}{y!} = 0.2424$$ ■

정리 5.11 감마분포의 평균과 분산

$X \sim Gam(\alpha, \beta)$일 때,

$$E(X) = \alpha\beta, \quad Var(X) = \alpha\beta^2$$

증명

(i) $E(X) = \int_0^\infty x \cdot \frac{1}{\Gamma(\alpha)\beta^\alpha} x^{\alpha-1} e^{-x/\beta} dx$

$$= \int_0^\infty \frac{\beta}{\frac{\Gamma(\alpha+1)}{\alpha} \beta^{\alpha+1}} x^{(\alpha+1)-1} e^{-x/\beta} dx$$

$$= \alpha\beta \int_0^\infty \frac{1}{\Gamma(\alpha+1)\beta^{\alpha+1}} x^{(\alpha+1)-1} e^{-x/\beta} dx$$

$$= \alpha\beta$$

위에서 적분의 값은 $Gam(\alpha+1, \beta)$ 분포의 확률밀도함수를 적분한 것이므로 1임을 이용했다.

(ii) $$E(X^2) = \int_0^\infty x^2 \cdot \frac{1}{\Gamma(\alpha)\beta^\alpha} x^{\alpha-1} e^{-x/\beta} dx$$

$$= \int_0^\infty \frac{\beta^2}{\dfrac{\Gamma(\alpha+2)}{\alpha(\alpha+1)}\beta^{\alpha+2}} x^{(\alpha+2)-1} e^{-x/\beta} dx$$

$$= \alpha(\alpha+1)\beta^2 \int_0^\infty \frac{1}{\Gamma(\alpha+2)\beta^{\alpha+2}} x^{(\alpha+2)-1} e^{-x/\beta} dx$$

$$= \alpha(\alpha+1)\beta^2$$

위에서 적분의 값은 $Gam(\alpha+2, \beta)$ 분포의 확률밀도함수를 적분한 것이므로 1임을 이용했다. 따라서

$$Var(X) = E(X^2) - \{E(X)\}^2 = \alpha(\alpha+1)\beta^2 - (\alpha\beta)^2 = \alpha\beta^2$$ ■

예제 5.17 X는 모수가 α, β인 감마확률변수라고 하자. $E(X) = 9.6$, $Var(X) = 30.72$일 때, α, β의 값을 구하여라.

풀이 $\alpha\beta = 9.6$, $\alpha\beta^2 = 30.72$이므로 $\beta = 3.2$이며, 따라서 $\alpha = 3$이다. ■

예제 5.18 $X \sim Gam(\alpha, \beta)$일 때 $\dfrac{1}{X}$의 기댓값과 분산을 구하여라. 단, $\alpha > 2$이다.

풀이

(i) $$E\left(\frac{1}{X}\right) = \int_0^\infty \frac{1}{x} \cdot \frac{1}{\Gamma(\alpha)\beta^\alpha} x^{\alpha-1} e^{-x/\beta} dx$$

$$= \frac{1}{(\alpha-1)\beta} \int_0^\infty \frac{1}{\Gamma(\alpha-1)\beta^{\alpha-1}} x^{(\alpha-1)-1} e^{-x/\beta} dx$$

($\Gamma(\alpha) = (\alpha-1)\Gamma(\alpha-1)$을 이용했음)

$$= \frac{1}{(\alpha-1)\beta}$$

위에서 적분의 값은 $Gam(\alpha-1, \beta)$ 분포의 확률밀도함수를 적분한 것이므로 1임을

이용했다.

(ii) $$E\left(\frac{1}{X^2}\right)=\int_0^\infty \frac{1}{x^2}\cdot\frac{1}{\Gamma(\alpha)\beta^\alpha}x^{\alpha-1}e^{-x/\beta}dx$$

$$=\frac{1}{(\alpha-1)(\alpha-2)\beta^2}\int_0^\infty \frac{1}{\Gamma(\alpha-2)\beta^{\alpha-2}}x^{(\alpha-2)-1}e^{-x/\beta}dx$$

($\Gamma(\alpha)=(\alpha-1)\Gamma(\alpha-1)=(\alpha-1)(\alpha-2)\Gamma(\alpha-2)$를 이용했음)

$$=\frac{1}{(\alpha-1)(\alpha-2)\beta^2}$$

위에서 적분의 값은 $Gam(\alpha-2,\beta)$ 분포의 확률밀도함수를 적분한 것이므로 1임을 이용했다. 따라서

$$Var\left(\frac{1}{X}\right)=E\left(\frac{1}{X^2}\right)-\left\{E\left(\frac{1}{X}\right)\right\}^2$$

$$=\frac{1}{(\alpha-1)(\alpha-2)\beta^2}-\left\{\frac{1}{(\alpha-1)\beta}\right\}^2=\frac{1}{(\alpha-1)^2(\alpha-2)\beta^2}$$ ■

정리 5.12 감마분포의 적률생성함수

$X\sim Gam(\alpha,\beta)$일 때,

$$M(t)=\frac{1}{(1-\beta t)^\alpha},\qquad t<\frac{1}{\beta}$$

증명 $$M(t)=E(e^{tX})=\int_0^\infty e^{tx}\cdot\frac{1}{\Gamma(\alpha)\beta^\alpha}x^{\alpha-1}e^{-x/\beta}dx$$

$$=\int_0^\infty \frac{1}{\Gamma(\alpha)\beta^\alpha}x^{\alpha-1}e^{-\left(\frac{1}{\beta}-t\right)x}dx$$

$$=\frac{1}{(1-\beta t)^\alpha}\int_0^\infty \frac{1}{\Gamma(\alpha)\left(\frac{\beta}{1-\beta t}\right)^\alpha}x^{\alpha-1}e^{-x/\left(\frac{\beta}{1-\beta t}\right)}dx$$

$$=\frac{1}{(1-\beta t)^\alpha},\qquad 1-\beta t>0 \text{ 즉 } t<\frac{1}{\beta}$$

위에서 적분의 값은 $Gam\left(\alpha,\frac{\beta}{1-\beta t}\right)$ 분포의 확률밀도함수를 적분한 것이므로 1임을 이용했다. ■

Note 지수분포 $Exp(\lambda)$는 감마분포 $Gam\left(1, \frac{1}{\lambda}\right)$과 같은 것이므로 〈정리 5.12〉에 의하면 다음과 같은 적률생성함수를 가져야 한다.

$$M(t) = \frac{1}{\left(1 - \frac{t}{\lambda}\right)^1}, \quad t < \frac{1}{1/\lambda}, \text{ 즉 } M(t) = \frac{\lambda}{\lambda - t}, \quad t < \lambda$$

이것은 〈정리 5.7〉에서 얻은 결과와 동일함을 확인할 수 있다.

정리 5.13

$X \sim Gam(\alpha, \beta)$라고 하자. c가 양의 상수이면 cX의 분포는 $Gam(\alpha, c\beta)$이다.

증명 cX의 누적분포함수를 $F_{cX}(y)$, 확률밀도함수를 $f_{cX}(y)$로 나타내면,

$$F_{cX}(y) = P(cX \le y) = P\left(X \le \frac{y}{c}\right)$$

이다.

(i) $y > 0$일 때,

$$F_{cX}(y) = \int_0^{y/c} \frac{1}{\Gamma(\alpha)\beta^\alpha} x^{\alpha-1} e^{-x/\beta} dx \text{ 이므로}$$

$$f_{cX}(y) = \frac{d}{dx} F_{cX}(y) = \frac{d}{d\left(\frac{y}{c}\right)} F_{cX}(y) \cdot \frac{d\left(\frac{y}{c}\right)}{dy}$$

$$= \frac{1}{\Gamma(\alpha)\beta^\alpha}\left(\frac{y}{c}\right)^{\alpha-1} e^{-\left(\frac{y}{c}\right)/\beta} \cdot \frac{1}{c} = \frac{1}{\Gamma(\alpha)(c\beta)^\alpha} y^{\alpha-1} e^{-y/(c\beta)}$$

이것은 $Gam(\alpha, c\beta)$ 분포의 확률밀도함수이다.

(ii) $y < 0$일 때,

$$F_{cX}(y) = 0, \ f_{cX}(y) = 0$$

(i)과 (ii)를 종합하면, $cX \sim Gam(\alpha, c\beta)$이다. ■

감마분포에서 $\alpha = \frac{r}{2}$(단, r은 양의 정수), $\beta = 2$인 특수한 경우를 **자유도**(degree of freedom)가 r인 **카이제곱분포**라고 한다. 즉 카이제곱분포는 다음과 같이 정의된다.

5

카이제곱분포(chi-square distribution)

다음과 같은 확률밀도함수를 갖는 분포를 **자유도가** r인 **카이제곱분포**라고 한다. (단, r은 양의 정수)

$$f(x)=\begin{cases}\dfrac{1}{\Gamma\left(\dfrac{r}{2}\right)2^{\frac{r}{2}}}x^{\frac{r}{2}-1}e^{-x/2}, & x>0\\ 0, & x\le 0\end{cases} \tag{5.7}$$

X가 자유도가 r인 카이제곱분포를 따른다는 것을 $X\sim\chi^2(r)$로 나타낸다. 즉 $\chi^2(r)\equiv Gam\left(\dfrac{r}{2},2\right)$이다. 다음의 〈정리 5.14〉와 〈정리 5.15〉는 각각 〈정리 5.11〉과 〈정리 5.12〉로부터 자동으로 얻게 되는 결과이다.

정리 5.14 카이제곱분포의 평균과 분산

$X\sim\chi^2(r)$일 때,

$$E(X)=r,\quad Var(X)=2r$$

정리 5.15 카이제곱분포의 적률생성함수

$X\sim\chi^2(r)$일 때,

$$M(t)=\frac{1}{(1-2t)^{r/2}},\qquad t<\frac{1}{2}$$

$X\sim\chi^2(r)$일 때 $P(X\ge x)=\alpha$가 되는 x의 값을 $\chi^2(r;\alpha)$ 또는 $\chi^2_\alpha(r)$로 표시한다. 부록의 〈표 A.3〉에는 여러 가지의 r값과 α값에 대해서 $\chi^2(r;\alpha)$의 값을 구하여 수록해놓았다. 몇 가지 예를 들면, $\chi^2(5;0.01)=15.086$, $\chi^2(7;0.05)=14.067$, $\chi^2(12;0.975)=4.404$이다.

예제 5.19 어느 가게에 오는 고객의 수가 시간당 평균 30명인 포아송 과정을 따른다고 하자.

(1) 열 번째 손님이 오기까지 가게 주인이 기다리는 시간의 평균과 표준편차를 구하여라.

(2) 네 번째 손님이 오기까지 가게 주인이 기다리는 시간이 2.18분 이상일 확률을 〈표

A.3⟩을 이용하여 구하여라.

풀이 시간의 단위를 분으로 하자. 분당 평균 0.5명이 오므로 포아송 과정의 모수는 $\lambda = 0.5$이다.

(1) 열 번째 손님이 오기까지 기다리는 시간을 V라고 하면, ⟨정리 5.10⟩에 의해 V의 분포는 $Gam(10, 2)$, 즉 $\chi^2(20)$이다. 따라서 $E(V) = 20$(분), $SD(V) = \sqrt{Var(V)} = \sqrt{40} = 2\sqrt{10}$ (분)이다.

(2) 네 번째 손님이 오기까지 기다리는 시간을 W라고 하면, ⟨정리 5.10⟩에 의해 W의 분포는 $Gam(4, 2)$, 즉 $\chi^2(8)$이다. 따라서 구하는 확률은 ⟨표 A.3⟩을 이용하여

$$P(W \geq 2.18) = 0.975$$ ■

예제 5.20 X가 모수 10과 5인 감마확률변수라고 할 때, 다음을 구하여라.

(1) $P(20.650 \leq X \leq 85.425)$

(2) $P(X \leq x) = 0.99$가 되는 x값

풀이 $X \sim Gam(10, 5)$이므로 ⟨정리 5.13⟩에 의해 $\frac{2}{5}X \sim Gam(10, 2)$, 즉 $\chi^2(20)$임을 이용한다.

(1) $P(20.650 \leq X \leq 85.425) = P\left(8.260 \leq \frac{2}{5}X \leq 34.170\right)$인데, ⟨표 A.3⟩을 이용하면 $P\left(\frac{2}{5}X \geq 8.260\right) = 0.99$, $P\left(\frac{2}{5}X \geq 34.170\right) = 0.025$이므로 구하는 확률은 $0.99 - 0.025 = 0.965$이다.

(2) $P(X \leq x) = P\left(\frac{2}{5}X \leq \frac{2}{5}x\right) = 0.99$이므로, ⟨표 A.3⟩을 이용하면 $\frac{2}{5}x = \chi^2(20; 0.01) = 37.566$이다. 따라서 $x = 93.915$이다. ■

예제 5.21 10개의 관측값이 자유도 6인 카이제곱분포로부터 독립적으로 추출된다면, 그 중에서 많아야 2개의 관측값이 12.592보다 클 확률은 얼마인가?

풀이 ⟨표 A.3⟩에 의하면 자유도 6인 카이제곱분포를 따르는 확률변수가 12.592보다 큰 값을 가질 확률은 0.05이므로, 10개의 관측값 중 12.592보다 큰 것의 개수를 X라고 하면 X의 분포는 이항분포 $B(10, 0.05)$이다. 따라서 구하는 확률은

$$P(X \leq 2) = \sum_{x=0}^{2} \binom{10}{x} (0.05)^x (0.95)^{10-x} = 0.9885$$ ■

다음의 정리는 표준정규분포와 카이제곱분포의 관계에 관한 것이다.

정리 5.16

Z를 표준정규분포를 따르는 확률변수라고 하면, Z^2의 확률분포는 $\chi^2(1)$이다.

증명 $V=Z^2$이라고 하고, V의 누적분포함수를 $F_V(v)$, 확률밀도함수를 $f_V(v)$로 나타내자.

(i) $v>0$일 때,

$$\begin{aligned} F_V(v) &= P(V \le v) = P(-\sqrt{v} \le Z \le \sqrt{v}) \\ &= 2P(0 \le Z \le \sqrt{v}) = 2\int_0^{\sqrt{v}} \frac{1}{\sqrt{2\pi}} e^{-z^2/2} dz \end{aligned}$$

$$\begin{aligned} f_V(v) &= \frac{d}{dv} F_V(v) = \frac{d}{d(\sqrt{v})} F_V(v) \cdot \frac{d(\sqrt{v})}{dv} \\ &= 2 \cdot \frac{1}{\sqrt{2\pi}} e^{-(\sqrt{v})^2/2} \cdot \frac{1}{2\sqrt{v}} = \frac{1}{\Gamma\left(\frac{1}{2}\right) 2^{1/2}} v^{\frac{1}{2}-1} e^{-v/2} \end{aligned}$$

이것은 바로 $\chi^2(1)$ 분포의 확률밀도함수이다.

(ii) $v \le 0$일 때,

$$F_V(v)=0, \ f_V(v)=0$$

(i)과 (ii)를 종합하면, $Z^2 \sim \chi^2(1)$이다. ■

〈정리 5.16〉으로부터 다음의 따름정리가 즉시 나온다.

따름정리 5.2

X가 평균이 μ, 분산이 σ^2인 정규분포를 따르는 확률변수이면, $\dfrac{(X-\mu)^2}{\sigma^2}$의 확률분포는 $\chi^2(1)$이다.

예제 5.22 X가 정규분포 $N(-4, 9)$를 따르는 확률변수일 때, $(X+4)^2$의 기댓값과 분산을 구하여라.

풀이 〈따름정리 5.2〉에 의해 $\frac{(X+4)^2}{9}$의 분포는 $\chi^2(1)$, 즉 $Gam\left(\frac{1}{2}, 2\right)$이다. 이제 〈정리 5.13〉을 이용하면, $(X+4)^2$의 분포는 $Gam\left(\frac{1}{2}, 18\right)$이다. 따라서 $(X+4)^2$의 기댓값과 분산은 각각 다음과 같다.

$$E[(X+4)^2] = \frac{1}{2} \times 18 = 9$$

$$Var[(X+4)^2] = \frac{1}{2} \times 18^2 = 162$$

■

연습문제

1 X가 구간 $(-4, 5)$에서 균등분포를 따를 때 다음 확률을 구하여라.

(1) $P(-1 < X < 3)$

(2) $P(X \geq 2)$

(3) $P(|X| > 1)$

(4) $P(1 \leq X^2 \leq 4)$

(5) $P(|X| > 2 \mid |X| > 1)$

2 〈예제 5.4〉를 $a < 0$인 경우에 대하여 풀어라.

3 X가 구간 $(-1, 1)$에서 균등분포를 따른다고 하자. 다음을 구하여라.

(1) $P\left(|X| > \dfrac{1}{3}\right)$

(2) $Y = |X|$라고 할 때 Y의 확률밀도함수

4 $X \sim N(9, 36)$일 때 다음 확률을 구하여라.

(1) $P(X > 18)$

(2) $P(|X - 9| < 6)$

5 $X \sim N(18, 36)$이라고 하자. $aX + b$가 표준정규분포를 따른다면, a와 b의 값은 얼마인가?

6 어느 대학 남학생들의 키가 평균 175 cm, 표준편차 4 cm인 정규분포를 따른다고 한다.

(1) 한 남학생을 무작위로 뽑았을 때 이 학생의 키가 172 cm와 180 cm 사이일 확률을 구하여라.

(2) 키가 전체에서 상위 5% 이상인 학생을 장신으로 분류한다면, 몇 cm 이상인 학생이 장신으로 분류되겠는가?

7 어떤 선생님은 매일 도시 근교의 집에서 시내의 학교로 통근한다. 출근 소요 시간은 평균 32분, 표준편차 4.2분인 정규분포를 따른다고 한다.

(1) 출근 시간이 35분 이상 걸릴 확률을 구하여라.

(2) 학교 업무가 오전 9시에 시작한다면, 집에서 오전 8시 35분에 출발했을 때 업무에 늦을 확률은 얼마인가?

8 어느 음료수 자동판매기에서 한 번에 나오는 음료수의 양은 평균 190 ml, 표준편차 8 ml인 정규분포를 따른다고 한다.

(1) 180 ml 이상 나올 확률은 얼마인가?

(2) 200 ml 용량의 컵 3개에 음료수를 한 번씩 받을 때, 적어도 한 개의 컵에서 넘쳐흐를 확률은 얼마인가?

9 어떤 종류의 자동차의 수명은 평균 12년, 표준편차 3년인 정규분포를 따른다고 한다. 제조업자는 보상기간 안에 수명이 끝나는 모든 차량을 무상으로 교환해 주려 한다. 무상교환물을 2.5% 정도로 하려면 보상기간을 얼마로 정해야 하는가?

10 지수분포 $Exp(\lambda)$의 평균과 분산을 적률생성함수를 이용하여 구하여라.

11 공중전화의 사용 시간은 평균 4분인 지수확률변수라고 하자. 당신이 전화 부스에 도착했을 때, 어떤 사람이 통화를 하고 있고 기다리고 있는 사람은 당신 외에는 없다면, 당신이 5분 이상 기다려야 할 확률은 얼마인가?

12 X는 평균이 3인 지수분포를 따르는 확률변수라고 하자.

$$P(X>3)=a, \qquad P(X>4)=b,$$
$$P(X>6 \mid X>1)=c, \qquad P(X>7 \mid X>5)=d$$

라고 할 때, a, b, c, d를 값이 가장 작은 것부터 가장 큰 것까지 순서대로 나열하여라.

13 어떤 슈퍼마켓에 고객들이 시간당 평균 15명의 비율로 포아송 과정에 따라 도착한다고 한다. X를 첫 고객이 도착할 때까지의 대기시간(단위: 분)이라고 하자.

(1) X의 확률밀도함수를 써라.

(2) X의 평균은 얼마인가?

(3) $P(X > 8)$을 구하여라.

14 X는 컴퓨터의 중고 테이프에서 10미터당 결점의 수이다. X가 평균 1.25인 포아송 분포를 따른다고 하자. W를 첫 번째 결점이 발견되기까지의 테이프의 길이(단위: 미터)라고 하자.

(1) 1미터당 평균 결점의 수는 얼마인가?

(2) W의 분포는 무엇인가?

(3) $P(W > 24)$를 구하여라.

15 어떤 자동차가 배터리를 장착하고 주행할 수 있는 거리를 X(단위: ㎞)라고 하자. 어떤 사람이 이 자동차로 5000㎞ 거리를 여행할 것을 계획하고 있다. 이 자동차는 배터리를 장착한 뒤 8000㎞를 주행한 상태이다. 이 사람이 배터리를 교체하지 않고 여행을 마칠 확률을 다음의 각 경우에 대하여 구하여라.

(1) X의 분포가 구간 (10000, 14000)에서의 균등분포인 경우

(2) X의 분포가 평균 12000, 표준편차 2500인 정규분포인 경우

(3) X의 분포가 평균 12000인 지수분포인 경우

16 자동차 부품의 수명(단위: 년)을 나타내는 확률변수 X의 확률밀도함수가 다음과 같다.

$$f(x) = \frac{3x^2}{7^3} e^{-(x/7)^3}, \quad 0 < x < \infty$$

이 부품이 처음 14년 동안 고장 나지 않았다고 할 때, 그 후 7년 동안 더 고장 나지 않을 조건부확률을 구하여라.

17 감마분포 $Gam(\alpha, \beta)$의 평균과 분산을 적률생성함수를 이용하여 구하여라.

18 확률변수 X의 적률생성함수가 다음과 같을 때 X의 분포는 무엇인가?

(1) $M(t) = \exp(2t^2)$

(2) $M(t) = \dfrac{1}{1-5t}, \quad t < \dfrac{1}{5}$

(3) $M(t) = \dfrac{3}{\sqrt{9-t}}, \quad t < 9$

19 교환대에 걸려오는 전화신청 수가 1분당 평균 $\frac{3}{5}$인 포아송 과정을 따른다고 한다.

(1) X를 첫 번째 전화신청이 들어올 때까지의 대기시간(단위: 분)이라고 하자. X의 분포는 무엇인가? 처음 2분 동안 1건의 전화신청도 안 들어올 확률을 X의 분포를 이용하여 구하여라.

(2) Y를 여덟 번째 전화신청이 접수될 때까지의 대기시간(단위: 분)이라고 하자. Y의 분포는 무엇인가?

(3) 〈표 A.3〉을 이용하여, (2)의 Y에 대해 $P(Y < 6.635)$를 구하여라.

20 확률변수 X의 적률생성함수가 다음과 같다고 하자.

$$M(t) = \exp(5t + 8t^2)$$

(1) $P(X \geq 8)$을 구하여라.

(2) $Y = \dfrac{X-5}{2}$라고 할 때, Y^2의 적률생성함수를 구하여라.

21 X가 모수 5와 3인 감마확률변수일 때, $P(X \leq x) = 0.01$이 되는 x값을 〈표 A.3〉을 이용하여 구하여라.

22 X의 적률생성함수가 다음과 같을 때, $P(1.635 \leq X \leq 14.449)$를 〈표 A.3〉을 이용하여 구하여라.

$$M(t) = \frac{1}{(1-2t)^3}, \quad t < \frac{1}{2}$$

23 X가 정규분포 $N(0, \sigma^2)$를 따르는 확률변수일 때 X^2의 분포는 무엇인가?

24 X가 정규분포 $N(2, 9)$를 따르는 확률변수인 경우 $P(34.569 \leq (X-2)^2 \leq 59.715)$를 구하여라.

25 어떤 전자제품의 수명(단위: 시간) X의 확률밀도함수가 다음과 같다.

$$f(x) = \begin{cases} \dfrac{10}{x^2}, & x > 10 \\ 0, & x \leq 10 \end{cases}$$

(1) $P(X > 16)$을 구하여라.

(2) 그러한 전자제품 5개 중에서 적어도 3개가 16시간 이상 작동할 확률을 구하여라. 단, 전자제품들의 작동 여부는 서로 독립이라고 가정한다.

26 어떤 휴대전화에 전화가 걸려올 때까지의 시간은 평균이 3시간인 지수확률변수라고 가정하자.

(1) 4시간 동안 전화가 한 통도 안 걸려올 확률을 구하여라.

(2) 4시간 동안 전화가 한 통도 안 걸려왔다고 할 때, 앞으로 2시간이 더 지나도 전화가 한 통도 안 걸려올 확률을 구하여라.

27 응급구조센터에 들어오는 구조요청 수가 시간당 평균 2건인 포아송과정을 따른다고 한다.

(1) X를 처음 5개의 구조요청이 들어올 때까지의 시간(단위: 시간)이라 하자. X의 분포는 무엇인가? X의 확률밀도함수를 써라.

(2) X의 평균과 분산은 얼마인가?

(3) 처음 5개의 구조요청이 2시간 이내에 들어올 확률을 구하여라.

28 X의 적률생성함수가 다음과 같을 때, $P(X > x) = 0.05$가 되는 x값을 〈표 A.3〉을 이용하여 구하여라.

$$M(t) = \frac{1}{\left(1 - \frac{t}{3}\right)^{15/2}}, \quad t < 3$$

29 다음의 $f(x)$가 정규분포의 확률밀도함수가 되도록 상수 c의 값을 정하여라.

$$f(x) = c \cdot 2^{-x^2}, \qquad -\infty < x < \infty$$

30 다음의 $f(x)$가 확률밀도함수가 되도록 상수 c의 값을 정하여라.

(1) $f(x) = c \cdot x^5 e^{-2x}, \quad x > 0$

(2) $f(x) = c \cdot x^2 e^{-4x/3}, \quad x > 0$

6장

결합확률분포

지금까지 우리는 단일 확률변수의 분포만을 다루어 왔다. 그러나 확률적 실험에서 두 개 이상의 확률변수를 동시에 생각해야 하는 경우가 많다. 예를 들면, 주사위를 일정횟수만큼 던져서 6의 눈이 나오는 횟수(X)와 짝수의 눈이 나오는 횟수(Y)를 동시에 생각하는 경우, 또는 사람들의 키(X)와 몸무게(Y)를 동시에 측정하거나 조사한다든가, 학생들의 국어점수(X)와 수학점수(Y)를 동시에 조사하는 경우 등이다. 이런 경우에는 실험의 결과를 두 확률변수의 순서쌍 (X, Y)로 나타내게 된다. 일반적으로 두 확률변수의 순서쌍 (X, Y)를 **이차원 확률변수**(two-dimensional random variable)라고 한다. 이 개념과 내용을 삼차원 확률변수, 사차원 확률변수 등으로도 어렵지 않게 확장하여 생각할 수 있다.

6.1 두 확률변수의 결합분포

3장에서, 단일 확률변수의 경우 실수 전체 집합의 부분집합 A에 대해 확률 $P(X\in A)$를 대응시키는 관계를 X의 확률분포로 정의하였다. 이를 두 확률변수의 경우로 확장하면, 다음과 같이 결합확률분포를 정의할 수 있다.

> **결합확률분포(joint probability distribution)**
> 두 확률변수 X, Y에 대해 확률 $P(X\in A, Y\in B)$를 대응시키는 관계를 X와 Y의 **결합확률분포** 또는 **결합분포**(joint distribution)라고 한다. 여기서 A와 B는 실수 전체 집합의 부분집합이다.

단일 이산확률변수의 확률분포는 확률질량함수에 의해 결정되고 단일 연속확률변수의 확률분포는 확률밀도함수에 의해 결정되듯이, 두 확률변수의 결합확률분포는 이산형인 경우 **결합확률질량함수**, 연속형인 경우는 **결합확률밀도함수**에 의해 결정된다. 먼저 결합확률질량함수의 정의를 보자.

두 이산확률변수의 결합확률질량함수(joint probability mass function)

두 이산확률변수 X, Y에 대해

$$f(x, y) = P(X = x, Y = y)$$

로 정의되는 함수 $f(x, y)$를 X와 Y의 **결합확률질량함수**라고 한다.

결합확률질량함수 $f(x, y)$는 다음과 같은 성질을 갖는다.

결합확률질량함수 $f(x, y)$의 성질

(1) 모든 실수 x, y에 대해 $f(x, y) \geq 0$

(2) $\sum_x \sum_y f(x, y) = 1$

(3) $R^2 (= R \times R)$의 임의의 부분집합 A에 대해 $P[(X, Y) \in A] = \sum\sum_{(x, y) \in A} f(x, y)$

(단, R은 실수 전체의 집합)

예 6.1 2개의 주사위 A, B를 던져서 나오는 눈의 수를 각각 X, Y라고 하면, X와 Y의 결합확률질량함수는 다음과 같다.

$$f(x, y) = \begin{cases} \dfrac{1}{36}, & x = 1, 2, 3, 4, 5, 6,\ \ y = 1, 2, 3, 4, 5, 6,\ \ x\text{와 } y\text{는 정수} \\ 0, & \text{그 밖의 경우} \end{cases}$$ ■

X, Y가 결합확률질량함수 $f(x, y)$를 가질 때 X만의(또는 Y만의) 확률질량함수를 X의(또는 Y의) **주변확률질량함수**라고 하며, 다음과 같이 정의한다.

주변확률질량함수(marginal probability mass function)

두 이산확률변수 X, Y가 결합확률질량함수 $f(x, y)$를 가질 때, 다음의 $f_1(x)$를 X의 **주변확률질량함수**라고 하고, $f_2(y)$를 Y의 **주변확률질량함수**라고 한다.

$$f_1(x) = \sum_y f(x, y) = P(X = x)$$

$$f_2(y) = \sum_x f(x, y) = P(Y = y)$$

또한 두 이산확률변수의 독립과 종속은 다음과 같이 정의된다.

두 이산확률변수의 독립과 종속

두 이산확률변수 X, Y의 결합확률질량함수를 $f(x, y)$라고 하고, X의 주변확률질량함수를 $f_1(x)$, Y의 주변확률질량함수를 $f_2(y)$라고 할 때,

$$f(x, y) = f_1(x) f_2(y) \quad (\text{모든 } (x, y)\text{에 대해})$$

가 성립하면 X와 Y는 **독립**(independent)이라고 하고, 성립하지 않으면 X와 Y는 **종속**(dependent)이라고 한다.

예를 들어, 〈예 6.1〉에서 X와 Y의 주변확률질량함수는 각각 다음과 같다.

$$f_1(x) = \begin{cases} \frac{1}{6}, & x = 1, 2, 3, 4, 5, 6 \\ 0, & \text{그 밖의 경우} \end{cases}$$

$$f_2(y) = \begin{cases} \frac{1}{6}, & y = 1, 2, 3, 4, 5, 6 \\ 0, & \text{그 밖의 경우} \end{cases}$$

그리고 모든 (x, y)에 대해 $f(x, y) = f_1(x) f_2(y)$가 성립하므로 X와 Y는 독립이다.

예제 6.1 X와 Y의 결합확률질량함수가 다음과 같다.

$$f(x, y) = \frac{x + 2y}{24}, \qquad x = 0, 1, 2, \quad y = 1, 2$$

(1) $P(X \le 1, Y \le 1)$을 구하여라.

(2) X와 Y 각각의 주변확률질량함수를 구하고 X와 Y의 독립 여부를 밝혀라.

풀이

(1) $P(X \le 1, Y \le 1) = \sum_{x \le 1} \sum_{y \le 1} f(x, y) = f(0, 1) + f(1, 1) = \frac{2}{24} + \frac{3}{24} = \frac{5}{24}$

(2) X와 Y의 주변확률질량함수는 각각 다음과 같이 구해진다.

$$f_1(x) = \sum_y f(x, y) = \sum_{y=1}^{2} \frac{x+2y}{24} = \frac{x+2}{24} + \frac{x+4}{24} = \frac{x+3}{12}, \qquad x = 0, 1, 2$$

$$f_2(y) = \sum_x f(x, y) = \sum_{x=0}^{2} \frac{x+2y}{24} = \frac{2y}{24} + \frac{1+2y}{24} + \frac{2+2y}{24} = \frac{1+2y}{8}, \qquad y = 1, 2$$

"모든 (x, y)에 대해 $f(x, y) = f_1(x) f_2(y)$"가 성립하지 않으므로 X와 Y는 종속이다. ■

참고 위의 예제에서 X와 Y의 결합확률분포를 다음과 같이 표로 나타낼 수도 있다. 이러한 표를 X, Y의 **결합확률분포표**라고 한다.

표 6.1 〈예제 6.1〉에서 X, Y의 결합확률분포표

		x			합계
		0	1	2	
y	1	$\frac{2}{24}$	$\frac{3}{24}$	$\frac{4}{24}$	$\frac{3}{8}$
	2	$\frac{4}{24}$	$\frac{5}{24}$	$\frac{6}{24}$	$\frac{5}{8}$
합계		$\frac{3}{12}$	$\frac{4}{12}$	$\frac{5}{12}$	1

또한 위의 표에서 맨 아래에 있는 3개의 합계는 각각 $f_1(0)$, $f_1(1)$, $f_1(2)$의 값이며 이것은 X의 주변확률분포를 나타낸다. 마찬가지로 맨 오른쪽에 있는 2개의 합계는 각각 $f_2(1)$과 $f_2(2)$의 값이며 Y의 주변확률분포를 나타낸다.

두 이산확률변수의 경우 X와 Y가 독립이려면, 결합확률분포표에서 (x, y)의 칸 모두에 대해 $f(x, y) = f_1(x) f_2(y)$가 성립해야 한다. 〈표 6.1〉의 경우를 보자. 예를 들어 $f(0, 1)$은 $\frac{2}{24}$인데, $f_1(0)$과 $f_2(1)$은 각각 $\frac{3}{12}$과 $\frac{3}{8}$이므로 $f(0, 1) \neq f_1(0) f_2(1)$이다. 이와 같이 $f(x, y) \neq f_1(x) f_2(y)$인 (x, y)가 하나라도 있으면, "모든 (x, y)에 대해 $f(x, y) = f_1(x) f_2(y)$"가 성립하지 않는 것이므로 X와 Y는 종속이다. 3개 이상의 확률변수의 경우에도 같은 방식으로 생각할 수 있다.

예제 6.2 X와 Y의 결합확률질량함수가 다음과 같다.

$$f(x, y) = \frac{x^2 y}{45}, \qquad x = 1, 2, \qquad y = 2, 3, 4$$

(1) $P(X=1,\ Y \le 3)$을 구하여라.

(2) $P(X+Y \ge 5)$를 구하여라.

(3) X와 Y 각각의 주변확률질량함수를 구하고 X와 Y의 독립 여부를 밝혀라.

풀이

(1) $P(X=1,\ Y \le 3) = f(1,2) + f(1,3) = \dfrac{2}{45} + \dfrac{3}{45} = \dfrac{1}{9}$

(2) $P(X+Y \ge 5) = f(1,4) + f(2,3) + f(2,4) = \dfrac{4}{45} + \dfrac{12}{45} + \dfrac{16}{45} = \dfrac{32}{45}$

(3) X와 Y의 주변확률질량함수는 각각 다음과 같다.

$$f_1(x) = \sum_{y=2}^{4} \frac{x^2 y}{45} = \frac{x^2}{5}, \qquad x = 1, 2$$

$$f_2(y) = \sum_{x=1}^{2} \frac{x^2 y}{45} = \frac{y}{9}, \qquad y = 2, 3, 4$$

표 6.2 X, Y의 결합확률분포표

		x		합계
		1	2	
y	2	$\frac{2}{45}$	$\frac{8}{45}$	$\frac{2}{9}$
	3	$\frac{3}{45}$	$\frac{12}{45}$	$\frac{3}{9}$
	4	$\frac{4}{45}$	$\frac{16}{45}$	$\frac{4}{9}$
합계		$\frac{1}{5}$	$\frac{4}{5}$	1

"모든 (x, y)에 대해 $f(x,y) = f_1(x) f_2(y)$"가 성립하므로 X와 Y는 독립이다. ■

예제 6.3 X와 Y의 결합확률질량함수가 다음과 같다.

$$f(x,y) = \frac{x^2 y}{7}, \qquad (x,y) = (1,1), (1,2), (2,1)$$

X와 Y 각각의 주변확률질량함수를 구하고 X와 Y의 독립 여부를 밝혀라.

풀이 X와 Y의 주변확률질량함수는 각각 다음과 같다.

$$f_1(x) = \sum_y f(x, y) = \begin{cases} f(1, 1) + f(1, 2) = \dfrac{1}{7} + \dfrac{2}{7} = \dfrac{3}{7}, & x = 1 \\ f(2, 1) = \dfrac{4}{7}, & x = 2 \end{cases}$$

$$f_2(y) = \sum_x f(x, y) = \begin{cases} f(1, 1) + f(2, 1) = \dfrac{1}{7} + \dfrac{4}{7} = \dfrac{5}{7}, & y = 1 \\ f(1, 2) = \dfrac{2}{7}, & y = 2 \end{cases}$$

표 6.3 X, Y의 결합확률분포표

		x		합계
		1	2	
y	1	$\frac{1}{7}$	$\frac{4}{7}$	$\frac{5}{7}$
	2	$\frac{2}{7}$	0	$\frac{2}{7}$
합계		$\frac{3}{7}$	$\frac{4}{7}$	1

"모든 (x, y)에 대해 $f(x, y) = f_1(x) f_2(y)$"가 성립하지 않으므로 X와 Y는 종속이다. ■

예제 6.4 하나의 동전을 세 번 던질 때 나오는 앞면의 수를 X, 처음 두 번의 시행에서 나오는 뒷면의 수를 Y라고 할 때,

(1) X와 Y의 결합확률분포를 구하여라.

(2) X와 Y 각각의 주변확률분포를 구하여라. X와 Y는 독립인가?

풀이

(1) 가능한 8가지의 결과와 그에 따른 X, Y의 값은 다음과 같다.

표 6.4 가능한 8가지의 결과와 그에 따른 X, Y의 값

결과	HHH	HHT	HTH	THH	HTT	THT	TTH	TTT
X	3	2	2	2	1	1	1	0
Y	0	0	1	1	1	1	2	2
확률	$\frac{1}{8}$	$\frac{1}{8}$	$\frac{1}{8}$	$\frac{1}{8}$	$\frac{1}{8}$	$\frac{1}{8}$	$\frac{1}{8}$	$\frac{1}{8}$

따라서 X와 Y의 결합확률분포는 다음과 같다.

표 6.5 X, Y의 결합확률분포표

		x			
		0	1	2	3
y	0	0	0	$\frac{1}{8}$	$\frac{1}{8}$
	1	0	$\frac{1}{4}$	$\frac{1}{4}$	0
	2	$\frac{1}{8}$	$\frac{1}{8}$	0	0

(2) X와 Y의 주변확률분포는 각각 다음과 같다.

표 6.6 X의 주변확률분포표

x	0	1	2	3
$f_1(x)$	$\frac{1}{8}$	$\frac{3}{8}$	$\frac{3}{8}$	$\frac{1}{8}$

표 6.7 Y의 주변확률분포표

y	0	1	2
$f_2(y)$	$\frac{1}{4}$	$\frac{1}{2}$	$\frac{1}{4}$

〈표 6.5〉에서 $f(0,0)=0$인데, 〈표 6.6〉과 〈표 6.7〉에서 $f_1(0)=\frac{1}{8}$, $f_2(0)=\frac{1}{4}$이므로 $f(0,0)\neq f_1(0)f_2(0)$이다. 따라서 "모든 (x,y)에 대해 $f(x,y)=f_1(x)f_2(y)$"가 성립하지 않으므로 X와 Y는 종속이다. ■

두 이산확률변수의 결합분포에 관한 내용은 두 연속확률변수의 경우로도 확장해서 생각할 수 있다. 두 연속확률변수의 **결합확률밀도함수**(joint probability density function) $f(x,y)$는 다음과 같은 성질을 갖는다.

두 연속확률변수의 결합확률밀도함수의 성질

(1) 모든 실수 x, y에 대해 $f(x,y)\geq 0$

(2) $\int_{-\infty}^{\infty}\int_{-\infty}^{\infty} f(x,y)\,dx\,dy=1$

(3) R^2의 임의의 부분집합 A에 대해

$$P[(X,\ Y) \in A] = \iint_A f(x,y)\,dx\,dy = \iint_A f(x,y)\,dy\,dx$$

X, Y가 결합확률밀도함수 $f(x,y)$를 가질 때 X만의(또는 Y만의) 확률밀도함수를 X의 (또는 Y의) **주변확률밀도함수**라고 하며, 다음과 같이 정의한다.

주변확률밀도함수(marginal probability density function)

두 연속확률변수 X, Y가 결합확률밀도함수 $f(x,y)$를 가질 때, 다음의 $f_1(x)$를 X의 **주변확률밀도함수**라고 하고, $f_2(y)$를 Y의 **주변확률밀도함수**라고 한다.

$$f_1(x) = \int_{-\infty}^{\infty} f(x,y)\,dy$$

$$f_2(y) = \int_{-\infty}^{\infty} f(x,y)\,dx$$

두 연속확률변수의 독립과 종속은 이산확률변수의 경우와 유사하게 다음과 같이 정의된다.

두 연속확률변수의 독립과 종속

두 연속확률변수 X, Y의 결합확률밀도함수를 $f(x,y)$라고 하고, X의 주변확률밀도함수를 $f_1(x)$, Y의 주변확률밀도함수를 $f_2(y)$라고 할 때,

$$f(x,y) = f_1(x) f_2(y) \quad (\text{모든 } (x,y)\text{에 대해})$$

가 성립하면 X와 Y는 **독립**이라고 하고, 성립하지 않으면 X와 Y는 **종속**이라고 한다.

예제 6.5 좌표평면 위의 영역

$$S = \{(x,y) : -1 \le x \le 1,\ -1 \le y \le 1\}$$

안에서 한 점을 무작위로 선택한다고 하자. 영역 내에서 넓이가 같으면 모두 그 점을 포함할 가능성이 동일하도록 점이 선택된다. 선택된 점의 좌표를 (X, Y)라고 하자.

(1) X와 Y의 결합확률밀도함수를 구하여라.

(2) X와 Y 각각의 주변확률밀도함수를 구하여라.

(3) X와 Y는 독립인가?

풀이

(1) 선택되는 점은 영역 S 내에서 가능성이 균일하게 분포하므로, X와 Y의 결합확률밀도함수를 $f(x, y)$라고 하면 $f(x, y)$는 영역 S 내에서 상수의 값을 가져야 한다. 즉

$$f(x, y) = \begin{cases} c, & -1 \le x \le 1,\ -1 \le y \le 1 \\ 0, & \text{그 밖의 경우} \end{cases}$$

이제 c의 값을 구해야 한다. $\int_{-\infty}^{\infty}\int_{-\infty}^{\infty} f(x, y)\,dx\,dy = 1$이어야 하므로

$$1 = \int_{-1}^{1}\int_{-1}^{1} c\,dx\,dy = \int_{-1}^{1} 2c\,dy = 4c,$$

즉 $c = \frac{1}{4}$을 얻는다. 따라서 $f(x, y)$는 다음과 같다.

$$f(x, y) = \begin{cases} \frac{1}{4}, & -1 \le x \le 1,\ -1 \le y \le 1 \\ 0, & \text{그 밖의 경우} \end{cases}$$

(2) X와 Y의 주변확률밀도함수를 각각 $f_1(x)$, $f_2(y)$라고 하면

$$f_1(x) = \int_{-\infty}^{\infty} f(x, y)\,dy = \begin{cases} \int_{-1}^{1} \frac{1}{4}dy = \frac{1}{2}, & -1 \le x \le 1 \\ 0, & \text{그 밖의 경우} \end{cases}$$

$$f_2(y) = \int_{-\infty}^{\infty} f(x, y)\,dx = \begin{cases} \int_{-1}^{1} \frac{1}{4}dx = \frac{1}{2}, & -1 \le y \le 1 \\ 0, & \text{그 밖의 경우} \end{cases}$$

(3) 모든 (x, y)에 대해 $f(x, y) = f_1(x)f_2(y)$가 성립하므로 X와 Y는 독립이다. ■

예제 6.6 〈예제 6.5〉에서 S의 부분집합인 영역 A를 다음과 같이 정의하자.

$$A = \{(x, y) : x^2 + y^2 \le 1\}$$

즉 A는 원점을 중심으로 하고 반지름이 1인 원의 내부(둘레 포함)이다. $P[(X, Y) \in A]$를 구하여라.

풀이 $P[(X, Y) \in A] = \iint_A f(x, y)\,dy\,dx = \iint_A \frac{1}{4}\,dy\,dx$

$$= \int_{-1}^{1}\int_{-\sqrt{1-x^2}}^{\sqrt{1-x^2}} \frac{1}{4}dy\,dx = \frac{1}{4}\int_{-1}^{1}\int_{-\sqrt{1-x^2}}^{\sqrt{1-x^2}} dy\,dx$$

$$= \frac{1}{2}\int_{-1}^{1} \sqrt{1-x^2}\, dx = \int_{0}^{1} \sqrt{1-x^2}\, dx$$

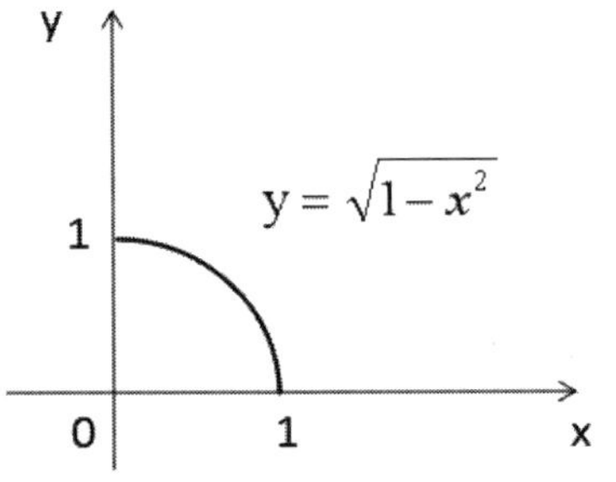

그림 6.1

그런데 이 적분의 값은 〈그림 6.1〉에서 보는 바와 같이 반지름이 1인 원의 넓이의 $\frac{1}{4}$이다. 따라서 $P[(X,\ Y) \in A] = \frac{\pi}{4}$이다.

(※ 2.1.3절의 기하학적 확률을 이용하여 확률을 $\frac{m(A)}{m(S)} = \frac{\pi}{4}$로 구할 수도 있다.) ■

예제 6.7 X와 Y의 결합확률밀도함수가 다음과 같다.

$$f(x, y) = \begin{cases} x+y, & 0 < x < 1,\ 0 < y < 1 \\ 0, & \text{그 밖의 경우} \end{cases}$$

(1) $\int_{-\infty}^{\infty}\int_{-\infty}^{\infty} f(x, y)\, dx\, dy = 1$임을 보여라.

(2) $P\left(X \geq \frac{1}{3},\ Y \leq \frac{1}{2}\right)$을 구하여라.

(3) X와 Y 각각의 주변확률밀도함수를 구하여라.

(4) X와 Y는 독립인가?

풀이

(1) $\int_{-\infty}^{\infty}\int_{-\infty}^{\infty} f(x, y)\, dx\, dy = \int_{0}^{1}\int_{0}^{1}(x+y)\, dx\, dy = \int_{0}^{1}\left[\frac{x^2}{2} + xy\right]_{x=0}^{x=1} dy$

$$= \int_{0}^{1}\left(\frac{1}{2} + y\right)dy = \left[\frac{y}{2} + \frac{y^2}{2}\right]_{0}^{1} = 1$$

(2) $P\left(X \geq \frac{1}{3},\ Y \leq \frac{1}{2}\right) = \int_{1/3}^{\infty}\int_{-\infty}^{1/2} f(x, y)\, dx\, dy = \int_{1/3}^{1}\int_{0}^{1/2}(x+y)\, dx\, dy$

$$= \int_{1/3}^{1} \left[\frac{x^2}{2} + xy \right]_{x=0}^{x=1/2} dy = \int_{1/3}^{1} \left(\frac{1}{8} + \frac{1}{2} y \right) dy$$

$$= \left[\frac{y}{8} + \frac{y^2}{4} \right]_{1/3}^{1} = \frac{11}{36}$$

(3) X와 Y의 주변확률밀도함수를 각각 $f_1(x)$, $f_2(y)$라고 하면

$$f_1(x) = \int_{-\infty}^{\infty} f(x, y)\, dy = \begin{cases} \displaystyle\int_0^1 (x+y) dy = \left[xy + \frac{y^2}{2} \right]_{y=0}^{y=1} = x + \frac{1}{2}, & 0 < x < 1 \\ 0, & \text{그 밖의 경우} \end{cases}$$

$$f_2(y) = \int_{-\infty}^{\infty} f(x, y)\, dx = \begin{cases} \displaystyle\int_0^1 (x+y) dx = \left[\frac{x^2}{2} + xy \right]_{x=0}^{x=1} = y + \frac{1}{2}, & 0 < y < 1 \\ 0, & \text{그 밖의 경우} \end{cases}$$

(4) $f(x, y) \neq f_1(x) f_2(y)$이므로 X와 Y는 독립이 아니다. ■

예제 6.8 X와 Y의 결합확률밀도함수가 다음과 같다. ($\int_{-\infty}^{\infty}\int_{-\infty}^{\infty} f(x, y)\, dx\, dy = 1$ 이 성립함은 각자 확인해 보아라.)

$$f(x, y) = \begin{cases} 2xy, & 0 < x < 1,\ 0 < y < \sqrt{2} \\ 0, & \text{그 밖의 경우} \end{cases}$$

(1) $P(X + Y \leq 1)$을 구하여라.

(2) X와 Y 각각의 주변확률밀도함수를 구하여라.

(3) X와 Y는 독립인가?

풀이

(1) $$P(X + Y \leq 1) = \iint_{x+y \leq 1} f(x, y) dx\, dy = \int_0^1 \int_0^{1-y} 2xy\, dx\, dy$$

$$= \int_0^1 y(1-y)^2 dy = \frac{1}{12}$$

(2) X와 Y의 주변확률밀도함수를 각각 $f_1(x)$, $f_2(y)$라고 하면

$$f_1(x) = \begin{cases} \displaystyle\int_0^{\sqrt{2}} 2xy\, dy = \left[xy^2 \right]_{y=0}^{y=\sqrt{2}} = 2x, & 0 < x < 1 \\ 0, & \text{그 밖의 경우} \end{cases}$$

$$f_2(y) = \begin{cases} \displaystyle\int_0^1 2xy\, dx = \left[x^2 y \right]_{x=0}^{x=1} = y, & 0 < y < \sqrt{2} \\ 0, & \text{그 밖의 경우} \end{cases}$$

(3) 모든 (x, y)에 대해 $f(x,y) = f_1(x) f_2(y)$이므로 X와 Y는 독립이다. ■

예제 6.9 X와 Y의 결합확률밀도함수가 다음과 같다.

$$f(x,y) = \begin{cases} \dfrac{1}{2}, & 0 \le y \le \dfrac{x}{4} \le 1 \\ 0, & \text{그 밖의 경우} \end{cases}$$

(1) $\int_{-\infty}^{\infty} \int_{-\infty}^{\infty} f(x,y)\, dx\, dy = 1$임을 보여라.

(2) $P(2 \le X \le 3)$을 구하여라.

(3) X와 Y 각각의 주변확률밀도함수를 구하여라.

(4) X와 Y는 독립인가?

풀이

(1) (〈그림 6.2〉 참조)

$$\int_{-\infty}^{\infty} \int_{-\infty}^{\infty} f(x,y)\, dx\, dy = \int_0^1 \int_{4y}^4 \frac{1}{2}\, dx\, dy = \int_0^1 (2-2y) dy = 1$$

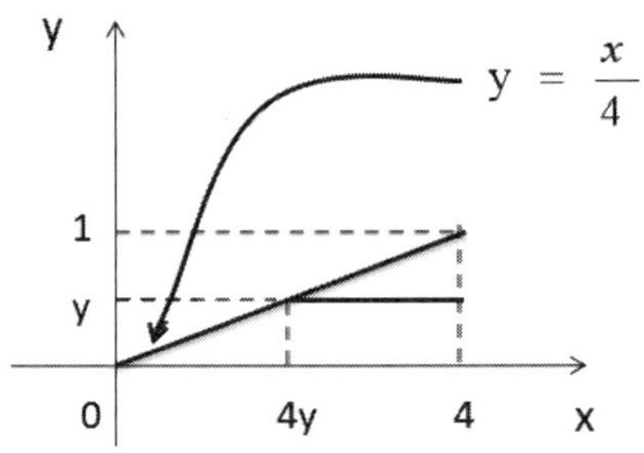

그림 6.2

(2) (〈그림 6.3〉 참조)

$$P(2 \le X \le 3) = \int_2^3 \int_{-\infty}^{\infty} f(x,y)\, dy\, dx = \int_2^3 \int_0^{x/4} \frac{1}{2}\, dy\, dx = \int_2^3 \frac{x}{8} dx = \frac{5}{16}$$

(※ 위의 확률을

$$\int_{-\infty}^{\infty} \int_2^3 f(x,y)\, dx\, dy = \int_0^{1/2} \int_2^3 \frac{1}{2}\, dx\, dy + \int_{1/2}^{3/4} \int_{4y}^3 \frac{1}{2}\, dx\, dy$$

로 하여 계산해도 같은 결과가 나온다.)

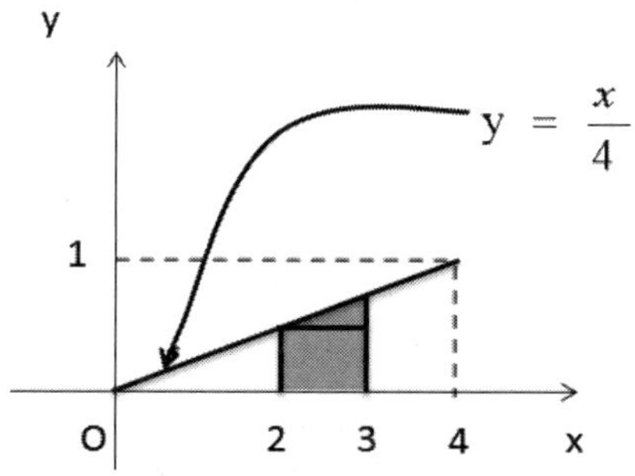

그림 6.3

(3) X와 Y의 주변확률밀도함수를 각각 $f_1(x)$, $f_2(y)$라고 하면

$$f_1(x) = \int_{-\infty}^{\infty} f(x,y)\,dy = \begin{cases} \int_0^{x/4} \frac{1}{2} dy = \frac{x}{8}, & 0 \le x \le 4 \\ 0, & \text{그 밖의 경우} \end{cases}$$

$$f_2(y) = \int_{-\infty}^{\infty} f(x,y)\,dx = \begin{cases} \int_{4y}^{4} \frac{1}{2} dx = 2-2y, & 0 \le y \le 1 \\ 0, & \text{그 밖의 경우} \end{cases}$$

(4) $f(x,y) \ne f_1(x)f_2(y)$이므로 X와 Y는 독립이 아니다. ■

〈예제 6.1〉~〈예제 6.9〉(〈예제 6.6〉 제외)에서는 두 확률변수의 독립 여부를 알아보기 위하여 확률변수 각각의 주변확률질량함수(또는 주변확률밀도함수)를 구해서 그들의 곱이 결합확률질량함수(또는 결합확률밀도함수)와 같은가를 일일이 확인하였다. 그러나 다음의 정리를 이용하면 확률변수들의 주변확률질량함수(또는 주변확률밀도함수)를 구하지 않고도 독립 여부를 판별할 수 있다.

정리 6.1

두 확률변수 X와 Y의 결합확률질량함수(연속확률변수인 경우에는 결합확률밀도함수)를 $f(x,y)$라고 하자. X와 Y가 독립이기 위한 필요충분조건은 $f(x,y)$가 x만의 음이 아닌 함수와 y만의 음이 아닌 함수의 곱으로 표현될 수 있는 것이다. 즉

$$f(x,y) = g(x)h(y) \quad (\text{모든 } (x,y)\text{에 대해})$$

단, R의 어떤 부분집합 A_1과 A_2에 대해, $g(x) > 0$, $x \in A_1$, $g(x) = 0$, 그 밖의 경우, $h(y) > 0$, $y \in A_2$, $h(y) = 0$, 그 밖의 경우.

증명 (연속확률변수인 경우에 대하여 증명한다. 이산확률변수인 경우에는 적분 기호($\int$)를 합 기호($\sum$)로 바꿔서 생각하면 된다.)

X와 Y가 독립이라고 하자. 그러면 모든 (x, y)에 대해 $f(x, y) = f_1(x)f_2(y)$이다. 여기서 $f_1(x)$와 $f_2(y)$는 X와 Y 각각의 확률밀도함수이다. 따라서 $f(x, y) = g(x)h(y)$의 형태가 성립한다.

역으로, 모든 (x, y)에 대해 $f(x, y) = g(x)h(y)$가 성립한다면, X와 Y의 확률밀도함수는 각각 다음과 같이 된다.

$$f_1(x) = \int_{-\infty}^{\infty} g(x)h(y)\,dy = g(x)\int_{-\infty}^{\infty} h(y)\,dy = c_1 g(x)$$

$$f_2(y) = \int_{-\infty}^{\infty} g(x)h(y)\,dx = h(y)\int_{-\infty}^{\infty} g(x)\,dx = c_2 h(y)$$

단, 여기서 c_1과 c_2는 상수이다. 더욱이 $\int_{-\infty}^{\infty}\int_{-\infty}^{\infty} f(x, y)\,dx\,dy = 1$이므로

$$\begin{aligned} 1 &= \int_{-\infty}^{\infty}\int_{-\infty}^{\infty} g(x)h(y)\,dx\,dy = \int_{-\infty}^{\infty}\left\{h(y)\int_{-\infty}^{\infty} g(x)\,dx\right\}dy \\ &= \left\{\int_{-\infty}^{\infty} g(x)\,dx\right\}\left\{\int_{-\infty}^{\infty} h(y)\,dy\right\} = c_2 c_1 \end{aligned}$$

이 되어 $c_1 c_2 = 1$이 된다. 결과적으로

$$f(x, y) = g(x)h(y) = c_1 g(x) c_2 h(y) = f_1(x)f_2(y)$$

가 성립하므로 X와 Y는 독립이다. ■

〈정리 6.1〉을 위의 예제들에 적용해 보자. 〈예제 6.1〉과 〈예제 6.7〉의 경우는 $f(x, y)$가 x만의 음이 아닌 함수와 y만의 음이 아닌 함수의 곱으로 표현될 수 없으므로 X와 Y는 종속이다. 〈예제 6.2〉, 〈예제 6.5〉와 〈예제 6.8〉의 경우는 $f(x, y)$가 x만의 음이 아닌 함수 $g(x)$와 y만의 음이 아닌 함수 $h(y)$의 곱으로 표현될 수 있으므로 X와 Y는 독립이다. 〈예제 6.2〉의 경우 예컨대 $g(x) = x^2$, $x = 1, 2$, $h(y) = \frac{y}{45}$, $y = 2, 3, 4$ (또는 $g(x) = \frac{x^2}{3}$, $x = 1, 2$, $h(y) = \frac{y}{15}$, $y = 2, 3, 4$ 등)로 잡으면 되고, 〈예제 6.5〉의 경우에는 $g(x) = \frac{1}{2}$, $-1 \le x \le 1$, $h(y) = \frac{1}{2}$, $-1 \le y \le 1$ (또는 $g(x) = \frac{1}{4}$, $-1 \le x \le 1$, $h(y) = 1$, $-1 \le y \le 1$ 등)로 잡으면 되며, 〈예제 6.8〉의 경우에는 $g(x) = 2x$,

$0 < x < 1$, $h(y) = y$, $0 < y < \sqrt{2}$ (또는 $g(x) = x$, $0 < x < 1$, $h(y) = 2y$, $0 < y < \sqrt{2}$ 등)로 잡으면 된다. 〈예제 6.3〉과 〈예제 6.9〉의 경우 식 자체는 $\frac{x^2y}{7}$와 $\frac{1}{2}$로서 x만의 음이 아닌 함수와 y만의 음이 아닌 함수의 곱으로 표현될 수 있는 것처럼 보이지만, (X, Y)의 공간(결합확률질량함수 또는 결합확률밀도함수의 값이 0보다 큰 영역)이 A_1과 A_2의 곱으로 표시될 수 없으므로 X와 Y는 종속이다.

〈정리 6.1〉을 좀 더 알기 쉽게 풀이하면 다음과 같이 말할 수 있다. 일반적으로, (X, Y)의 공간의 경계가 좌표축과 평행인 선으로만 되어 있고(경계가 전혀 없는 경우 포함) 결합확률질량함수(또는 결합확률밀도함수)가 x만의 음이 아닌 함수와 y만의 음이 아닌 함수의 곱으로 표현될 수 있으면 X와 Y는 독립이고, 그렇지 않으면 X와 Y는 종속이다.

정리 6.2

X와 Y가 독립이고 각각 주변확률질량함수(또는 주변확률밀도함수) $f_1(x)$와 $f_2(y)$를 갖는다고 하자. 그러면 $a < b$, $c < d$인 모든 상수 a, b, c, d에 대해

$$P(a < X < b,\, c < Y < d) = P(a < X < b)P(c < Y < d)$$

이다.

증명 (연속확률변수인 경우에 대하여 증명한다. 이산확률변수인 경우에는 적분 기호($\int$)를 합 기호($\sum$)로 바꿔서 생각하면 된다.)

X와 Y가 독립이므로 모든 (x, y)에 대해 $f(x, y) = f_1(x)f_2(y)$이다. 따라서

$$\begin{aligned} P(a < X < b,\, c < Y < d) &= \int_c^d \int_a^b f_1(x)f_2(y)\,dx\,dy \\ &= \left\{\int_a^b f_1(x)dx\right\}\left\{\int_c^d f_2(y)dy\right\} \\ &= P(a < X < b)P(c < Y < d) \end{aligned}$$

■

예제 6.10 〈예제 6.2〉에서 X와 Y 각각의 주변확률질량함수를 사용하여 $P(X=1)$과 $P(Y \le 3)$을 구하고, 이 두 확률의 곱이 $P(X=1,\ Y \le 3)$와 같음을 확인하여라.

풀이 $P(X=1) = f_1(1) = \frac{1}{5}$, $P(Y \le 3) = f_2(2) + f_2(3) = \frac{5}{9}$이므로 $P(X=1)P(Y \le 3) = \frac{1}{9}$이며, 이것은 〈예제 6.2〉의 (1)에서 구한 $P(X=1,\ Y \le 3)$와 같다. 이는

X와 Y가 독립이기 때문이다. ■

예제 6.11 〈예제 6.7〉에서 X와 Y 각각의 주변확률밀도함수를 사용하여 $P\left(X \geq \dfrac{1}{3}\right)$과 $P\left(Y \leq \dfrac{1}{2}\right)$을 구하고, 이 두 확률의 곱이 $P\left(X \geq \dfrac{1}{3}, Y \leq \dfrac{1}{2}\right)$과 같지 않음을 확인하여라.

풀이 $P\left(X \geq \dfrac{1}{3}\right) = \displaystyle\int_{1/3}^{1}\left(x + \dfrac{1}{2}\right)dx = \dfrac{7}{9}$, $P\left(Y \leq \dfrac{1}{2}\right) = \displaystyle\int_{0}^{1/2}\left(y + \dfrac{1}{2}\right)dy = \dfrac{3}{8}$이므로

$P\left(X \geq \dfrac{1}{3}\right)P\left(Y \leq \dfrac{1}{2}\right) = \dfrac{7}{24}$이며, 이것은 〈예제 6.7〉의 (2)에서 구한

$P\left(X \geq \dfrac{1}{3}, Y \leq \dfrac{1}{2}\right) = \dfrac{11}{36}$과 같지 않다. 이는 X와 Y가 종속이기 때문이다. ■

예제 6.12 두 사람이 오후 2시와 2시 30분 사이에 어느 장소에서 만나기로 약속했다. 두 사람이 도착하는 시각은 서로 독립이고 2시와 2시 30분 사이에 균일하게 분포한다면, 먼저 도착하는 사람이 a분 넘게 기다릴 확률은 얼마인가? 단, $0 \leq a \leq 30$이다.

풀이 두 사람이 도착하는 시각을 2시 X분과 Y분이라고 하면, X와 Y는 독립이고 각각 균등분포 $U(0, 30)$을 따르므로 X, Y의 결합확률밀도함수는 다음과 같다.

$$f(x, y) = \begin{cases} \dfrac{1}{900}, & 0 < x < 30,\ 0 < y < 30 \\ 0, & \text{그 밖의 경우} \end{cases}$$

따라서 구하는 확률은 (〈그림 6.4〉 참조)

$$\begin{aligned} P(|X - Y| > a) &= P(X - Y > a) + P(X - Y < -a) \\ &= 2P(X - Y < -a) \\ &= 2P(Y > X + a) \\ &= 2\int_a^{30}\int_0^{y-a}\frac{1}{900}\,dx\,dy \\ &= 2\int_a^{30}\frac{y-a}{900}\,dy \\ &= \left(\frac{30-a}{30}\right)^2 \end{aligned}$$

이다. 예를 들면, 5분 넘게 기다릴 확률은 $\dfrac{25}{36}$, 10분 넘게 기다릴 확률은 $\dfrac{4}{9}$이다.

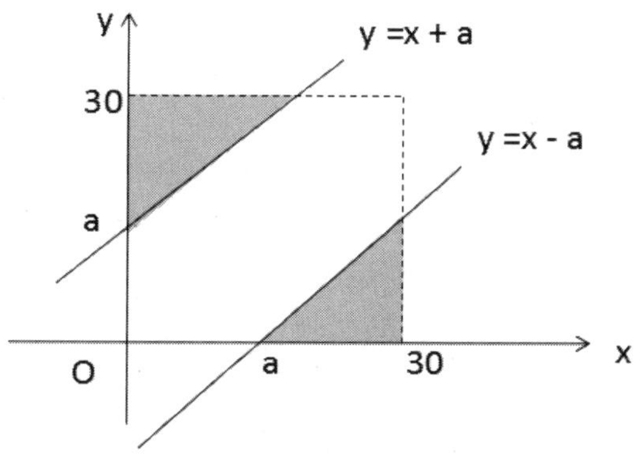

그림 6.4

■

두 확률변수 X, Y의 결합누적분포함수는 다음과 같이 정의된다.

두 확률변수의 X, Y의 결합누적분포함수(joint cumulative distribution function)

$$F(x,y) = P(X \le x,\ Y \le y) \qquad -\infty < x < \infty, \quad -\infty < y < \infty$$

따라서 X, Y의 결합확률질량함수(또는 결합확률밀도함수) $f(x, y)$를 사용하면 $F(x, y)$를 다음과 같이 나타낼 수 있다.

$$F(x,y) = \begin{cases} \sum_{u \le x} \sum_{v \le y} f(u,v) = \sum_{v \le y} \sum_{u \le x} f(u,v) & (\text{이산확률변수의 경우}) \\ \int_{-\infty}^{x} \int_{-\infty}^{y} f(u,v)\,dv\,du = \int_{-\infty}^{y} \int_{-\infty}^{x} f(u,v)\,du\,dv & (\text{연속확률변수의 경우}) \end{cases}$$

또한 X와 Y가 연속확률변수인 경우

$$f(x,y) = \frac{\partial^2 F(x,y)}{\partial x\, \partial y}$$

인 관계가 성립한다.

다음의 정리는 결합누적분포함수의 성질이다. 증명은 확률의 성질에 의해 명백하므로 생략한다.

정리 6.3 결합누적분포함수의 성질

(1) 모든 실수 x, y에 대해 $F(-\infty, -\infty) = F(x, -\infty) = F(-\infty, y) = 0$

(2) $F(\infty, \infty) = 1$

(3) $x_1 \le x_2$, $y_1 \le y_2$이면 $F(x_1, y_1) \le F(x_2, y_2)$

(4) $F(x, \infty) = F_1(x)$, $F(\infty, y) = F_2(y)$

단, 위에서

$$F(-\infty, -\infty) = \lim_{\substack{x \to -\infty \\ y \to -\infty}} F(x, y),\ F(x, -\infty) = \lim_{y \to -\infty} F(x, y),$$

$$F(-\infty, y) = \lim_{x \to -\infty} F(x, y),\ F(\infty, \infty) = \lim_{\substack{x \to \infty \\ y \to \infty}} F(x, y),$$

$$F(x, \infty) = \lim_{y \to \infty} F(x, y),\ F(\infty, y) = \lim_{x \to \infty} F(x, y)$$

이며, $F_1(x)$와 $F_2(y)$는 각각 x와 y의 누적분포함수이다.

예제 6.13 정사면체 주사위는 나올 수 있는 눈의 수가 1, 2, 3, 4인 주사위다. 두 개의 정사면체 주사위를 던져 나오는 눈의 수 중 작은 쪽을 X, 큰 쪽을 Y라고 하자. 두 주사위에서 같은 눈이 나오면 그 수가 X인 동시에 Y이다.

(1) X, Y의 결합확률분포를 구하여라.

(2) $F(2, 3)$과 $F(3, 2)$를 구하여라.

풀이

(1) 가능한 16가지의 결과(확률은 각각 $\frac{1}{16}$)와 그에 따른 (X, Y)의 값은 다음과 같다.

표 6.8 가능한 16가지의 결과와 그에 따른 (X, Y)의 값

	1	2	3	4
1	(1, 1)	(1, 2)	(1, 3)	(1, 4)
2	(1, 2)	(2, 2)	(2, 3)	(2, 4)
3	(1, 3)	(2, 3)	(3, 3)	(3, 4)
4	(1, 4)	(2, 4)	(3, 4)	(4, 4)

따라서 X, Y의 결합확률분포는 다음과 같다.

표 6.9 X, Y의 결합확률분포표

		x			
		1	2	3	4
y	1	$\frac{1}{16}$	0	0	0
	2	$\frac{2}{16}$	$\frac{1}{16}$	0	0
	3	$\frac{2}{16}$	$\frac{2}{16}$	$\frac{1}{16}$	0
	4	$\frac{2}{16}$	$\frac{2}{16}$	$\frac{2}{16}$	$\frac{1}{16}$

(2) $F(2,3) = f(1,1)+f(1,2)+f(1,3)+f(2,1)+f(2,2)+f(2,3)$

$$= \frac{1}{16}+\frac{2}{16}+\frac{2}{16}+0+\frac{1}{16}+\frac{2}{16}$$

$$= \frac{1}{2}$$

$F(3,2) = f(1,1)+f(1,2)+f(2,1)+f(2,2)+f(3,1)+f(3,2)$

$$= \frac{1}{16}+\frac{2}{16}+0+\frac{1}{16}+0+0$$

$$= \frac{1}{4}$$

■

예제 6.14 X, Y의 결합확률밀도함수가 다음과 같다.

$$f(x,y) = \begin{cases} ce^{-2x-3y}, & 0 < x < \infty,\ 0 < y < \infty \\ 0, & \text{그 밖의 경우} \end{cases}$$

(1) 상수 c의 값을 구하여라.

(2) X, Y의 결합누적분포함수를 구하여라.

(3) $P(X > Y)$를 구하여라.

풀이

(1) $1 = \int_0^\infty \int_0^\infty ce^{-2x-3y}dx\,dy = c\int_0^\infty \left[-\frac{1}{2}e^{-2x-3y}\right]_0^\infty dy$

$$= c\int_0^\infty \frac{1}{2}e^{-3y}dy = c\left[-\frac{1}{6}e^{-3y}\right]_0^\infty = \frac{c}{6}$$

따라서 $c = 6$이다.

(2) $F(x, y) = \int_{-\infty}^{y} \int_{-\infty}^{x} f(u, v) du\, dv = \int_{0}^{y} \int_{0}^{x} 6e^{-2u-3v} du\, dv$

$$= \int_{0}^{y} (-3e^{-2x-3v} + 3e^{-3v})\, dv = e^{-2x-3y} - e^{-3y} - e^{-2x} + 1$$

$$= (1 - e^{-2x})(1 - e^{-3y}), \quad 0 < x < \infty,\ 0 < y < \infty$$

(3) $P(X > Y) = \int_{0}^{\infty} \int_{y}^{\infty} 6e^{-2x} e^{-3y} dx\, dy$

$$= \int_{0}^{\infty} 3e^{-3y} e^{-2y}\, dy = \frac{3}{5}$$

■

4장에서 다룬 이산확률분포 중 초기하분포와 이항분포를 두 확률변수의 결합분포로 확장할 수 있다. 먼저 다음의 예제는 초기하분포의 확장에 관한 것이다.

예제 6.15 흰 공 10개, 검은 공 8개, 노란 공 7개가 들어 있는 주머니에서 5개의 공을 무작위로 비복원추출할 때, 뽑히는 흰 공과 검은 공의 수를 각각 X, Y라고 하자.

(1) X와 Y의 결합확률질량함수 $f(x, y)$를 구하여라.

(2) X와 Y 각각의 주변확률질량함수 $f_1(x)$, $f_2(y)$를 구하여라.

(3) X와 Y는 독립인가?

풀이

(1) $f(x, y) = \begin{cases} \dfrac{\binom{10}{x}\binom{8}{y}\binom{7}{5-x-y}}{\binom{25}{5}}, & x + y \le 5,\ x, y\text{는 음이 아닌 정수} \\ 0, & \text{그 밖의 경우} \end{cases}$

이 X와 Y의 결합분포는 초기하분포가 두 확률변수의 결합분포로 확장된 것이다.

(2) $f_1(x) = \sum_{y} f(x, y) = \sum_{y=0}^{5-x} \dfrac{\binom{10}{x}\binom{8}{y}\binom{7}{5-x-y}}{\binom{25}{5}}$

$$= \frac{\binom{10}{x}\binom{15}{5-x}}{\binom{25}{5}} \sum_{y=0}^{5-x} \frac{\binom{8}{y}\binom{7}{5-x-y}}{\binom{15}{5-x}}, \quad x = 0, 1, 2, 3, 4, 5$$

그런데 여기서 $\sum$ 부분의 값은 $Hyp(8, 15, 5-x)$ 분포의 확률질량함수 값들의 합이므로 1이다. 따라서

$$f_1(x) = \frac{\binom{10}{x}\binom{15}{5-x}}{\binom{25}{5}}, \quad x = 0, 1, 2, 3, 4, 5$$

즉 X의 주변확률분포는 초기하분포 $Hyp(10, 25, 5)$이다.

$f_2(y)$도 같은 방법으로 구할 수 있으므로 과정을 굳이 상세히 보일 필요는 없지만, 확실한 이해를 돕기 위하여 보인다.

$$\begin{aligned} f_2(y) &= \sum_x f(x, y) = \sum_{x=0}^{5-y} \frac{\binom{10}{x}\binom{8}{y}\binom{7}{5-x-y}}{\binom{25}{5}} \\ &= \frac{\binom{8}{y}\binom{17}{5-y}}{\binom{25}{5}} \sum_{x=0}^{5-y} \frac{\binom{10}{x}\binom{7}{5-y-x}}{\binom{17}{5-y}}, \quad y = 0, 1, 2, 3, 4, 5 \end{aligned}$$

그런데 여기서 $\sum$ 부분의 값은 $Hyp(10, 17, 5-y)$ 분포의 확률질량함수 값들의 합이므로 1이다. 따라서

$$f_2(y) = \frac{\binom{8}{y}\binom{17}{5-y}}{\binom{25}{5}}, \quad y = 0, 1, 2, 3, 4, 5$$

즉 Y의 주변확률분포는 초기하분포 $Hyp(8, 25, 5)$이다.

(3) $f(x, y)$가 $g(x)h(y)$의 꼴로 표현될 수 없으므로 〈정리 6.1〉에 의해 X와 Y는 종속이다. (※ (X, Y)의 공간의 형태를 봐도 삼각형 모양이어서 경계가 좌표축과 평행이 아니므로 종속임을 쉽게 알 수 있다.) ■

4장에서 본 바와 같이 가능한 결과가 두 가지(성공과 실패)인 베르누이 시행을 정해진 횟수만큼 독립적으로 반복할 때의 성공 횟수의 분포는 이항분포이다. 이것을 확장하여, 가능한 결과가 세 가지(편의상 이것을 성공, 중간성공, 실패라고 하자)인 시행을 정해진 횟수(n번)만큼 독립적으로 반복할 때 성공의 횟수를 X, 중간성공의 횟수를 Y라고 하고(그러면 실패의 횟수는 당연히 $n-X-Y$이다), 각 시행에서 성공의 확률을 p_1, 중간성공의 확률을 p_2, 실패의 확률을 $p_3 = 1 - p_1 - p_2$라고 하자. 이때 X와 Y는 다음과 같은 결합확률분포를 갖게 되며, 이 분포를 **삼항분포**라고 한다.

삼항분포(trinomial distribution)

다음과 같은 확률질량함수를 갖는 분포를 모수가 (n, p_1, p_2)인 **삼항분포**라고 한다.
(단, n은 양의 정수, $p_1 \geq 0$, $p_2 \geq 0$, $p_1 + p_2 \leq 1$)

$$f(x, y) = \begin{cases} \dfrac{n!}{x!y!(n-x-y)!} p_1^x p_2^y (1-p_1-p_2)^{n-x-y}, & x+y \leq n, \ x, y\text{는 음이 아닌 정수} \\ 0, & \text{그 밖의 경우} \end{cases} \tag{6.1}$$

X와 Y의 결합확률분포가 모수가 (n, p_1, p_2)인 삼항분포라는 것을 기호 $(X, Y) \sim Tr(n, p_1, p_2)$로 나타내기로 하자.

식 (6.1)이 $\sum_x \sum_y f(x, y) = 1$을 만족한다는 것은 다음과 같이 증명된다.

$$\begin{aligned}
\sum_x \sum_y f(x, y) &= \sum_{x=0}^{n} \sum_{y=0}^{n-x} \frac{n!}{x!y!(n-x-y)!} p_1^x p_2^y (1-p_1-p_2)^{n-x-y} \\
&= \sum_{x=0}^{n} \left\{ \frac{n!}{x!(n-x)!} p_1^x \sum_{y=0}^{n-x} \frac{(n-x)!}{y!(n-x-y)!} p_2^y (1-p_1-p_2)^{n-x-y} \right\} \\
&= \sum_{x=0}^{n} \left[\frac{n!}{x!(n-x)!} p_1^x \{p_2 + (1-p_1-p_2)\}^{n-x} \right] \qquad \text{(이항정리에 의해)} \\
&= \sum_{x=0}^{n} \left\{ \frac{n!}{x!(n-x)!} p_1^x (1-p_1)^{n-x} \right\} \\
&= \{p_1 + (1-p_1)\}^n \qquad \text{(이항정리에 의해)} \\
&= 1
\end{aligned}$$

더욱이 X의 주변확률질량함수는 $f_1(x) = \sum_y f(x, y)$이므로 위의 증명 과정으로부터

$$f_1(x) = \frac{n!}{x!(n-x)!} p_1^x (1-p_1)^{n-x}, \quad x = 0, 1, \cdots, n$$

즉 X의 주변확률분포는 이항분포 $B(n, p_1)$임을 알 수 있다. (이것은 당연한 것이다. 왜냐하면, X는 성공, 중간성공, 실패 중 성공의 횟수이므로 각 시행에서 중간성공과 실패를 한 가지로 묶어 버리면 각 시행은 가능한 결과가 두 가지인 베르누이 시행처럼 생각할 수 있기 때문이다.) 마찬가지로 Y의 주변확률분포는 이항분포 $B(n, p_2)$가 된다. 또한 결합확률질량함수가 주변확률질량함수의 곱과 같지 않으므로 X와 Y는 종속임을 쉽게 알 수 있다.

예제 6.16 주사위를 다섯 번 던져 1의 눈이 나오는 횟수를 X, 2 또는 3의 눈이 나오는 횟수를 Y라고 할 때, 다음 확률을 구하여라.

(1) $P(X \geq 2,\ Y \geq 2)$

(2) $P(X+Y \leq 1)$

풀이 X와 Y의 결합확률분포는 삼항분포 $Tr\left(10, \frac{1}{6}, \frac{1}{3}\right)$이다. X와 Y의 결합확률질량함수를 $f(x, y)$라고 하면,

(1) $P(X \geq 2,\ Y \geq 2) = f(2,2) + f(2,3) + f(3,2)$

$$= \frac{5!}{2!2!1!}\left(\frac{1}{6}\right)^2\left(\frac{1}{3}\right)^2\left(\frac{1}{2}\right) + \frac{5!}{2!3!}\left(\frac{1}{6}\right)^2\left(\frac{1}{3}\right)^3 + \frac{5!}{3!2!}\left(\frac{1}{6}\right)^3\left(\frac{1}{3}\right)^2$$

$$= \frac{5}{81}$$

(2) (방법 1)

$$P(X+Y \leq 1) = f(0,0) + f(0,1) + f(1,0)$$

$$= \left(\frac{1}{2}\right)^5 + \frac{5!}{0!1!4!}\left(\frac{1}{3}\right)\left(\frac{1}{2}\right)^4 + \frac{5!}{1!0!4!}\left(\frac{1}{6}\right)\left(\frac{1}{2}\right)^4$$

$$= \frac{3}{16}$$

(방법 2)

4, 5, 6 중의 하나가 나오는 횟수는 $5-X-Y$이며, 이것의 분포는 이항분포 $B\left(5, \frac{1}{2}\right)$임을 이용한다.

$$P(X+Y \leq 1) = P(5-X-Y \geq 4) = \binom{5}{4}\left(\frac{1}{2}\right)^4\left(\frac{1}{2}\right) + \left(\frac{1}{2}\right)^5 = \frac{3}{16}$$ ■

예제 6.17 두 축구팀 A와 B가 세 경기를 하여 종합전적이 앞서는 팀이 우승하기로 하였다. 각 경기에서 A팀이 이길 확률은 0.5, B팀이 이길 확률은 0.3, 비길 확률은 0.2라고 하며, 세 경기의 결과는 서로 독립적이라고 가정한다. 또한 종합전적이 동률이면 골득실 등의 2차적인 기준을 사용하지 않고 대회를 무승부로 처리하기로 하였다. A팀이 우승할 확률, B팀이 우승할 확률, 대회가 무승부로 끝날 확률을 각각 구하여라.

풀이 세 경기 중 A팀의 승수를 X, B팀의 승수를 Y라고 하면 X와 Y의 결합확률분포는 삼항분포 $Tr(3, 0.5, 0.3)$이다. X와 Y의 결합확률질량함수를 $f(x, y)$라고 하자. A팀이 우승하는 경우는 A팀의 전적이 3승, 2승1무, 2승1패, 1승2무 중 한 가지인 경우이므로, A팀의 우승 확률은

$$f(3,0)+f(2,0)+f(2,1)+f(1,0)$$
$$=(0.5)^3+\frac{3!}{2!0!1!}(0.5)^2(0.2)+\frac{3!}{2!1!0!}(0.5)^2(0.3)+\frac{3!}{1!0!2!}(0.5)(0.2)^2$$
$$=0.125+0.150+0.225+0.060$$
$$=0.560$$

무승부로 끝나는 경우는 양 팀의 전적이 1승1무1패 또는 3무승부씩인 경우이므로 확률은

$$f(1,1)+f(0,0)=\frac{3!}{1!1!1!}(0.5)(0.3)(0.2)+(0.2)^3=0.180+0.008=0.188$$

따라서 B팀의 우승 확률은

$$1-0.560-0.188=0.252$$

이다.
(※ B팀의 우승 확률을 $f(0,3)+f(0,2)+f(1,2)+f(0,1)$로 해서 구해도 물론 0.252가 나온다.) ■

6.2 결합확률분포에서의 기댓값

이제 두 확률변수의 함수의 기댓값에 관하여 알아보자.

두 확률변수의 함수의 기댓값

두 확률변수 X, Y의 결합확률질량함수(또는 결합확률밀도함수)를 $f(x,y)$라고 하자. $u(X, Y)$를 두 확률변수의 하나의 함수라고 할 때,

$$E[u(X,Y)]=\begin{cases}\sum_x\sum_y u(x,y)f(x,y) & (\text{이산확률변수의 경우})\\ \int_{-\infty}^{\infty}\int_{-\infty}^{\infty}u(x,y)f(x,y)\,dx\,dy & (\text{연속확률변수의 경우})\end{cases} \tag{6.2}$$

를 $u(X, Y)$의 기댓값이라고 한다.

참고

(1) 위의 기댓값은 $\sum_x\sum_y|u(x,y)|f(x,y)$ (연속확률변수의 경우에는

$$\int_{-\infty}^{\infty}\int_{-\infty}^{\infty}|u(x,y)|f(x,y)\,dx\,dy)$$

가 유한한 값을 가지며 수렴하는 경우에 존재한다.

(2) $Z=u(X, Y)$가 확률질량함수(또는 확률밀도함수) $g(z)$를 갖는 확률변수이면

$$\begin{cases}\sum_x\sum_y u(x,y)f(x,y)=\sum_z zg(z) & \text{(이산확률변수의 경우)}\\ \int_{-\infty}^{\infty}\int_{-\infty}^{\infty}u(x,y)f(x,y)\,dx\,dy=\int_{-\infty}^{\infty}zg(z)\,dz & \text{(연속확률변수의 경우)}\end{cases}$$

가 역시 성립한다.

위에서 다음과 같은 특수한 경우를 생각해 보자. 이산확률변수인 경우에는 적분을 합으로 바꿔서 생각하면 된다.

(1) $u(X, Y)=X$인 경우를 생각하면

$$E[u(X,Y)]=E(X)=\int_{-\infty}^{\infty}\int_{-\infty}^{\infty}xf(x,y)\,dy\,dx=\int_{-\infty}^{\infty}xf_1(x)\,dx$$

이 값은 X의 **평균**이며, u_X로도 표시한다. 마찬가지로

$$E(Y)=\int_{-\infty}^{\infty}\int_{-\infty}^{\infty}yf(x,y)\,dx\,dy=\int_{-\infty}^{\infty}yf_2(y)\,dy$$

는 Y의 평균이며, u_Y로도 표시한다.

(2) $u(X, Y)=(X-\mu_X)^2$인 경우를 생각하면

$$\begin{aligned}E[u(X,Y)]=E[(X-\mu_X)^2]&=\int_{-\infty}^{\infty}\int_{-\infty}^{\infty}(x-\mu_X)^2f(x,y)\,dy\,dx\\&=\int_{-\infty}^{\infty}(x-\mu_X)^2f_1(x)\,dx\end{aligned}$$

이 값은 X의 **분산**이며, $Var(X)$ 또는 σ_X^2으로도 표시한다. 마찬가지로

$$E[(Y-\mu_Y)^2]=\int_{-\infty}^{\infty}\int_{-\infty}^{\infty}(y-\mu_Y)^2f(x,y)\,dx\,dy=\int_{-\infty}^{\infty}(y-\mu_Y)^2f_2(y)\,dy$$

는 Y의 분산이며, $Var(Y)$ 또는 σ_Y^2으로도 표시한다.

예제 6.18 주사위를 두 번 던져 첫 번째에 나오는 눈의 수를 X, 두 번째에 나오는 눈

의 수를 Y라고 할 때,

(1) $|X-Y|$의 확률분포를 구하여라.

(2) $|X-Y|$의 기댓값을 구하여라.

풀이

(1) X와 Y의 값에 따른 $|X-Y|$의 값은 〈표 6.10〉과 같다.

표 6.10 X, Y의 값에 따른 $|X-Y|$의 값

		X					
		1	2	3	4	5	6
Y	1	0	1	2	3	4	5
	2	1	0	1	2	3	4
	3	2	1	0	1	2	3
	4	3	2	1	0	1	2
	5	4	3	2	1	0	1
	6	5	4	3	2	1	0

위의 표에서 각 칸의 확률은 $\frac{1}{36}$이므로 $|X-Y|$의 확률분포는 〈표 6.11〉과 같다.

표 6.11 $|X-Y|$의 확률분포

t	0	1	2	3	4	5
$P(\|X-Y\|=t)$	$\frac{6}{36}$	$\frac{10}{36}$	$\frac{8}{36}$	$\frac{6}{36}$	$\frac{4}{36}$	$\frac{2}{36}$

(2) 〈표 6.11〉로부터 $|X-Y|$의 기댓값은 다음과 같이 계산된다.

$$E(|X-Y|)=(0)\left(\frac{6}{36}\right)+(1)\left(\frac{10}{36}\right)+(2)\left(\frac{8}{36}\right)+(3)\left(\frac{6}{36}\right)+(4)\left(\frac{4}{36}\right)+(5)\left(\frac{2}{36}\right)=\frac{35}{18}$$ ■

다음의 정리는 두 확률변수의 함수의 기댓값에 관련된 성질이다. 이 성질은 합($\sum$)과 적분($\int$)의 성질에 의하여 자명하므로 증명은 생략한다.

정리 6.4 기댓값의 성질

$$E[c_1u_1(X, Y)+\cdots+c_nu_n(X, Y)]=c_1E[u_1(X, Y)]+\cdots+c_nE[u_n(X, Y)]$$

(단, $c_1, \cdots, c_n$은 상수)

예제 6.19 〈예제 6.17〉의 상황에서 각 팀의 승점을 생각해 보자. 경기당 승점은 승 3점, 무승부 1점, 패 0점이다. 세 경기 후 각 팀의 승점의 기댓값을 다음 방식에 의하여 구하여라.

(1) 식 (6.2)를 이용하여

(2) X와 Y의 주변확률분포를 이용하여

풀이 세 경기 후 A팀의 승점은 $3X+(3-X-Y)=2X-Y+3$, B팀의 승점은 $3Y+(3-X-Y)=2Y-X+3$이다.

(1) $(X, Y) \sim Tr(3,0.5,0.3)$이므로, A팀 승점의 기댓값은

$$\begin{aligned}E(2X-Y+3) &= \sum_{x=0}^{3}\sum_{y=0}^{3-x}(2x-y+3)\cdot\frac{3!}{x!y!(3-x-y)!}(0.5)^x(0.3)^y(0.2)^{3-x-y} \\ &= (3)(0.2)^3+(2)(3)(0.3)(0.2)^2+(1)(3)(0.3)^2(0.2)+(5)(3)(0.5)(0.2)^2 \\ &\quad +(4)(6)(0.5)(0.3)(0.2)+(3)(3)(0.5)(0.3)^2+(7)(3)(0.5)^2(0.2) \\ &\quad +(6)(3)(0.5)^2(0.3)+(9)(0.5)^3 \\ &= 5.1,\end{aligned}$$

B팀 승점의 기댓값은

$$\begin{aligned}E(2Y-X+3) &= \sum_{x=0}^{3}\sum_{y=0}^{3-x}(2y-x+3)\cdot\frac{3!}{x!y!(3-x-y)!}(0.5)^x(0.3)^y(0.2)^{3-x-y} \\ &= (3)(0.2)^3+(5)(3)(0.3)(0.2)^2+(7)(3)(0.3)^2(0.2)+(9)(0.3)^3 \\ &\quad +(2)(3)(0.5)(0.2)^2+(4)(6)(0.5)(0.3)(0.2)+(6)(3)(0.5)(0.3)^2 \\ &\quad +(1)(3)(0.5)^2(0.2)+(3)(3)(0.5)^2(0.3) \\ &= 3.3\end{aligned}$$

(2) X의 주변확률분포는 이항분포 $B(3, 0.5)$이고 Y의 주변확률분포는 $B(3, 0.3)$이므로 $E(X)=(3)(0.5)=1.5$, $E(Y)=(3)(0.3)=0.9$이다. 따라서 〈정리 6.4〉를 이용하면, A팀 승점의 기댓값은

$$E(2X-Y+3)=2E(X)-E(Y)+3=5.1,$$

B팀 승점의 기댓값은

$$E(2Y-X+3)=2E(Y)-E(X)+3=3.3$$

■

정리 6.5

X와 Y가 독립이고 각각 주변확률질량함수(또는 주변확률밀도함수) $f_1(x)$와 $f_2(y)$를 갖는다고 하자. 또한 $u(X)$는 X만의 함수이고 $v(Y)$는 Y만의 함수라고 하자. 그러면 (기댓값들이 존재하는 경우)

$$E[u(X)v(Y)] = E[u(X)]E[v(Y)]$$

이다.

증명 (연속확률변수인 경우에 대하여 증명한다. 이산확률변수인 경우에는 적분을 합으로 바꿔서 생각하면 된다.)

X와 Y가 독립이므로 모든 (x, y)에 대해 $f(x, y) = f_1(x)f_2(y)$이다. 따라서

$$\begin{aligned} E[u(X)v(Y)] &= \int_{-\infty}^{\infty}\int_{-\infty}^{\infty} u(x)v(y)f_1(x)f_2(y)\,dx\,dy \\ &= \int_{-\infty}^{\infty}\left\{v(y)f_2(y)\int_{-\infty}^{\infty} u(x)f_1(x)\,dx\right\}dy \\ &= \left\{\int_{-\infty}^{\infty} u(x)f_1(x)\,dx\right\}\left\{\int_{-\infty}^{\infty} v(y)f_2(y)\,dy\right\} \\ &= E[u(X)]E[v(Y)] \end{aligned}$$

■

두 확률변수 X, Y의 결합적률생성함수는 다음과 같이 정의된다.

두 확률변수 X, Y의 결합적률생성함수(joint moment generating function)

$-h_1 < t_1 < h_1$, $-h_2 < t_2 < h_2$인 모든 실수 t_1과 t_2에 대하여 기댓값 $E(e^{t_1X+t_2Y})$가 존재하는 양수 h_1과 h_2가 존재한다고 가정하자. $E(e^{t_1X+t_2Y})$를 확률변수 X, Y의 결합적률생성함수라고 하며 $M(t_1, t_2)$ 또는 $M_{X,Y}(t_1, t_2)$로 표시한다. 즉

$$M(t_1, t_2) = E(e^{t_1X+t_2Y}) = \begin{cases} \displaystyle\sum_x\sum_y e^{t_1x+t_2y}f(x, y) & (\text{이산확률변수의 경우}) \\ \displaystyle\int_{-\infty}^{\infty}\int_{-\infty}^{\infty} e^{t_1x+t_2y}f(x, y)\,dx\,dy & (\text{연속확률변수의 경우}) \end{cases}$$

단일 확률변수의 경우와 마찬가지로, 결합적률생성함수 $M(t_1, t_2)$는 X, Y의 결합분포를 완전히 결정한다. 더욱이

$$M(t_1, 0) = E(e^{t_1 X}) = M_X(t_1),$$
$$M(0, t_2) = E(e^{t_2 Y}) = M_Y(t_2)$$

이므로 $M(t_1, t_2)$는 X와 Y 각각의 주변확률분포도 완전히 결정한다. $M(t_1, t_2)$를 적률생성함수라고 부르는 것은, 다음과 같이 t_1에 관하여 k번 편미분하고 t_2에 관하여 m번 편미분한 뒤 $t_1 = t_2 = 0$을 넣으면 $E(X^k Y^m)$의 값들이 얻어지기 때문이다(이산확률변수의 경우는 적분 대신 합을 사용하면 된다).

$$\frac{\partial^{k+m} M(t_1, t_2)}{\partial t_1^k \partial t_2^m} = \int_{-\infty}^{\infty} \int_{-\infty}^{\infty} x^k y^m e^{t_1 x + t_2 y} f(x, y) dx\, dy$$

$$\left. \frac{\partial^{k+m} M(t_1, t_2)}{\partial t_1^k \partial t_2^m} \right|_{t_1 = t_2 = 0} = \int_{-\infty}^{\infty} \int_{-\infty}^{\infty} x^k y^m f(x, y) dx\, dy = E(X^k Y^m)$$

정리 6.6 삼항분포의 적률생성함수

$(X, Y) \sim Tr(n, p_1, p_2)$이면

$$M(t_1, t_2) = \left\{p_1 e^{t_1} + p_2 e^{t_2} + (1 - p_1 - p_2)\right\}^n, \quad -\infty < t_1 < \infty, \quad -\infty < t_2 < \infty$$

증명 $M(t_1, t_2) = E(e^{t_1 X + t_2 Y})$

$$= \sum_{x=0}^{n} \sum_{y=0}^{n-x} e^{t_1 x + t_2 y} \cdot \frac{n!}{x!\,y!\,(n-x-y)!} p_1^x p_2^y (1 - p_1 - p_2)^{n-x-y}$$

$$= \sum_{x=0}^{n} \sum_{y=0}^{n-x} \frac{n!}{x!\,y!\,(n-x-y)!} (p_1 e^{t_1})^x (p_2 e^{t_2})^y (1 - p_1 - p_2)^{n-x-y}$$

$$= \sum_{x=0}^{n} \left\{ \frac{n!}{x!\,(n-x)!} (p_1 e^{t_1})^x \sum_{y=0}^{n-x} \frac{(n-x)!}{y!\,(n-x-y)!} (p_2 e^{t_2})^y (1 - p_1 - p_2)^{n-x-y} \right\}$$

$$= \sum_{x=0}^{n} \left[\frac{n!}{x!\,(n-x)!} (p_1 e^{t_1})^x \left\{p_2 e^{t_2} + (1 - p_1 - p_2)\right\}^{n-x} \right] \text{ (이항정리에 의해)}$$

$$= \left\{p_1 e^{t_1} + p_2 e^{t_2} + (1 - p_1 - p_2)\right\}^n, \quad -\infty < t_1 < \infty, \quad -\infty < t_2 < \infty$$

(이항정리에 의해)

예제 6.20 $(X, Y) \sim Tr(n, p_1, p_2)$일 때, $E(XY)$를 구하여라.

풀이 $\left.\dfrac{\partial^2 M(t_1, t_2)}{\partial t_1 \partial t_2}\right|_{t_1 = t_2 = 0} = E(XY)$임을 이용한다.

$$M(t_1, t_2) = \left\{p_1 e^{t_1} + p_2 e^{t_2} + (1 - p_1 - p_2)\right\}^n$$

이므로

$$\frac{\partial M(t_1, t_2)}{\partial t_2} = n\left\{p_1 e^{t_1} + p_2 e^{t_2} + (1 - p_1 - p_2)\right\}^{n-1} p_2 e^{t_2}$$

$$\begin{aligned}\frac{\partial^2 M(t_1, t_2)}{\partial t_1 \partial t_2} &= \frac{\partial}{\partial t_1}\left\{\frac{\partial M(t_1, t_2)}{\partial t_2}\right\} \\ &= n(n-1)\left\{p_1 e^{t_1} + p_2 e^{t_2} + (1 - p_1 - p_2)\right\}^{n-2} p_1 e^{t_1} p_2 e^{t_2}\end{aligned}$$

이다. 따라서

$$E(XY) = n(n-1)p_1 p_2$$

■

정리 6.7

X와 Y가 독립이면

$$M(t_1, t_2) = M(t_1, 0)M(0, t_2)$$

이며, 그 역도 성립한다.

증명

(i) X와 Y가 독립이면

$$\begin{aligned}M(t_1, t_2) &= E(e^{t_1 X + t_2 Y}) = E(e^{t_1 X} e^{t_2 Y}) \\ &= E(e^{t_1 X})E(e^{t_2 Y}) \qquad (\langle \text{정리 } 6.5\rangle\text{에 의해}) \\ &= M(t_1, 0)M(0, t_2)\end{aligned}$$

(ii) 역으로, $M(t_1, t_2) = M(t_1, 0)M(0, t_2)$가 성립한다고 가정하자. (연속확률변수인 경우에 대하여 증명하겠다. 이산확률변수인 경우에는 적분을 합으로 바꿔서 생각하면 된다.) X의 적률생성함수는

$$M(t_1, 0) = \int_{-\infty}^{\infty} e^{t_1 x} f_1(x)\, dx$$

이며, Y의 적률생성함수는

$$M(0, t_2) = \int_{-\infty}^{\infty} e^{t_2 y} f_2(y)\, dy$$

이다. $M(t_1, t_2) = M(t_1, 0)M(0, t_2)$가 성립한다고 가정했으므로

$$\begin{aligned} M(t_1, t_2) &= \left\{ \int_{-\infty}^{\infty} e^{t_1 x} f_1(x)\, dx \right\} \left\{ \int_{-\infty}^{\infty} e^{t_2 y} f_2(y)\, dy \right\} \\ &= \int_{-\infty}^{\infty} \int_{-\infty}^{\infty} e^{t_1 x + t_2 y} f_1(x) f_2(y)\, dx\, dy \end{aligned}$$

이다. $M(t_1, t_2)$는 X, Y의 결합적률생성함수이므로 위의 식은 $f_1(x)f_2(y)$가 X, Y의 결합확률밀도함수라는 것을(즉 $f(x, y)$와 같은 함수라는 것을) 의미한다. 따라서 X와 Y는 독립이다. ■

6.3 공분산과 상관계수

두 확률변수의 결합확률분포와 관련된 기댓값 중 특별한 것으로 **공분산**이 있다. 또 공분산과 각 확률변수의 표준편차를 사용하여 정의되는 **상관계수**도 중요하고 유용하다.

두 확률변수의 공분산(covariance)과 상관계수(correlation coefficient)

(1) 두 확률변수 X, Y의 **공분산**은 $Cov(X, Y)$로 표시되고 다음과 같이 정의된다.

$$Cov(X, Y) = E[(X - \mu_X)(Y - \mu_Y)]$$

여기서 μ_X, μ_Y는 각각 X, Y의 평균을 나타낸다.

(2) 두 확률변수 X, Y의 **상관계수**는 $Corr(X, Y)$로 표시되고 다음과 같이 정의된다.

$$Corr(X, Y) = \frac{Cov(X, Y)}{SD(X)SD(Y)}$$

여기서 $SD(X)$, $SD(Y)$는 각각 X, Y의 표준편차이다.

X의 값이 클 때 Y의 값도 커지고 X의 값이 작을 때 Y의 값도 작아지는 확률적 관계가 있다면 $(X - \mu_X)(Y - \mu_Y)$는 확률적으로 양수인 경우가 많을 것이므로 $Cov(X, Y)$는

양수가 될 것이며, 반대로 X의 값이 클 때 Y의 값은 작아지고 X의 값이 작을 때 Y의 값은 커지는 확률적 관계가 있다면 $(X-\mu_X)(Y-\mu_Y)$는 확률적으로 음수인 경우가 많을 것이므로 $Cov(X, Y)$는 음수가 될 것이다.

$SD(X)>0$, $SD(Y)>0$이므로 상관계수 $Corr(X, Y)$의 부호는 $Cov(X, Y)$의 부호와 같다. 공분산은 X와 Y의 단위에 의존하는 반면 상관계수는 X와 Y의 단위에 의존하지 않는 특징이 있다.

기댓값의 성질을 이용하면, 공분산은 다음과 같이 나타낼 수도 있다. 이 식을 간편식이라고 부르기도 한다.

공분산의 간편식

$$Cov(X, Y) = E(XY) - \mu_X \mu_Y = E(XY) - E(X)E(Y)$$

증명
$$\begin{aligned} Cov(X, Y) &= E[(X-\mu_X)(Y-\mu_Y)] \\ &= E(XY - \mu_Y X - \mu_X Y + \mu_X \mu_Y) \\ &= E(XY) - \mu_Y E(X) - \mu_X E(Y) + \mu_X \mu_Y \\ &= E(XY) - \mu_X \mu_Y \\ &= E(XY) - E(X)E(Y) \end{aligned}$$
■

정리 6.8 상관계수의 범위

$$-1 \le Corr(X, Y) \le 1$$

증명 t의 함수

$$h(t) = E[\{(X-\mu_1) + t(Y-\mu_2)\}^2] \quad \cdots\cdots\cdots\cdots ①$$

을 생각하자. 여기서 t는 실수이고, X의 함수도 아니고 Y의 함수도 아니다. $h(t)$는 다음과 같이 t에 관한 2차식으로 쓸 수 있다.

$$h(t) = t^2 E[(Y-\mu_2)^2] + 2tE[(X-\mu_1)(Y-\mu_2)] + E[(X-\mu_1)^2] \quad \cdots\cdots\cdots\cdots ②$$

그런데 ①에서 볼 수 있듯이 모든 실수 t에 대해 $h(t) \ge 0$이므로 ②에서 판별식 $\frac{D}{4}$가 0보다 작거나 같아야 한다. 즉

$$\frac{D}{4} = \{E[(X-\mu_1)(Y-\mu_2)]\}^2 - E[(Y-\mu_2)^2]E[(X-\mu_1)^2] \le 0$$

$E[(Y-\mu_2)^2]E[(X-\mu_1)^2]$을 우변으로 넘긴 뒤 양변을 $E[(X-\mu_1)^2]E[(Y-\mu_2)^2]$로 나누면,

$$\frac{\{E[(X-\mu_1)(Y-\mu_2)]\}^2}{E[(X-\mu_1)^2]E[(Y-\mu_2)^2]} \le 1$$

즉

$$\frac{\{Cov(X,\ Y)\}^2}{Var(X)Var(Y)} = \{Corr(X,\ Y)\}^2 \le 1$$

따라서

$$-1 \le Corr(X,\ Y) \le 1$$

이다. ■

$Corr(X,\ Y)$는 흔히 ρ 또는 ρ_{XY}로도 표시한다. ρ는 두 확률변수 X, Y 간의 선형성의 강도를 나타낸다. $\rho = 1$이면 X, Y 간에 완벽한 양(positive)의 상관관계가 있고, ρ가 1에 가까울수록 양의 상관관계가 강한 것이다. 반대로, $\rho = -1$이면 X, Y 간에 완벽한 음(negative)의 상관관계가 있고, ρ가 -1에 가까울수록 음의 상관관계가 강한 것이다. ρ가 0에 가까우면 상관관계가 약하다고 할 수 있다.

예제 6.21 〈예제 6.4〉에서 X, Y의 공분산과 상관계수를 구하여라.

풀이

〈표 6.5〉로부터

$$E(XY) = \sum_x \sum_y xyf(x,y) = (1)(1)\left(\frac{1}{4}\right) + (1)(2)\left(\frac{1}{8}\right) + (2)(1)\left(\frac{1}{4}\right) = 1$$

〈표 6.6〉과 〈표 6.7〉로부터

$$E(X) = \sum_x xf_1(x) = (0)\left(\frac{1}{8}\right) + (1)\left(\frac{3}{8}\right) + (2)\left(\frac{3}{8}\right) + (3)\left(\frac{1}{8}\right) = \frac{3}{2}$$

$$E(Y) = \sum_y yf_2(y) = (0)\left(\frac{1}{4}\right) + (1)\left(\frac{1}{2}\right) + (2)\left(\frac{1}{4}\right) = 1$$

따라서 간편식을 이용하면, X, Y의 공분산은

$$Cov(X,\ Y) = 1 - \left(\frac{3}{2}\right)(1) = -\frac{1}{2}$$

다음으로

$$Var(X) = E(X^2) - \{E(X)\}^2 = (0)^2\left(\frac{1}{8}\right) + (1)^2\left(\frac{3}{8}\right) + (2)^2\left(\frac{3}{8}\right) + (3)^2\left(\frac{1}{8}\right) - \left(\frac{3}{2}\right)^2 = \frac{3}{4}$$
$$Var(Y) = E(Y^2) - \{E(Y)\}^2 = (0)^2\left(\frac{1}{4}\right) + (1)^2\left(\frac{1}{2}\right) + (2)^2\left(\frac{1}{4}\right) - (1)^2 = \frac{1}{2}$$

따라서 X, Y의 상관계수는

$$Corr(X,\ Y) = \frac{-\frac{1}{2}}{\sqrt{\frac{3}{4}}\sqrt{\frac{1}{2}}} = -\frac{\sqrt{6}}{3}\ (\fallingdotseq -0.8165)$$

이 값은 -1에 가까우므로 X, Y 간에 상당히 강한 음의 상관관계가 있음을 알 수 있다. X는 하나의 동전을 세 번 던질 때 나오는 앞면의 수, Y는 처음 두 번의 시행에서 나오는 뒷면의 수를 나타낸 것이므로 충분히 예상할 수 있는 결과이다. ■

예제 6.22 X와 Y의 결합확률밀도함수가 다음과 같다고 하자.

$$f(x, y) = \begin{cases} c, & 0 \le x \le y \le 1 \\ 0, & \text{그 밖의 경우} \end{cases} \qquad (\text{단, } c\text{는 상수})$$

다음을 구하여라.

(1) c의 값

(2) X와 Y 각각의 주변확률밀도함수

(3) X와 Y 각각의 기댓값과 분산

(4) X, Y의 공분산과 상관계수

풀이 (〈그림 6.5〉 참조)

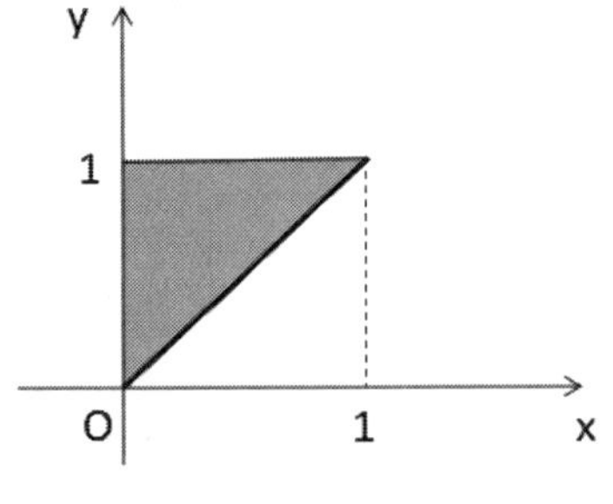

그림 6.5

(1) $1=\int_{-\infty}^{\infty}\int_{-\infty}^{\infty} f(x, y)\, dx\, dy=\int_{0}^{1}\int_{0}^{y} c\ dx\ dy=\int_{0}^{1} cy\ dy=\frac{c}{2}$

따라서 $c=2$이다.

(2) X의 주변확률밀도함수:

$$f_1(x)=\int_{-\infty}^{\infty} f(x, y)\, dy=\begin{cases}\displaystyle\int_{x}^{1} 2\ dy=2(1-x), & 0 \leq x \leq 1 \\ 0, & \text{그 밖의 경우}\end{cases}$$

Y의 주변확률밀도함수

$$f_2(y)=\int_{-\infty}^{\infty} f(x, y)\, dx=\begin{cases}\displaystyle\int_{0}^{y} 2\ dx=2y, & 0 \leq y \leq 1 \\ 0, & \text{그 밖의 경우}\end{cases}$$

(3) X의 기댓값: $E(X)=\int_{-\infty}^{\infty} x f_1(x)\, dx=\int_{0}^{1} x \cdot 2(1-x)\, dx=\frac{1}{3}$

X의 분산:

$$Var(X)=E(X^2)-\{E(X)\}^2=\int_{0}^{1} x^2 \cdot 2(1-x)\, dx-\left(\frac{1}{3}\right)^2=\frac{1}{6}-\frac{1}{9}=\frac{1}{18}$$

Y의 기댓값: $E(Y)=\int_{0}^{1} y \cdot 2y\, dy=\frac{2}{3}$

Y의 분산:

$$Var(Y)=E(Y^2)-\{E(Y)\}^2=\int_{0}^{1} y^2 \cdot 2y\, dy-\left(\frac{2}{3}\right)^2=\frac{1}{2}-\frac{4}{9}=\frac{1}{18}$$

(4) $E(XY)=\int_{-\infty}^{\infty}\int_{\infty}^{\infty} xyf(x, y)\, dx\, dy=\int_{0}^{1}\int_{0}^{y} xy \cdot 2\, dx\, dy$

$$=\int_{0}^{1}\left(2y\int_{0}^{y} x\, dx\right) dy=\int_{0}^{1} y^3\, dy=\frac{1}{4}$$

X, Y의 공분산:

$$Cov(X, Y)=E(XY)-E(X)E(Y)=\frac{1}{4}-\left(\frac{1}{3}\right)\left(\frac{2}{3}\right)=\frac{1}{36}$$

X, Y의 상관계수:

$$Corr(X, Y) = \frac{Cov(X, Y)}{SD(X)SD(Y)} = \frac{\frac{1}{36}}{\sqrt{\frac{1}{18}}\sqrt{\frac{1}{18}}} = \frac{1}{2}$$ ■

예제 6.23 $(X, Y) \sim Tr(n, p_1, p_2)$일 때, X, Y의 공분산과 상관계수를 구하여라.

풀이 X와 Y의 주변확률분포는 각각 $B(n, p_1)$과 $B(n, p_2)$임을 이용하고, 또한 〈예제 6.20〉에서 구한 바와 같이 $E(XY) = n(n-1)p_1p_2$임을 이용한다.

X, Y의 공분산:

$$Cov(X, Y) = E(XY) - E(X)E(Y) = n(n-1)p_1p_2 - (np_1)(np_2) = -np_1p_2$$

X, Y의 상관계수:

$$Corr(X, Y) = \frac{Cov(X, Y)}{SD(X)SD(Y)} = \frac{-np_1p_2}{\sqrt{np_1(1-p_1)}\sqrt{np_2(1-p_2)}}$$

$$= -\sqrt{\frac{p_1p_2}{(1-p_1)(1-p_2)}}$$ ■

정리 6.9 공분산과 상관계수의 성질

a, b, c, d가 상수일 때 다음이 성립한다.

(1) $Cov(aX+b, cY+d) = acCov(X, Y)$

(2) $Corr(aX+b, cY+d) = \begin{cases} Corr(X, Y) & (ac > 0 \text{인 경우}) \\ -Corr(X, Y) & (ac < 0 \text{인 경우}) \end{cases}$

증명

(1) $Cov(aX+b, cY+d) = E[(aX+b)(cY+d)] - E(aX+b)E(cY+d)$

$= E(acXY + adX + bdY + bd) - \{aE(X) + b\}\{cE(Y) + d\}$

$= acE(XY) + adE(X) + bcE(Y) + bd - acE(X)E(Y) - adE(X) - bcE(Y) - bd$

$= ac\{E(XY) - E(X)E(Y)\}$

$= acCov(X, Y)$

(2) $$Corr(aX+b, cY+d) = \frac{Cov(aX+b, cY+d)}{SD(aX+b)SD(cY+d)}$$

$$= \frac{acCov(X, Y)}{|a|SD(X) \cdot |c|SD(Y)}$$

$$= \frac{ac}{|ac|} \cdot \frac{Cov(X, Y)}{SD(X)SD(Y)}$$

$$= \begin{cases} Corr(X, Y) & (ac > 0 \text{인 경우}) \\ -Corr(X, Y) & (ac < 0 \text{인 경우}) \end{cases}$$ ■

6

다음의 두 정리는 두 확률변수의 합과 차의 기댓값과 분산에 관한 것이다. 〈정리 6.10〉은 〈정리 6.4〉의 특수한 경우이며, 지극히 명백한 내용이므로 증명은 생략한다.

정리 6.10 두 확률변수의 합과 차의 기댓값

$$E(X \pm Y) = E(X) \pm E(Y) \quad \text{(복호동순)}$$

정리 6.11 두 확률변수의 합과 차의 분산

$$Var(X \pm Y) = Var(X) + Var(Y) \pm 2Cov(X, Y) \quad \text{(복호동순)}$$

증명 $Var(X \pm Y) = E[(X \pm Y)^2] - \{E(X \pm Y)\}^2$

$$= E(X^2 \pm 2XY + Y^2) - \{E(X) \pm E(Y)\}^2$$

$$= E(X^2) \pm 2E(XY) + E(Y^2) - \{E(X)\}^2 \mp 2E(X)E(Y) - E(Y^2)$$

$$= E(X^2) - \{E(X)\}^2 + E(Y^2) - \{E(Y)\}^2 \pm 2\{E(XY) - E(X)E(Y)\}$$

$$= Var(X) + Var(Y) \pm 2Cov(X, Y) \quad \text{(복호동순)}$$ ■

X와 Y가 독립인 특수한 경우를 생각하면, 〈정리 6.5〉에 의해

$$E(XY) = E(X)E(Y)$$

가 성립하므로

$$Cov(X, Y) = E(XY) - E(X)E(Y) = 0$$

이 된다. 따라서 〈정리 6.11〉의 다음과 같은 따름정리가 성립한다.

따름정리 6.1

두 확률변수 X와 Y가 독립이면,

$$Var(X \pm Y) = Var(X) + Var(Y)$$

예제 6.24 X와 Y의 결합확률분포가 〈표 6.12〉와 같다.

표 6.12 X, Y의 결합확률분포

		x			합계
		−1	0	1	
y	0	0	$\frac{1}{3}$	0	$\frac{1}{3}$
	1	$\frac{1}{3}$	0	$\frac{1}{3}$	$\frac{2}{3}$
합계		$\frac{1}{3}$	$\frac{1}{3}$	$\frac{1}{3}$	1

(1) X와 Y는 독립인가?

(2) X, Y의 공분산을 구하여라.

풀이

(1) $f(0,0)=\frac{1}{3}$, $f_1(0)f_2(0)=\left(\frac{1}{3}\right)\left(\frac{1}{3}\right)=\frac{1}{9}$

$f(0,0)\neq f_1(0)f_2(0)$이므로 X와 Y는 종속이다.

(2) $E(X)=(-1)\left(\frac{1}{3}\right)+(0)\left(\frac{1}{3}\right)+(1)\left(\frac{1}{3}\right)=0$,

$E(Y)=(0)\left(\frac{1}{3}\right)+(1)\left(\frac{2}{3}\right)=\frac{2}{3}$,

$E(XY)=(-1)(1)\left(\frac{1}{3}\right)+(1)(1)\left(\frac{1}{3}\right)=0$

이므로 $Cov(X, Y)=0$이다. ■

〈예제 6.23〉은 X와 Y가 종속이어도 X, Y의 공분산이 0일 수 있음을 보여 준다. 즉 X와 Y가 독립이면 $Cov(X, Y)=0$이지만, 그의 역은 참이 아니라는 것에 주의할 필요가 있다.

6.4 조건부확률분포

X와 Y는 결합확률질량함수 $f(x,y)$를 갖는 이산확률변수들이라고 하고, X와 Y 각각의 주변확률질량함수를 $f_1(x)$, $f_2(y)$라고 하자. $X=x$인 사건을 A, $Y=y$인 사건을 B로

나타내면,

$$P(A)=P(X=x)=f_1(x),$$
$$P(B)=P(Y=y)=f_2(y),$$
$$P(A\cap B)=P(X=x,\ Y=y)=f(x,y)$$

이다. 여기서 $P(B)>0$인 B에 대해 조건부확률 $P(A|B)$를 생각하면,

$$P(A|B)=\frac{P(A\cap B)}{P(B)}=\frac{f(x,y)}{f_2(y)}$$

가 된다. 이것을 $Y=y$가 주어졌을 때 X의 **조건부확률질량함수**라고 정의한다. $X=x$가 주어졌을 때 Y의 조건부확률질량함수도 같은 방식으로 정의된다.

> **조건부확률질량함수(conditional probability mass function)**
>
> (1) $Y=y$가 주어졌을 때 X의 조건부확률질량함수는
>
> $$g(x|y)=\frac{f(x,y)}{f_2(y)}\quad (\text{단, } f_2(y)>0)$$
>
> 로 정의한다.
>
> (2) $X=x$가 주어졌을 때 Y의 조건부확률질량함수는
>
> $$h(y|x)=\frac{f(x,y)}{f_1(x)}\quad (\text{단, } f_1(x)>0)$$
>
> 로 정의한다.

모든 x에 대해 $g(x|y)\geq 0$임은 명백하고 또한

$$\sum_x g(x|y)=\sum_x\frac{f(x,y)}{f_2(y)}=\frac{\sum_x f(x,y)}{f_2(y)}=\frac{f_2(y)}{f_2(y)}=1$$

이므로 $g(x|y)$는 확률질량함수의 성립 요건을 만족한다. $h(y|x)$도 마찬가지다. $X=x$가 주어졌을 때 $Y\in A$일 조건부확률은

$$P(Y\in A|X=x)=\sum_{y\in A}h(y|x)$$

이다.

조건부확률질량함수가 확률질량함수의 성립 요건을 만족하므로 다음과 같이 조건부기댓값을 생각할 수 있다.

조건부기댓값(conditional expectation) — 이산확률변수의 경우

$X=x$가 주어졌을 때, Y의 함수 $u(Y)$의 조건부기댓값은

$$E[u(Y)\mid X=x]=\sum_y u(y)h(y\mid x)$$

위에서 특히 $u(Y)=Y$인 경우를 Y의 **조건부평균**(conditional mean)이라고 하고 $\mu_{Y|x}$ 또는 $E(Y|x)$로 나타내며, $u(Y)=\{Y-E(Y|x)\}^2$인 경우를 Y의 **조건부분산**(conditional variance)이라고 하고 $\sigma^2_{Y|x}$ 또는 $Var(Y|x)$로 나타낸다. 즉

$$\mu_{Y|x}=E(Y|x)=\sum_y yh(y|x),$$

$$\sigma^2_{Y|x}=Var(Y|x)=E[\{Y-E(Y|x)\}^2|x]=\sum_y\{y-E(Y|x)\}^2h(y|x)$$

$\sigma^2_{Y|x}$는 다음과 같이 나타낼 수도 있다.

조건부분산의 다른 형태

$$\sigma^2_{Y|x}=E(Y^2|x)-\{E(Y|x)\}^2$$

증명
$$\begin{aligned}\sigma^2_{Y|x}&=\sum_y\{y-E(Y|x)\}^2h(y|x)\\&=\sum_y y^2h(y|x)-2E(Y|x)\sum_y yh(y|x)+\{E(Y|x)\}^2\sum_y h(y|x)\\&=E(Y^2|x)-2E(Y|x)\cdot E(Y|x)+\{E(Y|x)\}^2\\&=E(Y^2|x)-\{E(Y|x)\}^2\end{aligned}$$

■

예제 6.25 〈예제 6.1〉에서 다음을 구하여라.

(1) $Y=y$가 주어졌을 때 X의 조건부확률질량함수

(2) $X=x$가 주어졌을 때 Y의 조건부확률질량함수

(3) $X=2$일 때 Y의 조건부평균과 조건부분산

풀이

(1) 구하는 조건부확률질량함수는 $y=1,2$ 각각에 대해

$$g(x|y)=\frac{f(x,y)}{f_2(y)}=\frac{(x+2y)/24}{(1+2y)/8}=\frac{x+2y}{3(1+2y)},\quad x=0,1,2$$

(2) 구하는 조건부확률질량함수는 $x=0,1,2$ 각각에 대해

$$h(y|x)=\frac{f(x,y)}{f_1(x)}=\frac{(x+2y)/24}{(x+3)/12}=\frac{x+2y}{2(x+3)},\quad y=1,2$$

(3) $\mu_{Y|2}=\sum_y yh(y|2)=\sum_{y=1}^{2}(y)\left(\frac{2+2y}{10}\right)=(1)\left(\frac{4}{10}\right)+(2)\left(\frac{6}{10}\right)=\frac{8}{5}$

$$\sigma_{Y|2}^2=\sum_y\{y-E(Y|2)\}^2h(y|2)=\sum_{y=1}^{2}\left(y-\frac{8}{5}\right)^2\left(\frac{2+2y}{10}\right)$$
$$=\left(-\frac{3}{5}\right)^2\left(\frac{4}{10}\right)+\left(\frac{2}{5}\right)^2\left(\frac{6}{10}\right)=\frac{6}{25}$$

※ $\sigma_{Y|2}^2$를 다음과 같이 구해도 같은 결과가 나오는 것을 확인해 보자.

$$\sigma_{Y|2}^2=E(Y^2|2)-\{E(Y|2)\}^2=(1)^2\left(\frac{4}{10}\right)+(2)^2\left(\frac{6}{10}\right)-\left(\frac{8}{5}\right)^2=\frac{6}{25}$$ ■

정리 6.12 삼항분포에서의 조건부확률분포

(X, Y)의 결합확률분포가 삼항분포 $Tr(n, p_1, p_2)$이면,

(1) $X=x$가 주어졌을 때 Y의 조건부확률분포는 이항분포 $B\left(n-x,\ \frac{p_2}{1-p_1}\right)$이며,

(2) $Y=y$가 주어졌을 때 X의 조건부확률분포는 이항분포 $B\left(n-y,\ \frac{p_1}{1-p_2}\right)$이다.

증명 $(X, Y)\sim Tr(n, p_1, p_2)$이면 X의 주변확률분포는 이항분포 $B(n, p_1)$이고 Y의 주변확률분포는 이항분포 $B(n, p_2)$임을 6.1절에서 보인 바 있다.

(1) $x=0,1,\cdots,n-1$ 각각에 대해, $X=x$가 주어졌을 때 Y의 조건부확률질량함수는 다음과 같다.

$$h(y|x)=\frac{f(x,y)}{f_1(x)}=\frac{\frac{n!}{x!\,y!\,(n-x-y)!}p_1^x p_2^y(1-p_1-p_2)^{n-x-y}}{\frac{n!}{x!\,(n-x)!}p_1^x(1-p_1)^{n-x}}$$

$$= \frac{(n-x)!}{y!(n-x-y)!}\left(\frac{p_2}{1-p_1}\right)^y\left(\frac{1-p_1-p_2}{1-p_1}\right)^{n-x-y}$$

$$= \binom{n-x}{y}\left(\frac{p_2}{1-p_1}\right)^y\left(1-\frac{p_2}{1-p_1}\right)^{n-x-y}, \quad y = 0, 1, \cdots, n-x$$

이것은 $X = x$가 주어졌을 때 Y의 조건부확률분포가 $B\left(n-x, \frac{p_2}{1-p_1}\right)$임을 나타낸다.

(2) $Y = y$가 주어졌을 때 X의 조건부확률분포가 이항분포 $B\left(n-y, \frac{p_1}{1-p_2}\right)$라는 것도 동일한 방법으로 보일 수 있다(연습문제로 넘긴다). ■

$X = x$가 주어졌을 때 Y의 조건부확률분포가 $B\left(n-x, \frac{p_2}{1-p_1}\right)$라는 것을 기호로 다음과 같이 나타내기로 한다.

$$Y\Big|_{X=x} \sim B\left(n-x, \frac{p_2}{1-p_1}\right)$$

마찬가지로 $Y = y$가 주어졌을 때 X의 조건부확률분포가 $B\left(n-y, \frac{p_1}{1-p_2}\right)$라는 것은 다음과 같이 나타낸다.

$$X\Big|_{Y=y} \sim B\left(n-y, \frac{p_1}{1-p_2}\right)$$

예제 6.26 어느 대학에서 어떤 과목의 학기말 성적은 A, B, F 중 하나로만 주어지는데, 수강생들 중 20%는 A, 70%는 B, 나머지 10%는 F를 받았다고 한다. 수강생들 중 무작위로 10명을 복원추출하여 조사하니 그중 6명이 B를 받은 학생이었다고 하자.

(1) 뽑힌 10명 중 A를 받은 학생이 1명일 조건부확률을 구하여라.

(2) 뽑힌 10명 중 A를 받은 학생의 수를 X라고 할 때, X의 조건부평균과 조건부분산을 구하여라.

풀이 뽑힌 10명 중 A를 받은 학생의 수를 X, B를 받은 학생의 수를 Y라고 하면, 복원추출이므로 $(X, Y) \sim Tr(10, 0.2, 0.7)$이다. 또한 〈정리 6.12〉의 (2)에 의해

$$X\Big|_{Y=6} \sim B\left(10-6, \frac{0.2}{1-0.7}\right) \text{ 즉 } B\left(4, \frac{2}{3}\right)$$

이다.

(1) 구하는 조건부확률은

$$P(X=1 \mid Y=6) = \binom{4}{1}\left(\frac{2}{3}\right)\left(\frac{1}{3}\right)^3 = \frac{8}{81}$$

(2) X의 조건부평균은

$$E(X \mid Y=6) = (4)\left(\frac{2}{3}\right) = \frac{8}{3}$$

X의 조건부분산은

$$Var(X \mid Y=6) = (4)\left(\frac{2}{3}\right)\left(\frac{1}{3}\right) = \frac{8}{9}$$

■

이산확률변수의 경우와 마찬가지로 연속확률변수의 경우에도 다음과 같이 조건부확률분포를 생각할 수 있다. X와 Y는 결합확률밀도함수 $f(x, y)$를 갖는 연속확률변수들이라고 하고, X와 Y 각각의 주변확률밀도함수를 $f_1(x)$, $f_2(y)$라고 하자.

조건부확률밀도함수(conditional probability density function)

(1) $Y=y$가 주어졌을 때 X의 조건부확률밀도함수는

$$g(x \mid y) = \frac{f(x, y)}{f_2(y)} \quad (\text{단, } f_2(y) > 0)$$

로 정의한다.

(2) $X=x$가 주어졌을 때 Y의 조건부확률밀도함수는

$$h(y \mid x) = \frac{f(x, y)}{f_1(x)} \quad (\text{단, } f_1(x) > 0)$$

로 정의한다.

조건부기댓값(conditional expectation) — 연속확률변수의 경우

$X=x$가 주어졌을 때, Y의 함수 $u(Y)$의 조건부기댓값은

$$E[u(Y) \mid X=x] = \int_{-\infty}^{\infty} u(y)h(y \mid x)\,dy$$

특히 $u(Y)=Y$인 경우를 Y의 **조건부평균**이라고 하고 $\mu_{Y|x}$ 또는 $E(Y|x)$로 나타내

며, $u(Y)=\{Y-E(Y|x)\}^2$인 경우를 Y의 **조건부분산**이라고 하고 $\sigma^2_{Y|x}$ 또는 $Var(Y|x)$로 나타낸다. 즉

$$\mu_{Y|x}=E(Y|x)=\int_{-\infty}^{\infty} yh(y|x)\,dy,$$

$$\sigma^2_{Y|x}=Var(Y|x)=E[\{Y-E(Y|x)\}^2|x]=\int_{-\infty}^{\infty}\{y-E(Y|x)\}^2h(y|x)\,dy$$

연속확률변수의 경우에도 이산확률변수의 경우와 같이 $\sigma^2_{Y|x}$를 다음과 같이 나타낼 수 있다.

조건부분산의 다른 형태

$$\sigma^2_{Y|x}=E(Y^2|x)-\{E(Y|x)\}^2$$

예제 6.27 X와 Y의 결합확률밀도함수가 다음과 같다.

$$f(x,y)=\begin{cases}\dfrac{1}{24}, & 8-y\le x\le 11-y,\ 0\le y\le 8\\ 0, & \text{그 밖의 경우}\end{cases}$$

(1) Y의 주변확률밀도함수 $f_2(y)$를 구하여라.

(2) $Y=y$가 주어졌을 때 X의 조건부확률밀도함수 $g(x|y)$를 구하여라.

(3) $Y=y$가 주어졌을 때 X의 조건부평균 $\mu_{X|y}$와 조건부분산 $\sigma^2_{X|y}$를 구하여라.

풀이 (〈그림 6.6〉 참조)

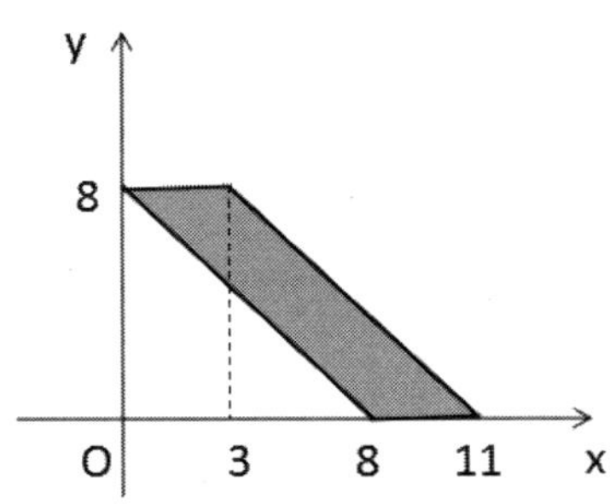

그림 6.6

(1) $f_2(y)=\displaystyle\int_{8-y}^{11-y}\frac{1}{24}dx=\frac{1}{8},\quad 0\le y\le 8$

(즉 Y의 주변확률분포는 균등분포 $U(0,8)$이다.)

(2) $g(x|y)=\dfrac{f(x,y)}{f_2(y)}=\dfrac{1/24}{1/8}=\dfrac{1}{3},\quad 8-y\le x\le 11-y,\ 0\le y\le 8$

(즉 $Y=y$가 주어졌을 때 X의 조건부확률분포는 균등분포 $U(8-y,11-y)$이다.)

(3) $\mu_{X|y}=\displaystyle\int_{-\infty}^{\infty}xg(x|y)dx=\int_{8-y}^{11-y}(x)\left(\frac{1}{3}\right)dx=\frac{19}{2}-y$

$$\sigma_{X|y}^2=E(X^2|y)-\{E(X|y)\}^2=\int_{8-y}^{11-y}(x^2)\left(\frac{1}{3}\right)dx-\left(\frac{19}{2}-y\right)^2$$

$$=y^2-19y+91-\left(\frac{19}{2}-y\right)^2=\frac{3}{4}$$

(※ X의 조건부확률분포가 균등분포이므로 물론 〈정리 5.1〉을 이용하여 $\mu_{X|y}$와 $\sigma_{X|y}^2$를 구해도 된다.) ■

예제 6.28 X는 균등분포 $U(0,1)$을 따르고, $X=x$일 때 Y의 조건부확률분포는 $U(0,2x^2)$이다. 다음을 구하여라.

(1) X와 Y의 결합확률밀도함수 $f(x,y)$

(2) Y의 주변확률밀도함수 $f_2(y)$

(3) $Y=y$일 때 X의 조건부확률밀도함수 $g(x|y)$

(4) $Y=y$일 때 X의 조건부평균 $E(X|y)$

풀이 (〈그림 6.7〉 참조)

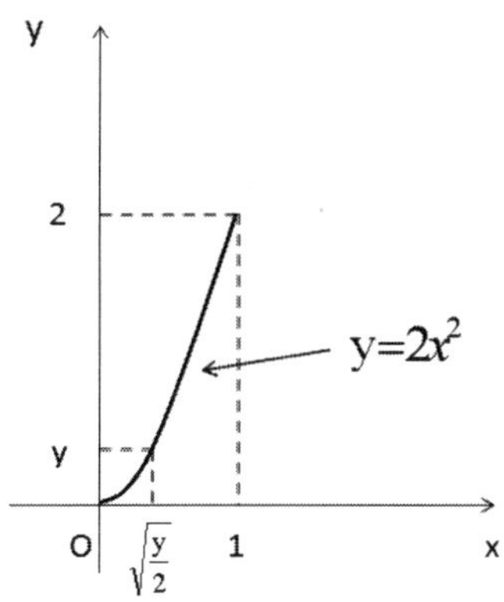

그림 6.7

(1) $f_1(x)=1,\quad 0<x<1$

$$h(y|x) = \frac{1}{2x^2}, \quad 0 < y < 2x^2, \quad 0 < x < 1$$

이므로

$$f(x, y) = f_1(x)h(y|x) = \frac{1}{2x^2}, \quad 0 < x < 1, \quad 0 < y < 2x^2$$

(2) $f_2(y) = \int_{-\infty}^{\infty} f(x, y)dx$

$$= \int_{\sqrt{y/2}}^{1} \frac{1}{2x^2} dx = \left[-\frac{1}{2x}\right]_{\sqrt{y/2}}^{1} = \frac{1}{\sqrt{2y}} - \frac{1}{2}, \quad 0 < y < 2$$

(3) $g(x|y) = \dfrac{f(x, y)}{f_2(y)} = \dfrac{\dfrac{1}{2x^2}}{\dfrac{1}{\sqrt{2y}} - \dfrac{1}{2}} = \dfrac{\sqrt{y}}{x^2(\sqrt{2} - \sqrt{y})}, \quad \sqrt{\dfrac{y}{2}} < x < 1, \quad 0 < y < 2$

(4) $E(X|y) = \int_{-\infty}^{\infty} xg(x|y)dx = \int_{\sqrt{y/2}}^{1} x \cdot \dfrac{\sqrt{y}}{x^2(\sqrt{2} - \sqrt{y})} dx$

$$= \frac{\sqrt{y}}{\sqrt{2} - \sqrt{y}} [\ln(x)]_{\sqrt{y/2}}^{1} = \frac{\sqrt{y}}{2(\sqrt{2} - \sqrt{y})} ln\left(\frac{2}{y}\right)$$

(ln은 자연로그($e = 2.71828\cdots$을 밑으로 하는 로그)를 나타낸다.) ■

〈정리 3.2〉에서 진술한 기댓값의 성질 (1), (2), (3), (4)는 조건부기댓값의 경우에도 명백히 성립한다. 예를 들면, (3)의 경우는 다음과 같이 쓸 수 있다.

$$E[c_1u_1(X) + \cdots + c_nu_n(X) | Y = y] = c_1E[u_1(X) | Y = y] + \cdots + c_nE[u_n(X) | Y = y]$$

(단, $c_1, \cdots, c_n$은 상수)

확률변수 Y의 값이 y로 주어졌을 때의 X의 기댓값은 y의 함수이다. 이것을 $\phi(y)$로 나타내자. 즉 $\phi(y) = E(X| Y = y)$이다. 그러면 다음과 같은 매우 중요한 정리가 성립한다.

정리 6.13

$\phi(y) = E(X|Y = y)$라고 하면, $E(X) = E[\phi(Y)]$이다. 즉

$$E(X) = E[E(X|Y)] \tag{6.3}$$

증명 (연속확률변수의 경우에 대해서 증명한다. 이산확률변수의 경우에는 적분 기호 대신 합 기호로 바꿔서 생각하면 된다.)

$$\phi(y) = \int_{-\infty}^{\infty} xg(x \mid y)dx$$

이므로

$$\begin{aligned} E[\phi(Y)] &= \int_{-\infty}^{\infty} \phi(y)f_2(y)dy \\ &= \int_{-\infty}^{\infty} \left(\int_{-\infty}^{\infty} xg(x \mid y)dx \right) f_2(y)dy \\ &= \int_{-\infty}^{\infty} \int_{-\infty}^{\infty} xf(x, y)dx\,dy \\ &= E(X) \end{aligned}$$

■

Y가 이산확률변수인 경우

$$E[\phi(Y)] = \sum_y \phi(y)f_2(y) = \sum_y E(X \mid Y = y)f_2(y)$$

이므로 식 (6.3)은

$$E(X) = \sum_y E(X \mid Y = y)P(Y = y) \tag{6.4}$$

로 쓸 수 있으며, 이것은 $E(X)$가 ($Y = y$일 확률을 가중값으로 한) $E(X \mid Y = y)$ 값들의 가중평균임을 의미한다.

Y가 연속확률변수인 경우 식 (6.3)은

$$E(X) = \int_{-\infty}^{\infty} E(X \mid Y = y)f_2(y)dy$$

가 된다.

예제 6.29 (출처: 김혁주·김영일 (2010)) A팀과 B팀이 축구 경기를 하는데 연장전까지 해도 승부가 가려지지 않아 승부차기를 하고 있다. 승부차기는 양 팀이 페널티킥을 5개씩 차서 골을 많이 넣은 팀이 승리하는 제도이다. 5개씩 찼을 때 동점이면 승부가 가려질 때까지 양 팀에서 계속해서 번갈아 1개씩 더 차게 된다. 각 선수가 승부차기에서 골을 넣을 확률은 독립적으로 p라고 하자. A팀은 5개를 차서 4개가 성공했고 B팀은 4개를 차서 3개가 성공한 상태에서 5번째 키커가 찰 준비를 하고 있다.

(1) A, B 각 팀이 승리할 확률을 현 시점에서 구하여라.

(2) 현 시점부터 승부가 가려질 때까지 필요한 키커의 수(양 팀 합하여)를 X라고 할 때

$E(X)$를 구하여라.

풀이

(1) 확률변수 Y를 다음과 같이 정의하자.

$$Y = \begin{cases} 1, & (B\text{팀의 5번째 키커가 성공하면}) \\ 0, & (\text{그렇지 않으면}) \end{cases}$$

A, B팀의 승리 확률을 각각 $P(A), P(B)$라고 하면, 〈정리 2.6〉(확률의 분할법칙)에 의해

$$\begin{aligned} P(A) &= P(A|Y=0)P(Y=0) + P(A|Y=1)P(Y=1) \\ &= (1)(1-p) + \left(\frac{1}{2}\right)(p) = 1 - \frac{p}{2} \\ P(B) &= P(B|Y=0)P(Y=0) + P(B|Y=1)P(Y=1) \\ &= (0)(1-p) + \left(\frac{1}{2}\right)(p) = \frac{p}{2} \end{aligned}$$

(2) B팀의 5번째 키커가 찬 뒤 추가적으로 필요한 키커의 수를 W로 나타내면, $X = 1 + W$이므로 $E(X) = 1 + E(W)$이다. 또한 식 (6.4)에 의해

$$E(W) = E(W|Y=0)P(Y=0) + E(W|Y=1)P(Y=1) \quad \cdots\cdots\cdots\cdots ①$$

이다.

$q = 1 - p$라고 하자. $Y = 1$일 때 W의 조건부확률분포는 〈표 6.13〉과 같다.

표 6.13 $Y=1$일 때 W의 조건부확률분포

w	2	4	6	$\cdots$
$P(W=w\|Y=1)$	$2pq$	$(1-2pq)\cdot 2pq$	$(1-2pq)^2\cdot 2pq$	$\cdots$

〈표 6.13〉과 같이 확률들이 구해지는 이유는 다음과 같다. B팀의 5번째 키커가 골을 넣으면 4대4 동점이므로 승부가 날 때까지 더 차야 한다. $W=2$가 되려면 양 팀에서 1명씩만 더 차서 승부가 나야 하므로 양 팀의 6번째 키커 중 1명은 성공, 1명은 실패해야 하며, 이 확률은 $2pq$이다. $W=4$가 되려면 양 팀의 6번째 키커에서 승부가 나지 않고 7번째 키커에서 승부가 나야 하며, 이 확률은 $(1-2pq)\cdot 2pq$이다. 이런 식으로 나머지 확률들도 구해진다.

〈표 6.13〉을 보면 $\frac{W}{2}$의 값이 1, 2, 3, …일 확률이 각각 $2pq$, $(1-2pq)\cdot 2pq$, $(1-2pq)^2\cdot 2pq$, …이므로 $Y=1$일 때 $\frac{W}{2}$의 조건부확률분포가 기하분포 $Geo(2pq)$임

을 알 수 있다. 따라서 〈정리 4.9〉에 의해 $E\left(\frac{W}{2}\,\middle|\, Y=1\right)=\frac{1}{2pq}$이므로 $E(W|Y=1)=$ $\frac{1}{pq}$이며, 이것을 식 ①에 대입하면

$$E(W)=(0)(q)+\left(\frac{1}{pq}\right)(p)=\frac{1}{q}$$

을 얻는다. 그러므로

$$E(X)=1+\frac{1}{q}=\frac{2-p}{1-p}$$

이다. ■

예제 6.30 (출처: 강석복 · 우정수 공역 (2003), p.404)
한 광부가 3개의 통로가 있는 갱에 갇혀 있다. 첫째 통로를 따라가면 3시간 후에 무사히 갱에서 벗어날 수 있고, 둘째 통로를 따라가면 5시간 후에 원래의 갱으로 되돌아오며, 셋째 통로를 따라가면 7시간 후에 갱으로 되돌아온다고 한다. 광부가 세 개의 통로 중 하나를 언제나 같은 확률로 선택한다면, 갱에서 완전히 벗어날 때까지 몇 시간이 걸릴 것으로 기대되는가?

풀이 광부가 갱에서 완전히 벗어날 때까지 걸리는 시간의 기댓값을 X라고 하고, 처음 선택하는 통로의 번호를 Y로 나타내자. 그러면 식 (6.4)에 의해

$$E(X)=\sum_{y=1}^{3}E(X|Y=y)P(Y=y)=\frac{1}{3}\sum_{y=1}^{3}E(X|Y=y)$$

이다. 그런데

$$E(X|Y=1)=3 \qquad \cdots\cdots\cdots\cdots ①$$
$$E(X|Y=2)=5+E(X) \qquad \cdots\cdots\cdots\cdots ②$$
$$E(X|Y=3)=7+E(X) \qquad \cdots\cdots\cdots\cdots ③$$

이다. 식 ②는 다음에 의해 알 수 있다. 둘째 통로를 선택했다면, 광부는 5시간을 허비한 후에 원래의 위치로 되돌아온다. 그가 원래의 위치로 되돌아오면 문제는 처음과 동일하게 된다. 그러므로 그가 완전히 벗어날 때까지의 추가적인 시간의 기댓값은 $E(X)$이다. 식 ③도 유사하게 얻어진다. 따라서

$$E(X)=\frac{1}{3}\{3+5+E(X)+7+E(X)\}$$

이므로

$$E(X) = 15$$

이다. 즉 완전히 벗어날 때까지 걸리는 시간의 기댓값은 15시간이다. ■

정리 6.14

X와 Y가 독립이면 모든 y와 함수 $u(\cdot)$에 대해 $E[u(X)|Y=y] = E[u(X)]$이다.

증명 (연속확률변수의 경우에 대해서 증명한다. 이산확률변수의 경우에는 적분 기호 대신 합 기호로 바꿔서 생각하면 된다.)

X와 Y가 독립이면,

$$g(x|y) = \frac{f(x,y)}{f_2(y)} = \frac{f_1(x)f_2(y)}{f_2(y)} = f_1(x)$$

이므로

$$E[u(X)|Y=y] = \int_{-\infty}^{\infty} u(x)g(x|y)dx = \int_{-\infty}^{\infty} u(x)f_1(x)dx = E[u(X)]$$ ■

다음은 확률변수들의 개수가 역시 확률변수일 때의 합의 기댓값에 관한 예제이다.

예제 6.31 (출처: 강석복 · 우정수 공역 (2003), p.404)

주어진 날에 한 상점에 출입하는 고객의 수는 평균이 50명인 확률변수이고, 이 고객들 각자 소비하는 돈은 평균 8000원인 확률변수라고 하자. 또한 각 고객이 소비하는 돈의 액수는 상점에 출입하는 사람들의 수와는 독립이라고 가정한다. 주어진 날에 고객들에 의해 상점에서 소비되는 돈의 기대금액은 얼마인가?

풀이 주어진 날에 그 상점에 출입하는 고객의 수를 N으로 나타내고, i번째 고객이 소비하는 돈의 액수를 X_i로 나타내면, 상점에서 소비되는 돈의 총액은 $\sum_{i=1}^{N} X_i$이고 이것의 기댓값은 식 (6.4)에 의해

$$E\left(\sum_{i=1}^{N} X_i\right) = \sum_n E\left(\sum_{i=1}^{N} X_i \,\middle|\, N=n\right) P(N=n)$$

이다. 그런데

$$
\begin{aligned}
E\left(\sum_{i=1}^{N} X_i \,\middle|\, N=n\right) &= \sum_{i=1}^{N} E(X_i | N=n) \\
&= \sum_{i=1}^{n} E(X_i | N=n) \\
&= \sum_{i=1}^{n} E(X_i) \qquad (X_i\text{와 } N\text{이 독립이므로}) \\
&= nE(X)
\end{aligned}
$$

이다. 여기서 $E(X)$는 $E(X_i)$의 공통적인 값을 나타낸다. 따라서

$$
E\left(\sum_{i=1}^{N} X_i\right) = \sum_n nE(X)P(N=n) = E(X)\sum_n nP(N=n) = E(X)E(N)
$$

이다. 이 예제에서는 $E(X)=8000$, $E(N)=50$이므로, 고객들에 의해 상점에서 소비되는 돈의 기대금액은 $8000 \times 50 = 400000$(원)이다. ■

다음의 정리는 조건부분산과 관련된 유용한 관계식이다.

정리 6.15

$$
Var(X) = E[Var(X|Y)] + Var[E(X|Y)]
$$

증명 $\phi(y) = E(X|Y=y)$라고 하자.

$$
Var(X|Y=y) = E(X^2|Y=y) - \{\phi(y)\}^2
$$

이므로

$$
E[Var(X|Y)] = E[E(X^2|Y)] - E[\{\phi(Y)\}^2] = E(X^2) - E[\{\phi(Y)\}^2]
$$

이다. 한편

$$
\begin{aligned}
Var[E(X|Y)] &= Var[\phi(Y)] \\
&= E[\{\phi(Y)\}^2] - \{E[\phi(Y)]\}^2 \\
&= E[\{\phi(Y)\}^2] - \{E(X)\}^2
\end{aligned}
$$

이다. 따라서

$$
E[Var(X|Y)] + Var[E(X|Y)] = E(X^2) - \{E(X)\}^2 = Var(X)
$$

이다. ■

예제 6.32 (출처: 강석복 · 우정수 공역 (2003), p.416)

임의의 t시간까지 철도역에 도착하는 승객의 수는 평균이 λt인 포아송 확률변수라고 하자. 만일 첫 기차가 승객들이 도착하는 시간과는 독립적으로 구간 $(0, T)$에서 균일하게 분포된 시간에 역에 도착한다면, 기차를 탈 수 있는 승객 수의 평균과 분산은 얼마인가?

풀이 각각의 $t \geq 0$에 대해 t시간까지 도착하는 승객의 수를 $N(t)$라고 하고, 기차가 도착하는 시간을 Y라고 하면, 기차를 탈 수 있는 승객의 수는 $N(Y)$이다. $E[N(Y)]$와 $Var[N(Y)]$는 Y를 조건으로 하여 다음 식에 의해 구할 수 있다.

$$E[N(Y)] = E[E(N(Y) \mid Y)]$$

$$Var[N(Y)] = E[Var(N(Y) \mid Y)] + Var[E(N(Y) \mid Y)]$$

Y와 $N(t)$가 독립이고 $N(t) \sim Poi(\lambda t)$이므로

$$E[N(Y) \mid Y = t] = E[N(t) \mid Y = t] = E[N(t)] = \lambda t$$

이다. 따라서

$$E[N(Y) \mid Y] = \lambda Y$$

이고, 기댓값을 취하면

$$E[N(Y)] = \lambda E(Y) = \frac{\lambda T}{2}$$

이다. 한편

$$Var[N(Y) \mid Y = t] = Var[N(t) \mid Y = t] = Var[N(t)] = \lambda t$$

이므로

$$Var[N(Y) \mid Y] = \lambda Y$$

이다. 따라서

$$\begin{aligned} Var[N(Y)] &= E(\lambda Y) + Var(\lambda Y) \\ &= \frac{\lambda T}{2} + \frac{\lambda^2 T^2}{12} \end{aligned}$$

이다. 여기서 $Y \sim U(0, T)$이므로 $E(Y) = \frac{T}{2}$, $Var(Y) = \frac{T^2}{12}$임을 이용했다. ■

6.5 여러 확률변수의 결합분포

두 확률변수의 결합확률분포에 관한 개념과 내용들은 셋 이상의 확률변수들의 경우로 어렵지 않게 확장될 수 있다. 먼저 삼항분포는 다음과 같이 **다항분포**로 일반화된다. 어떤 시행의 가능한 결과가 k 가지라고 하자. 이것들을 $C_1, C_2, \cdots, C_k$로 나타내고, 각 시행에서 C_i가 일어날 확률을 p_i라고 하자($i=1,2,\cdots,k$). 또한 이 시행을 n번 독립적으로 반복할 때 C_i가 일어나는 횟수를 X_i로 나타내자($i=1,2,\cdots,k-1$). 그러면 $X_1, X_2, \cdots, X_{k-1}$은 다음과 같은 결합확률분포를 갖게 되며, 이 분포를 **다항분포**라고 한다.

다항분포(multinomial distribution)

다음과 같은 확률질량함수를 갖는 분포를 모수가 $(n, p_1, p_2, \cdots, p_{k-1})$인 **다항분포**라고 한다. (단, n은 양의 정수, $p_1 \ge 0, \cdots, p_{k-1} \ge 0$, $\sum_{i=1}^{k-1} p_i \le 1$)

$$f(x_1, x_2, \cdots, x_{k-1}) = \begin{cases} \dfrac{n!}{x_1! \cdots x_{k-1}! x_k!} p_1^{x_1} \cdots p_{k-1}^{x_{k-1}} p_x^{x_k}, & x_1, \cdots, x_{k-1}\text{은 음이 아닌 정수, } \sum_{i=1}^{k-1} x_i \le n \\ 0, & \text{그 밖의 경우} \end{cases}$$

여기서 $x_k = n-(x_1+\cdots+x_{k-1})$, $p_k = 1-(p_1+\cdots+p_{k-1})$이다.

$X_1, X_2, \cdots, X_{k-1}$의 결합확률분포가 모수가 $(n, p_1, p_2, \cdots, p_{k-1})$인 다항분포라는 것을 기호 $(X_1, X_2, \cdots, X_{k-1}) \sim M(n, p_1, p_2, \cdots, p_{k-1})$로 나타내기로 하자.

$(X_1, X_2, \cdots, X_{k-1}) \sim M(n, p_1, p_2, \cdots, p_{k-1})$이면 다음의 내용이 성립함을 쉽게 알 수 있다.

$$X_i \sim B(n, p_i) \quad (i=1,2,\cdots,k) \ (\text{단, } X_k = n-(X_1+\cdots+X_{k-1}))$$

$$(X_i, X_j) \sim Tr(n, p_i, p_j) \ (\text{단, } i \ne j;\ i, j = 1, 2, \cdots, k)$$

다항분포의 적률생성함수는 다음과 같다. 증명은 삼항분포의 경우를 그대로 확장해서 생각하면 되므로 생략한다.

정리 6.16 다항분포의 적률생성함수

$(X_1, X_2, \cdots, X_{k-1}) \sim M(n, p_1, p_2, \cdots, p_{k-1})$이면

$$M(t_1, \cdots, t_{k-1}) = (p_1 e^{t_1} + \cdots + p_{k-1} e^{t_{k-1}} + p_k)^n,$$

$$-\infty < t_1 < \infty, \cdots, -\infty < t_{k-1} < \infty$$

예제 6.33 주사위를 30번 던져 i의 눈이 나오는 횟수를 X_i라고 하자($i = 1, 2, \cdots, 6$).

(1) $(X_1, X_2, \cdots, X_5)$의 분포는 무엇인가?

(2) X_3의 기댓값과 분산을 구하여라.

(3) X_1, X_6의 공분산과 상관계수를 구하여라.

풀이

(1) $(X_1, X_2, \cdots, X_5)$의 분포는 다항분포(좀 더 구체적으로 말하면 육항분포) $M\left(30, \frac{1}{6}, \frac{1}{6}, \frac{1}{6}, \frac{1}{6}, \frac{1}{6}\right)$이다.

(2) $X_3 \sim B\left(30, \frac{1}{6}\right)$이므로

$$E(X_3) = 30 \times \frac{1}{6} = 5, \quad Var(X_3) = 30 \times \frac{1}{6} \times \frac{5}{6} = \frac{25}{6}$$

이다.

(3) $(X_1, X_6) \sim Tr\left(30, \frac{1}{6}, \frac{1}{6}\right)$이므로, 〈예제 6.23〉에 의해

$$Cov(X, Y) = -30 \times \frac{1}{6} \times \frac{1}{6} = -\frac{5}{6},$$

$$Corr(X, Y) = -\sqrt{\frac{(1/6)(1/6)}{(1-1/6)(1-1/6)}} = -\frac{1}{5}$$

■

n개의 이산확률변수 $X_1, X_2, \cdots, X_n$의 결합확률질량함수를 $f(x_1, x_2, \cdots, x_n)$로 나타내면 X_i의 주변확률질량함수는 다음과 같다.

$$f_i(x_i) = \sum_{x_1} \cdots \sum_{x_{i-1}} \sum_{x_{i+1}} \cdots \sum_{x_n} f(x_1, x_2, \cdots, x_n)$$

유사하게, n개의 연속확률변수 $X_1, X_2, \cdots, X_n$의 결합확률밀도함수를 $f(x_1, x_2, \cdots, x_n)$로 나타내면 X_i의 주변확률밀도함수는 다음과 같다.

$$f_i(x_i) = \int_{-\infty}^{\infty} \cdots \int_{-\infty}^{\infty} \int_{-\infty}^{\infty} \cdots \int_{-\infty}^{\infty} f(x_1, x_2, \cdots, x_n) dx_1 \cdots dx_{i-1} dx_{i+1} \cdots dx_n.$$

n개의 확률변수의 독립은 다음과 같이 정의된다.

6

n개의 확률변수의 독립

$$f(x_1, x_2, \cdots, x_n) = f_1(x_1) f_2(x_2) \cdots f_n(x_n) \quad (\text{모든 } (x_1, x_2, \cdots, x_n)\text{에 대해})$$

가 성립할 때 $X_1, X_2, \cdots, X_n$은 **서로 독립**(mutually independent)이라고 한다.

또한 n개 확률변수의 함수의 기댓값은 다음과 같이 정의된다.

n개 확률변수의 함수의 기댓값

확률변수 $X_1, X_2, \cdots, X_n$의 결합확률질량함수(또는 결합확률밀도함수)를 $f(x_1, x_2, \cdots, x_n)$라고 하자. $u(X_1, X_2, \cdots, X_n)$를 n개 확률변수의 하나의 함수라고 할 때,

$$E[u(X_1, X_2, \cdots, X_n)]$$
$$= \begin{cases} \sum_{x_1} \cdots \sum_{x_n} u(x_1, \cdots, x_n) f(x_1, \cdots, x_n) & (\text{이산확률변수의 경우}) \\ \int_{-\infty}^{\infty} \cdots \int_{-\infty}^{\infty} u(x_1, \cdots, x_n) f(x_1, \cdots, x_n)\, dx_1 \cdots dx_n & (\text{연속확률변수의 경우}) \end{cases}$$

를 $u(X_1, X_2, \cdots, X_n)$의 **기댓값**이라고 한다.

다음의 정리는 n개 확률변수의 합의 기댓값과 분산에 관한 것이다. 합과 적분의 성질에 의하여 명백한 내용이므로 증명은 생략한다.

정리 6.17 n개 확률변수의 합의 기댓값과 분산

$$E(X_1 + X_2 + \cdots + X_n) = E(X_1) + E(X_2) + \cdots + E(X_n)$$
$$Var(X_1 + X_2 + \cdots + X_n) = Var(X_1) + Var(X_2) + \cdots + Var(X_n)$$
$$+ 2Cov(X_1, X_2) + 2Cov(X_1, X_3) + \cdots + 2Cov(X_{n-1}, X_n)$$

따름정리 6.2

n개의 확률변수 $X_1, X_2, \cdots, X_n$이 서로 독립이면,

$$Var(X_1 + X_2 + \cdots + X_n) = Var(X_1) + Var(X_2) + \cdots + Var(X_n)$$

예제 6.34 (출처: Ross (2002), p.380)

N명이 각자 따로 어떤 식당에 도착한다. 도착한 사람은 먼저 와 있는 사람 중 자기 친구가 있으면 어느 한 친구가 있는 테이블에 합석하고, 친구가 없으면 비어 있는 테이블에 앉는다. ${}_NC_2$쌍 각각은 친구일 확률이 p이고 서로 독립적이라고 하자. N명이 다 와서 앉았을 때 사람이 앉아 있는 테이블의 기대개수를 구하여라.

풀이 확률변수 X_i를 다음과 같이 정의하자.

$$X_i = \begin{cases} 1, & i\text{번째 도착한 사람이 비어 있는 테이블에 앉을 때} \\ 0, & \text{그렇지 않을 때} \end{cases}$$

그러면 N명이 다 와서 앉았을 때 사람이 앉아 있는 테이블의 개수는 $\sum_{i=1}^{N} X_i$이다. 구하는 기대개수는 〈정리 6.17〉에 의해

$$E\left(\sum_{i=1}^{N} X_i\right) = \sum_{i=1}^{N} E(X_i) = \sum_{i=1}^{N} P(X_i = 1)$$

인데, i번째 도착한 사람이 비어 있는 테이블에 앉는 경우는 먼저 와 있는 $i-1$명이 모두 자기 친구가 아닐 때이므로

$$P(X_i = 1) = (1-p)^{i-1}, \quad i = 1, 2, \cdots, N$$

이다. 따라서 구하는 기대개수는

$$E\left(\sum_{i=1}^{N} X_i\right) = \sum_{i=1}^{N} (1-p)^{i-1} = \frac{1-(1-p)^N}{1-(1-p)} = \frac{1}{p}\{1-(1-p)^N\}$$

이다. ■

다음의 〈정리 6.18〉과 〈정리 6.19〉은 각각 〈정리 6.2〉와 〈정리 6.4〉를 확장한 것이다. 증명은 〈정리 6.2〉와 〈정리 6.5〉의 증명을 그대로 확장하면 되므로 생략한다.

정리 6.18

확률변수 $X_1, X_2, \cdots, X_n$이 서로 독립이면, $a_i < b_i$인 모든 상수 $a_i, b_i (i = 1, 2, \cdots, n)$에 대해

$$P(a_1 < X_1 < b_1, \cdots, a_n < X_n < b_n) = P(a_1 < X_1 < b_1) \cdots P(a_n < X_n < b_n)$$

이다.

6

정리 6.19

확률변수 $X_1, X_2, \cdots, X_n$이 서로 독립이라고 하자. 또한 $u_i(X_i)$는 X_i만의 함수라고 하자$(i=1,2,\cdots,n)$. 그러면 (기댓값들이 존재하는 경우)

$$E[u_1(X_1)\cdots u_n(X_n)] = E[u_1(X_1)]\cdots E[u_n(X_n)]$$

이다.

예제 6.35 X_1, X_2, X_3는 서로 독립이고 각각의 확률밀도함수는 다음과 같다.

$$f_i(x) = e^{-x}, \qquad 0 < x < \infty$$

다음을 구하여라.

(1) X_1, X_2, X_3의 결합확률밀도함수 $f(x_1, x_2, x_3)$

(2) $P(X_1 < 2, X_2 < 3, X_3 > 4)$

(3) $E(X_1X_2X_3)$

풀이

(1) $$\begin{aligned} f(x_1, x_2, x_3) &= f_1(x_1)f_2(x_2)f_3(x_3) \\ &= e^{-x_1}e^{-x_2}e^{-x_3} \\ &= e^{-x_1-x_2-x_3}, \quad 0 < x_i < \infty, \quad i=1,2,3 \end{aligned}$$

(2) $$\begin{aligned} P(X_1 < 2, X_2 < 3, X_3 > 4) &= P(X_1 < 2)P(X_2 < 3)P(X_3 > 4) \\ &= \left(\int_0^2 e^{-x_1}dx_1\right)\left(\int_0^3 e^{-x_2}dx_2\right)\left(\int_4^\infty e^{-x_3}dx_3\right) \\ &= (1-e^{-2})(1-e^{-3})(e^{-4}) \end{aligned}$$

(3) $$E(X_1X_2X_3) = E(X_1)E(X_2)E(X_3) = \{E(X_1)\}^3 = \left(\int_0^\infty x_1 e^{-x_1}dx_1\right)^3$$

그런데

$$\int_0^\infty x_1 e^{-x_1}dx_1 = [-x_1e^{-x_1}]_0^\infty - \int_0^\infty (-e^{-x_1})dx_1 = [-e^{-x_1}]_0^\infty = 1$$

이므로

$$E(X_1X_2X_3) = 1$$

이다. ■

다음은 서로 독립인 확률변수들의 개수가 확률변수일 때의 합의 분산에 관한 예제이다.

예제 6.36 〈예제 6.31〉에서, 주어진 날에 상점에 출입하는 고객 수의 표준편차가 6명이고 각 고객이 소비하는 돈의 표준편차가 2000원이라는 정보가 추가로 주어졌다고 하자. 또한 고객들이 소비하는 돈의 액수는 서로 독립이라고 하자. 그러면 주어진 날에 고객들에 의해 상점에서 소비되는 돈의 분산과 표준편차는 얼마인가?

풀이 N과 X_i를 〈예제 6.31〉에서와 같이 정의하면, 상점에서 소비되는 돈의 총액은 $\sum_{i=1}^{N} X_i$이고 이것의 분산은 〈정리 6.15〉에 의해

$$Var\left(\sum_{i=1}^{N} X_i\right) = E\left[Var\left(\sum_{i=1}^{N} X_i \,\middle|\, N\right)\right] + Var\left[E\left(\sum_{i=1}^{N} X_i \,\middle|\, N\right)\right]$$

이다. 그런데 〈예제 6.31〉에서 $E\left(\sum_{i=1}^{N} X_i \,\middle|\, N=n\right) = nE(X)$로 구했으므로

$$E\left(\sum_{i=1}^{N} X_i \,\middle|\, N\right) = NE(X)$$

이다. 또한

$$\begin{aligned} Var\left(\sum_{i=1}^{N} X_i \,\middle|\, N=n\right) &= Var\left(\sum_{i=1}^{n} X_i \,\middle|\, N=n\right) \\ &= Var\left(\sum_{i=1}^{n} X_i\right) \quad (\text{각 } X_i\text{와 } N\text{이 독립이므로 } \sum_{i=1}^{n} X_i\text{와 } N\text{은 독립}) \\ &= \sum_{i=1}^{n} Var(X_i) \quad (X_1, X_2, \cdots, X_n\text{은 서로 독립}) \\ &= n\,Var(X) \end{aligned}$$

이므로(여기서 $Var(X)$는 $Var(X_i)$의 공통적인 값을 나타낸다)

$$Var\left(\sum_{i=1}^{N} X_i \,\middle|\, N\right) = N\,Var(X)$$

이다. 따라서

$$Var\left(\sum_{i=1}^{N} X_i\right) = E[N\,Var(X)] + Var[NE(X)]$$

$$= E(N)\,Var(X) + \{E(X)\}^2\,Var(N)$$
$$= 50 \times 2000^2 + 8000^2 \times 6^2$$
$$= 2504000000(\text{원}^2)$$

이고, 표준편차는

$$SD\left(\sum_{i=1}^{N} X_i\right) = 50040(\text{원})$$

이다. ■

여러 개의 확률변수들이 서로 독립인 경우 얻어지는 중요하고 유용한 결과들이 있다. 이제 이러한 내용에 관하여 알아보자.

정리 6.20

$X_1, X_2, \cdots, X_n$이 각각 평균 $\mu_1, \mu_2, \cdots, \mu_n$과 분산 $\sigma_1^2, \sigma_2^2, \cdots, \sigma_n^2$을 갖는 서로 독립인 확률변수들이라고 하자. $a_1, a_2, \cdots, a_n$이 상수일 때, $Y = \sum_{i=1}^{n} a_i X_i$의 평균과 분산은 각각

$$\mu_Y = \sum_{i=1}^{n} a_i \mu_i, \qquad \sigma_Y^2 = \sum_{i=1}^{n} a_i^2 \sigma_i^2$$

이다.

증명 (〈정리 6.17〉을 이용한다)

(i) $\mu_Y = E(Y) = \sum_{i=1}^{n} E(a_i X_i) = \sum_{i=1}^{n} a_i E(X_i) = \sum_{i=1}^{n} a_i \mu_i$

(ii) $\sigma_Y^2 = E[(Y - \mu_Y)^2] = E\left[\left(\sum_{i=1}^{n} a_i X_i - \sum_{i=1}^{n} a_i \mu_i\right)^2\right]$

$$= E\left[\left\{\sum_{i=1}^{n} a_i (X_i - \mu_i)\right\}^2\right]$$
$$= E\left[\sum_{i=1}^{n} a_i^2 (X_i - \mu_i)^2 + 2\sum_{i=1}^{n-1}\sum_{j=i+1}^{n} a_i (X_i - \mu_i) \cdot a_j (X_j - \mu_j)\right]$$
$$= \sum_{i=1}^{n} a_i^2 E[(X_i - \mu_i)^2] + 2\sum_{i=1}^{n-1}\sum_{j=i+1}^{n} a_i a_j E[(X_i - \mu_i)(X_j - \mu_j)]$$

그런데 $i \neq j$이면 X_i와 X_j는 독립이므로

$$E[(X_i-\mu_i)(X_j-\mu_j)] = E(X_i-\mu_i)E(X_j-\mu_j) = (\mu_i-\mu_i)(\mu_j-\mu_j) = 0$$

이다. 따라서

$$\sigma_Y^2 = \sum_{i=1}^{n} a_i^2 E[(X_i-\mu_i)^2] = \sum_{i=1}^{n} a_i^2\sigma_i^2$$

이다. ■

예제 6.37 X_1, X_2, X_3는 서로 독립인 확률변수이고, 각각 평균 2, −5, 4와 분산 4, 16, 8을 갖는다고 한다. $Y = 3X_1 + X_2 - 2X_3$라고 하면 Y의 평균과 분산은 얼마인가?

풀이 〈정리 6.20〉에 의해

$$\mu_Y = 3\mu_1 + \mu_2 - 2\mu_3 = (3)(2) - 5 - (2)(4) = -7$$
$$\sigma_Y^2 = 9\sigma_1^2 + \sigma_2^2 + 4\sigma_3^2 = (9)(4) + 16 + (4)(8) = 84$$ ■

확률표본(random sample)

확률변수 $X_1, X_2, \cdots, X_n$이 서로 독립이고 각각의 분포가 동일할 때, $X_1, X_2, \cdots, X_n$을 공통인 분포로부터의 **확률표본**이라고 부른다.

정리 6.21 확률표본의 평균의 기댓값과 분산

$X_1, X_2, \cdots, X_n$은 평균 μ, 분산 σ^2인 분포로부터의 크기 n인 확률표본이라고 하고, 이 확률표본의 평균을 $\overline{X}$로 나타내자. 즉

$$\overline{X} = \frac{X_1 + X_2 + \cdots + X_n}{n}$$

이다. 이 $\overline{X}$를 **표본평균**(sample mean)이라고 한다. 그러면 $\overline{X}$의 기댓값과 분산은 각각 다음과 같다.

$$E(\overline{X}) = \mu, \quad Var(\overline{X}) = \frac{\sigma^2}{n}$$

증명

$$E(\overline{X}) = \frac{1}{n}E(X_1 + X_2 + \cdots + X_n)$$

$$= \frac{1}{n}\{E(X_1)+E(X_2)+\cdots+E(X_n)\} \qquad (\langle\text{정리 } 6.17\rangle\text{에 의해})$$

$$= \frac{1}{n}(\mu+\mu+\cdots+\mu)$$

$$= \frac{1}{n}(n\mu)$$

$$= \mu$$

$$Var(\overline{X}) = \frac{1}{n^2}Var(X_1+X_2+\cdots+X_n)$$

$$= \frac{1}{n^2}\{Var(X_1)+Var(X_2)+\cdots+Var(X_n)\} \qquad (\langle\text{따름정리 } 6.2\rangle\text{에 의해})$$

$$= \frac{1}{n^2}(\sigma^2+\sigma^2+\cdots+\sigma^2)$$

$$= \frac{1}{n^2}(n\sigma^2)$$

$$= \frac{\sigma^2}{n}$$

■

예제 6.38 X_1, X_2는 다음의 확률질량함수를 갖는 분포로부터의 크기 2인 확률표본이라고 하자.

$$f(x) = \frac{1}{6}, \qquad x = 1, 2, 3, 4, 5, 6$$

이를테면 X_1, X_2는 주사위를 두 번 던져 나오는 각각의 눈의 수이다. 위 분포의 평균과 분산은 각각 $\mu = \frac{7}{2}$, $\sigma^2 = \frac{35}{12}$임을 3.3절에서 구한 바 있다. $\overline{X} = \frac{X_1+X_2}{2}$라고 하자.

(1) $\overline{X}$의 확률분포를 구하여라.

(2) (1)에서 구한 확률분포로부터 $\overline{X}$의 기댓값과 분산을 계산하여 〈정리 6.21〉의 결과와 일치함을 확인하여라.

풀이

(1) X_1, X_2의 값에 따른 $\overline{X}$의 값은 〈표 6.14〉와 같다.

표 6.14 X_1, X_2의 값에 따른 $\overline{X}$의 값

		X_1					
		1	2	3	4	5	6
X_2	1	1	1.5	2	2.5	3	3.5
	2	1.5	2	2.5	3	3.5	4
	3	2	2.5	3	3.5	4	4.5
	4	2.5	3	3.5	4	4.5	5
	5	3	3.5	4	4.5	5	5.5
	6	3.5	4	4.5	5	5.5	6

위의 표에서 각 칸의 확률은 $\frac{1}{36}$이므로 $\overline{X}$의 확률분포는 〈표 6.15〉와 같다.

표 6.15 $\overline{X}$의 확률분포

$\bar{x}$	1	1.5	2	2.5	3	3.5	4	4.5	5	5.5	6
$P(\overline{X}=\bar{x})$	$\frac{1}{36}$	$\frac{2}{36}$	$\frac{3}{36}$	$\frac{4}{36}$	$\frac{5}{36}$	$\frac{6}{36}$	$\frac{5}{36}$	$\frac{4}{36}$	$\frac{3}{36}$	$\frac{2}{36}$	$\frac{1}{36}$

(2) 〈표 6.15〉로부터 $\overline{X}$의 기댓값과 분산은 다음과 같이 계산된다.

$$E(\overline{X}) = (1)\left(\frac{1}{36}\right) + (1.5)\left(\frac{2}{36}\right) + \cdots + (6)\left(\frac{1}{36}\right) = \frac{7}{2}$$

$$\begin{aligned} Var(\overline{X}) &= E(\overline{X}^2) - \{E(\overline{X})\}^2 \\ &= (1)^2\left(\frac{1}{36}\right) + (1.5)^2\left(\frac{2}{36}\right) + \cdots + (6)^2\left(\frac{1}{36}\right) - \left(\frac{7}{2}\right)^2 \\ &= \frac{493.5}{36} - \frac{49}{4} = \frac{52.5}{36} = \frac{35}{24} = \frac{35/12}{2} \end{aligned}$$

따라서 〈정리 6.21〉의 결과와 일치함이 확인되었다. ■

정리 6.22 독립인 확률변수들의 선형결합의 적률생성함수

$X_1, X_2, \cdots, X_n$은 각각 적률생성함수 $M_{X_i}(t)$ $(i = 1, 2, \cdots, n)$를 갖는 서로 독립인 확률변수들이라고 하면, $Y = \sum_{i=1}^{n} a_i X_i$의 적률생성함수는

$$M_Y(t) = \prod_{i=1}^{n} M_{X_i}(a_i t)$$

이다.

증명 $M_Y(t) = E(e^{tY}) = E\left[e^{t(a_1X_1 + a_2X_2 + \cdots + a_nX_n)}\right]$

$$= E\left(e^{ta_1X_1} e^{ta_2X_2} \cdots e^{ta_nX_n}\right)$$

$$= E\left(e^{ta_1X_1}\right) E\left(e^{ta_2X_2}\right) \cdots E\left(e^{ta_nX_n}\right) \qquad (\langle\text{정리 } 6.19\rangle\text{에 의해})$$

$$= M_{X_1}(a_1t) M_{X_2}(a_2t) \cdots M_{X_n}(a_nt)$$

$$= \prod_{i=1}^{n} M_{X_i}(a_it)$$

■

따름정리 6.3

$X_1, X_2, \cdots, X_n$은 적률생성함수 $M(t)$를 갖는 분포로부터의 확률표본이라고 하면,

(1) $Y = \sum_{i=1}^{n} X_i$의 적률생성함수는

$$M_Y(t) = \prod_{i=1}^{n} M(t) = \{M(t)\}^n$$

(2) $\overline{X} = \frac{1}{n} \sum_{i=1}^{n} X_i$의 적률생성함수는

$$M_{\overline{X}}(t) = \prod_{i=1}^{n} M\left(\frac{t}{n}\right) = \left\{M\left(\frac{t}{n}\right)\right\}^n$$

〈정리 6.22〉와 〈따름정리 6.3〉을 여러 확률분포에 적용하면 다음과 같은 중요한 사실들을 알아낼 수 있다. 이는 분포들의 중요한 성질이므로 몇 개의 정리로 나타낸다.

정리 6.23 베르누이 분포와 이항분포의 관계

$X_1, X_2, \cdots, X_n$은 각각 $Ber(p)$, 즉 성공확률이 p인 베르누이 분포를 따르는 서로 독립인 확률변수들이라고 하면, $Y = \sum_{i=1}^{n} X_i$의 분포는 이항분포 $B(n, p)$이다.

증명 〈따름정리 6.3〉의 (1)과 〈정리 4.2〉를 이용하면 Y의 적률생성함수는 다음과 같다.

$$M_Y(t) = \{M(t)\}^n = \{pe^t + (1-p)\}^n, \quad -\infty < t < \infty$$

이것은 〈정리 4.4〉에 의해 이항분포 $B(n, p)$의 적률생성함수이므로 Y의 분포는 $B(n, p)$이다.

■

정리 6.24 포아송 분포의 가법성

$X_i\,(i=1, 2, \cdots, n)$는 각각 $Poi(\lambda_i)$, 즉 모수가 λ_i인 포아송 분포를 따르는 서로 독립인 확률변수들이라고 하면, $Y=\sum_{i=1}^{n} X_i$의 분포는 $Poi\left(\sum_{i=1}^{n}\lambda_i\right)$이다.

증명 〈정리 6.22〉에서 $a_1 = a_2 = \cdots = a_n = 1$인 경우를 생각하면

$$M_Y(t)=\prod_{i=1}^{n} M_{X_i}(t)=\prod_{i=1}^{n} e^{\lambda_i(e^t-1)}=e^{\left(\sum_{i=1}^{n}\lambda_i\right)(e^t-1)}, \quad -\infty < t < \infty$$

이것은 〈정리 4.6〉에 의해 포아송 분포 $Poi\left(\sum_{i=1}^{n}\lambda_i\right)$의 적률생성함수이므로 Y의 분포는 $Poi\left(\sum_{i=1}^{n}\lambda_i\right)$이다. ■

예제 6.39 X_1, X_2, X_3는 서로 독립이고 각각 평균이 1, 2, 4인 포아송 확률변수이다.

(1) $P(X_1=0, X_2=3, X_3=2)$를 구하여라.

(2) $P(X_1+X_2+X_3=1)$을 구하여라.

풀이

(1) $P(X_1=0, X_2=3, X_3=2)=P(X_1=0)P(X_2=3)P(X_3=2)$

$$=e^{-1}\cdot\frac{e^{-2}2^3}{3!}\cdot\frac{e^{-4}4^2}{2!}$$

$$=\frac{32}{3}e^{-7}=0.0097$$

(2) 〈정리 6.23〉에 의해 $X_1+X_2+X_3 \sim Poi(7)$이므로

$$P(X_1+X_2+X_3=1)=\frac{e^{-7}7^1}{1!}=7e^{-7}=0.0064$$

※ 다음과 같이 풀어도 된다.

$P(X_1+X_2+X_3=1)$

$=P(X_1=1, X_2=0, X_3=0)+P(X_1=0, X_2=1, X_3=0)+P(X_1=0, X_2=0, X_3=1)$

$=e^{-1}e^{-2}e^{-4}+e^{-1}\cdot 2e^{-2}e^{-4}+e^{-1}e^{-2}\cdot 4e^{-4}$

$=7e^{-7}=0.0064$ ■

정리 6.25 독립인 정규확률변수들의 선형결합의 분포

$X_i\,(i=1,2,\cdots,n)$는 각각 정규분포 $N(\mu_i,\sigma_i^2)$을 따르는 서로 독립인 확률변수들이라고 하면, $Y=\sum_{i=1}^{n}a_iX_i$의 분포는 정규분포 $N\left(\sum_{i=1}^{n}a_i\mu_i,\ \sum_{i=1}^{n}a_i^2\sigma_i^2\right)$이다.

증명

$$
\begin{aligned}
M_Y(t) &= \prod_{i=1}^{n} M_{X_i}(a_it) \\
&= \prod_{i=1}^{n} \exp\left\{\mu_i(a_it)+\frac{\sigma_i^2(a_it)^2}{2}\right\} \qquad (\langle \text{정리 } 5.4\rangle\text{에 의해}) \\
&= \exp\left[\sum_{i=1}^{n}\left\{\mu_i(a_it)+\frac{\sigma_i^2(a_it)^2}{2}\right\}\right] \\
&= \exp\left[\left(\sum_{i=1}^{n}a_i\mu_i\right)t+\frac{\left(\sum_{i=1}^{n}a_i^2\sigma_i^2\right)t^2}{2}\right]
\end{aligned}
$$

이것은 〈정리 5.4〉에 의해 정규분포 $N\left(\sum_{i=1}^{n}a_i\mu_i,\ \sum_{i=1}^{n}a_i^2\sigma_i^2\right)$의 적률생성함수이므로 Y의 분포는 $N\left(\sum_{i=1}^{n}a_i\mu_i,\ \sum_{i=1}^{n}a_i^2\sigma_i^2\right)$이다. ■

따름정리 6.4 정규모집단으로부터의 표본평균의 분포

$X_1, X_2, \cdots, X_n$은 정규분포 $N(\mu,\sigma^2)$로부터의 확률표본이라고 하면, 표본평균 $\overline{X}=\frac{1}{n}\sum_{i=1}^{n}X_i$의 분포는 정규분포 $N\left(\mu,\frac{\sigma^2}{n}\right)$이다.

증명 〈정리 6.25〉에서

$$\mu_i=\mu,\ \ \sigma_i^2=\sigma^2,\ \ a_i=\frac{1}{n},\ \ i=1,2,\cdots,n$$

로 놓으면 된다. ■

예제 6.40 어느 학생의 영어점수가 $N(75,9)$를 따르고 수학점수가 $N(72,16)$을 따르며 두 과목 점수는 서로 독립이라고 할 때, 두 과목 점수의 합이 150점 이상일 확률을 구하여라.

풀이 두 과목 점수의 합을 Y라고 하면 〈정리 6.25〉에 의해 $Y \sim N(147, 25)$이므로

$$P(Y \geq 150) = P\left(\frac{Y-147}{5} \geq \frac{150-147}{5}\right)$$
$$= 1 - \Phi(0.6) = 1 - 0.7257 = 0.2743$$

■

정리 6.26 감마분포의 가법성

$X_i\,(i = 1, 2, \cdots, n)$는 각각 감마분포 $Gam(\alpha_i, \beta)$를 따르는 서로 독립인 확률변수들이라고 하면, $Y = \sum_{i=1}^{n} X_i$의 분포는 감마분포 $Gam\left(\sum_{i=1}^{n} \alpha_i, \beta\right)$이다.

증명 〈정리 6.22〉에서 $a_1 = a_2 = \cdots = a_n = 1$인 경우를 생각하면

$$M_Y(t) = \prod_{i=1}^{n} M_{X_i}(t) = \prod_{i=1}^{n} \frac{1}{(1-\beta t)^{\alpha_i}} = \frac{1}{(1-\beta t)^{\sum_{i=1}^{n}\alpha_i}}, \quad t < \frac{1}{\beta}$$

이것은 〈정리 5.12〉에 의해 감마분포 $Gam\left(\sum_{i=1}^{n} \alpha_i, \beta\right)$의 적률생성함수이므로 Y의 분포는 $Gam\left(\sum_{i=1}^{n} \alpha_i, \beta\right)$이다. ■

예제 6.41 $X_1, X_2, \cdots, X_n$이 지수분포 $Exp(\lambda)$로부터의 확률표본일 때 $Y = \sum_{i=1}^{n} X_i$의 분포는 무엇인가?

풀이 5.4절에서 본 바와 같이 $Exp(\lambda) \equiv Gam\left(1, \frac{1}{\lambda}\right)$이므로 $X_1, X_2, \cdots, X_n$은 감마분포 $Gam\left(1, \frac{1}{\lambda}\right)$로부터의 확률표본이다. 따라서 〈정리 6.25〉에 의해 $Y = \sum_{i=1}^{n} X_i$의 분포는 감마분포 $Gam\left(n, \frac{1}{\lambda}\right)$이다. ■

예제 6.42 X_1, X_2, X_3, X_4는 지수분포 $Exp(5)$로부터의 확률표본이다. $Y = \sum_{i=1}^{4} X_i$라고 할 때

$$P(Y \geq a) = 0.05$$

를 만족하는 a의 값을 부록의 〈표 A.3〉을 이용하여 구하여라.

풀이 〈예제 6.41〉에 의해 Y의 분포는 $Gam\left(4, \frac{1}{5}\right)$이다. 또한 〈정리 5.13〉에 의해 $10Y$의 분포는 $Gam(4, 2)$, 즉 $\chi^2(8)$이다. $P(Y \geq a)$는 $P(10Y \geq 10a)$와 같으므로 $10a = \chi^2(8; 0.05) = 15.507$이며, 따라서 $a = 1.5507$이다. ■

6

정리 6.27 카이제곱분포의 가법성

$X_i\,(i = 1, 2, \cdots, n)$는 각각 $\chi^2(r_i)$, 즉 자유도 r_i인 카이제곱분포를 따르는 서로 독립인 확률변수들이라고 하면, $Y = \sum_{i=1}^{n} X_i$의 분포는 $\chi^2\left(\sum_{i=1}^{n} r_i\right)$이다.

증명

$$M_Y(t) = \prod_{i=1}^{n} M_{X_i}(t) = \prod_{i=1}^{n} \frac{1}{(1-2t)^{r_i/2}} = \frac{1}{(1-2t)^{\sum_{i=1}^{n} r_i/2}}, \quad t < \frac{1}{2}$$

이것은 〈정리 5.15〉에 의해 카이제곱분포 $\chi^2\left(\sum_{i=1}^{n} r_i\right)$의 적률생성함수이므로 Y의 분포는 $\chi^2\left(\sum_{i=1}^{n} r_i\right)$이다. ■

따름정리 6.5

$X_i\,(i = 1, 2, \cdots, n)$는 각각 정규분포 $N(\mu_i, \sigma_i^2)$을 따르는 서로 독립인 확률변수들이라고 하면, $\sum_{i=1}^{n} \frac{(X_i - \mu_i)^2}{\sigma_i^2}$의 분포는 $\chi^2(n)$이다.

증명 $\frac{X_i - \mu_i}{\sigma_i} \sim N(0, 1)$이므로 〈정리 5.16〉에 의해 $\frac{(X_i - \mu_i)^2}{\sigma_i^2} \sim \chi^2(1)$이다. 또한 $\frac{(X_i - \mu_i)^2}{\sigma_i^2}$ $(i = 1, 2, \cdots, n)$은 서로 독립이므로 〈정리 6.27〉에 의해 $\sum_{i=1}^{n} \frac{(X_i - \mu_i)^2}{\sigma_i^2} \sim \chi^2(n)$이다. ■

연습문제

1 두 개의 주사위를 동시에 던져서 나온 눈의 수 중 작은 것을 X, 큰 것을 Y라고 하자. 두 주사위에서 같은 눈이 나오면 그 수가 X이자 Y이다.

(1) X와 Y의 결합확률분포를 구하여라.

(2) X와 Y 각각의 주변확률분포를 구하여라. X와 Y는 독립인가?

2 하나의 동전을 네 번 던질 때 나오는 앞면의 수를 X, 처음 두 번의 시행에서 나오는 뒷면의 수를 Y라고 할 때, X와 Y의 결합확률분포를 구하여 표로 나타내라.

3 4개의 동전을 던질 때, X를 앞면의 수라고 하고 Y를 앞면의 수에서 뒷면의 수를 뺀 수라고 하자.

(1) X와 Y의 결합확률분포를 구하여라.

(2) Y의 주변확률분포를 구하여라.

4 X와 Y의 결합확률밀도함수가

$$f(x, y) = 4x(1-y), \qquad 0 < x < 1,\, 0 < y < 1$$

일 때, $P\left(0 < X < \frac{1}{3},\, 0 < Y < \frac{1}{3}\right)$을 구하여라.

5 X와 Y의 결합확률밀도함수가 다음과 같다.

$$f(x, y) = 3x, \qquad 0 \le y \le x \le 1$$

(1) $P\left(0 \le X \le \frac{1}{2}\right)$을 구하여라.

(2) $P\left(0 \le X \le \frac{2}{3},\, Y > \frac{1}{4}\right)$을 구하여라.

6 X와 Y의 결합확률밀도함수가

$$f(x, y) = c, \quad 0 \le 3x \le y \le 3$$

일 때,

(1) 상수 c의 값을 구하여라.

(2) X와 Y 각각의 주변확률밀도함수를 구하여라.

7 X와 Y의 결합확률밀도함수가

$$f(x, y) = 2e^{-x-y}, \quad 0 \le x \le y < \infty$$

일 때,

(1) X와 Y 각각의 주변확률밀도함수를 구하여라.

(2) X와 Y는 독립인가?

8 X와 Y의 결합확률밀도함수가

$$f(x, y) = e^{-x-y}, \quad 0 \le x < \infty, \ 0 \le y < \infty$$

일 때,

(1) X와 Y 각각의 주변확률밀도함수를 구하여라.

(2) X와 Y는 독립인가?

(3) X, Y의 결합누적분포함수를 구하여라.

(4) $P(Y > 2X)$를 구하여라.

9 X와 Y의 결합확률밀도함수가 다음과 같다.

$$f(x, y) = c, \qquad -3 < x < 7, \ -4 < y < 5$$

(1) 상수 c의 값을 구하여라.

(2) X, Y의 결합누적분포함수 $F(x, y)$를 구하여라.

(3) $P(X \le 1 \text{ 또는 } Y \le 1)$을 구하여라.

(4) $P(|X - Y| \ge 1)$을 구하여라.

10 어느 교배 방법에 따라 모르모트를 교배했을 때 나올 수 있는 새끼의 색깔은 붉은색, 검은색, 흰색인데, 검은색과 흰색의 확률은 같고 붉은색의 확률은 흰색의 2배라고 한다. 이 방법에 따라 10마리의 새끼를 얻을 때 붉은색 5마리, 검은색 3마리, 흰색 2마리가 나올

확률을 구하여라.

11 X, Y의 결합적률생성함수가 다음과 같을 때 X, Y의 결합확률분포는 무엇인가?

(1) $M(t_1, t_2) = \dfrac{(e^{t_1} + 3e^{t_2} + 4)^3}{512}, \quad -\infty < t_1 < \infty, \quad -\infty < t_2 < \infty$

(2) $M(t_1, t_2) = \dfrac{(4e^{t_1} + e^{t_2} + 1)^4}{1296}, \quad -\infty < t_1 < \infty, \quad -\infty < t_2 < \infty$

12 붉은 공 2개, 흰 공 4개, 검은 공 6개가 들어 있는 주머니에서 3개의 공을 무작위로 비복원추출할 때 뽑히는 붉은 공과 흰 공의 수를 각각 X, Y라고 하자.

(1) X와 Y의 결합확률질량함수 $f(x, y)$를 구하여라.

(2) $P(X \leq Y)$를 구하여라.

(3) X와 Y 각각의 기댓값을 구하여라.

13 주사위를 두 번 던져 첫 번째에 나오는 눈의 수를 X, 두 번째에 나오는 눈의 수를 Y라고 할 때, 다음을 구하여라.

(1) $E[(X-Y)^2]$

(2) $E[\max(X, Y)]$

14 홀수의 눈이 나올 가능성이 짝수의 눈이 나올 가능성의 1.5배인 주사위가 있다고 하자(홀수끼리는 나올 가능성이 같고 짝수끼리도 같다). 다음을 구하여라.

(1) 이 주사위를 한 번 던질 때 짝수의 눈이 나올 확률

(2) 이 주사위를 두 번 던져서 나오는 눈의 합을 X라고 할 때 X의 확률분포와 기댓값

15 두 개의 정사면체 주사위를 던져서 나오는 눈의 수 중 작은 쪽을 X, 큰 쪽을 Y라고 하자. 두 주사위에서 같은 눈이 나오면 그 수가 X이자 Y이다.

(1) X, Y 각각의 주변확률분포를 구하여라.

(2) X, Y 각각의 기댓값을 구하여라.

16 두 개의 정사면체 주사위 A, B를 던질 때, 다음 각 경우에 대하여 X와 Y의 결합확률분포를 구하여라.

(1) X는 두 눈의 수 중 최솟값이고 Y는 두 눈의 수의 합일 때

(2) X는 A 주사위에서 나오는 눈의 수이고 Y는 두 눈의 수 중 최댓값일 때

17 다음 각 경우에 대하여 확률변수 X와 Y가 독립인지 종속인지 답하여라. 단, $f(x, y)$는 X와 Y의 결합확률질량함수 또는 결합확률밀도함수이다.

(1) $f(x, y) = \dfrac{2x+y}{18}$, $x = 0,1$, $y = 1,2,3$

(2) $f(x, y) = \dfrac{xy}{35}$, $x = 2,3$, $y = 3,4$

(3) $f(x, y) = \dfrac{3}{2}x^2(1-|y|)$, $-1 < x < 1$, $-1 < y < 1$

18 확률변수 X, Y의 결합확률질량함수가

$$f(x, y) = \frac{x+y}{15}, \quad x = 0, 1, 2, \quad y = 1, 2$$

일 때,

(1) X와 Y 각각의 주변확률질량함수를 구하여라.

(2) X와 Y는 독립인가? 이유는?

(3) X, Y의 공분산과 상관계수를 구하여라.

19 주사위를 세 번 던져 1의 눈이 나오는 횟수를 X, 2 또는 3의 눈이 나오는 횟수를 Y라고 할 때, X, Y의 공분산과 상관계수를 구하여라.

20 〈예제 6.7〉에서 $Cov(X, Y)$를 구하여라.

21 공장에서 생산된 각 제품이 1등품, 2등품, 3등품 중 하나로 분류되는데, 확률은 각각 $\frac{4}{7}$, $\frac{2}{7}$, $\frac{1}{7}$이다. 생산된 제품 중 무작위로 10개를 추출하여 그중 1등품 수를 X, 2등품 수를 Y라고 하자.

(1) X와 Y의 결합확률질량함수 $f(x, y)$를 써라.

(2) $P(X = 5,\ Y = 4)$를 구하여라.

(3) X, Y의 공분산과 상관계수를 구하여라.

22 어느 대학의 특정 학기에 통계학을 이수한 100명의 학생이 있다. 이들 중 30명은 A학점, 35명은 B학점, 25명은 C학점, 그리고 10명은 나머지 학점을 받았다. 100명 중 20

명을 무작위로 비복원추출하여 그중 B학점 학생 수를 X, C학점 학생 수를 Y라고 하자.

(1) X과 Y의 결합확률질량함수를 써라.

(2) X의 주변확률질량함수를 써라.

(3) X과 Y는 독립인가, 종속인가? 이유는?

23 (X, Y)의 결합확률분포가 삼항분포 $Tr(n, p_1, p_2)$라고 하자. $Y = y$가 주어졌을 때 X의 조건부확률분포는 이항분포 $B\left(n-y, \dfrac{p_1}{1-p_2}\right)$임을 보여라.

24 한 개의 주사위를 두 번 던지는 실험에서 짝수의 눈이 나오는 횟수를 X, 3의 배수의 눈이 나오는 횟수를 Y라고 할 때,

(1) X와 Y의 결합확률분포를 구하여라.

(2) X와 Y 각각의 주변확률분포를 구하여라.

(3) X, Y의 공분산과 상관계수를 구하여라.

25 X, Y의 결합확률질량함수가 다음과 같다.

$$f(x, y) = \frac{1}{3}, \quad (x, y) = (0,1), (1,0), (1,2)$$

(1) X와 Y는 독립인가, 종속인가? 이유는?

(2) X, Y의 공분산을 구하여라.

26 2개의 주사위를 던진다. X를 짝수의 눈이 나온 주사위의 개수라고 하고 Y를 소수(素數)의 눈이 나온 주사위의 개수라고 할 때,

(1) X와 Y의 결합확률분포를 구하여라.

(2) X와 Y의 공분산을 구하여라.

27 주사위를 두 번 던져 6의 눈이 나오는 횟수를 X라고 하고, 홀수의 눈이 나오는 횟수를 Y라고 할 때, X, Y의 공분산과 상관계수를 구하여라.

28 〈예제 6.9〉에서 X, Y의 공분산과 상관계수를 구하여라.

29 X와 Y의 결합확률질량함수가 다음과 같다.

$$f(1,1)=\frac{1}{5},\ f(1,2)=\frac{7}{20},\ f(2,2)=\frac{1}{4},\ f(2,3)=\frac{1}{5}$$

(1) $X=i\ (i=1,2)$가 주어졌을 때, Y의 조건부확률질량함수를 구하여라.

(2) $Y=i\ (i=1,2,3)$가 주어졌을 때, X의 조건부확률질량함수를 구하여라.

30 〈예제 6.22〉에서 다음을 구하여라.

(1) $P\left(0 \le X \le \frac{2}{3}, 0 \le Y \le \frac{2}{3}\right)$

(2) $X=x$가 주어졌을 때 Y의 조건부확률밀도함수

(3) $X=x$가 주어졌을 때 Y의 조건부평균 및 조건부분산

(4) $Y=y$가 주어졌을 때 X의 조건부확률밀도함수

(5) $Y=y$가 주어졌을 때 X의 조건부평균 및 조건부분산

31 X와 Y의 결합확률분포는

$$S=\{(x,y): 0 \le x \le 5,\ x \le y \le x+2,\ x\text{와 } y\text{는 정수}\}$$

에서의 균등분포이다. 즉

$$f(x,y)=c,\quad (x,y)\in S$$

이다. 다음을 구하여라.

(1) 상수 c의 값

(2) X의 주변확률질량함수

(3) $X=x$가 주어졌을 때 Y의 조건부확률질량함수

(4) $X=x$가 주어졌을 때 Y의 조건부평균 및 조건부분산

(5) Y의 주변확률질량함수

32 X와 Y의 결합확률밀도함수가

$$f(x,y)=\frac{1}{3},\quad 0 \le \frac{3}{2}x \le y \le 3$$

일 때, 다음을 구하여라.

(1) X의 주변확률밀도함수 $f_1(x)$

(2) $X=x$가 주어졌을 때 Y의 조건부확률밀도함수 $h(y|x)$

(3) $X=x$가 주어졌을 때 Y의 조건부평균 $\mu_{Y|x}$ 및 조건부분산 $\sigma^2_{Y|x}$

33 7개의 흰 공과 9개의 검은 공이 들어 있는 주머니에서 복원추출로 2개의 공을 꺼낸다. i번째에 뽑힌 공이 흰 공이면 $X_i = 1$, 검은 공이면 $X_i = 0$이라고 하자. 다음 조건이 주어졌을 때, X_1의 조건부확률질량함수를 구하여라.

(1) $X_2 = 1$

(2) $X_2 = 0$

34 X, Y의 결합확률질량함수가 다음과 같다.

$$f(x, y) = \frac{x+y}{33}, \quad x = 2, 3, \quad y = 2, 3, 4$$

(1) Y의 주변확률질량함수를 구하여라.

(2) $Y = y$가 주어졌을 때 X의 조건부확률질량함수를 구하여라.

(3) $Y = 4$일 때 X의 조건부평균을 구하여라.

35 X는 균등분포 $U(0, 1)$을 따르고, $X = x$일 때 Y의 조건부분포는 $U(0, 2x^2)$이다.

(1) X와 Y의 결합확률밀도함수 $f(x, y)$를 구하여라.

(2) $X = x$일 때 Y의 조건부평균 $E(Y|x)$를 구하여라.

36 X와 Y는 $S = \{(x, y) : 0 \le x \le 4,\ x \le y \le x+3,\ x$와 y는 정수$\}$에서 균등분포를 따른다. 즉

$$f(x, y) = \frac{1}{20},\ (x, y) \in S$$

이다. 다음을 구하여라.

(1) X의 주변확률질량함수

(2) $X = x$가 주어졌을 때 Y의 조건부확률질량함수

(3) $X = x$일 때 Y의 조건부평균

(4) Y의 주변확률질량함수

37 A팀과 B팀이 축구경기를 하였는데 연장전까지 마쳤어도 승부가 나지 않아 승부차기를 하려고 한다. 5개씩 찼을 때 A팀이 이길 확률, B팀이 이길 확률, 동점일 확률을 다음 가정 하에 구하여라. 선수들의 결과는 서로 독립이라고 가정한다.

(1) 각 선수가 승부차기에서 골을 넣을 확률이 0.7로 동일한 경우

(2) A팀의 각 선수가 넣을 확률은 0.8이고, B팀의 각 선수가 넣을 확률은 0.7인 경우

38 X_1과 X_2는 각각 이항분포 $B\left(4, \frac{2}{3}\right)$와 $B\left(6, \frac{1}{2}\right)$을 따르는 독립 확률변수들이다. 다음을 구하여라.

(1) $P(X_1 = 2, X_2 = 3)$

(2) $E(X_1 X_2)$

(3) $X_1 + X_2$의 평균과 분산

39 X_1, X_2, X_3는 확률질량함수가

$$f(x) = \left(\frac{1}{3}\right)\left(\frac{2}{3}\right)^{x-1}, \quad x = 1, 2, 3, \cdots$$

인 기하분포에서 뽑은 크기 3인 확률표본이라고 하자.

(1) $P(X_1 = 2, X_2 = 1, X_3 = 3)$을 구하여라.

(2) X_1, X_2, X_3 중 최댓값을 Y라고 할 때 $P(Y \le 2)$를 구하여라.

(3) X_1, X_2, X_3 중 최솟값을 W라고 할 때 $P(W \le 2)$를 구하여라.

40 X, Y, Z가 서로 독립이고 $(0, 1)$에서 균등분포를 따르는 확률변수일 때, 셋 중 가장 작은 수가 나머지 두 수의 곱보다 작을 확률을 구하여라.

41 X_1, X_2는 확률밀도함수가

$$f(x) = 4x^3, \quad 0 < x < 1$$

인 분포에서 뽑은 크기 2인 확률표본이라고 하자.

(1) X_1, X_2 중 최댓값을 Y라고 할 때 $P\left(Y \le \frac{2}{3}\right)$를 구하여라.

(3) X_1, X_2 중 최솟값을 W라고 할 때 $P\left(W \le \frac{1}{2}\right)$을 구하여라.

42 공중전화의 사용 시간은 평균 4분인 지수확률변수라고 하자. 당신이 급한 업무로 3분 이내에 공중전화 사용을 시작하기 위하여 3개의 전화 부스가 있는 곳에 도착했을 때, 모든 부스가 사용 중이고 기다리는 사람은 당신 외에는 없다면, 당신이 목적을 달성할 확률은 얼마인가?

43 X_1, X_2는 독립인 확률변수들이고, 각각 평균 5, -2와 분산 16, 9를 갖는다고 하자. $Y = 3X_1 - 2X_2$의 평균과 분산을 구하여라.

44 이산확률변수 X_1과 X_2가 독립이고 각각 $\{1, 2, 3\}$ 위에서 균등분포를 따른다고 하자. $Y = X_1 + X_2$라고 할 때, Y의 평균, 분산, 적률생성함수를 구하여라.

45 X_1, X_2는 다음의 확률질량함수를 갖는 분포로부터의 크기 2인 확률표본이라고 하자.

$$f(x) = \frac{x}{14}, \qquad x = 2, 4, 8$$

(1) 위 분포의 평균과 분산을 구하여라.

(2) $\overline{X} = \dfrac{X_1 + X_2}{2}$의 확률분포를 구하여라.

(3) (2)에서 구한 확률분포로부터 $\overline{X}$의 기댓값과 분산을 계산하여 〈정리 6.21〉의 결과와 일치함을 확인하여라.

46 $X_i\,(i = 1, 2, \cdots, k)$는 각각 이항분포 $B(n_i, p)$를 따르는 서로 독립인 확률변수들이라고 하면 $Y = \sum_{i=1}^{k} X_i$의 분포는 $B\left(\sum_{i=1}^{k} n_i, p\right)$임을 보여라.

47 X_1, X_2, X_3는 서로 독립이고 각각 평균이 0.8, 1.2, 1.6인 포아송 확률변수이다.

(1) $P(X_1 = 1, X_2 = 1, X_3 = 2)$를 구하여라.

(2) $P(2X_1 + X_2 + X_3 = 2)$를 구하여라.

48 X_1과 X_2는 독립이고 각각 평균 $\lambda_1 = 2$, $\lambda_2 = 3$인 포아송 확률변수이다.

(1) $P(X_1 = 2,\ X_2 = 4)$를 구하여라.

(2) $P(X_1 + X_2 = 2)$를 구하여라.

49 X_1, X_2, X_3, X_4, X_5는 지수분포 $Exp(3)$으로부터의 확률표본이다. 표본평균을 $\overline{X}$라고 할 때

(1) $\overline{X}$의 적률생성함수를 구하여라.

(2) $P(\overline{X} \le a) = 0.025$를 만족하는 a의 값을 부록의 〈표 A.3〉을 이용하여 구하여라.

50 X_1, X_2, X_3는 서로 독립이고 각각 평균이 $\frac{1}{3}$, $\frac{1}{4}$, $\frac{1}{5}$인 지수확률변수라면, $6X_1 + 8X_2 + 10X_3$의 분포는 무엇인가?

51 X_1과 X_2는 독립이고 각각 다음과 같은 적률생성함수를 갖는다.

$$M_{X_1}(t) = \exp(3t + 8t^2)$$

$$M_{X_2}(t) = \exp\left(-4t + \frac{9}{2}t^2\right)$$

(1) $Y = X_1 - X_2$라고 할 때, Y의 적률생성함수를 구하여라.

(2) $P(X_1 > X_2)$를 구하여라.

52 $Z_1, Z_2, \cdots, Z_6$는 표준정규분포 $N(0, 1)$에서 뽑은 확률표본이다. $W = \sum_{i=1}^{6} Z_i^2$이라고 할 때 $P(0.872 < W < 10.64)$를 부록의 〈표 A.3〉을 이용하여 구하여라.

53 학생 A는 3지선다형 문제 3개가 출제된 시험을 보고, 학생 B는 4지선다형 문제 4개가 출제된 시험을 보는데, 두 학생 모두 공부를 하지 않아서 답을 무작위로 찍어서 쓴다. 학생 A, B가 맞히는 정답의 개수를 각각 X, Y라 할 때 $P(X > Y)$, $P(X = Y)$, $P(X < Y)$를 구하여라.

7장 부등식과 극한정리

7.1 몇 가지의 부등식들

어느 경우든지 확률은 [0, 1]의 범위를 벗어날 수 없지만, 어떤 경우에는 확률의 상한 또는 하한을 알 수 있게 해 주는 부등식이 존재한다. 이 절에서는 이러한 몇 가지의 부등식에 관하여 알아보자. 위에서 말한 상한 또는 하한이 정확한 확률과 가깝다는 보장은 없다. 따라서 이것이 확률의 근삿값으로 사용될 수는 없지만, 이것을 이용하면 확률의 범위를 상당 부분 좁힐 수 있다는 점에서 의미를 갖는다.

정리 7.1 마르코프 부등식(Markov's inequality)

$u(X)$는 확률변수 X의 음이 아닌 함수라고 하자. $E[u(X)]$가 존재한다면, 모든 양의 상수 c에 대해 다음이 성립한다.

$$P(u(X) \ge c) \le \frac{E[u(X)]}{c}$$

증명 (연속확률변수인 경우에 대하여 증명한다. 이산확률변수인 경우에는 적분 기호를 합 기호로 바꿔서 생각하면 된다.)

X의 확률밀도함수를 $f(x)$로 나타내자. $A = \{x : u(x) \ge c\}$라고 하면

$$E[u(X)] = \int_{-\infty}^{\infty} u(x)f(x)\,dx = \int_A u(x)f(x)\,dx + \int_{A^c} u(x)f(x)\,dx$$

인데, $\int_{A^c} u(x)f(x)\,dx \ge 0$이므로

$$E[u(X)] \geq \int_A u(x)f(x)\,dx$$

이다. 그런데 $x \in A$이면 $u(x) \geq c$이므로 $\int_A u(x)f(x)\,dx \geq \int_A cf(x)\,dx$이다. 따라서

$$E[u(X)] \geq \int_A cf(x)\,dx = c\int_A f(x)\,dx$$

가 성립하는데,

$$\int_A f(x)\,dx = P(X \in A) = P(u(X) \geq c)$$

이므로

$$E[u(X)] \geq cP(u(X) \geq c),$$

즉

$$P(u(X) \geq c) \leq \frac{E[u(X)]}{c}$$

를 얻는다. ■

〈정리 7.1〉의 특수한 경우로 다음의 정리가 있다. 이 정리는 체비셰프 부등식이라고 불리는데, 확률변수가 평균으로부터 표준편차의 일정배수 이상 떨어질 확률의 상한에 관한 것이다.

정리 7.2 체비셰프 부등식(Chebyshev's inequality)

확률변수 X가 평균 μ와 유한한 분산 σ^2을 갖는다면, 임의의 양수 k에 대하여

$$P(|X-\mu| \geq k\sigma) \leq \frac{1}{k^2} \tag{7.1}$$

이다.

증명 〈정리 7.1〉에서 $u(X) = (X-\mu)^2$, $c = k^2\sigma^2$으로 놓으면,

$$P((X-\mu)^2 \geq k^2\sigma^2) \leq \frac{E[(X-\mu)^2]}{k^2\sigma^2}$$

이 성립함을 알 수 있는데, 좌변은 $P(|X-\mu| \geq k\sigma)$와 같은 것이고, 우변의 분자는 X의

분산이므로 σ^2이다. 따라서

$$P(|X-\mu| \geq k\sigma) \leq \frac{1}{k^2}$$

이다. ■

참고

(1) 체비셰프 부등식은

$$P(|X-\mu| < k\sigma) \geq 1-\frac{1}{k^2} \tag{7.2}$$

로 나타낼 수도 있다.

(2) $k \leq 1$이면 $\frac{1}{k^2} \geq 1$이므로, 체비셰프 부등식이 실제적으로 의미를 갖는 경우는 $k > 1$인 경우이다.

예제 7.1 어느 회사에서 주당 생산하는 제품의 수는 평균 200개라고 한다.

(1) 이번 주에 300개 이상 생산할 확률의 상한을 구하여라.

(2) 주당 생산하는 제품 수의 표준편차가 10개라고 할 때, 이번 주에 150개와 250개 사이의 제품을 생산할 확률의 하한을 구하여라.

풀이

(1) 마르코프 부등식에 의해

$$P(X \geq 300) \leq \frac{E(X)}{300} = \frac{200}{300} = \frac{2}{3}$$

이므로, 구하는 상한은 $\frac{2}{3}$이다.

(2) 체비셰프 부등식에 의해

$$\begin{aligned} P(150 < X < 250) &= P(|X-200| < 50) \\ &= P(|X-200| < 5 \times 10) \\ &\geq 1-\frac{1}{5^2} = \frac{24}{25} \end{aligned}$$

이므로, 구하는 하한은 $\frac{24}{25}$이다. ■

예제 7.2 X가 구간 $(0,1)$에서 균일하게 분포되어 있다고 하자. X의 평균은 $\mu=0.5$, 분산은 $\sigma^2=\frac{1}{12}$이다. 체비셰프 부등식을 이용하여 $P(0.1<X<0.9)$의 하한을 구하고 정확한 확률과 비교하여라.

풀이
$$\begin{aligned} P(0.1<X<0.9) &= P(|X-0.5|<0.4) \\ &= P\left(|X-0.5|<(0.4\sqrt{12})\left(\frac{1}{\sqrt{12}}\right)\right) \\ &\geq 1-\frac{1}{(0.4\sqrt{12})^2}=\frac{23}{48}(\fallingdotseq 0.479) \end{aligned}$$

정확한 확률은 $P(0.1<X<0.9)=0.8$이므로 위의 하한은 정확한 확률과 그리 가깝지 않다. ■

체비셰프 부등식은 X의 분포에 관계없이 성립하는 부등식이다. 따라서 X의 분포가 구체적으로 주어진 경우에는 확률의 실제 값과 체비셰프 부등식에 의한 상한(또는 하한)의 차이가 〈예제 7.2〉의 경우처럼 상당히 날 수도 있다. 또 다른 예를 들어 보자. $k=1,2,3$인 경우 체비셰프 부등식에 의한 $P(|X-\mu|\geq k\sigma)$의 상한은 각각 1, $\frac{1}{4}$, $\frac{1}{9}$인데, X의 분포가 정규분포라면, 〈예제 5.8〉에서 보았듯이

$$\begin{aligned} P(\mu-\sigma<X<\mu+\sigma)&=0.6826 \\ P(\mu-2\sigma<X<\mu+2\sigma)&=0.9544 \\ P(\mu-3\sigma<X<\mu+3\sigma)&=0.9973 \end{aligned}$$

이므로,

$$\begin{aligned} P(|X-\mu|\geq\sigma)&=0.3174 \\ P(|X-\mu|\geq 2\sigma)&=0.0456 \\ P(|X-\mu|\geq 3\sigma)&=0.0027 \end{aligned}$$

이 되어 체비셰프 부등식에 의한 상한과 큰 차이가 난다. 그럼에도 불구하고, 체비셰프 부등식이 모든 양수 k에 대해서, 그리고 유한한 분산을 갖는 모든 확률변수 X에 대해서 성립하는 부등식이라는 특성이 유지되려면 더 이상의 개선은 불가능하다. 다음의 예제를 통해서 이 점을 확인할 수 있다.

예제 7.3 이산확률변수 X의 확률분포가 다음과 같다. 여기서 $0<p<\frac{1}{2}$이다.

표 7.1 X의 확률분포

x	-1	0	1
$P(X=x)$	p	$1-2p$	p

7

체비셰프 부등식에 의해 $P(|X| \geq 1)$의 상한을 구하고, $P(|X| \geq 1)$의 실제 값을 구하여 둘을 비교하여라.

풀이 X의 평균은 $\mu=0$, 분산은 $\sigma^2 = E(X^2)=2p$임을 쉽게 얻을 수 있다. 따라서 체비셰프 부등식에 의해

$$P(|X| \geq 1) = P\left(|X-0| \geq \frac{1}{\sqrt{2p}} \cdot \sqrt{2p}\right) \leq \frac{1}{\left(\frac{1}{\sqrt{2p}}\right)^2} = 2p$$

인데, $P(|X| \geq 1)$의 실제 값은

$$P(|X| \geq 1) = P(X=1) + P(X=-1) = 2p$$

가 되어 체비셰프 부등식에 의한 상한과 실제 확률이 동일하다. ■

예제 7.4 주사위를 n번 던져 6의 눈이 나오는 횟수를 X라고 하자. 체비셰프 부등식에 의한 $P\left(\left|\frac{X}{n}-\frac{1}{6}\right| < \frac{1}{10}\right)$의 하한을 n의 함수로 나타내라.

풀이 X의 분포는 이항분포 $B\left(n, \frac{1}{6}\right)$이므로

$$E\left(\frac{X}{n}\right) = \frac{(n)\left(\frac{1}{6}\right)}{n} = \frac{1}{6},$$

$$Var\left(\frac{X}{n}\right) = \frac{(n)\left(\frac{1}{6}\right)\left(\frac{5}{6}\right)}{n^2} = \frac{5}{36n}$$

이다. $\frac{1}{10} = \left(\frac{1}{10}\sqrt{\frac{36n}{5}}\right)\left(\sqrt{\frac{5}{36n}}\right)$이므로 체비셰프 부등식에 의해 $P\left(\left|\frac{X}{n}-\frac{1}{6}\right| < \frac{1}{10}\right)$의 하한은

$$1 - \frac{1}{\left(\frac{1}{10}\sqrt{\frac{36n}{5}}\right)^2} = 1 - \frac{125}{9n}$$

이다. 예를 들어 $n=20,\ 50,\ 100$일 때 하한은 각각 $\frac{11}{36},\ \frac{13}{18},\ \frac{31}{36}$이다. ■

예제 7.5 (체비셰프 부등식의 또 다른 형태)

확률변수 X가 평균 μ와 유한한 분산 σ^2을 갖는다면 임의의 양수 ϵ에 대해

$$P(|X-\mu| \ge \epsilon) \le \frac{\sigma^2}{\epsilon^2} \tag{7.3}$$

임을 보여라.

풀이 $\epsilon = \frac{\epsilon}{\sigma} \cdot \sigma$이므로 체비셰프 부등식에서 $k = \frac{\epsilon}{\sigma}$인 경우이다. 따라서 식 (7.1)에 의해

$$P(|X-\mu| \ge \epsilon) = P\left(|X-\mu| \ge \frac{\epsilon}{\sigma} \cdot \sigma\right) \le \frac{1}{\left(\frac{\epsilon}{\sigma}\right)^2} = \frac{\sigma^2}{\epsilon^2}$$

■

참고 식 (7.3)은 식 (7.1)을 이용하면 즉각적으로 나오는 식이므로 체비셰프 부등식을 식 (7.3)으로 나타내기도 한다.

예제 7.6 과거의 대규모 자료에 의해 어느 시험의 점수 분포가 평균이 65점인 분포이며 이것이 현재에도 적용 가능하다고 알려져 있다고 한다.

(1) 이 시험을 치른 어떤 사람의 점수가 80점 이상일 확률의 상한은 얼마인가?

(2) 시험점수 분포의 표준편차가 10점이라면 어떤 사람의 점수가 50점과 80점 사이일 확률의 하한은 얼마인가?

(3) 시험점수 분포의 표준편차가 10점이라면, 이번에 시험을 치르는 사람들의 평균 점수가 65점과 3점 이상 차이 날 확률이 0.05를 넘지 않기 위해서는 최소 몇 명이 시험을 치러야 하는가?

풀이

(1) 마르코프 부등식에 의해

$$P(X \ge 80) \le \frac{E(X)}{80} = \frac{65}{80} = \frac{13}{16}$$

이므로, 구하는 상한은 $\frac{13}{16}$이다.

(2) 체비셰프 부등식에 의해

$$P(50 < X < 80) = P(|X-65| < 15)$$
$$\ge 1 - \frac{10^2}{15^2} = \frac{5}{9}$$

이므로, 구하는 하한은 $\frac{5}{9}$이다.

(3) n명이 시험을 치른다고 하고 이들의 평균 점수를 $\overline{X}$로 나타내면, $E(\overline{X})=65$, $Var(\overline{X})=\frac{100}{n}$이므로 체비셰프 부등식에 의해

$$P(|\overline{X}-65| \geq 3) \leq \frac{100/n}{3^2}=\frac{100}{9n}$$

이 성립한다. 따라서 $\frac{100}{9n} \leq 0.05$가 만족되어야 하므로

$$n \geq \frac{2000}{9}=222.2\cdots$$

이어야 한다. 즉 최소 223명이 시험을 치러야 한다. ■

체비셰프 부등식이라고 하면 일반적으로 식 (7.1), (7.2), (7.3)의 형태로 표시되는 부등식을 말하는데, 다음과 같은 단측 체비셰프 부등식도 있다.

정리 7.3 단측 체비셰프 부등식

확률변수 X의 평균이 0이고 분산이 $\sigma^2 < \infty$이라면, 임의의 양수 a에 대하여

$$P(X \geq a) \leq \frac{\sigma^2}{\sigma^2+a^2} \tag{7.4}$$

이 성립한다.

증명 b를 임의의 양수라고 하면

$$P(X \geq a)=P(X+b \geq a+b) \leq P((X+b)^2 \geq (a+b)^2)$$

이다. 그런데 마르코프 부등식에 의해

$$P((X+b)^2 \geq (a+b)^2) \leq \frac{E[(X+b)^2]}{(a+b)^2}$$

이므로

$$P(X \geq a) \leq \frac{E[(X+b)^2]}{(a+b)^2}=\frac{E(X^2)+b^2}{(a+b)^2}=\frac{\sigma^2+b^2}{(a+b)^2}$$

이 성립한다. 여기서 $b = \frac{\sigma^2}{a}$로 두면 식 (7.4)가 증명된다.

(※ $b = \frac{\sigma^2}{a}$은 $\frac{\sigma^2 + b^2}{(a+b)^2}$을 최소로 하는 b의 값이다. 이것을 연습문제를 통해 확인해 보라.) ■

예제 7.7 어느 회사에서 주당 생산하는 제품 수의 평균이 500개이고 표준편차가 20개라고 한다. 이번 주에 550개 이상 생산할 확률의 상한을 구하여라.

풀이 $P(X \geq 550)$의 상한을 구하면 되는데, 단측 체비셰프 부등식은 평균이 0인 확률변수에 관한 것이므로 $P(X-500 \geq 50)$으로 하여 생각한다. 〈정리 7.3〉에 의해

$$P(X-500 \geq 50) \leq \frac{20^2}{20^2+50^2} = \frac{4}{29}$$

이므로, 구하는 상한은 $\frac{4}{29}$이다. ■

참고 만일 〈예제 7.7〉에서 표준편차를 이용하지 않고 마르코프 부등식을 사용하여 확률의 상한을 구한다면

$$P(X \geq 550) \leq \frac{E(X)}{550} = \frac{500}{550} = \frac{10}{11}$$

이 되어, 단측 체비셰프 부등식으로 구한 것보다 훨씬 개선이 덜 된 결과를 얻는다.

따름정리 7.1

확률변수 X의 평균이 μ이고 분산이 $\sigma^2 < \infty$이라면, 임의의 양수 a에 대하여

$$P(X \geq \mu + a) \leq \frac{\sigma^2}{\sigma^2 + a^2} \tag{7.5}$$

$$P(X \leq \mu - a) \leq \frac{\sigma^2}{\sigma^2 + a^2} \tag{7.6}$$

이 성립한다.

증명 $X-\mu$와 $\mu - X$가 모두 평균이 0이고 분산이 $\sigma^2 < \infty$이므로 단측 체비셰프 부등식을 적용하면, 임의의 양수 a에 대하여

$$P(X-\mu \geq a) \leq \frac{\sigma^2}{\sigma^2+a^2}$$

과

$$P(\mu - X \geq a) \leq \frac{\sigma^2}{\sigma^2+a^2}$$

이 성립한다. 이로부터 식 (7.5)와 (7.6)을 얻는다. ■

7.2 대수의 법칙

이 절에서는 대수의 법칙을 소개한다. 이 법칙은 경험적 확률과 수학적 확률, 나아가서 표본평균과 모집단 평균의 관계를 나타내는 것으로서 확률론 및 통계학에서 매우 유용하게 사용된다. 대수의 법칙에 앞서서 우선 확률수렴의 개념을 소개한다.

확률수렴(convergence in probability)

확률변수의 수열 $X_1, X_2, X_3, \cdots$를 생각하자. 임의의 양수 ϵ에 대하여

$$\lim_{n\to\infty} P(|X_n - c| \geq \epsilon) = 0$$

이 성립하면, X_n이 c로 **확률수렴**한다고 한다.

확률수렴의 대표적인 경우는 이항분포에서 찾을 수 있다. 〈예제 7.4〉는 체비셰프 부등식을 이항분포에 적용한 예이다. 이를 좀 더 일반화하여 생각해 보자.

X가 이항분포 $B(n,p)$를 따르는 확률변수라고 하자. $E(X)=np$, $Var(X)=np(1-p)$이므로

$$E\left(\frac{X}{n}\right)=p,\quad Var\left(\frac{X}{n}\right)=\frac{p(1-p)}{n}$$

이다. 여기에 체비셰프 부등식(식 (7.3))을 적용하면, 임의의 양수 ϵ에 대해

$$P\left(\left|\frac{X}{n}-p\right| \geq \epsilon\right) \leq \frac{p(1-p)}{n\epsilon^2}$$

이 성립함을 알 수 있다. 여기서 $n\to\infty$일 때의 극한을 생각하면,

$$\lim_{n\to\infty} P\left(\left|\frac{X}{n}-p\right|\geq\epsilon\right)\leq\lim_{n\to\infty}\frac{p(1-p)}{n\epsilon^2}$$

인데,

$$p(1-p)=-p^2+p=-\left(p-\frac{1}{2}\right)^2+\frac{1}{4}\leq\frac{1}{4}$$

이므로

$$\lim_{n\to\infty}\frac{p(1-p)}{n\epsilon^2}=0$$

이며, 따라서

$$\lim_{n\to\infty} P\left(\left|\frac{X}{n}-p\right|\geq\epsilon\right)=0$$

이다. 즉 표본성공률 $\frac{X}{n}$는 이론적 성공확률 p로 확률수렴한다는 것이다. 이상의 내용을 베르누이의 대수의 법칙이라고도 하며 다음의 정리로 나타낸다.

정리 7.4 베르누이의 대수의 법칙(Bernoulli's law of large numbers)

X가 이항분포 $B(n,p)$를 따르는 확률변수라고 하자. 그러면 임의의 양수 ϵ에 대해

$$\lim_{n\to\infty} P\left(\left|\frac{X}{n}-p\right|\geq\epsilon\right)=0$$

즉

$$\lim_{n\to\infty} P\left(\left|\frac{X}{n}-p\right|<\epsilon\right)=1$$

이 성립한다. 즉 $\frac{X}{n}$는 p로 확률수렴한다.

이제 좀 더 일반적인 경우를 생각해 보자. 다음의 정리는 표본평균과 모집단 평균의 관계에 관한 것이다.

정리 7.5 대수의 약법칙(Weak law of large numbers)

$X_1, X_2, \cdots, X_n$은 평균 μ, 분산 $\sigma^2<\infty$인 분포로부터의 크기 n인 확률표본이라고

하고, 이 확률표본의 평균을 $\overline{X}_n$으로 나타내자. 즉

$$\overline{X}_n = \frac{X_1 + X_2 + \cdots + X_n}{n}$$

이다. 그러면 임의의 $\epsilon > 0$에 대해서 다음이 성립한다.

$$\lim_{n\to\infty} P(|\overline{X}_n - \mu| \geq \epsilon) = 0$$

즉 $\overline{X}_n$은 μ로 확률수렴한다.

증명 〈정리 6.20〉에 의해 $E(\overline{X}_n) = \mu$, $Var(\overline{X}_n) = \frac{\sigma^2}{n}$이다. 여기에 체비셰프 부등식(식 (7.3))을 적용하면, 임의의 $\epsilon > 0$에 대해

$$P(|\overline{X}_n - \mu| \geq \epsilon) \leq \frac{\sigma^2/n}{\epsilon^2} = \frac{\sigma^2}{n\epsilon^2}$$

이 성립한다. 여기서 $n\to\infty$ 일 때의 극한을 생각하면,

$$\lim_{n\to\infty} P(|\overline{X}_n - \mu| \geq \epsilon) \leq \lim_{n\to\infty} \frac{\sigma^2}{n\epsilon^2} = 0,$$

즉

$$\lim_{n\to\infty} P(|\overline{X}_n - \mu| \geq \epsilon) = 0$$

이다. ■

Note 표본크기가 n이라는 것을 나타내기 위해서 표본평균을 $\overline{X}$ 대신 $\overline{X}_n$으로 표시하기도 한다.

예제 7.8 Y는 포아송 분포 $Poi(n)$을 따르는 확률변수라고 하자. $\frac{Y}{n}$가 1로 확률수렴함을 설명하여라.

풀이 〈정리 6.23〉(포아송 분포의 가법성)에 의해 Y를 각각 포아송 분포 $Poi(1)$을 따르는 서로 독립인 확률변수들($X_1, X_2, \cdots, X_n$)의 합으로 나타낼 수 있다. 여기에 대수의 약법

칙을 적용하면, $\overline{X}_n = \dfrac{X_1 + X_2 + \cdots + X_n}{n} = \dfrac{Y}{n}$는 포아송 분포 $Poi(1)$의 평균 즉 $\mu = 1$로 확률수렴함을 알 수 있다. ■

예제 7.9 Y는 감마분포 $Gam(n, \beta)$를 따르는 확률변수라고 하자. $\dfrac{Y}{n}$가 β로 확률수렴함을 설명하여라.

풀이 〈정리 6.25〉(감마분포의 가법성)에 의해 Y를 각각 감마분포 $Gam(1, \beta)$를 따르는 서로 독립인 확률변수들$(X_1, X_2, \cdots, X_n)$의 합으로 나타낼 수 있다. 여기에 대수의 약법칙을 적용하면, $\overline{X}_n = \dfrac{X_1 + X_2 + \cdots + X_n}{n} = \dfrac{Y}{n}$는 감마분포 $Gam(1, \beta)$의 평균 즉 $\mu = \beta$로 확률수렴함을 알 수 있다. ■

정리 7.6 대수의 강법칙(Strong law of large numbers)

$X_1, X_2, \cdots$는 서로 독립이고 동일한 분포를 갖는 확률변수들이라고 하자. 이 확률변수들이 유한 평균 $\mu = E(X_i)$를 갖는다면, 확률 1로, n이 한없이 커짐에 따라

$$\frac{X_1 + X_2 + \cdots + X_n}{n} \to \mu,$$

즉

$$P\left(\lim_{n \to \infty} \frac{X_1 + X_2 + \cdots + X_n}{n} = \mu\right) = 1$$

이 성립한다.

대수의 강법칙은 러시아의 수학자 콜모고로프(A. N. Kolmogorov)가 증명했는데, 그 내용은 학부 수준을 넘으므로 생략한다.

7.3 중심극한정리

이 절에서 소개하는 중심극한정리는 확률론 및 통계학에서 가장 중요하고 사용도가 높은 연구결과들 중 하나일 것이다. 이 정리가 발견됨에 따라 정규분포의 중요성이 한층 더 커

졌다고 할 수 있다. 먼저 이항분포와 정규분포의 관계를 알아보자.

주사위를 n번 던질 때 6의 눈이 나오는 횟수를 X로 나타내면 X의 분포는 이항분포 $B\left(n, \frac{1}{6}\right)$이다. 〈그림 7.1〉은 n의 값이 10, 20, 30, 40, 50인 경우에 대해 X의 확률질량함수의 그래프를 그린 것이다. n이 30, 40, 50인 경우 오른쪽 부분은 확률질량함수의 값이 매우 작아서 무시할 수 있으므로 생략하였다.

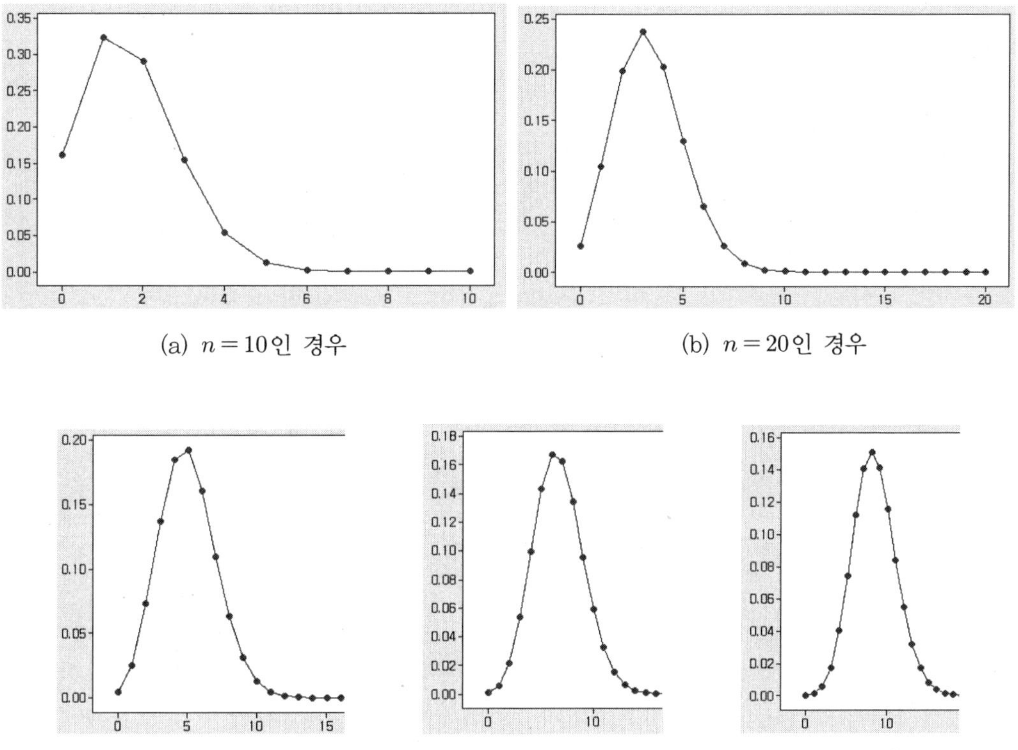

(a) $n=10$인 경우 (b) $n=20$인 경우 (c) $n=30$인 경우 (d) $n=40$인 경우 (e) $n=50$인 경우

그림 7.1 $B\left(n, \frac{1}{6}\right)$의 확률질량함수 그래프

그림을 보면, 확률질량함수의 그래프가 n이 작을 때는 한쪽으로 치우쳐 있지만, n이 커짐에 따라 대칭(좀 더 구체적으로는 정규분포 모양)에 가까워지는 것을 관찰할 수 있다. 이 그림은 $p=\frac{1}{6}$인 경우지만, 일반적으로 주어진 p의 값에 대하여 이항분포의 모양은 n이 커짐에 따라 정규분포의 모양에 가까워진다는 사실이 알려져 있으며, 이것을 **이항분포의 정규분포 근사**라고 한다. 중심극한정리를 증명하면 이항분포의 정규분포 근사도 자연스럽게 설명된다.

이항분포의 정규분포 근사

$X \sim B(n, p)$일 때, n이 크면 근사적으로 $X \sim N(np, np(1-p))$가 성립한다.

n이 어느 정도로 커야 이항분포가 정규분포로 근사될 수 있는가 하는 것은 p가 어떤 값을 갖느냐에 달려 있다. p가 0이나 1에 가까우면 n이 많이 커야 하고, p가 $\frac{1}{2}$에 가까우면(즉 이항분포가 대칭에 가까우면) n이 조금만 커도 근사 정도가 좋다. 이항분포의 정규분포 근사에 흔히 사용되는 기준은 $np \geq 5$, $n(1-p) \geq 5$이다.

예제 7.10 4지선다형 문제가 80개 있는 시험에서 어떤 학생이 답을 아무렇게나 찍어서 쓴다고 하자. 정답을 맞히는 문제의 수를 X라고 할 때, 이항분포의 정규분포 근사를 이용하여 $P(25 \leq X \leq 30)$을 구하여라.

풀이 $X \sim B\left(80, \frac{1}{4}\right)$이고 $80 \times \frac{1}{4} = 20 > 5$, $80 \times \frac{3}{4} = 60 > 5$이므로, 이항분포의 정규분포 근사를 사용하기 위한 조건을 만족한다. 근사적으로 $X \sim N(20, 15)$이므로

$$P(25 \leq X \leq 30) = P\left(\frac{25-20}{\sqrt{15}} \leq \frac{X-20}{\sqrt{15}} \leq \frac{30-20}{\sqrt{15}}\right)$$
$$\fallingdotseq \Phi(2.58) - \Phi(1.29) = 0.9951 - 0.9015 = 0.0936$$ ■

그런데 위의 예제에서 다음과 같이 생각하여 계산하면 더욱 정확한 확률을 얻을 수 있다. 구하려는 확률은 $\sum_{x=25}^{30} P(X=x)$인데, 이산확률분포인 이항분포에 관한 확률을 연속확률분포인 정규분포로 근사시켜 구하는 것이므로, 25, 26, ⋯, 30을 각각 구간 24.5~25.5, 25.5~26.5, ⋯, 29.5~30.5를 대표하는 값으로 생각한다. (이것을 **연속성수정**(correction for continuity)이라고 한다.) 즉 다음과 같이 계산한다.

$$P(25 \leq X \leq 30) = P(24.5 \leq X \leq 30.5)$$
$$= P\left(\frac{24.5-20}{\sqrt{15}} \leq \frac{X-20}{\sqrt{15}} \leq \frac{30.5-20}{\sqrt{15}}\right)$$
$$\fallingdotseq \Phi(2.71) - \Phi(1.16) = 0.9966 - 0.8770 = 0.1196$$

이항분포로부터 확률을 직접 계산해 보면

$$P(25 \leq X \leq 30) = \sum_{x=25}^{30} {}_{80}C_x \left(\frac{1}{4}\right)^x \left(\frac{3}{4}\right)^{80-x} = 0.1193$$

이 되어, 연속성수정을 해서 구한 확률에 훨씬 더 가깝다. 앞으로도 이산확률분포에 관한 확률을 연속확률분포로 근사시켜 구할 때는 연속성수정을 해서 계산하겠다.

이제 중심극한정리의 내용을 기술하고 증명한다.

정리 7.7 중심극한정리(Central limit theorem)

$X_1, X_2, \cdots, X_n$은 평균 μ, 분산 $\sigma^2 < \infty$인 분포로부터의 크기 n인 확률표본이라고 하고, 이 확률표본의 평균을 $\overline{X}_n$으로 나타내자. 그러면

$$W = \frac{\overline{X}_n - \mu}{\sigma / \sqrt{n}} = \frac{\sum_{i=1}^{n} X_i - n\mu}{\sqrt{n}\,\sigma} \tag{7.7}$$

의 분포는 $n \to \infty$일 때 표준정규분포에 수렴한다. 즉 $-\infty < a < \infty$에 대해, $n \to \infty$일 때

$$P(W \le a) \to \int_{-\infty}^{a} \frac{1}{\sqrt{2\pi}} e^{-x^2/2}\, dx$$

가 성립한다.

증명 적률생성함수 기법을 사용하여 증명해 보자. W의 적률생성함수 $M_W(t)$가 표준정규분포의 적률생성함수로 수렴함을 보이면 된다.

$$\begin{aligned}
M_W(t) = E(e^{tW}) &= E\left[\exp\left\{\frac{t\left(\sum_{i=1}^{n} X_i - n\mu\right)}{\sqrt{n}\,\sigma}\right\}\right] \\
&= E\left[\exp\left\{\frac{t}{\sqrt{n}} \frac{\sum_{i=1}^{n}(X_i - \mu)}{\sigma}\right\}\right] = E\left[\exp\left\{\sum_{i=1}^{n}\left(\frac{t}{\sqrt{n}}\right)\left(\frac{X_i - \mu}{\sigma}\right)\right\}\right] \\
&= E\left[\exp\left\{\left(\frac{t}{\sqrt{n}}\right)\left(\frac{X_1 - \mu}{\sigma}\right)\right\} \cdots \exp\left\{\left(\frac{t}{\sqrt{n}}\right)\left(\frac{X_n - \mu}{\sigma}\right)\right\}\right] \\
&= E\left[\exp\left\{\left(\frac{t}{\sqrt{n}}\right)\left(\frac{X_1 - \mu}{\sigma}\right)\right\}\right] \cdots E\left[\exp\left\{\left(\frac{t}{\sqrt{n}}\right)\left(\frac{X_n - \mu}{\sigma}\right)\right\}\right] \quad \text{(독립성에 의해)}
\end{aligned}$$

여기서

$$Y_i = \frac{X_i - \mu}{\sigma} \quad (i = 1, 2, \cdots, n)$$

으로 놓으면, $Y_1, Y_2, \cdots, Y_n$은 동일한 적률생성함수를 갖는다. 이 동일한 적률생성함수를 $m(t)$로 나타내자. 즉

$$m(t) = E(e^{tY_i}) = E\left[\exp\left\{t\left(\frac{X_i - \mu}{\sigma}\right)\right\}\right], \quad -h < t < h.$$

그러면

$$M_W(t) = \left\{m\left(\frac{t}{\sqrt{n}}\right)\right\}^n, \quad -h < \frac{t}{\sqrt{n}} < h$$

이다. Y_i는 표준화된 확률변수이므로

$$m'(0) = E(Y_1) = 0, \qquad m''(0) = E(Y_1^2) = 1$$

이 되며, 매클로린 급수 전개 이론에 의해

$$m(t) = m(0) + m'(0)t + \frac{m''(t_1)t^2}{2} = 1 + \frac{m''(t_1)t^2}{2}$$

을 만족하는 t_1이 0과 t 사이에 존재한다. 따라서 0과 $\dfrac{t}{\sqrt{n}}$ 사이의 어떤 t_1에 대해

$$\begin{aligned} M_W(t) &= \left[1 + \frac{m''(t_1)}{2}\left(\frac{t}{\sqrt{n}}\right)^2\right]^n \\ &= \left[1 + \frac{t^2}{2n} + \frac{t^2}{2n}\{m''(t_1) - 1\}\right]^n, \quad -\sqrt{n}h < t < \sqrt{n}h \end{aligned}$$

가 된다. $m''(t)$는 $t=0$에서 연속이고, 또한 $n \to \infty$일 때 $t_1 \to 0$이므로

$$\lim_{n \to \infty}\{m''(t_1) - 1\} = m''(0) - 1 = 0$$

이다. 따라서

$$\lim_{n \to \infty} M_W(t) = \lim_{n \to \infty}\left(1 + \frac{t^2}{2n}\right)^n$$

인데, 여기서 극한 이론에서 알려진 결과인

$$\lim_{n \to \infty}\left(1 + \frac{b}{n}\right)^n = e^b$$

를 이용하면,

$$\lim_{n \to \infty} M_W(t) = e^{t^2/2}, \quad -\infty < t < \infty$$

을 얻는다. 이것은 W의 분포가 $n \to \infty$일 때 표준정규분포로 수렴함을 나타낸다. ■

중심극한정리의 유용성은 확률표본이 추출된 모집단의 분포 형태에 관해 특별한 가정을 하지 않아도 식 (7.7)의 W의 분포가 $n \to \infty$일 때 표준정규분포로 수렴한다는 데에 있다. 이 정리를 근거로 하면, 표본크기 n이 충분히 클 때 W의 분포가 근사적인 표준정규분포를 따르게 된다는 사실을 이용하여 문제를 해결할 수 있다. 필요한 n의 크기는 모집단의 분포 형태에 따라 다르다. 모집단이 정규모집단이면 n의 값에 관계없이 W는 정확하게 표준정규분포를 따르며, 모집단의 분포 형태가 정규분포로부터 멀수록 중심극한정리의 적용에 필요한 n의 값은 커진다. 대체적으로 $n \geq 30$이면 근사 정도가 만족할 만하다고 통용되고 있다.

예제 7.11 균등분포 $U(0, 1)$로부터의 크기 $n = 48$인 확률표본의 평균을 $\overline{X}_{48}$이라고 할 때 $P(0.425 < \overline{X}_{48} < 0.575)$의 근삿값을 구하여라.

풀이 $U(0, 1)$의 평균 $\mu = 0.5$, 분산 $\sigma^2 = \dfrac{1}{12}$이고 표본크기 n은 48로 충분히 크므로 중심극한정리에 의해

$$\frac{\overline{X}_{48} - 0.5}{\sqrt{\frac{1}{12}} / \sqrt{48}}, \text{ 즉 } 24(\overline{X}_{48} - 0.5)$$

는 근사적으로 표준정규분포를 따른다. 따라서

$$\begin{aligned} P(0.425 < \overline{X}_{48} < 0.575) &= P(24(0.425 - 0.5) < 24(\overline{X}_{48} - 0.5) < 24(0.575 - 0.5)) \\ &\fallingdotseq \Phi(1.8) - \Phi(-1.8) \\ &= 2\Phi(1.8) - 1 \\ &= (2)(0.9641) - 1 \\ &= 0.9282 \end{aligned}$$

■

예제 7.12 어떤 농장에서 출하되는 수박들의 무게는 평균 5.2kg, 표준편차 0.6kg인 분포를 따른다고 한다. 36개로 이루어진 확률표본의 평균 무게가 5.3kg 이상일 확률을 구하여라.

풀이 중심극한정리에 의해

$$\frac{\overline{X}_{36}-5.2}{0.6/\sqrt{36}}, \text{ 즉 } 10(\overline{X}_{36}-5.2)$$

는 근사적으로 표준정규분포를 따른다. 따라서

$$P(\overline{X}_{36} \geq 5.3) = P(10(\overline{X}_{36}-5.2) \geq 10(5.3-5.2))$$
$$\fallingdotseq 1-\Phi(1) = 1-0.8413 = 0.1587$$

■

예제 7.13 〈예제 7.6〉의 (3)번 문제를 중심극한정리를 이용하여 풀어라.

풀이 n명이 시험을 치른다고 하고 이들의 평균 점수를 $\overline{X}_n$으로 나타내면, 중심극한정리에 의해 $\dfrac{\overline{X}_n-65}{10/\sqrt{n}}$는 근사적으로 표준정규분포를 따른다. 그러므로

$$P(|\overline{X}_n-65| \geq 3) = P\left(\left|\frac{\overline{X}_n-65}{10/\sqrt{n}}\right| \geq \frac{3}{10/\sqrt{n}}\right)$$
$$\fallingdotseq 2P\left(\frac{\overline{X}_n-65}{10/\sqrt{n}} \geq \frac{3}{10/\sqrt{n}}\right) \fallingdotseq 2\left\{1-\Phi\left(\frac{3}{10}\sqrt{n}\right)\right\}$$

인데, 이것이 0.05를 넘지 않아야 하므로

$$\Phi\left(\frac{3}{10}\sqrt{n}\right) \geq 0.975$$

이어야 하며, 따라서 $\frac{3}{10}\sqrt{n} \geq 1.96$, 즉 $n \geq 42.68\cdots$이어야 한다. 즉 최소 43명이 시험을 치러야 한다.
(※ 이렇게 중심극한정리를 적용하면, 필요한 인원이 단순히 체비셰프 부등식만 이용했을 때보다 크게 줄어드는 것을 볼 수 있다.) ■

예제 7.14 15일(즉 360시간) 동안 진행되는 행사에서, 행사 기간 동안 항상 조명이 켜져 있어야 하는 곳이 있다. 100개의 전구가 준비되어 있는데, 전구들의 수명은 서로 독립이고 각각 평균이 4시간인 지수분포를 따른다고 한다. 전구는 한 번에 한 개씩만 필요하며 수명이 다 된 전구는 즉시 새 전구로 교체된다고 할 때, 전구가 부족하지 않고 무사히 행사를 마칠 확률의 근삿값을 구하여라.

풀이 전구들의 수명을 $X_1, X_2, \cdots, X_{100}$(단위: 시간)이라고 하면, 이들은 평균이 4이고 분산이 16인 지수분포, 즉 $Exp\left(\frac{1}{4}\right)$을 따르고 서로 독립이다. 중심극한정리에 의해

$$\frac{\sum_{i=1}^{100} X_i - (100)(4)}{\sqrt{100}\sqrt{16}} = \frac{\sum_{i=1}^{100} X_i - 400}{40}$$

은 근사적으로 표준정규분포를 따른다. 따라서 구하는 확률은

$$P\left(\sum_{i=1}^{100} X_i \geq 360\right) = P\left(\frac{\sum_{i=1}^{100} X_i - 400}{40} \geq \frac{360-400}{40}\right)$$
$$\fallingdotseq 1 - \Phi(-1) = \Phi(1) = 0.8413$$

이다. ■

이 절의 앞부분에서 다룬 이항분포의 정규분포 근사도 중심극한정리를 근거로 하여 설명할 수 있다. $X_1, X_2, \cdots, X_n$을 베르누이 분포 $Ber(p)$로부터의 크기 n인 확률표본이라고 하자. $Ber(p)$의 평균 $\mu = p$, 분산 $\sigma^2 = p(1-p)$이므로, n이 충분히 크면 중심극한정리에 의해

$$\frac{\overline{X}_n - p}{\sqrt{p(1-p)}\,/\,\sqrt{n}} = \frac{\sum_{i=1}^{n} X_i - np}{\sqrt{np(1-p)}}$$

는 근사적으로 표준정규분포를 따른다. 여기서 $\sum_{i=1}^{n} X_i$는 $B(n, p)$를 따르는 이항확률변수이므로 이것이 결국 이항분포의 정규분포 근사와 같은 내용인 것이다.

이제 중심극한정리를 포아송 분포에 적용해 본다. $X_1, X_2, \cdots, X_n$을 $Poi(1)$, 즉 평균이 1인 포아송 분포로부터의 크기 n인 확률표본이라고 하자. $Poi(1)$의 분산도 1이므로, n이 충분히 크면 중심극한정리에 의해

$$\frac{\overline{X}_n - 1}{1/\sqrt{n}} = \frac{\sum_{i=1}^{n} X_i - n}{\sqrt{n}}$$

은 근사적으로 표준정규분포를 따른다. 그런데 〈정리 6.23〉(포아송 분포의 가법성)에 의해 $\sum_{i=1}^{n} X_i$는 $Poi(n)$을 따르는 확률변수이다. 따라서 일반적으로 Y가 평균 λ인 포아송 분포를 따르는 확률변수일 때, λ가 충분히 크면

$$\frac{Y-\lambda}{\sqrt{\lambda}}$$

의 분포는 근사적으로 표준정규분포가 된다.

위와 동일한 논리를 감마분포와 카이제곱분포에도 적용할 수 있다. 즉 $X_1, X_2, \cdots, X_n$을 감마분포 $Gam(1, \beta)$로부터의 크기 n인 확률표본이라고 하면, n이 충분히 클 때 중심극한정리에 의해

$$\frac{\overline{X}_n-\beta}{\beta/\sqrt{n}}=\frac{\sum_{i=1}^{n}X_i-n\beta}{\sqrt{n}\,\beta}$$

는 근사적으로 표준정규분포를 따르는데, 〈정리 6.25〉(감마분포의 가법성)에 의해 $\sum_{i=1}^{n}X_i$는 $Gam(n, \beta)$를 따르는 확률변수이다. 따라서 일반적으로 Y가 감마분포 $Gam(\alpha, \beta)$를 따르는 확률변수일 때, α가 충분히 크면

$$\frac{Y-\alpha\beta}{\sqrt{\alpha\beta^2}}$$

의 분포는 근사적으로 표준정규분포가 된다. 마찬가지로 Y가 카이제곱분포 $\chi^2(r)$을 따르는 확률변수일 때, r이 충분히 크면

$$\frac{Y-r}{\sqrt{2r}}$$

은 근사적으로 표준정규분포를 따른다.

예제 7.15 Y는 평균이 35인 포아송 분포를 따르는 확률변수라고 하자. 정규분포 근사를 이용하여 $P(34 \le Y \le 38)$의 근삿값을 구하여라.

풀이 평균값 35가 30보다 크므로 중심극한정리를 적용할 수 있다. 즉

$$\frac{Y-35}{\sqrt{35}}$$

의 분포는 근사적으로 표준정규분포가 된다. 따라서

$$\begin{aligned} P(34 \le Y \le 38) &= P\left(\frac{33.5-35}{\sqrt{35}} \le \frac{Y-35}{\sqrt{35}} \le \frac{38.5-35}{\sqrt{35}}\right) \\ &≒ \Phi(0.59)-\Phi(-0.25)=0.7224-(1-0.5987)=0.3211 \end{aligned}$$

을 얻는다. 참고로 포아송 분포를 직접 사용하여 확률을 계산해 보면,

$$P(34 \le Y \le 38) = \sum_{y=34}^{38} \frac{e^{-35} 35^y}{y!} = 0.3188$$

이므로 근사 정도가 상당히 좋다. ■

예제 7.16 Y가 감마분포 $Gam(32, 5)$를 따르는 확률변수일 때 $P(140 \le Y \le 190)$의 근삿값을 구하여라.

풀이 형상모수의 값인 32가 충분히 크므로 중심극한정리를 적용할 수 있다. 즉

$$\frac{Y-160}{\sqrt{800}}$$

의 분포는 근사적으로 표준정규분포가 된다. 따라서

$$P(140 \le Y \le 190) = P\left(\frac{140-160}{\sqrt{800}} \le \frac{Y-160}{\sqrt{800}} \le \frac{190-160}{\sqrt{800}}\right)$$
$$\fallingdotseq \Phi(1.06) - \Phi(-0.71) = 0.8554 - (1 - 0.7611) = 0.6165$$

을 얻는다. 참고로 감마분포를 직접 사용한 정확한 확률(계산 과정은 복잡하므로 생략)은 0.6067이다. ■

연습문제

1 X가 평균 14, 분산 9를 갖는 확률변수일 때, 체비셰프 부등식을 이용하여 다음 값들을 구하여라.

(1) $P(6.5 < X < 21.5)$의 하한

(2) $P(X \leq 10.4$ 또는 $X \geq 17.6)$의 상한

2 어느 회사에서 만들어지는 전자부품의 수명이 평균 600시간인 분포를 따른다고 한다.

(1) 부품의 수명이 700시간 이상일 확률의 상한은 얼마인가?

(2) 수명 분포의 표준편차가 50시간이고 수명 분포가 평균에 관해 대칭이라면, 부품의 수명이 700시간 이상일 확률에 관해 어떻게 말할 수 있는가?

3 X가 $E(X) = -5$, $E(X^2) = 34$인 확률변수일 때, 체비셰프 부등식을 이용하여 $P(-15.5 < X < 5.5)$의 하한을 구하여라.

4 다음 각 분포에 대하여 $P(|X-\mu| \geq 2\sigma)$를 구하고 체비셰프 부등식에 의한 상한을 만족함을 확인하여라.

(1) $Poi(3)$, 즉 평균이 3인 포아송 분포

(2) $Exp(\lambda)$, 즉 평균이 $\dfrac{1}{\lambda}$인 지수분포

5 n개의 4지선다형 문제가 있는 시험에서 답을 무작위로 선택해서 쓸 때 정답의 개수를 X라고 하자. 체비셰프 부등식에 의한 $P\left(\left|\dfrac{X}{n} - 0.25\right| \geq 0.05\right)$의 하한을 n의 함수로 나타내라.

6 〈정리 7.3〉의 증명에서 $\dfrac{\sigma^2+b^2}{(a+b)^2}$은 $b=\dfrac{\sigma^2}{a}$일 때 최소가 됨을 보여라.

7 어떤 병을 앓고 있는 환자가 회복될 확률이 0.7이라고 하자. 이 병을 앓고 있는 환자 20명 중 16명 이상이 회복될 확률의 근삿값을 구하여라.

8 어느 큰 도시의 인구 중 60%는 학비 인상안에 찬성한다고 한다. 이 도시에서 200명의 확률표본을 뽑았을 때, 그중 학비 인상안에 찬성하는 사람이 적어도 110명일 확률의 근삿값을 구하여라.

9 동전을 50번 던져 앞면이 나온 횟수를 X라고 할 때, $X=25$일 확률을 다음에 의하여 구하여라.

(1) 이항분포를 이용한 정확한 확률

(2) 정규분포 근사를 이용한 근사적인 확률

10 주사위를 50번 던진다고 하자. 주사위 눈의 합이 170 이하일 확률의 근삿값을 구하여라.

11 주사위를 n번 던져서 나오는 눈의 평균을 $\overline{X}_n$이라고 하자. $\overline{X}_n$이 $E(\overline{X}_n)$으로부터 0.5 이상 차이나지 않을 확률이 90% 이상이 되게 하려면 주사위를 최소한 몇 번 던져야 하는가? 다음 방법을 사용하여 각각 구하여라.

(1) 체비셰프 부등식을 이용

(2) 중심극한정리를 이용

12 $X_1, X_2, \cdots, X_{30}$은 평균이 1.2인 포아송 분포로부터의 확률표본이라고 하자.

(1) 마르코프 부등식을 이용하여 $P\left(\sum_{i=1}^{30} X_i \geq 40\right)$의 상한을 구하여라.

(2) 중심극한정리를 이용하여 $P\left(\sum_{i=1}^{30} X_i \geq 40\right)$의 근삿값을 구하여라.

13 $X_1, X_2, \cdots, X_{64}$는 확률질량함수가

$$f(x)=\left(\frac{3}{5}\right)^{x-1}\left(\frac{2}{5}\right), \quad x=1,2,3,\cdots$$

인 기하분포로부터 얻어진 확률표본이라고 하자. $P\left(155 \le \sum_{i=1}^{64} X_i \le 162\right)$의 근삿값을 구하여라.

14 평균이 5인 지수분포로부터 뽑은 크기 $n = 100$인 확률표본의 평균을 $\overline{X}$라고 할 때, $P(4.8 \le \overline{X} \le 6)$의 근삿값을 구하여라.

15 Y는 자유도가 50인 카이제곱분포를 따르는 확률변수라고 하자. 중심극한정리를 이용하여 $P(45 \le Y \le 60)$의 근삿값을 구하여라.

부록

표 A.1 포아송 분포표

$X \sim Poi(\lambda)$일 때 $P(X \leq k) = \sum_{x=0}^{k} \frac{e^{-\lambda}\lambda^x}{x!}$의 값을 표시한다.

k	.1	.2	.3	.4	.5	.6	.7	.8	.9	1.0
0	.905	.819	.741	.670	.607	.549	.497	.449	.407	.368
1	.995	.982	.963	.938	.910	.878	.844	.809	.772	.736
2	1.000	.999	.996	.992	.986	.977	.966	.953	.937	.920
3	1.000	1.000	1.000	.999	.998	.997	.994	.991	.987	.981
4	1.000	1.000	1.000	1.000	1.000	1.000	.999	.999	.998	.996
5	1.000	1.000	1.000	1.000	1.000	1.000	1.000	1.000	1.000	.999
6	1.000	1.000	1.000	1.000	1.000	1.000	1.000	1.000	1.000	1.000

k	1.1	1.2	1.3	1.4	1.5	1.6	1.7	1.8	1.9	2.0
0	.333	.301	.273	.247	.223	.202	.183	.165	.150	.135
1	.699	.663	.627	.592	.558	.525	.493	.463	.434	.406
2	.900	.879	.857	.833	.809	.783	.757	.731	.704	.677
3	.974	.966	.957	.946	.934	.921	.907	.891	.875	.857
4	.995	.992	.989	.986	.981	.976	.970	.964	.954	.947
5	.999	.998	.998	.997	.996	.994	.992	.990	.987	.983
6	1.000	1.000	1.000	.999	.999	.999	.998	.997	.997	.995
7	1.000	1.000	1.000	1.000	1.000	1.000	1.000	.999	.999	.999
8	1.000	1.000	1.000	1.000	1.000	1.000	1.000	1.000	1.000	1.000

k	2.1	2.2	2.3	2.4	2.5	2.6	2.7	2.8	2.9	3.0
0	.122	.111	.100	.091	.082	.074	.067	.061	.055	.050
1	.380	.355	.331	.308	.287	.267	.249	.231	.215	.199
2	.650	.623	.596	.570	.544	.518	.494	.469	.446	.423
3	.839	.819	.799	.779	.758	.736	.714	.692	.670	.647
4	.938	.928	.916	.904	.891	.877	.863	.848	.832	.815
5	.980	.975	.970	.964	.958	.951	.943	.935	.926	.916
6	.994	.993	.991	.988	.986	.983	.979	.976	.971	.966
7	.999	.998	.997	.997	.996	.995	.993	.992	.990	.988
8	1.000	1.000	.999	.999	.999	.999	.998	.998	.997	.996
9	1.000	1.000	1.000	1.000	1.000	1.000	.999	.999	.999	.999
10	1.000	1.000	1.000	1.000	1.000	1.000	1.000	1.000	1.000	1.000

k	λ 3.1	3.2	3.3	3.4	3.5	3.6	3.7	3.8	3.9	4.0
0	.045	.041	.037	.033	.030	.027	.025	.022	.020	.018
1	.185	.171	.159	.147	.136	.126	.116	.107	.099	.092
2	.401	.380	.359	.340	.321	.303	.285	.269	.253	.238
3	.625	.603	.580	.558	.537	.515	.494	.473	.453	.433
4	.798	.781	.763	.744	.725	.706	.687	.668	.648	.629
5	.906	.895	.883	.871	.858	.844	.830	.816	.801	.785
6	.961	.955	.949	.942	.935	.927	.918	.909	.899	.889
7	.986	.983	.980	.977	.973	.969	.965	.960	.955	.949
8	.995	.994	.993	.992	.990	.988	.986	.984	.981	.979
9	.999	.998	.998	.997	.997	.996	.995	.994	.993	.992
10	1.000	1.000	.999	.999	.999	.999	.998	.998	.998	.997
11	1.000	1.000	1.000	1.000	1.000	1.000	1.000	.999	.999	.999
12	1.000	1.000	1.000	1.000	1.000	1.000	1.000	1.000	1.000	1.000

k	4.5	5.0	5.5	6.0	6.5	7.0	7.5	8.0	8.5	9.0
0	.011	.007	.004	.002	.002	.001	.001	.000	.000	.000
1	.061	.040	.027	.017	.011	.007	.005	.003	.002	.001
2	.174	.125	.008	.062	.043	.030	.020	.014	.009	.006
3	.342	.265	.202	.151	.112	.082	.059	.042	.030	.021
4	.532	.440	.358	.285	.224	.173	.132	.100	.074	.055
5	.703	.616	.529	.446	.369	.301	.241	.191	.150	.116
6	.831	.762	.686	.606	.527	.450	.378	.313	.256	.207
7	.913	.867	.809	.744	.673	.599	.525	.453	.386	.324
8	.960	.932	.894	.847	.792	.729	.662	.593	.523	.456
9	.983	.968	.946	.916	.877	.830	.776	.717	.653	.587
10	.993	.986	.975	.957	.933	.901	.862	.816	.763	.706
11	.998	.995	.989	.980	.966	.947	.921	.888	.849	.803
12	.999	.998	.966	.991	.984	.973	.957	.936	.909	.876
13	1.000	.999	.998	.996	.993	.987	.978	.966	.949	.926
14	1.000	1.000	.999	.999	.997	.994	.990	.983	.973	.959
15	1.000	1.000	1.000	.999	.999	.998	.995	.992	.986	.978
16	1.000	1.000	1.000	1.000	1.000	.999	.998	.996	.993	.989
17	1.000	1.000	1.000	1.000	1.000	1.000	.999	.998	.997	.995
18	1.000	1.000	1.000	1.000	1.000	1.000	1.000	.999	.999	.998
19	1.000	1.000	1.000	1.000	1.000	1.000	1.000	1.000	.999	.999
20	1.000	1.000	1.000	1.000	1.000	1.000	1.000	1.000	1.000	1.000

표 A.2 표준정규분포표

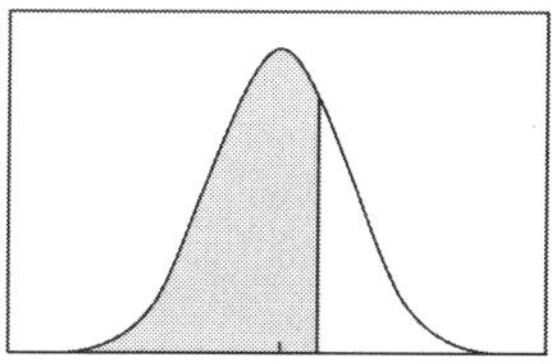

표의 숫자는 z와 같거나 작은 확률, 즉 $P(Z \le z)$를 나타낸다.

z	.00	.01	.02	.03	.04	.05	.06	.07	.08	.09
0.0	.5000	.5040	.5080	.5120	.5160	.5199	.5239	.5279	.5319	.5359
0.1	.5398	.5438	.5478	.5517	.5557	.5596	.5636	.5675	.5714	.5753
0.2	.5793	.5832	.5871	.5910	.5948	.5987	.6026	.6064	.6103	.6141
0.3	.6179	.6217	.6255	.6293	.6331	.6368	.6406	.6443	.6480	.6517
0.4	.6554	.6591	.6628	.6664	.6700	.6736	.6772	.6808	.6844	.6879
0.5	.6915	.6950	.6985	.7019	.7054	.7088	.7123	.7157	.7190	.7224
0.6	.7257	.7291	.7324	.7357	.7389	.7422	.7454	.7486	.7517	.7549
0.7	.7580	.7611	.7642	.7673	.7704	.7734	.7764	.7794	.7823	.7852
0.8	.7881	.7910	.7939	.7967	.7995	.8023	.8051	.8078	.8106	.8133
0.9	.8159	.8186	.8212	.8238	.8264	.8289	.8315	.8340	.8365	.8389
1.0	.8413	.8438	.8461	.8485	.8508	.8531	.8554	.8577	.8599	.8621
1.1	.8643	.8665	.8686	.8708	.8729	.8749	.8770	.8790	.8810	.8830
1.2	.8849	.8869	.8888	.8907	.8925	.8944	.8962	.8980	.8997	.9015
1.3	.9032	.9049	.9066	.9082	.9099	.9115	.9131	.9147	.9162	.9177
1.4	.9192	.9207	.9222	.9236	.9251	.9265	.9279	.9292	.9306	.9319
1.5	.9332	.9345	.9357	.9370	.9382	.9394	.9406	.9418	.9429	.9441
1.6	.9452	.9463	.9474	.9484	.9495	.9505	.9515	.9525	.9535	.9545
1.7	.9554	.9564	.9573	.9582	.9591	.9599	.9608	.9616	.9625	.9633
1.8	.9641	.9649	.9656	.9664	.9671	.9678	.9686	.9693	.9699	.9706
1.9	.9713	.9719	.9726	.9732	.9738	.9744	.9750	.9756	.9761	.9767
2.0	.9772	.9778	.9783	.9788	.9793	.9798	.9803	.9808	.9812	.9817
2.1	.9821	.9826	.9830	.9834	.9838	.9842	.9846	.9850	.9854	.9857
2.2	.9861	.9864	.9868	.9871	.9875	.9878	.9881	.9884	.9887	.9890
2.3	.9893	.9896	.9898	.9901	.9904	.9906	.9909	.9911	.9913	.9916
2.4	.9918	.9920	.9922	.9925	.9927	.9929	.9931	.9932	.9934	.9936
2.5	.9938	.9940	.9941	.9943	.9945	.9946	.9948	.9949	.9951	.9952
2.6	.9953	.9955	.9956	.9957	.9959	.9960	.9961	.9962	.9963	.9964
2.7	.9965	.9966	.9967	.9968	.9969	.9970	.9971	.9972	.9973	.9974
2.8	.9974	.9975	.9976	.9977	.9977	.9978	.9979	.9979	.9980	.9981
2.9	.9981	.9982	.9982	.9983	.9984	.9984	.9985	.9985	.9986	.9986
3.0	.9987	.9987	.9987	.9988	.9988	.9989	.9989	.9989	.9990	.9990
3.1	.9990	.9991	.9991	.9991	.9992	.9992	.9992	.9992	.9993	.9993
3.2	.9993	.9993	.9994	.9994	.9994	.9994	.9994	.9995	.9995	.9995
3.3	.9995	.9995	.9995	.9996	.9996	.9996	.9996	.9996	.9996	.9997
3.4	.9997	.9997	.9997	.9997	.9997	.9997	.9997	.9997	.9997	.9998

표 A.3 카이제곱분포표

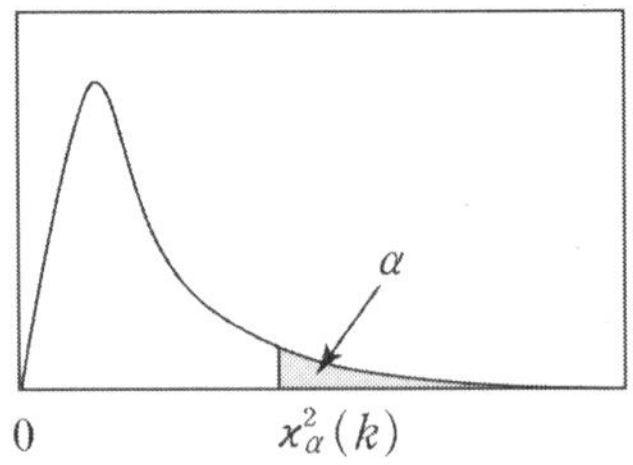

표의 숫자는 자유도 k와 주어진 α값에 대한 $\chi^2_\alpha(k)$의 값을 나타낸다.

k	α							
	.995	.99	.975	.95	.05	.025	.01	.005
1	.000039	.000157	.000982	.003932	3.84146	5.02390	6.63489	7.87944
2	.010025	.020100	.050636	.102586	5.99148	7.37778	9.21035	10.59653
3	.071724	.114832	.215795	.351846	7.81473	9.34840	11.34488	12.83807
4	.206990	.297110	.484419	.710721	9.48773	11.14326	13.27670	14.86017
5	.411740	.554300	.831211	1.14548	11.07048	12.83249	15.08632	16.74965
6	.675727	.872085	1.23734	1.63538	12.59158	14.44935	16.81187	18.54751
7	.989265	1.23903	1.68986	2.16735	14.06713	16.01277	18.47532	20.27774
8	1.34440	1.64651	2.17972	2.73263	15.50731	17.53454	20.09016	21.95486
9	1.73491	2.08789	2.70039	3.32512	16.91896	19.02278	21.66605	23.58927
10	2.15585	2.55820	3.24696	3.94030	18.30703	20.48320	23.20929	25.18805
11	2.60320	3.05350	3.81574	4.57481	19.67515	21.92002	24.72502	26.75686
12	3.07379	3.57055	4.40378	5.22603	21.02606	23.33666	26.21696	28.29966
13	3.56504	4.10690	5.00874	5.89186	22.36203	24.73558	27.68818	29.81932
14	4.07466	4.66042	5.62872	6.57063	23.68478	26.11893	29.14116	31.31943
15	4.60087	5.22936	6.26212	7.26093	24.99580	27.48836	30.57795	32.80149
16	5.14216	5.81220	6.90766	7.96164	26.29622	28.84532	31.99986	34.26705
17	5.69727	6.40774	7.56418	8.67175	27.58710	30.19098	33.40872	35.71838
18	6.26477	7.01490	8.23074	9.39045	28.86932	31.52641	34.80524	37.15639
19	6.84392	7.63270	8.90651	10.11701	30.14351	32.85234	36.19077	38.58212
20	7.43381	8.26037	9.59077	10.85080	31.41042	34.16958	37.56627	39.99686
21	8.03360	8.89717	10.28291	11.59132	32.67056	35.47886	38.93223	41.40094
22	8.64268	9.54249	10.98233	12.33801	33.92446	36.78068	40.28945	42.79566
23	9.26038	10.19569	11.68853	13.09051	35.17246	38.07561	41.63833	44.18139
24	9.88620	10.85635	12.40115	13.84842	36.41503	39.36406	42.97978	45.55836
25	10.51965	11.52395	13.11971	14.61140	37.65249	40.64650	44.31401	46.92797
26	11.16022	12.19818	13.84388	15.37916	38.88513	41.92314	45.64164	48.28978
27	11.80765	12.87847	14.57337	16.15139	40.11327	43.19452	46.96284	49.64504
28	12.46128	13.56467	15.30785	16.92788	41.33715	44.46079	48.27817	50.99356
29	13.12107	14.25641	16.04705	17.70838	42.55695	45.72228	49.58783	52.33550
30	13.78668	14.95346	16.79076	18.49267	43.77295	46.97922	50.89218	53.67187
40	20.70658	22.16420	24.43306	26.50930	55.75849	59.34168	63.69077	66.76605
50	27.99082	29.70673	32.35738	34.76424	67.50481	71.42019	76.15380	79.48984
60	35.53440	37.48480	40.48171	43.18797	79.08195	83.29771	88.37943	91.95181
70	43.27531	45.44170	48.75754	51.73926	90.53126	95.02315	100.42505	104.21477
80	51.17193	53.53998	57.15315	60.39146	101.87947	106.62854	112.32879	116.32093
90	59.19633	61.75402	65.64659	69.12602	113.14523	118.13591	124.11620	128.29868
100	67.32753	70.06500	74.22188	77.92944	124.34210	129.56125	135.80689	140.16971

참고문헌

1. 강석복 · 우정수 공역 (2003). 〈확률의 입문〉 (제6판), 자유아카데미.
2. 김병휘 · 최규정 · 백호유 · 김혁주 · 동경화 · 박태룡 · 장인홍 편저 (2002). 〈통계학의 이해〉, 자유아카데미.
3. 김진경 (2015). 〈확률론 강의〉 (제2판), 자유아카데미.
4. 김태성 (2004). 〈확률론〉, 경문사.
5. 김혁주 · 김영일 (2010). "월드컵 축구 예제를 통한 통계교육", 응용통계연구, 제23권6호, pp.1201-1208, 한국통계학회.
6. 박병철 역 (2014). 〈페르마의 마지막 정리〉, 영림카디널.
7. 백장선 · 손영숙 공역 (2006). 〈수리통계학〉 (제7판), 자유아카데미.
8. 전종우 · 김우철 (1987). 〈확률론 입문〉, 영지문화사.
9. Hogg, R. V. and Craig, A. T. (1978), Introduction to Mathematical Statistics (4th ed.), Macmillan.
10. Ross, S. M. (2002). A First Course in Probability (6th ed.), Prentice Hall.

연습문제 해답

1장

1. (1) 16 (2) 83
2. 431
3. (1) 25 (2) 5
4. (1) 40320 (2) 5040
5. (1) 14400 (2) 43200
6. (1) 240 (2) 240 (3) 120 (4) 120
7. (1) 600 (2) 156 (3) 96
8. (1) 2058 (2) 2400
9. (1) 3360 (2) 120 (3) 360
10. (1) 48 (2) 24
11. (1) 5586 (2) 65
12. (1) 66 (2) 28 (3) 51
13. (1) 48 (2) 414
14. (1) 70 2) 40
15. 10^{24}
16. 20가지

    (0,0,0,3) (0,0,1,2) (0,0,2,1) (0,0,3,0) (0,1,0,2) (0,1,1,1) (0,1,2,0) (0,2,0,1) (0,2,1,0) (0,3,0,0) (1,0,0,2) (1,0,1,1) (1,0,2,0) (1,1,0,1) (1,1,1,0) (1,2,0,0) (2,0,0,1) (2,0,1,0) (2,1,0,0) (3,0,0,0)
17. 224
18. 15

19. (1) 7560 (2) 1260

20. (1) 301 (2) 1806

21. (1) 15 (2) 1, 4, 6, 12 (3) $12abc^2$, $12ab^2c$, $12a^2bc$

22. (1) 51경기

(2)

경기 수	3	4	5	6	7
팀 수	8	8	4	2	2

23. 270경기

24. 최솟값 16, 최댓값 27

25. (1) 105 (2) 50

26. 150개

27. (1) 510 (2) 132

28. (1) 231 (2) 171

29. (1) 11 (2) 747

30. 78개

31. (1) 99 (2) 134

2장

1. (1) $S=\{1H, 1T, 2HH, 2HT, 2TH, 2TT, 3H, 3T, 4HH, 4HT, 4TH, 4TT,$
$5H, 5T, 6HH, 6HT, 6TH, 6TT\}$
(2) $A=\{1H, 1T, 2HH, 2HT, 2TH, 2TT\}$
(3) $B=\{2TT, 4TT, 6TT\}$

2. ①

3. ④

4. (1) 옳지 않다. (2) 옳지 않다. (3) 옳지 않다.

5. (1) $\frac{4}{7}$ (2) $\frac{3}{7}$ (3) $\frac{1}{35}$

6. $\frac{17}{45}$

7. (1) $\frac{7}{30}$ (2) $\frac{15}{28}$

8. (1) $\frac{37}{39}$ (2) $\frac{126}{143}$ (3) $\frac{61}{143}$

9. $\frac{2}{9}$

10. (1) $\frac{83}{143}$ (2) $\frac{31}{286}$

11. $\frac{2}{3}$

12. $\frac{1}{2}$

13. $\frac{5}{16}$

설명 원판의 넓이는 $\pi \times 8^2 = 64\pi(\text{cm}^2)$이고, $4\,\text{cm} < \overline{OP} < 6\,\text{cm}$를 만족하는 점 P가 존재하는 영역의 넓이는 $\pi \times 6^2 - \pi \times 4^2 = 20\pi(\text{cm}^2)$이다. 따라서 구하는 확률은 $\frac{20\pi}{64\pi} = \frac{5}{16}$이다.

14. (1) $\frac{5}{6}$ (2) $\frac{4}{15}$

15. $\frac{841}{5525}$

16. 1명: $\frac{1}{9}$, 2명: $\frac{6}{9}$, 3명: $\frac{2}{9}$

17. 0.92

18. $\frac{5}{18}$

19. (1) $\frac{4}{25}$ (2) $\frac{9}{50}$

20. $\frac{3}{16}$

21. $\frac{41}{96}$

22. 5명

23. 0.53

24. $\frac{11}{225}$

25. (1) $\frac{13}{200}$ (2) $\frac{16}{65}$

26. $\frac{22}{91}$

27. $\frac{1}{6}, \frac{2}{6}, \frac{3}{6}$

28. $\frac{5}{14}$

29. (1) 쌍으로 독립이다. (2) 서로 독립이 아니다.

30. (1) $\frac{8}{27}$ (2) $\frac{61}{216}$

31. $\frac{41}{144}$

32. $P(A^c\cap(B\cap C^c)) = P(B) - P((A\cap B)\cup(B\cap C))$

$$= P(B) - \{P(A\cap B) + P(B\cap C) - P((A\cap B)\cap(B\cap C))\}$$
$$= P(B) - P(A)P(B) - P(B)P(C) + P(A)P(B)P(C)$$
$$= P(B)\{1-P(A)\}\{1-P(C)\}$$
$$= P(A^c)\{P(B) - P(B)P(C)\}$$
$$= P(A^c)\{P(B) - P(B\cap C)\}$$
$$= P(A^c)P(B\cap C^c)$$

따라서 A^c와 $B\cap C^c$도 독립이다.

33. 0.1972

34. $\frac{3}{13}$

35. (1) 0.092 (2) $\frac{27}{46}$

36. (1) 16 (2) 10과 11. 확률은 각각 $\frac{1}{8}$씩.

37. (1) $\frac{5}{18}$ (2) $\frac{5}{9}$

38. $\frac{1}{3}$

39. 주사위를 n번 던져서 6의 눈이 한 번도 안 나올 확률은 $\left(\frac{5}{6}\right)^n$이므로 6의 눈이 적어도 1회 나올 확률은 $1-\left(\frac{5}{6}\right)^n$이다. 던지는 사람이 유리하려면 이 확률이 $\frac{1}{2}$보다 커야 한다. $1-\left(\frac{5}{6}\right)^n$은 n의 증가함수인데, $1-\left(\frac{5}{6}\right)^3 = \frac{91}{125} < \frac{1}{2}$이고 $1-\left(\frac{5}{6}\right)^4 = \frac{671}{1296} > \frac{1}{2}$이므로 $n \le 3$이면 던지는 사람이 불리하고, $n \ge 4$이면 던지는 사람이 유리하다.

40. ${}_nC_1\left(\frac{n-1}{n}\right)^k - {}_nC_2\left(\frac{n-2}{n}\right)^k + {}_nC_3\left(\frac{n-3}{n}\right)^k - \cdots + (-1)^{n-2}{}_nC_{n-1}\left(\frac{1}{n}\right)^k$

설명 k개의 공을 다 넣었을 때 i번째 상자가 비는 사건을 A_i로 나타내면 $(i=1,2,\cdots,n)$, 구하는 확률은 $P(A_1\cup A_2\cup\cdots\cup A_n)$이다.

〈정리 2.3〉에 의해

$$P(A_1\cup A_2\cup\cdots\cup A_n) = \sum_{i=1}^{n} P(A_i) - \sum_{1\le i_1<i_2\le n} P(A_{i_1}\cap A_{i_2})$$
$$+ \sum_{1\le i_1<i_2<i_3\le n} P(A_{i_1}\cap A_{i_2}\cap A_{i_3})$$

$$-\cdots+(-1)^{n-2}\sum_{1\le i_1<\cdots<i_{n-1}\le n}P(A_{i_1}\cap A_{i_2}\cap\cdots\cap A_{i_{n-1}})$$

$$+(-1)^{n-1}P(A_1\cap A_2\cap\cdots\cap A_n)$$

인데,

$$P(A_i)=\left(\frac{n-1}{n}\right)^k,\ P(A_{i_1}\cap A_{i_2})=\left(\frac{n-2}{n}\right)^k,\ P(A_{i_1}\cap A_{i_2}\cap A_{i_3})=\left(\frac{n-3}{n}\right)^k,$$

$$P(A_{i_1}\cap A_{i_2}\cap\cdots\cap A_{i_{n-1}})=\left(\frac{1}{n}\right)^k,\ P(A_1\cap A_2\cap\cdots\cap A_n)=0$$

이므로 구하는 확률은

$$P(A_1\cup A_2\cup\cdots\cup A_n)$$

$$={}_nC_1\left(\frac{n-1}{n}\right)^k-{}_nC_2\left(\frac{n-2}{n}\right)^k+{}_nC_3\left(\frac{n-3}{n}\right)^k-\cdots+(-1)^{n-2}{}_nC_{n-1}\left(\frac{1}{n}\right)^k$$

이다.

41. (1) $\frac{41}{55}$ (2) $\frac{19}{33}$ (3) $\frac{6}{11}$

42. (1) $\frac{1}{2}$ (2) $\frac{11}{12}$

43. 9개 이상

44. (1) $\frac{3}{7}$ (2) $\frac{1}{7}$

45. (1) 0.82 (2) 0.54 (3) $\frac{7}{9}$

46. A: $\frac{15}{32}$, B: $\frac{10}{32}$, C: $\frac{7}{32}$

3장

1. X의 확률분포:

x	1	2	3	4	5	6
$P(X=x)$	$\frac{1}{36}$	$\frac{3}{36}$	$\frac{5}{36}$	$\frac{7}{36}$	$\frac{9}{36}$	$\frac{11}{36}$

X의 기댓값$=\frac{161}{36}$

2. X의 확률질량함수: $f(x)=\left(\frac{7}{12}\right)^{x-1}\left(\frac{5}{12}\right), \quad x=1,2,3,\cdots$

3. (1) 2 (2) $\frac{1}{39}$ (3) $\frac{1}{16}$

4. (1)

x	4	6	10
$P(X=x)$	$\frac{2}{5}$	$\frac{2}{5}$	$\frac{1}{5}$

(2) $\frac{4}{5}$

5. (1)
$$\begin{aligned} P\left(0<X<\frac{3}{2}\right) &= \int_0^{3/2} f(x)dx \\ &= \int_0^{1/2} 2x\,dx + \int_{1/2}^{1} dx + \int_1^{3/2}(3-2x)\,dx \\ &= \left[x^2\right]_0^{1/2} + \left[x\right]_{1/2}^{1} + \left[3x-x^2\right]_1^{3/2} \\ &= \left(\frac{1}{4}-0\right)+\left(1-\frac{1}{2}\right)+\left(\frac{9}{4}-2\right) \\ &= 1 \end{aligned}$$

(2) $\frac{7}{12}$

6. $$F(x)=\begin{cases} 0, & x\le 0 \\ \sin x, & 0<x<\frac{\pi}{2} \\ 1, & \frac{\pi}{2}\le x \end{cases}$$

7. (1) $F(x)=\begin{cases} 0, & x\le 0 \\ 1-(1-x)^3, & 0<x<1 \\ 1, & 1\le x \end{cases}$ (2) $\frac{37}{216}$

8. (1) $\frac{3}{32}$ (2) $\frac{5}{32}$ (3) $F(x)=\begin{cases} 0, & x\le 0 \\ \frac{1}{32}(6x^2-x^3), & 0<x<4 \\ 1, & 4\le x \end{cases}$

9. (1) $f(x)=\begin{cases} \frac{3}{2}x-\frac{3}{4}x^2, & 0<x<2 \\ 0, & \text{그 밖의 경우} \end{cases}$ (2) $\frac{11}{16}$

10. (1) 평균 $\frac{3}{2}$, 분산 $\frac{3}{20}$ (2) $G(y)=\begin{cases}0, & y<0\\ \frac{y^3}{8}, & 0\le y\le 2\\ 1, & 2<y\end{cases}$ (3) $\frac{1}{64}$

11. (1) $\frac{1}{15}$ (2) $\frac{13}{15}$ (3) 평균 0, 분산 $\frac{16}{15}$ (4) 평균 -4, 분산 $\frac{48}{5}$

12. (1) 4 (2) 2

13. (1)

y	-26	-21	-16	-11	-6	-1
$P(Y=y)$	$\frac{1}{6}$	$\frac{1}{6}$	$\frac{1}{6}$	$\frac{1}{6}$	$\frac{1}{6}$	$\frac{1}{6}$

(2) $E(Y)=-\frac{27}{2}$, $SD(Y)=\sqrt{\frac{875}{12}}$

14. 22만원

15. (1) 490원 (2) 510원

16. 평균 $\frac{m+1}{2}$, 분산 $\frac{(m+1)(m-1)}{12}$

17. (1)

x	0	1	2	3	4	5
$P(X=x)$	$\frac{3}{18}$	$\frac{5}{18}$	$\frac{4}{18}$	$\frac{3}{18}$	$\frac{2}{18}$	$\frac{1}{18}$

(2) $\frac{5}{6}$ (3) 평균 $\frac{35}{18}$, 분산 $\frac{665}{324}$

18. $E(X)=\frac{11}{3}$, $E[X(3-X)]=-4$

19. $E(X)$

20. (1)

경기 수	3	4	5	합계
확률	$1-3p+3p^2$	$3p(1-p)(1-2p+2p^2)$	$6p^2(1-p)^2$	1

(2) $6p^4-12p^3+3p^2+3p+3$

(3) $p=\frac{1}{2}$일 때 최댓값 $\frac{33}{8}$

21. (1)

x	0	1	2	3
$P(X=x)$	0.012	0.154	0.456	0.378

(2) 기댓값 2.2, 분산 0.54

22. (1)

x	0	2	4	6
$P(X=x)$	$\frac{2}{7}$	$\frac{2}{7}$	$\frac{2}{7}$	$\frac{1}{7}$

(2) $\frac{18}{7}$

23. $M(t)=\begin{cases} \dfrac{e^{t}-e^{-2t}}{3t}, & t \neq 0 \\ 1, & t=0 \end{cases}$

24. (1) $M(t)=e^{-t}(1-t)^{-1}$, $t<1$ (2) 평균 0, 분산 1

25. (1)

x	0	1	2	4
$P(X=x)$	$\frac{9}{24}$	$\frac{8}{24}$	$\frac{6}{24}$	$\frac{1}{24}$

(2) $M(t)=\frac{9}{24}+\frac{8}{24}e^{t}+\frac{6}{24}e^{2t}+\frac{1}{24}e^{4t}$

(3) $M'(t)=\frac{8}{24}e^{t}+\frac{12}{24}e^{2t}+\frac{4}{24}e^{4t}$

$M''(t)=\frac{8}{24}e^{t}+e^{2t}+\frac{16}{24}e^{4t}$

평균: $\mu=M'(0)=\frac{8}{24}+\frac{12}{24}+\frac{4}{24}=1$

분산: $\sigma^2=M''(0)-\{M'(0)\}^2=\frac{8}{24}+1+\frac{16}{24}-1^2=1$

26. $\psi'(t)=\frac{M'(t)}{M(t)}$

$\psi''(t)=\frac{M''(t)M(t)-\{M'(t)\}^2}{\{M(t)\}^2}$

$\therefore\ \psi'(0)=\frac{M'(0)}{M(0)}=\frac{\mu}{1}=\mu$,

$\psi''(0)=\frac{M''(0)M(0)-\{M'(0)\}^2}{\{M(0)\}^2}=\frac{(\sigma^2+\mu^2)(1)-\mu^2}{1^2}=\sigma^2$

27. (1)

x	1	2	3	4	5	6	7
$P(X=x)$	$\frac{7}{28}$	$\frac{6}{28}$	$\frac{5}{28}$	$\frac{4}{28}$	$\frac{3}{28}$	$\frac{2}{28}$	$\frac{1}{28}$

(2) 평균 3, 분산 3

28. (1) $3+\sqrt{2}$ (2) $\frac{1}{2}$

29. $a=\frac{1}{4}$, $b=\frac{1}{6}$

30. (1) $\sum_{x=4}^{\infty}\left\{\left(\frac{3}{4}\right)^{x-1}-3\left(\frac{2}{4}\right)^{x-1}+3\left(\frac{1}{4}\right)^{x-1}\right\}$

$$= \sum_{x=4}^{\infty}\left(\frac{3}{4}\right)^{x-1} - 3\sum_{x=4}^{\infty}\left(\frac{2}{4}\right)^{x-1} + 3\sum_{x=4}^{\infty}\left(\frac{1}{4}\right)^{x-1}$$

$$= \frac{27/64}{1-3/4} - 3\times\frac{1/8}{1-1/2} + 3\times\frac{1/64}{1-1/4}$$

$$= \frac{27}{16} - \frac{3}{4} + \frac{1}{16}$$

$$= 1$$

(2) $\frac{25}{3}$

설명 (2)의 답은 다음과 같이 얻는다.

$$E(X) = \sum_{x=4}^{\infty} x\left\{\left(\frac{3}{4}\right)^{x-1} - 3\left(\frac{2}{4}\right)^{x-1} + 3\left(\frac{1}{4}\right)^{x-1}\right\}$$

$$= \sum_{x=4}^{\infty} x\left(\frac{3}{4}\right)^{x-1} - 3\sum_{x=4}^{\infty} x\left(\frac{2}{4}\right)^{x-1} + 3\sum_{x=4}^{\infty} x\left(\frac{1}{4}\right)^{x-1}$$

$A = \sum_{x=4}^{\infty} xp^{x-1}$이라고 하자(단, $0 < p < 1$).

$A = 4p^3 + 5p^4 + 6p^5 + \cdots$ .... ①

①의 양변에 p를 곱하면

$pA = 4p^4 + 5p^5 + 6p^6 + \cdots$ .... ②

①에서 ②를 변변 빼면

$$(1-p)A = 4p^3 + p^4 + p^5 + \cdots = 4p^3 + \frac{p^4}{1-p} = \frac{p^3(4-3p)}{1-p}$$

따라서 $A = \frac{p^3(4-3p)}{(1-p)^2}$

이 결과를 이용하면

$$E(X) = \frac{(27/64)(7/4)}{1/16} - 3\times\frac{(1/8)(5/2)}{1/4} + 3\times\frac{(1/64)(13/4)}{9/16} = \frac{25}{3}$$

31. $f(x) = \left(\frac{5}{6}\right)^{x-1} - 5\left(\frac{4}{6}\right)^{x-1} + 10\left(\frac{3}{6}\right)^{x-1} - 10\left(\frac{2}{6}\right)^{x-1} + 5\left(\frac{1}{6}\right)^{x-1}$, $x = 6, 7, 8, \cdots$

설명 6가지의 쿠폰이 있는 쿠폰 수집 문제로 생각하면 된다. 〈예제 3.6〉을 참고하라.

32. $f(x) = \frac{(x-1)(x-2)(9-x)}{252}$, $x = 3, 4, 5, 6, 7, 8$

33. (1)

t	0	1	2	3	4
$P(\lvert X-Y\rvert = t)$	$\frac{5}{25}$	$\frac{8}{25}$	$\frac{6}{25}$	$\frac{4}{25}$	$\frac{2}{25}$

$E(|X-Y|)=\frac{8}{5}$

(2)

t	1	2	3	4
$P(\|X-Y\|=t)$	$\frac{8}{20}$	$\frac{6}{20}$	$\frac{4}{20}$	$\frac{2}{20}$

$E(|X-Y|)=2$

34. (1) $\frac{5}{13}$

(2) 기댓값 2.6, 분산 1.84

(3) $\frac{43}{13}$

4장

1. $\frac{1}{2}$
2. $Ber(1-p)$
3. (1) $\frac{27}{64}$ (2) $\frac{5}{32}$
4. (1) 0.8192 (2) 기댓값 3.2, 분산 0.64
5. (1) 0.0579 (2) 0.2579
6. 평균 $\frac{15}{2}$, 표준편차 $\frac{5}{2}$
7. $\frac{73}{729}$
8. 이 팀이 정답을 맞힐 확률: (1)의 경우 0.6, (2)의 경우 0.648
따라서 (2)가 더 좋은 전략이다.
9. 이 팀이 정답을 맞힐 확률: (1)의 경우 0.4, (2)의 경우 0.352
따라서 (1)이 더 좋은 전략이다.
10. (1) 평균 $\frac{5}{8}$, 분산 $\frac{15}{64}$

(2) ① $Ber\left(\frac{5}{8}\right)$ ② $B\left(1,\frac{5}{8}\right)$ ③ 될 수 없음 ④ $Hyp(5,8,1)$

11. (1) $e^{-1.6}(=0.2019)$ (2) $1-3.88e^{-1.6}(=0.2166)$
12. 0.6025

13. (1) $e^{-3}(=0.0498)$ (2) 0.9004

14. (1) 0.9831 (2) 0.9825

15. (1) 0.6767 (2) $5e^{-2}(=0.6767)$

16. (1) 0.2351 (2) 0.2381

설명 신호 위반 미경험자가 희귀하므로, (2)에서는 미경험자의 수에 포아송 분포 근사를 적용하면 된다.

17. $3e^{-3}(=0.1494)$

18. 약 47.5%

19. (1) 평균 50, 분산 2450 (2) 0.0091 (3) 0.5543 (4) 0.4548

20. $\frac{36}{61}$

21. $M(t)=\frac{pe^t}{1-(1-p)e^t},\ \ t<\ln\left(\frac{1}{1-p}\right)$ 이므로

$$M'(t)=\frac{pe^t\{1-(1-p)e^t\}-pe^t\cdot\{-(1-p)e^t\}}{\{1-(1-p)e^t\}^2}$$

$$=\frac{pe^t}{\{1-(1-p)e^t\}^2},\ \ t<\ln\left(\frac{1}{1-p}\right)$$

$$M''(t)=\frac{pe^t\{1-(1-p)e^t\}^2-pe^t\cdot 2\{1-(1-p)e^t\}\cdot\{-(1-p)e^t\}}{\{1-(1-p)e^t\}^4}$$

$$=\frac{pe^t\{1-(1-p)e^t\}\{1+(1-p)e^t\}}{\{1-(1-p)e^t\}^4},\ \ t<\ln\left(\frac{1}{1-p}\right)$$

$$E(X)=M'(0)=\frac{p}{p^2}=\frac{1}{p}$$

$$Var(X)=M''(0)-\{M'(0)\}^2=\frac{p^2(2-p)}{p^4}-\left(\frac{1}{p}\right)^2=\frac{1-p}{p^2}$$

22. $\frac{15}{16}$

23. $\frac{16}{27}$

24. $\frac{1}{2}$

25. $M(t)=\left\{\frac{pe^t}{1-(1-p)e^t}\right\}^r,\ \ t<\ln\left(\frac{1}{1-p}\right)$ 이므로

$$M'(t) = r\left\{\frac{pe^t}{1-(1-p)e^t}\right\}^{r-1} \cdot \frac{pe^t}{\{1-(1-p)e^t\}^2},\quad t < \ln\left(\frac{1}{1-p}\right)$$

$$M''(t) = r(r-1)\left\{\frac{pe^t}{1-(1-p)e^t}\right\}^{r-2} \cdot \frac{pe^t}{\{1-(1-p)e^t\}^2} \cdot \frac{pe^t}{\{1-(1-p)e^t\}^2}$$

$$+ r\left\{\frac{pe^t}{1-(1-p)e^t}\right\}^{r-1} \cdot \frac{pe^t\{1-(1-p)e^t\}\{1+(1-p)e^t\}}{\{1-(1-p)e^t\}^4},\quad t < \ln\left(\frac{1}{1-p}\right)$$

$$E(X) = M'(0) = r \cdot \frac{p}{p^2} = \frac{r}{p}$$

$$Var(X) = M''(0) - \{M'(0)\}^2$$

$$= r(r-1) \cdot \frac{p}{p^2} \cdot \frac{p}{p^2} + r \cdot \frac{p \cdot p(2-p)}{p^4} - \left(\frac{r}{p}\right)^2 = \frac{r(1-p)}{p^2}$$

26. (1) $NB\left(2, \frac{3}{8}\right)$ (2) $\frac{675}{4096}$

27. (1) 0.8978 (2) 0.8965

28. (1) $\dfrac{\binom{200}{2}\binom{9800}{18}}{\binom{10000}{20}}$ (2) 0.0528 (3) 0.0536

29. (1) 0.2743 (2) 평균 $\frac{5}{4}$, 분산 $\frac{235}{272}$

30. (1)

x	2	3	4	5
$P(X=x)$	$\frac{5}{42}$	$\frac{20}{42}$	$\frac{15}{42}$	$\frac{2}{42}$

(2) 위의 확률분포표로부터 계산하면, $E(X) = \frac{10}{3}$, $Var(X) = \frac{5}{9}$

〈정리 4.14〉를 이용하여 구하면,

$$E(X) = 6 \times \frac{5}{9} = \frac{10}{3}$$

$$Var(X) = 6 \times \frac{5}{9} \times \frac{9-5}{9} \times \frac{9-6}{9-1} = \frac{5}{9}$$

∴ 결과가 일치한다.

31. (1) 0.1839 (2) 0.3087 (3) $\frac{8}{9}$

32. (1) $\frac{21}{32}$ (2) $\frac{5}{16}$

5장

1. (1) $\frac{4}{9}$ (2) $\frac{1}{3}$ (3) $\frac{7}{9}$ (4) $\frac{2}{9}$ (5) $\frac{5}{7}$

2. (1) 누적분포함수를 $F_Y(y)$, 확률밀도함수를 $f_Y(y)$라 하면,

$$F_Y(y) = P(Y \le y) = P\left(X \ge \frac{y-b}{a}\right) = 1 - F\left(\frac{y-b}{a}\right)$$

$$= \begin{cases} 0, & \frac{y-b}{a} \ge 1 \quad (\text{즉 } y \le a+b) \\ 1 - \frac{y-b}{a}, & 0 < \frac{y-b}{a} < 1 \quad (\text{즉 } a+b < y < b) \\ 1, & \frac{y-b}{a} \le 0 \quad (\text{즉 } y \ge b) \end{cases}$$

$$f_Y(y) = \frac{d}{dy}F_Y(y) = \begin{cases} \frac{1}{-a}, & a+b < y < b \\ 0, & \text{그 밖의 경우} \end{cases}$$

즉 Y의 분포는 균등분포 $U(a+b, b)$.

(2) 평균: $E(Y) = \frac{a}{2} + b$, 분산: $Var(Y) = \frac{a^2}{12}$

3. (1) $\frac{2}{3}$ (2) $f_Y(y) = \begin{cases} 1, & 0 < y < 1 \\ 0, & \text{그 밖의 경우} \end{cases}$

4. (1) 0.0668 (2) 0.6826

5. $a = \frac{1}{6}$, $b = -3$ 또는 $a = -\frac{1}{6}$, $b = 3$

6. (1) 0.6678 (2) 181.58cm 이상

7. (1) 0.2389 (2) 0.9525

8. (1) 0.8944 (2) 0.2845

9. 6.12년

10. $M(t) = \frac{\lambda}{\lambda - t}$, $t < \lambda$ 이므로

$$M'(t) = \frac{-\lambda \cdot (-1)}{(\lambda - t)^2} = \frac{\lambda}{(\lambda - t)^2}, \quad t < \lambda$$

$$M''(t) = \frac{-\lambda \cdot 2(\lambda - t) \cdot (-1)}{(\lambda - t)^4} = \frac{2\lambda}{(\lambda - t)^3}, \quad t < \lambda$$

$$\mu = M'(0) = \frac{\lambda}{\lambda^2} = \frac{1}{\lambda}$$

$$\sigma^2 = M''(0) - \{M'(0)\}^2 = \frac{2\lambda}{\lambda^3} - \left(\frac{1}{\lambda}\right)^2 = \frac{1}{\lambda^2}$$

11. $e^{-5/4}(=0.2865)$

12. $c < b < a < d$

13. (1) $f(x) = \begin{cases} \frac{1}{4}e^{-x/4}, & x > 0 \\ 0, & x \le 0 \end{cases}$ (2) 4 (3) $e^{-2}(=0.1353)$

14. (1) 0.125 (2) 평균이 8인(즉 $\lambda = \frac{1}{8}$인) 지수분포 (3) $e^{-3}(=0.0498)$

15. (1) $\frac{1}{4}$ (2) $\frac{1-\Phi(0.4)}{\Phi(1.6)} = 0.3646$ (3) $e^{-5/12}(=0.6592)$

16. $e^{-19}(=0.000000006)$

17. $M(t) = (1-\beta t)^{-\alpha}, \quad t < \frac{1}{\beta}$ 이므로

$$M'(t) = -\alpha(1-\beta t)^{-\alpha-1} \cdot (-\beta) = \alpha\beta(1-\beta t)^{-\alpha-1}, \quad t < \frac{1}{\beta}$$

$$M''(t) = \alpha\beta \cdot (-\alpha-1)(1-\beta t)^{-\alpha-2} \cdot (-\beta) = \alpha(\alpha+1)\beta^2(1-\beta t)^{-\alpha-2}, \quad t < \frac{1}{\beta}$$

$$\mu = M'(0) = \alpha\beta$$

$$\sigma^2 = M''(0) - \{M'(0)\}^2 = \alpha(\alpha+1)\beta^2 - (\alpha\beta)^2 = \alpha\beta^2$$

18. (1) $N(0, 4)$ (2) $Exp\left(\frac{1}{5}\right)$ (3) $Gam\left(\frac{1}{2}, \frac{1}{9}\right)$

19. (1) 평균이 $\frac{5}{3}$ 인(즉 $\lambda = \frac{3}{5}$ 인) 지수분포

$P(X > 2) = e^{-6/5}(=0.3012)$

(2) $Gam\left(8, \frac{5}{3}\right)$ (3) 0.05

시 (3)에서는 $Y \sim Gam\left(8, \frac{5}{3}\right)$이므로 $\frac{6}{5}Y \sim Gam(8, 2)$ 즉 $\chi^2(16)$임을 이용한다.

20. (1) 0.2266 (2) $M_{Y^2}(t) = \frac{1}{\sqrt{1-8t}}, \quad t < \frac{1}{8}$

21. 3.837

22. 0.925

23. $Gam\left(\frac{1}{2}, 2\sigma^2\right)$

24. 0.04

25. (1) $\frac{5}{8}$ (2) $\frac{11875}{16384}(=0.7248)$

26. (1) $e^{-4/3}(=0.2636)$ (2) $e^{-2/3}(=0.5134)$

27. (1) 감마분포 $Gam\left(5, \frac{1}{2}\right)$

$$f(x) = \frac{4}{3}x^4 e^{-2x}, \quad x > 0$$

(2) 평균 $\frac{5}{2}$, 분산 $\frac{5}{4}$ (3) 0.3712

(3)에서는 $W \sim Poi(4)$일 때 $P(W \geq 5)$를 구하면 된다.

28. 4.166

29. $\sqrt{\frac{\ln 2}{\pi}}$

30. (1) $\frac{8}{15}$ (2) $\frac{32}{27}$

6장

1. (1)

		x					
		1	2	3	4	5	6
y	1	$\frac{1}{36}$	0	0	0	0	0
	2	$\frac{2}{36}$	$\frac{1}{36}$	0	0	0	0
	3	$\frac{2}{36}$	$\frac{2}{36}$	$\frac{1}{36}$	0	0	0
	4	$\frac{2}{36}$	$\frac{2}{36}$	$\frac{2}{36}$	$\frac{1}{36}$	0	0
	5	$\frac{2}{36}$	$\frac{2}{36}$	$\frac{2}{36}$	$\frac{2}{36}$	$\frac{1}{36}$	0
	6	$\frac{2}{36}$	$\frac{2}{36}$	$\frac{2}{36}$	$\frac{2}{36}$	$\frac{2}{36}$	$\frac{1}{36}$

(2) X의 주변확률분포:

x	1	2	3	4	5	6
$P(X=x)$	$\frac{11}{36}$	$\frac{9}{36}$	$\frac{7}{36}$	$\frac{5}{36}$	$\frac{3}{36}$	$\frac{1}{36}$

Y의 주변확률분포:

y	1	2	3	4	5	6
$P(Y=y)$	$\frac{1}{36}$	$\frac{3}{36}$	$\frac{5}{36}$	$\frac{7}{36}$	$\frac{9}{36}$	$\frac{11}{36}$

독립이 아니다.

2.

		x				
		0	1	2	3	4
y	0	0	0	$\frac{1}{16}$	$\frac{2}{16}$	$\frac{1}{16}$
	1	0	$\frac{2}{16}$	$\frac{4}{16}$	$\frac{2}{16}$	0
	2	$\frac{1}{16}$	$\frac{2}{16}$	$\frac{1}{16}$	0	0

3. (1)

		x				
		0	1	2	3	4
y	−4	$\frac{1}{16}$	0	0	0	0
	−2	0	$\frac{4}{16}$	0	0	0
	0	0	0	$\frac{6}{16}$	0	0
	2	0	0	0	$\frac{4}{16}$	0
	4	0	0	0	0	$\frac{1}{16}$

(2)

y	−4	−2	0	2	4
$P(Y=y)$	$\frac{1}{16}$	$\frac{4}{16}$	$\frac{6}{16}$	$\frac{4}{16}$	$\frac{1}{16}$

4. $\frac{5}{81}$

5. (1) $\frac{1}{8}$ (2) $\frac{475}{3456}$

6. (1) $\frac{2}{3}$

(2) $f_1(x) = 2 - 2x, \quad 0 < x < 1$

$f_2(y) = \frac{2}{9}y, \quad 0 < y < 3$

7. (1) $f_1(x) = 2e^{-2x}, \quad 0 < x < \infty$

$f_2(y) = 2e^{-y}(1-e^{-y}), \quad 0 < y < \infty$

(2) 독립이 아니다.

8. (1) $f_1(x) = e^{-x}, \quad 0 < x < \infty$

$f_2(y) = e^{-y}, \quad 0 < y < \infty$

(2) 독립이다.

(3) $F(x, y) = (1-e^{-x})(1-e^{-y}), \qquad 0 < x < \infty, \ 0 < y < \infty$

(4) $\frac{1}{3}$

9. (1) $\frac{1}{90}$

(2) $F(x, y) = \begin{cases} \frac{1}{90}(x+3)(y+4), & -3 < x < 7, \ -4 < y < 5 \\ \frac{x+3}{10}, & -3 < x < 7, \ y \geq 5 \\ \frac{y+4}{9}, & x \geq 7, \ -4 < y < 5 \\ 1, & x \geq 7, \ y \geq 5 \\ 0, & x \leq -3, \ y \leq -4 \end{cases}$

(3) $\frac{11}{15}$ (4) $\frac{37}{45}$

10. $\frac{315}{4096}$

11. (1) $Tr\left(3, \frac{1}{8}, \frac{3}{8}\right)$ (2) $Tr\left(4, \frac{2}{3}, \frac{1}{6}\right)$

12. (1) $f(x, y) = \dfrac{\binom{2}{x}\binom{4}{y}\binom{6}{3-x-y}}{220}$, x, y는 음이 아닌 정수, $x \leq 2, \ x+y \leq 3$

(2) $\frac{9}{11}$ (3) $E(X) = \frac{1}{2}, \quad E(Y) = 1$

13. (1) $\frac{35}{6}$ (2) $\frac{161}{36}$

14. (1) $\frac{2}{5}$

(2) X의 확률분포:

x	2	3	4	5	6	7	8	9	10	11	12	계
$P(X=x)$	$\frac{9}{225}$	$\frac{12}{225}$	$\frac{22}{225}$	$\frac{24}{225}$	$\frac{35}{225}$	$\frac{36}{225}$	$\frac{30}{225}$	$\frac{24}{225}$	$\frac{17}{225}$	$\frac{12}{225}$	$\frac{4}{225}$	1

X의 기댓값: $E(X) = \frac{34}{5}$

15. (1) X의 주변확률분포:

x	1	2	3	4
$P(X=x)$	$\frac{7}{16}$	$\frac{5}{16}$	$\frac{3}{16}$	$\frac{1}{16}$

Y의 주변확률분포:

y	1	2	3	4
$P(Y=y)$	$\frac{1}{16}$	$\frac{3}{16}$	$\frac{5}{16}$	$\frac{7}{16}$

(2) $E(X)=\frac{15}{8}$, $E(Y)=\frac{25}{8}$

16. (1)

		x			
		1	2	3	4
y	2	$\frac{1}{16}$	0	0	0
	3	$\frac{2}{16}$	0	0	0
	4	$\frac{2}{16}$	$\frac{1}{16}$	0	0
	5	$\frac{2}{16}$	$\frac{2}{16}$	0	0
	6	0	$\frac{2}{16}$	$\frac{1}{16}$	0
	7	0	0	$\frac{2}{16}$	0
	8	0	0	0	$\frac{1}{16}$

(2)

		x			
		1	2	3	4
y	1	$\frac{1}{16}$	0	0	0
	2	$\frac{1}{16}$	$\frac{2}{16}$	0	0
	3	$\frac{1}{16}$	$\frac{1}{16}$	$\frac{3}{16}$	0
	4	$\frac{1}{16}$	$\frac{1}{16}$	$\frac{1}{16}$	$\frac{4}{16}$

17. (1) 종속 (2) 독립 (3) 독립

18. (1) $f_1(x)=\dfrac{2x+3}{15},\quad x=0,1,2$

$f_2(y)=\dfrac{y+1}{5},\quad y=1,2$

(2) $f(x,y)\neq f_1(x)f_2(y)$이므로 종속이다.

(3) $Cov(X,Y)=-\dfrac{2}{75},\quad Corr(X,Y)=-\dfrac{1}{\sqrt{201}}$

19. $Cov(X,Y)=-\dfrac{1}{6},\quad Corr(X,Y)=-\dfrac{1}{\sqrt{10}}$

20. $-\dfrac{1}{144}$

21. (1) $f(x,y)=\dfrac{10!}{x!\,y!\,(10-x-y)!}\left(\dfrac{4}{7}\right)^x\left(\dfrac{2}{7}\right)^y\left(\dfrac{1}{7}\right)^{10-x-y},\quad x+y\le 10,$

x,y는 음이 아닌 정수

(2) 0.0731

(3) $Cov(X,Y)=-\dfrac{80}{49},\quad Corr(X,Y)=-\sqrt{\dfrac{8}{15}}$

22. (1) $f(x,y)=\dfrac{\binom{35}{x}\binom{25}{y}\binom{40}{20-x-y}}{\binom{100}{20}},\quad x+y\le 20,$ x,y는 음이 아닌 정수

(2) $f_1(x)=\dfrac{\binom{35}{x}\binom{65}{20-x}}{\binom{100}{20}},\quad x=0,1,\cdots,20$

(3) $f(x,y)$가 $g(x)h(y)$의 꼴로 표현될 수 없으므로 X와 Y는 종속이다.

23. $y=0,1,\cdots,n-1$ 각각에 대해, $Y=y$가 주어졌을 때 X의 조건부확률질량함수는 다음과 같다.

$$g(x\mid y)=\frac{f(x,y)}{f_2(y)}=\frac{\dfrac{n!}{x!\,y!\,(n-x-y)!}p_1^x p_2^y(1-p_1-p_2)^{n-x-y}}{\dfrac{n!}{y!\,(n-y)!}p_2^y(1-p_2)^{n-y}}$$

$$=\frac{(n-y)!}{x!\,(n-y-x)!}\left(\frac{p_1}{1-p_2}\right)^x\left(\frac{1-p_2-p_1}{1-p_2}\right)^{n-y-x}$$

$$=\binom{n-y}{x}\left(\frac{p_1}{1-p_2}\right)^x\left(1-\frac{p_1}{1-p_2}\right)^{n-y-x},\quad x=0,1,\cdots,n-y$$

이것은 $Y=y$가 주어졌을 때 X의 조건부확률분포가 $B\left(n-y,\ \dfrac{p_1}{1-p_2}\right)$임을 나타낸다.

24. (1)

		x		
		0	1	2
y	0	$\frac{4}{36}$	$\frac{8}{36}$	$\frac{4}{36}$
	1	$\frac{4}{36}$	$\frac{8}{36}$	$\frac{4}{36}$
	2	$\frac{1}{36}$	$\frac{2}{36}$	$\frac{1}{36}$

(2) X의 주변확률분포:

x	0	1	2
$P(X=x)$	$\frac{1}{4}$	$\frac{1}{2}$	$\frac{1}{4}$

Y의 주변확률분포:

y	0	1	2
$P(Y=y)$	$\frac{4}{9}$	$\frac{4}{9}$	$\frac{1}{9}$

(3) $Cov(X, Y)=0$, $Corr(X, Y)=0$

25. (1) 종속 ((X, Y)의 공간의 경계가 좌표축과 평행이 아니므로)

(2) 0

26. (1)

		x		
		0	1	2
y	0	$\frac{1}{36}$	$\frac{4}{36}$	$\frac{4}{36}$
	1	$\frac{4}{36}$	$\frac{10}{36}$	$\frac{4}{36}$
	2	$\frac{4}{36}$	$\frac{4}{36}$	$\frac{1}{36}$

(2) $-\frac{1}{6}$

27. $Cov(X, Y)=-\frac{1}{6}$, $Corr(X, Y)=-\frac{1}{\sqrt{5}}$

28. $Cov(X, Y)=\frac{1}{9}$, $Corr(X, Y)=\frac{1}{2}$

29. (1) $h(y|1)=\frac{3y+1}{11}$, $y=1, 2$

$h(y|2)=\frac{7-y}{9}$, $y=2, 3$

(2) $g(1|1)=1$

$g(x|2) = \dfrac{9-2x}{12}, \quad x = 1, 2$

$g(2|3) = 1$

30. (1) $\dfrac{4}{9}$

(2) $h(y|x) = \dfrac{1}{1-x}, \quad x < y < 1$ (3) 조건부평균 $\dfrac{1+x}{2}$, 조건부분산 $\dfrac{(1-x)^2}{12}$

(4) $g(x|y) = \dfrac{1}{y}, \quad 0 < x < y$ (5) 조건부평균 $\dfrac{y}{2}$, 조건부분산 $\dfrac{y^2}{12}$

31. (1) $\dfrac{1}{18}$

(2) $f_1(x) = \dfrac{1}{6}, \quad x = 0, 1, 2, 3, 4, 5$

(3) $h(y|x) = \dfrac{1}{3}, \quad y = x, x+1, x+2, \quad x = 0, 1, 2, 3, 4, 5$

(4) 조건부평균 $x+1$, 조건부분산 $\dfrac{2}{3}$

(5) $f_2(y) = \begin{cases} \dfrac{1}{18}, & y = 0, 7 \\ \dfrac{2}{18}, & y = 1, 6 \\ \dfrac{3}{18}, & y = 2, 3, 4, 5 \end{cases}$

32. (1) $f_1(x) = 1 - \dfrac{x}{2}, \quad 0 \le x \le 2$

(2) $h(y|x) = \dfrac{2}{6-3x}, \quad \dfrac{3}{2}x \le y \le 3, \quad 0 \le x \le 2$

(3) $\mu_{Y|x} = \dfrac{3(x+2)}{4}, \quad \sigma^2_{Y|x} = \dfrac{3(x-2)^2}{16}$

33. $X_2 = x_2$가 주어졌을 때 X_1의 조건부확률질량함수를 $g(x_1|x_2)$라 하자.

(1) $g(1|1) = \dfrac{7}{16}, \quad g(0|1) = \dfrac{9}{16}$

(2) $g(1|0) = \dfrac{7}{16}, \quad g(0|0) = \dfrac{9}{16}$

34. (1) $f_2(y) = \dfrac{5+2y}{33}, \quad y = 2, 3, 4$

(2) $g(x|y) = \dfrac{x+y}{5+2y}, \quad x = 2, 3, \quad y = 2, 3, 4$

(3) $\dfrac{33}{13}$

35. (1) $f(x, y) = \dfrac{1}{2x^2}, \quad 0 < x < 1, \quad 0 < y < 2x^2$

(2) $E(Y|x) = x^2$

36. (1) $f_1(x) = \frac{1}{5}$, $x = 0, 1, 2, 3, 4$

(2) $h(y|x) = \frac{1}{4}$, $y = x, x+1, x+2, x+3$, $x = 0, 1, 2, 3, 4$

(3) $E(Y|x) = \frac{3}{2}$

(4) $f_2(y) = \begin{cases} \frac{1}{20}, & y = 0, 7 \\ \frac{2}{20}, & y = 1, 6 \\ \frac{3}{20}, & y = 2, 5 \\ \frac{4}{20}, & y = 3, 4 \end{cases}$

37. (1) A팀이 이길 확률 0.3642, B팀이 이길 확률 0.3642, 동점일 확률 0.2716

(2) A팀이 이길 확률 0.5008, B팀이 이길 확률 0.2264, 동점일 확률 0.2728

38. (1) $\frac{5}{54}$ (2) 8 (3) 평균 $\frac{17}{3}$, 분산 $\frac{43}{18}$

39. (1) $\frac{8}{729}$ (2) $\frac{125}{729}$ (3) $\frac{665}{729}$

40. 구하는 확률은 $P(X < YZ) + P(Y < XZ) + P(Z < XY)$인데, X, Y, Z는 확률적 내용이 동일하므로 $P(X < YZ)$의 3배를 구하면 된다.

$$P(X < YZ) = \iiint_{x < yz} f(x, y, z)\,dx\,dy\,dz = \int_0^1 \int_0^1 \int_0^{yz} dx\,dy\,dz$$

$$= \int_0^1 \int_0^1 yz\,dy\,dz = \int_0^1 \frac{z}{2}\,dz = \frac{1}{4}$$

따라서 구하는 확률은 $\frac{3}{4}$이다.

41. (1) $\frac{256}{6561}$ (2) $\frac{31}{256}$

42. $1 - e^{-9/4} (= 0.8946)$

43. 평균 19, 분산 180

44. 평균 4, 분산 $\frac{4}{3}$,

적률생성함수 $M_Y(t) = \frac{1}{9}(e^{2t} + 2e^{3t} + 3e^{4t} + 2e^{5t} + e^{6t})$

45. (1) 평균 6, 분산 $\frac{40}{7}$

(2)

$\bar{x}$	2	3	4	5	6	8
$P(\bar{X}=\bar{x})$	$\frac{1}{49}$	$\frac{4}{49}$	$\frac{4}{49}$	$\frac{8}{49}$	$\frac{16}{49}$	$\frac{16}{49}$

(3) $E(\bar{X})=6$, $Var(\bar{X})=\frac{20}{7}$

〈정리 6.21〉에 의하면, $E(\bar{X})=6$, $Var(\bar{X})=\frac{40/7}{2}=\frac{20}{7}$

∴ 〈정리 6.21〉의 결과와 일치한다.

46. $Y=\sum_{i=1}^{k}X_i$의 적률생성함수:

$$M_Y(t)=E(e^{tY})=E\left[\exp\left(\sum_{i=1}^{k}tX_i\right)\right]=E\left[\prod_{i=1}^{k}\exp(tX_i)\right]$$

$$=\prod_{i=1}^{k}E[\exp(tX_i)] \qquad (X_i\ (i=1,2,\cdots,k)\text{는 서로 독립이므로})$$

$$=\prod_{i=1}^{k}M_{X_i}(t)$$

$$=\prod_{i=1}^{k}\{pe^t+(1-p)\}^{n_i}$$

$$=\{pe^t+(1-p)\}^{\sum_{i=1}^{k}n_i}$$

∴ $Y=\sum_{i=1}^{k}X_i$의 분포는 $B\left(\sum_{i=1}^{k}n_i, p\right)$이다.

47. (1) $1.2288e^{-3.6}(=0.0336)$ (2) $4.72e^{-3.6}(=0.1290)$

48. (1) $\frac{27}{4}e^{-5}(=0.0455)$ (2) $\frac{25}{2}e^{-5}(=0.0842)$

49. (1) $M_{\bar{X}}(t)=\left(\frac{15}{15-t}\right)^5$, $t<15$ (2) 0.1082

50. $\chi^2(6)$

51. (1) $M_Y(t)=\exp\left(7t+\frac{25}{2}t^2\right)$ (2) 0.9192

52. 0.89

53. $P(X>Y)=\frac{2280}{6912}$, $P(X=Y)=\frac{2349}{6912}$, $P(X<Y)=\frac{2283}{6912}$

설명 $X\sim B\left(3,\frac{1}{3}\right)$, $Y\sim B\left(4,\frac{1}{4}\right)$이고 X와 Y는 독립이므로 X, Y의 결합확률분포는 다음과 같다(여기서 $a=\frac{1}{6912}$이다). 이 결합확률분포로부터 위의 확률들을 구할 수

있다.

		x				계
		0	1	2	3	
y	0	$648a$	$972a$	$486a$	$81a$	$2187a$
	1	$864a$	$1296a$	$648a$	$108a$	$2916a$
	2	$432a$	$648a$	$324a$	$54a$	$1458a$
	3	$96a$	$144a$	$72a$	$12a$	$324a$
	4	$8a$	$12a$	$6a$	a	$27a$
계		$2048a$	$3072a$	$1536a$	$256a$	1

7장

1. (1) $\frac{21}{25}$ (2) $\frac{25}{36}$

2. (1) $\frac{6}{7}$ (2) $\frac{1}{8}$ 이하

3. $\frac{45}{49}$

4. (1) 0.034. 이 값이 $\frac{1}{4}$보다 작으므로 체비셰프 부등식에 의한 상한을 만족한다.

   (2) $e^{-3}(=0.0498)$. 이 값이 $\frac{1}{4}$보다 작으므로 체비셰프 부등식에 의한 상한을 만족한다.

5. $\frac{75}{n}$

6. $f(b)=\dfrac{\sigma^2+b^2}{(a+b)^2}$이라 하면

$$f'(b)=\frac{2b(a+b)^2-2(a+b)(\sigma^2+b^2)}{(a+b)^4}=\frac{2b(a+b)-2(\sigma^2+b^2)}{(a+b)^3}$$

$$=\frac{2ab-2\sigma^2}{(a+b)^3}=\frac{2a\left(b-\dfrac{\sigma^2}{a}\right)}{(a+b)^3}$$

따라서 $b<\dfrac{\sigma^2}{a}$이면 $f'(b)<0$이고, $b>\dfrac{\sigma^2}{a}$이면 $f'(b)>0$이다.

$\therefore\ b=\dfrac{\sigma^2}{a}$일 때 $f(b)$는 최소이다.

7. $1-\Phi(0.73)=0.2327$

8. $\Phi(1.52)=0.9357$

9. (1) 0.1123 (2) $2\Phi(0.14)-1=0.1114$

10. $1-\Phi(0.37)=0.3557$

11. (1) 117번

설명 $E(\overline{X}_n)=\dfrac{7}{2}$, $Var(\overline{X}_n)=\dfrac{35}{12n}$

$P(|\overline{X}_n-E(\overline{X}_n)|<0.5)\ge 1-\dfrac{35/12n}{(0.5)^2}\ge 0.9$로부터 $n\ge 116.66\cdots$을 얻는다.

(2) 32번

설명 $\dfrac{\overline{X}_n-7/2}{\sqrt{35/12n}}$의 분포는 근사적으로 $N(0,1)$.

$P\left(\dfrac{|\overline{X}_n-7/2|}{\sqrt{35/12n}}<\dfrac{0.5}{\sqrt{35/12n}}\right)=2\Phi\left(\sqrt{\dfrac{3n}{35}}\right)-1\ge 0.9$로부터

$\sqrt{\dfrac{3n}{35}}\ge 1.645$, 즉 $n\ge 31.57\cdots$을 얻는다.

12. (1) 0.9 (2) $1-\Phi(0.58)=0.2810$

13. $\Phi(0.16)-\{1-\Phi(0.36)\}=0.2042$

14. $\Phi(2)-\{1-\Phi(0.4)\}=0.6326$

15. $\Phi(1)-\{1-\Phi(0.5)\}=0.5328$

찾아보기

|ㄱ|

가법성 · 314
가산무한 · 58
감마분포 · 233
감마함수 · 232
같은 것이 있는 경우의 순열 · 15
결합누적분포함수 · 267
결합분포 · 251
결합적률생성함수 · 278
결합확률밀도함수 · 257
결합확률분포 · 251
결합확률질량함수 · 252
경우의 수 · 1
경험적 확률 · 67
계승 · 7
곱사건 · 58
곱의 법칙 · 4
공분산 · 281
공사건 · 58
균등분포 · 209
균일분포 · 209
근원사건 · 58
기댓값 · 148
기하분포 · 185
기하학적 확률 · 69

|ㄴ|

나무그림 · 3, 5
누적분포함수 · 140

|ㄷ|

다항계수 · 39
다항분포 · 303
다항정리 · 39
단순사건 · 58
단측 체비셰프 부등식 · 335
대수의 강법칙 · 340
대수의 법칙 · 337
대수의 약법칙 · 338
독립 · 102
독립시행 · 108

|ㅁ|

마르코프 부등식 · 329
매클로린 급수 · 158
모수 · 170
몬티 홀 문제 · 101
무기억성 · 187

|ㅂ|
발생률 · 181
배반 · 59
베르누이 분포 · 170
베르누이 시행 · 169
베르누이 확률변수 · 170
베르누이의 대수의 법칙 · 338
베이즈 정리 · 98
복원추출 · 12
분산 · 153
분포함수 · 140
비가산무한 · 58
비복원추출 · 12

|ㅅ|
사건 · 58
사건의 분할 · 94
사물을 여러 그룹으로 나누기 · 28
사상 · 58
사전확률 · 99
사후확률 · 99
삼항계수 · 39
삼항분포 · 272
삼항정리 · 39
상관계수 · 281
상대도수 · 67
서로 독립 · 105
선형결합 · 312
성공 확률 · 172
수학적 귀납법 · 32
수학적 확률 · 67
수형도 · 5
순열 · 8
시행 · 57
시행횟수 · 172
쌍으로 독립 · 105

|ㅇ|
여사건 · 58
연속성수정 · 342
연속표본공간 · 58
연속확률변수 · 137
연속확률분포 · 137
원순열 · 16
음이항분포 · 191
이산표본공간 · 58
이산형 균등분포 · 164
이산확률변수 · 129
이산확률분포 · 129
이차원 확률변수 · 251
이항계수 · 32
이항분포 · 172
이항분포의 정규분포 근사 · 342
이항정리 · 32
이항확률변수 · 171

|ㅈ|
자유도 · 240
적률 · 156
적률생성함수 · 156
전사건 · 58
전확률의 법칙 · 95
절대수렴 · 157
정규분포 · 214
조건부기댓값 · 290
조건부분산 · 290

조건부평균 · 290
조건부확률 · 85
조건부확률밀도함수 · 293
조건부확률분포 · 291
조건부확률질량함수 · 289
조합 · 19
종속 · 102
주변확률밀도함수 · 258
주변확률분포 · 254
주변확률질량함수 · 252
중복순열 · 12
중복조합 · 26
중심극한정리 · 343
중위수 · 228
지수분포 · 226

|ㅊ|
척도모수 · 234
체비셰프 부등식 · 330
초기하분포 · 196
측도 · 69

|ㅋ|
카이제곱분포 · 241
쿠폰 수집 문제 · 135

|ㅌ|
통계적 확률 · 67

|ㅍ|
파스칼의 삼각형 · 34
팩토리얼 · 7
평균 · 148
포아송 과정 · 181
포아송 분포 · 178
표본공간 · 57
표본평균 · 310
표준정규분포 · 219
표준편차 · 153
표준화된 확률변수 · 155
플레잉카드 · 66

|ㅎ|
합사건 · 58
합의 법칙 · 2
형상모수 · 234
확률 · 61
확률막대그래프 · 133
확률밀도함수 · 137
확률변수 · 129
확률분포 · 129
확률수렴 · 337
확률의 고전적 정의 · 61
확률의 곱셈법칙 · 89
확률의 공리적 정의 · 64
확률의 덧셈법칙 · 77
확률의 분할법칙 · 94
확률적 실험 · 57
확률질량함수 · 129
확률표본 · 310

저자 소개

김혁주

서울대학교 계산통계학과 (학사)
서울대학교 계산통계학과 통계학 전공 (석사)
서울대학교 계산통계학과 통계학 전공 (박사)
미국 University of Florida 통계학과 방문교수
현재: 원광대학교 빅데이터·금융통계학부 교수

확률의 이해

저　　자　김혁주
발 행 인　김지영
발 행 처　자유아카데미
주　　소　경기도 파주시 회동길 37-42
　　　　　파주출판도시
전　　화　031-955-1321
팩　　스　031-955-1322
홈페이지　www.freeaca.com
전자우편　main@freeaca.com (대표)
　　　　　editor@freeaca.com (편집)
　　　　　crm@freeaca.com (영업)
등　　록　제406-2003-017호, 1980. 7. 12
제1판1쇄　2020년 3월 5일 발행
정　　가　29,000원

저자와의
협의하에
인지생략

ISBN 979-11-5808-254-3　93310